Sisto Firrao

Studi sui sistemi complessi

Indice

Introduzione

Già i colori dell'aria annunziano il calare della sera e voi siete ancora qui, ombre antiche dell'anima, rese anzi più lunghe dalla luce obliqua che precede la notte. Pur sapendo che non potrò darvi che risposte consunte e parole stanche mi rivolgete le solite assurde domande. A voi non cale della risposta che è nel domandare, nel desiderio, nella speranza, nel nulla infine, la vita. E' nell'ascolto di richiami sempre lontani, nel pianto antico delle vostre domande.

*   *   *

Nei sistemi complessi il numero di modelli che possono essere ipotizzati, partendo dagli stessi dati sperimentali, cresce in maniera esponenziale con la complessità del sistema; non è quindi possibile ipotizzare una adeguata generalità di nessuno di tali modelli. Il fenomeno complesso è poi soggetto al principio di relatività che può essere generalizzato nel senso che, dall'interno di un sistema in omeostasi, non è possibile percepire l'equilibrio delle forze che lo sottendono. Pertanto, i sistemi più importanti per la nostra vita, in campi quali la biologia, la psicologia e la sociologia, sfuggono ancora alla nostra comprensione complessiva

E' allora evidente quale importanza avrebbe la determinazione di leggi generali di organizzazione che permettessero di restringere preventivamente il campo dei possibili modelli. Il tentativo è partito fin dalla prima metà del secolo XIX, ma ha incontrato enormi difficoltà che solo oggi cominciano a districarsi.

Questo libro raccoglie alcuni lavori svolti dall'autore in questo campo ed espone alcune chiavi ormai acquisite e i risultati straordinari che possono già delinearsi. E' una lettura affascinante non solo per chi è cultore di questo tipo di problemi; anche chi è solo un uomo di cultura troverà modo di arricchirla ed ampliare la sua visione del mondo.

Capitolo 1

Sui fondamenti della fisica dei sistemi complessi.

Nel seguire la linea di pensiero che ha portato alla teoria dell'organizzazione dei sistemi è opportuno partire dalla produzione di Boltzmann. Egli si propose di trovare come si distribuiscono le molecole di un gas, soggette esclusivamente a forze gravitazionali ed urti elastici, che costituiscano un sistema isolato, sottoposto ad un campo di forze conservativo, in cui cioè si possa considerare che non si verifichi una modificazione della distribuzione delle linee di forza. Sia N il numero totale delle molecole ed E l'energia totale del sistema. Egli divise quindi lo spazio delle fasi, ossia lo spazio delle posizioni e degli impulsi, disponibile per le molecole in s celle discrete. La kma cella (k compreso fra 1 e s) è una regione R_k così piccola che l'energia E_k di una molecola non varia apprezzabilmente in essa, ma anche così grande da accogliere un grande numero N_k di molecole. Viene fatta l'ipotesi che, in conseguenza dei vincoli energetici cui il sistema è sottoposto, lo spazio delle fasi accessibile alle molecole abbia un volume limitato.

Ora, una data serie di numeri occupazionali, definente una configurazione del sistema, può essere realizzata in un numero di modi che il calcolo combinatorio ci dice essere dato dal seguente coefficiente multinomiale:

$$W(N_k) = N!/(N_1!N_2!.....N_s!) \qquad (1)$$

Questa distribuzione avrà energia totale data da $E = \Sigma N_k E_k$ e, naturalmente, i valori di N_k sono anche soggetti alla condizione: $N = \Sigma_k N_k$ Ogni serie di numeri occupazionali N_k che rispetti tali relazioni rappresenta ovviamente una possibile configurazione ma Boltzmann ritenne che, fra milioni di possibili configurazioni, la configurazione più probabile fosse quella che può essere realizzata nel maggior numero di modi, cioè quella che massimizza l'espressione (1), cui corrisponde l'eguaglianza di tutti i numeri occupazionali, a cui egli dette il nome, nella sua espressione logaritmica, di entropia (legge della tendenza alla massima entropia statistica).

Dunque, secondo il quadro teoretico che scaturisce dalle determinazioni di Boltzmann, in un sistema isolato, cioè in un sistema che non può scambiare né energia né materia con l'ambiente, vale la legge dell'aumento dell'entropia fino ad un valore massimo che caratterizza il cosiddetto equilibrio statistico, condizione caratterizzata dal massimo livello di disordine nel movimento delle molecole. Ciò esclude quindi la possibilità di formazione spontanea dell'ordine nei sistemi isolati. Questa conclusione è evidentemente paradossale perché l'universo intero è un sistema isolato e ciò malgrado nel suo interno si è verificato uno sviluppo enorme di ordine.

E' opportuno perciò trattare preliminarmente un altro filone della ricerca perché mette in luce importanti condizioni limitative della validità della legge di Boltzmann. Tale filone della ricerca si è volto ad esaminare i sistemi non isolati e particolarmente i cosiddetti sistemi chiusi, in cui si verifica scambio di energia ma non di materia con l'esterno. Senza entrare nei dettagli, è sufficiente, ai nostri fini, dire che i sistemi chiusi sono regolati dalla legge della tendenza al minimo della cosiddetta energia libera di Helmoltz e che i livelli di probabilità dei vari stati energetici del sistema consentono, se la temperatura è sufficientemente bassa, la formazione di strutture ordinate semplici, quali i cristalli. Tale risultato viene generalmente indicato come principio d'ordine nei sistemi chiusi di Boltzmann.

Gli aspetti più importanti del principio d'ordine di Boltzmann sono costituiti innanzi tutto dalla affermazione della necessità di un apporto energetico dall'esterno del sistema per lo sviluppo dell'ordine, necessità poi confermata dal successivo e più generale principio d'ordine nei sistemi aperti di Prigogine e poi dal fatto che esso richiama l'attenzione su condizioni, quelle della bassa temperatura, a cui può associarsi un alto rapporto fra forze gravitazionali ed energia cinetica disordinata, o energia interna del sistema. In tali condizioni, ad ogni variazione della disposizione dei componenti segue una variazione non più trascurabile delle linee di forza del campo e ciò mostra come l'ipotesi di conservatività del campo gravitazionale e di indipendenza statistica degli stati su cui è basata la dimostrazione di Boltzmann della legge della tendenza alla massima entropia ponga limiti severi alle possibilità di generalizzazione di tale legge.

Naturalmente, né il principio d'ordine di Boltzmann né il successivo principio d'ordine di Prigogine consentono la soluzione del problema della formazione dell'ordine nei sistemi isolati. Torniamo dunque a considerare il lavoro eseguito su questo problema. Secondo la trattazione di Boltzmann, la configurazione di massima entropia è la distribuzione più probabile, ma non l'unica possibile. Ciò indusse Boltzmann a introdurre la cosiddetta "ipotesi ergodica" secondo cui il sistema percorrerebbe ciclicamente i vari stati globali del sistema, sia pure nell'ambito di stati globali di eguale energia, cosicché il passaggio per una condizione ordinata, o che inneschi il processo ordinativo, seppure con frequenza assai bassa, sarebbe possibile.

Ma la costruzione di Boltzmann è sottoponibile ad una critica radicale, che distrugge l'ipotesi ergodica, mostrando che la configurazione di massima entropia una volta raggiunta non è più abbandonabile [1]. Ciò in quanto ogni tentativo di abbandono creerebbe una condizione di disequilibrio delle forze agenti che riporterebbe il sistema nelle condizioni iniziali.

Questo risultato è riconducibile all'esistenza di vincoli di simmetria che limitano le possibili variazioni della configurazione del sistema. Tali vincoli, pur se riproposti all'attenzione da Prigogine, sono impliciti nella formulazione del principio di ragione insufficiente o principio di indifferenza di Laplace e del successivo teorema di Bernoulli, o legge dei grandi numeri.

Tale impostazione teorica lascia quindi la possibilità che in ambiti particolari in cui i vincoli di simmetria siano ridotti, si abbia una variabilità configurale che si possa quindi innescare la formazione dell'ordine. Tuttavia, anche considerando una dimensione del volume del sistema così ampia da annullare la possibilità degli scontri fra le particelle e dei conseguenti scambi della condizione di stato, cioè di annullare la condizione di interdipendenza statistica degli stati, le singole particelle non disporrebbero di alcuna variabilità endogena che possa dare significato, ai fini della realizzazione di una variabilità configurale, ad una condizione di indipendenza statistica in quanto vincolate nei loro movimenti, dal principio di inerzia e dalle forze di attrazione gravitazionale che tenderebbero e reindirizzarle verso il centro e a riportarle perciò in una condizione di interdipendenza statistica.

Sembrerebbe dunque che la formazione dell'ordine nei sistemi isolati sia proprio impossibile. Tuttavia, studi eseguiti da von Bertalanffy [2], Brillouin [3] ed altri sui sistemi aperti, cioè sistemi che scambiano energia e materia con l'esterno, hanno mostrato che l'ordine si sviluppa in adatti sottosistemi in presenza di flussi energetici dotati di spiccata direzionalità provenienti dall'esterno e Prigogine [4] ha mostrato che, se l'intensità del flusso supera determinati valori, penetrando adeguatamente nel sistema ricevente, a partire da un certo punto critico, che separa, secondo la terminologia introdotta dallo stesso Prigogine, il ramo termodinamico dal ramo cinetico del diagramma del processo, l'ordine si mantiene anche se scompare il flusso di energia proveniente dall'esterno.

Il flusso di energia proveniente dall'esterno svolge due funzioni: da una parte induce direttamente una configurazione del sistema la cui possibilità non esiste nelle condizioni di equilibrio statistico, in cui è possibile solo la configurazione di massima entropia imposta dalla legge di Bernoulli, dall'altra determina, per la eliminazione di un vincolo di simmetria, che comporta l'inserimento di gradi di libertà, una variabilità configurale prima inesistente (o limitata a sottosistemi di dimensione trascurabile).

Tale variabilità sarà centrata su una direzione frutto della composizione dell'azione esterna e dell'azione dei campi di forza agenti all'interno del sistema, in particolare del campo gravitazionale che determina un piegamento della direzione dell'azione esterna (nella ovvia ipotesi che l'azione esterna mostri una divergenza nei confronti dell'azione gravitazionale). Tale variabilità può essere inibita da limitazioni volumetriche che

8

ricostituiscono i vincoli di simmetria eliminati dal flusso esterno, ma la presenza di un piegamento delle direzioni prevalenti di flusso indotto dal campo gravitazionale riduce questo effetto inibitore delle limitazioni volumetriche.

Nell'ipotesi che i vincoli complessivi lo permettano, la variabilità configurale ed il conseguente effetto ordinativo che si innesca al passaggio per certe condizioni di equilibrio si svolgono inizialmente su sottosistemi che, pur se di dimensioni crescenti, possono avere effetto trascurabile sulla configurazione globale fintanto che il sottosistema non raggiunge una certa dimensione critica in corrispondenza della quale la variabilità configurale influenza l'intero sistema e l'ordine acquisito rimane indipendentemente dal flusso di energia proveniente dall'esterno.

E' importante rilevare che la nuova popolazione di configurazioni non ha niente a che vedere con quella governata dalla distribuzione di probabilità di Boltzmann, rendendo quindi assai più probabile il raggiungimento di certe condizioni di equilibrio che permettono di stabilizzare la condizione di ordine. La nuova popolazione sarà caratterizzata dalla prevalenza della direzione di moto frutto della composizione della direzione indotta dal flusso esterno con la direzione indotta dalla forza gravitazionale e tale prevalenza può determinare la formazione di aggregati fra le molecole che si muovono nella direzione preferenziale, aggregati che avranno una maggiore inerzia nello scontro con molecole antagoniste, così rafforzando la prevalenza della direzione preferenziale (retroazione positiva).

La permanenza di questi aggregati ha una importanza fondamentale per il permanere dell'ordine anche una volta cessata l'azione esterna; essa comporta una particolare forza dell'attrazione aggregativa, superiore a quella determinata dalla sola forza gravitazionale, dando luogo a quello che viene chiamato "incollamento" e ciò comporta innanzi tutto che i componenti del sistema si allontanino dallo schema di Boltzmann, in cui i componenti elementari sono soggetti solo a forze gravitazionali ed urti elastici [5].

A questo punto possiamo tornare al problema centrale per la impostazione di una teoria generale dell'organzzazione, quello della formazione dell'ordine nei sistemi isolati. Essendo stato accertato che il sistema non deve essere in equilibrio l'unica possibilità alternativa è che sia in una condizione oscillatoria che comporta uno stato permanente di disequilibrio per effetto di processi di trasformazione fra energia cinetica ed energia potenziale, quali furono introdotti da Newton.

Tale condizione permette che i vincoli di simmetria legati alla dimensione volumetrica possano scendere al di sotto di una certa dimensione critica e che si sviluppino interazioni fra particelle adiacenti che equivalgono all'assunzione di una variabilità endogena da parte di gruppi limitati di particelle, cioè nell'ambito di sottosistemi..

A tal condizioni, come avremo occasione di vedere, se ne deve aggiungere una terza di estrema importanza, costituita dalla necessità che durante l'oscillazione del sistema abbiano particolare rilievo le trasformazioni energetiche previste dalla teoria della relatività, il che pone l'autorganizzazione dei sistemi isolati come possibile solo nei sistemi macroscopici quali le galassie.

Consideriamo infatti una condizione del sistema, che assumiamo per comodità come iniziale, in cui sussistano vincoli di simmetria tali da impedire la formazione di qualsiasi struttura ordinata; ciò significa che la frequenza degli eventi variazionali, cioè degli urti, è tale da demolire qualsiasi struttura elementare organizzata appena formata o addirittura da impedirne la stessa formazione. Evidentemente, la prima condizione per lo sviluppo dell'ordine è che il sistema si espanda e per conseguenza riduca il numero di vincoli di simmetria fino ad una soglia critica, così dando gradi di libertà alla variabilità configurale del sistema.

Sussistono però dei limiti all'espansione volumetrica costituiti dall'attrazione gravitazionale. Come Newton ha mostrato, all'aumentare dell'espansione, che comporta un allontanamento dei componenti del sistema dal centro di gravità, si verifica una diminuzione dell'energia cinetica dei componenti e, se questa è inferiore ad un certo livello nei confronti dell'attrazione gravitazionale, detto di "fuga", si raggiunge un punto in cui l'energia cinetica si esaurisce ed il movimento si inverte da espansione a compressione. Il limite di esaurimento dell'energia cinetica costituisce in questi casi quindi come una parete contro cui i componenti rimbalzano così rialzando la frequenza degli urti che l'espansione aveva ridimensionato.

Sappiamo inoltre dalla meccanica classica che le condizioni di ordine richiedono certi precisi rapporti fra i livelli dell'energia cinetica, della massa e delle distanze fra i componenti e inoltre che l'energia cinetica abbia una determinata struttura direzionale. Nelle condizioni cui si perviene quando l'espansione non è di fuga, l'energia cinetica centrifuga gradualmente scompare mentre l'interazione attrattiva fra i componenti, posti a grande distanza l'uno dall'altro, diviene trascurabile rispetto all'attrazione verso il baricentro. La struttura direzionale dell'energia cinetica assume in sostanza una direzionalità esclusivamente centripeta, condizione che impedisce la formazione della complessa struttura di interdipendenza delle variabili agenti che costituisce l'ordine.

Perché il sistema possa procedere verso l'ordine dunque *l'espansione deve essere di fuga.* Anche nell'espansione di fuga si realizzano, a partire da una certa dimensione volumetrica, molte delle condizioni che si realizzano nella espansione non di fuga, ma sussiste la importantissima differenza che permane la preminenza dell' energia cinetica centrifuga rispetto all' attrazione gravitazionale, il che permette all'espansione di proseguire su grandi distanza in cui divengono rilevabili le trasformazioni relativistiche. La trasformazione dell'energia cinetica in energia potenziale dello schema classico di Newton diventa trasformazione dell'energia cinetica in massa nello schema relativistico di Einstein.

Il raggiungimento della dimensione volumetrica critica per lo sviluppo di una adeguata variabilità configurale avviene in corrispondenza del superamento del livello di fuga dell'energia cinetica e in questa condizione si sviluppa su distanze astronomiche un incremento progressivo dell'attrazione gravitazionale fra componenti contigui dovuto all'incremento della massa.

Risulta così possibile nell'ambito di sistemi macroscopici quali le galassie la formazione di disomogeneità distribuzionali ed in particolare la realizzazione di condizioni che danno luogo al collasso gravitazionale ed alla conseguente esplosione della stella cui il collasso dà luogo. Tale esplosione comporta l'introduzione nel sistema di un disequilibrio di enormi dimensioni e, come ci ha insegnato Prigogine e come abbiamo mostrato, l'organizzazione è il prodotto del disequilibrio [4].

Noi dunque consideriamo che il processo ordinativo nelle galassie si verifichi nell'ambito di un processo oscillatorio in cui la fase espansiva sia innescata da una liberazione di energia cinetica in forma esplosiva. Noi consideriamo che l'esplosione dia luogo alla espansione del gas costituente il sistema isolato con un rapporto fra energie cinetiche e forze gravitazionali superiore al valore di "fuga"[6] e che il processo ordinativo si svolga quindi su distanze così grandi da rendere di primaria importanza sul suo svolgimento gli effetti relativistici che comportano la trasformazione in massa dell'energia cinetica perduta per l'effetto frenante della gravitazione [7].

E' chiaro che la fase di contrazione non è che un processo di collasso gravitazionale dell'intera galassia che da luogo all'esplosione che determina l'inizio della fase di espansione. Non vi è motivo per distinguere tale processo da tutti quelli che danno luogo alla formazione delle stelle se non per quanto riguarda la sua maggiore dimensione. Ma addirittura non vi è alcun motivo per ritenere che tutta la massa del sistema debba concentrarsi sul baricentro perché si verifichi l'esplosione. Il meccanismo può essere mantenuto in piedi per l'esplosione delle singole stelle, senza che sia necessaria l'esplosione dell'intera galassia.

Possiamo allora argomentare su quale possa essere la configurazione ordinata a cui la variabilità configurale indotta può convergere stocasticamente. Le molecole che hanno la stessa direzione di moto del flusso di energia, non subiscono variazioni direzionali, quelle che hanno direzione opposta subiscono una variazione direzionale di 180 °, mentre le altre subiscono mutamenti direzionali decrescenti al decrescere dell'angolo formato dalla loro direzione con la direzione del flusso di energia entrante. Si avrà quindi l'aggregazione delle molecole dirette verso l'esterno formando così quelli che chiameremo aggregati principali, mentre le altre molecole si muoveranno entro un certo settore angolare limitato che renderà più probabili condizioni di parallelismo motorio, dando così luogo ad aggregati che potranno trovare nello stesso settore angolare la traiettoria di equilibrio rotatorio attorno agli aggregati principali. L'evoluzione della espansione facilita questo ritrovamento variando gradualmente distanze, forze gravitazionali ed energie cinetiche fino al punto in cui le forze cinetiche e gravitazionali che dipendono dalle distanze possano trovare il punto di equilibrio.

Ma vi è un altro importante effetto della modificazione della struttura delle forze che accompagna l'espansione; essa trasforma le condizioni di non equilibrio centrifugo degli aggregati principali in una condizione di non equilibrio a prevalente componente tangenziale. Quest'ultima porta quindi all'assunzione di un ordine rotatorio degli aggregati principali intorno al baricentro del sistema. L'elemento che determina la trasformazione del non equilibrio centrifugo in non equilibrio tangenziale è costituito da un aumento del rapporto fra forza gravitazionale esercitata dai sottosistemi contigui e forza gravitazionale esercitata dal baricentro del sistema sul singolo sottosistema, che si verifica sulle distanze di ordine superiore.

Riassumendo: la variabilità configurale di un sistema è il prodotto di due componenti; una connessa alle forze esterne che innescano tale variabilità attraverso l'eliminazione dei vincoli di simmetria che la bloccano, l'altra connessa all'azione delle forze interne, che limitano la variabilità entro determinate strutture di traiettorie. La prima componente variazionale può anche essere di origine interna nei sistemi isolati macroscopici che, in relazione alla dimensione dell'energia, assumono un comportamento oscillatorio [6].

E' anche possibile considerare sottosistemi in cui il processo ordinativo è la composizione di un apporto esterno che si sovrappone ad un processo oscillatorio del sottosistema ricevente [5]. Se sono soddisfatte certe condizioni, la variabilità configurale ottenuta contiene la configurazione ordinata che emerge selettivamente per la riduzione di eventi variazionali, di urti, che la caratterizza. Risulta cioè per essa valida l'ipotesi ergodica.

E' estremamente importante stabilire se il quadro del

processo organizzativo così delineato sia relativo solo allo schema cui abbiamo fatto riferimento o se esso sussiste nella sua struttura generale anche considerando schemi che considerano l'intervento di una più complessa struttura di interazioni. Non abbiamo dubbi che le cose stanno nel senso di una validità assolutamente generale dello schema delineato.

I processi di aggregazione fra molecole dotate di eguale direzione del moto e di equilibrio fra opposte forze gravitazionali e cinetiche che agiscono sulle molecole, sono la manifestazione di un assemblaggio delle forze che porta a rafforzare una direzione di movimento in cui vengono fatte confluire le energie del sistema, assemblaggio che costituisce l'organizzazione. Tale confluenza è dunque di due tipi, una confluenza per aggregazione fra componenti codirezionali che chiamiamo "sinergia" ed una confluenza di componenti oppositivi, che chiamiamo "dialettica" la cui energia viene fatta confluire in una terza direzione di "sintesi".

Tali processi sono più complessi di quanto appaia dalla descrizione del processo organizzativo che abbiamo fatto. Non è sufficiente che due molecole si trovino l'una accanto all'altra perché si sviluppi un processo che porti l'aggregato a divenire una unità, dotata di caratteristiche nuove così che, come aveva già detto Aristotele, il tutto sia più della somma delle sue parti. E neanche è sufficiente che le molecole abbiano parallelismo motorio ed eguale velocità, oltre ad essere vicine. Perché si realizzi quel particolare tipo di aggregazione profonda, che abbiamo chiamato "incollamento", occorre che la vicinanza o la penetrazione sia tale da sollecitare più in profondità il campo gravitazionale delle molecole o un altro campo energetico, quale quello elettromagnetico.

Ma l'aspetto sbalorditivo di tutto ciò è che, quando si realizzano questi processi, si sviluppa un'attività creatrice, nasce un'entità le cui caratteristiche non sono più rintracciabili negli elementi componenti. Come è nella filosofia di Hegel, che aveva per primo individuato l'importanza del processo dialettico, le qualità, le determinazioni, nascono dal nulla deterministico. E' qui la parte stupefacente del processo organizzativo, quella che

14

giustamente Corning chiama la magia della natura [8].

Riferimenti

[1]-Firrao S: *Sull'entropia statistica di Boltzmann*, Cybernetics and Systems, 5, 20, Set.89 nonché in questo volume, capitolo 3

[2]-von Bertalanffy L.: *The theory of open systems in Physics and Biology*, Science, 111, 1960, 23

[3]-Brillouin L.: *Thermodynamics and Cybernetics*, Amer. Sci., 37, 554, 1949

[4]-Prigogine I., Nicolis G.: *Self-Organization in Non-equilibrium Systems*, John Wiley, New York, 1977

[5]-Firrao S: *La formazione di equilibri dinamici nei sistemi in non equilibrio*, Cyb. and Sys. 22, 25-40, 1991 nonché rielaborato in questo volume capitolo 7

[6]-Firrao S.: *Lo sviluppo di processi oscillatori nei sistemi isolati macroscopici*, Quaderni di Cibernetica, 3, 87 riportato in questo volume, capitolo 4

[7]-Firrao S.: *La formazione iniziale dell'ordine nelle galassie*, Quaderni di Cibernetica, 4, 1987 riportato in questo volume, capitolo 5

[8]-Corning P.: *Nature's Magic, Synergy in evolution and the fate of humankind*, Cambridge University Press, 2003

Capitolo 2

Sui fondamenti della termodinamica

Sommario

L'autore riprende e rafforza con propri contributi antiche critiche all'interpretazione di Clausius della seconda legge della termodinamica. In particolare integra la visione critica che scaturisce dai teoremi di Pfaff mostrando che il fattore di integrazione 1/T del differenziale dq è un fattore di eliminazione della variabilità di scala. Mostra come sviluppando tali critiche alla luce della teoria cinetica dei gas si giunge ad interpretare le differenze fra trasformazioni reversibili ed irreversibili in termini di variabilità della distribuzione dei microstati delle molecole del gas, mostrando che è errata l' introduzione del concetto di produzione interna di entropia termodinamica.

$$*\qquad*\qquad*$$

1 - Critica dell'attuale teoria termodinamica.

Consideriamo un sistema gassoso che riceve calore dall'esterno ed esegue lavoro sull'esterno. Per la prima legge della termodinamica possiamo scrivere:

$$dq = dU + dW \qquad (1.1)$$

dove dq è la quantità elementare di calore assorbita dall'esterno, dU l'aumento elementare di energia interna e dW la quantità elementare di lavoro eseguito sull'esterno.

La seconda legge della termodinamica introduce due fondamentali tipi di trasformazioni, irreversibili e reversibili. Essa stabilisce che il rapporto dq/T fra la quantità elementare di calore assorbito e la temperatura è un differenziale inesatto nelle variabili che definiscono lo stato nelle trasformazioni irreversibili, mentre è un differenziale esatto nel caso delle trasformazioni reversibili. Inoltre, a parità di stato, il rapporto dq/T è più basso nelle trasformazioni irreversibili. Ciò può essere espresso per mezzo della seguente formula:

$$(dq/T)_i < (dq/T)_r \qquad (1.2)$$

dove l'introduzione dei due tipi di trasformazioni - irreversibili e reversibili- è rappresentato dagli indici sottoscritti che accompagnano i differenziali e dove, inoltre il differenziale sulla sinistra è inesatto mentre quello sulla destra è esatto.

La relazione (1.2) può essere scritta con riferimento alle quantità dW/T invece che con riferimento alle quantità dq/T. Infatti, per la prima legge della termodinamica abbiamo:

$$(dq/T)_i = (dU/T)_i + (dW/T)_i$$

$$(1.3)$$

$$(dq/T)_r = (dU/T)_r + (dW/T)_r$$

e, considerando che

$$(dU/T)_i = (dU/T)_r \qquad (1.4)$$

perché l'energia interna è un differenziale esatto nelle variabili di stato, (1.2) può anche essere scritta

$$(dW/T)_i < (dW/T)_r \qquad (1.5)$$

Secondo i fondamentali principi epistemologici, se agli stessi valori delle variabili corrispondono diversi valori del fenomeno allora sul fenomeno opera una ulteriore variabile che non è stata individuata e che giustifica il diverso risultato sperimentale. Per conseguenza, la diversità di risultati dell'integrale di dq/T pur a parità delle due variabili di stato note (p e v), espressa dai due membri della seconda legge, implica necessariamente l'esistenza di una terza variabile di stato.

Secondo l'attuale teoria termodinamica invece, l'esattezza del differenziale $(dq/T)_r$ implica l'esistenza a livello integrale di una funzione dipendente unicamente dalle due variabili di stato p e v, funzione che è stata chiamata entropia termodinamica ed è generalmente indicata con il simbolo S. Si tratta di un grave errore, perché la esattezza del differenziale $(dq/T)_r$ non esclude la presenza di una terza variabile che si mantenga costante nell'ambito delle trasformazioni reversibili, errore grave perché si tratta di un risultato elementare del calcolo differenziale; è evidente infatti che, nell'ipotesi di costanza della terza variabile, essa non potrebbe influenzare il differenziale della funzione dovuto alla variazione delle altre due variabili di stato.

Partendo dunque dalla erronea idea che la funzione entropia sia funzione delle sole variabili p, pressione e v, volume, la trattazione classica ne deduce che essa debba sussistere, e con lo stesso valore, anche nei corrispondenti stati delle trasformazioni irreversibili (ossia stati con lo stesso valore di p e v). Ma il rapporto dq/T è nelle trasformazioni irreversibili più basso del valore che esprime la variazione di entropia. Al fine di superare questa difficoltà, Clausius suppose l'esistenza, nelle trasformazioni irreversibili, di una invisibile quantità - chiamata "produzione interna di entropia" e indicata con il simbolo dSi -equivalente al rapporto dq/T che sarebbe quindi solo una delle forme in cui l'entropia può apparire. Ciò permise a Clausius di affermare che la somma dei due modi di rappresentazione dell'entropia rimane eguale in entrambe le trasformazioni reversibile o irreversibile, a parità di valori iniziali e finale delle variabili di stato p e v.

La trattazione di Clausius contraddice il fondamentale principio epistemologico ***"entia non sunt multiplicanda preater necessitatem"*** perché la necessità che lo portò all'introduzione della produzione interna di entropia, consistente nella dipendenza dell'entropia da solo due variabili, non sussiste. E' stato da tempo mostrato che, introducendo entità non necessarie, può essere dimostrato qualsiasi teorema (rasoio di Ockam), cosicché la trattazione di Clausius è priva di ogni validità scientifica.

La sostanza di questa critica può anche essere espressa nei termini del linguaggio differenziale con cui il problema è stato impostato nella sua formulazione iniziale di Clausius. L' argomentazione risulta dal lavoro di Pfaff sulle equazioni differenziali.

Pfaff ha dimostrato che, se una quantità varia in funzione di due sole variabili indipendenti, è sempre possibile trovare un fattore di integrazione che permetta l'integrazione del suo differenziale (cioè lo renda esatto). Se invece risulta impossibile trovare un fattore di integrazione, la quantità non può variare in funzione solo di due variabili indipendenti, essa necessariamente varia in funzione di almeno tre variabili indipendenti [1].

Quindi, se in un certo gruppo di esperienze una certa quantità varia in funzione di due variabili in modo tale che il suo differenziale è esatto se ne può concludere che la relativa funzione integrale varia in funzione solo delle due variabili senza che ciò escluda la presenza di qualsivoglia numero di altre variabili potenziali che in tale gruppo di esperienze rimangano costanti. Ma se in un altro gruppo di esperienze la quantità in esame varia in funzione delle due variabili in modo tale che il suo differenziale non è esatto e non è possibile trovare un fattore di integrazione è giocoforza concludere che la quantità in esame varia anche in funzione di almeno una terza variabile che nel primo gruppo di esperienze non era stata avvertita perché costante in tali esperienze e quindi nulla in termini differenziali.

Quindi, la termodinamica classica ignora il semplice fatto che l'integrale del rapporto dq/T può essere considerato una funzione delle sole variabili p e v solamente nel contesto delle trasformazioni reversibili che individuano un certo valore di una terza variabile. Ciò non ci permette di estendere l'esistenza di questa funzione dalle trasformazioni reversibili a quelle che reversibili non sono, in cui la terza variabile cambia di valore non solo nei confronti delle trasformazioni reversibili, ma anche da una trasformazione irreversibile all'altra.

2 - Riproposizione geometrica del risultato di Pfaff.

Possiamo riottenere il risultato di Pfaff in una forma diversa, mostrando che il fattore di integrazione è un fattore di eliminazione della variabilità di scala e che la permanenza dell'inesattezza del differenziale una volta eliminata la variabilità di scala implica l'esistenza di una terza variabile da cui l'integrale di dq/T dipende.

Sia dz una forma differenziale nelle variabili y ed x; consideriamo tutte le traiettorie che uniscono gli stessi punti iniziale e finale nel piano di coordinate y ed x e sia ds la componente elementare di una traiettoria; possiamo scrivere:

$$dz = (dz/ds).ds \qquad (2.1)$$

e questo differenziale non può essere esatto, ossia l'integrale di questa espressione non può essere costante da una traiettoria all'altra perché già l'integrale di ds, che esprime la lunghezza della traiettoria, è variabile da una traiettoria all'altra (variabilità di scala).

Quindi, non è sufficiente che la funzione z dipenda solo da due variabili perché il suo differenziale sia esatto: in effetti, generalmente è vero il contrario ma, in accordo con le determinazioni di Pfaff, se la funzione dipende da due sole variabili, è sempre possibile trovare un fattore di integrazione che renda esatto il differenziale dz.

Dimostriamo che la divisione del differenziale dz per il prodotto yx elimina la variabilità di scala, ossia che 1/yx costituisce un fattore di integrazione che rende esatto il differenziale dz se la sua inesattezza dipende solo dalla variabilità di scala.

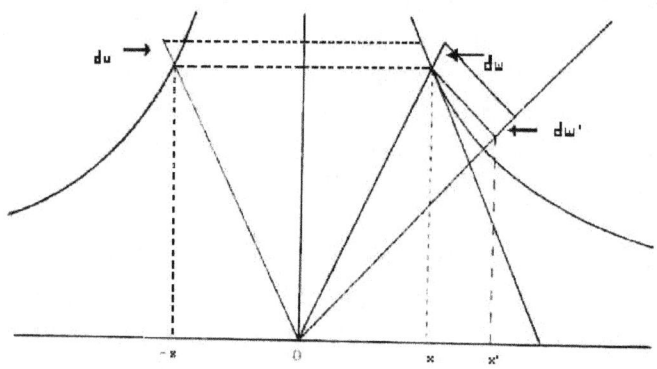

In ogni punto del piano di coordinate y ed x vi sono due

20

direzioni che identificano variabili che non possono essere direttamente interdipendenti. Queste direzioni sono: la direzione u, identificata dalla iperbole equilatera che passa attraverso il punto, in cui può variare il rapporto y/x ma non il prodotto yx, e la direzione w, identificata dalla linea che congiunge il punto con l'origine degli assi, in cui può variare il prodotto yx ma non il rapporto y/x.

Conseguentemente, in ogni punto della traiettoria il differenziale ds può essere diviso nella componente d(yx) in direzione w e nella componente d(y/x) in direzione u ed è evidente che, se è inesatto ds, cioè variabile la somma dei valori ds relativi ad ogni traiettoria, deve essere inesatto anche d(yx), cioè variabile la somma dei valori d(yx) delle proiezioni dei differenziali ds sulle congiungenti con l'origine degli assi.

Proiettiamo ds sulle due direzioni u e w (vedi figura) così ottenendo i differenziali du e dw. In figura abbiamo anche tracciato l'asse di simmetria del piano (yx), ossia l'asse inclinato a 45 gradi passante per l'origine degli assi e che abbiamo indicato con il simbolo w'. Il triangolo definito dai segmenti w e w' ed il triangolo definito dai segmenti w+dw e w'+dw' sono simili e noi possiamo quindi scrivere:

$$dw/w = dw'/w'$$

e quindi:

$$d(yx)/yx = d(y'x')/y'x' \qquad (2.2)$$

dove y' e x' sono le coordinate della proiezione del punto esaminato sull'asse di simmetria. Ciò si verifica quale che sia la traiettoria ossia il rapporto d(yx)/yx risulta sempre eguale a d(y'x')/y'x'. <u>La variabilità di scala è stata eliminata dividendo per yx.</u>

Quindi, nell'espressione del differenziale dz/yx, ossia:

$$dz/yx = dz/ds \ ds/yx$$

il solo elemento che può variare con la traiettoria è dz/ds, ossia la inesattezza di dz/yx può essere dovuta esclusivamente alla variabilità di dz a parità di ds, quindi ad una terza variabile.

Torniamo al problema termodinamico e in particolare all'equazione (1.2) espressione, a livello differenziale, della seconda legge della termodinamica.

Prendendo in considerazione l'equazione di stato dei gas perfetti $U = pv = RT$, dove U è l'energia interna, R la costante dei gas e T la temperatura, possiamo scrivere:

$$dq/T = Rdq/pv = Rdq/U \qquad (2.3)$$

dq/T è quindi l'espressione normalizzata, in cui cioè è eliminata la variabilità di scala connessa alla sua dipendenza dalla dimensione dell'energia interna, della quantità elementare di calore dq assorbita dalla trasformazione.

Quindi la irreversibilità e la reversibilità delle trasformazioni termodinamiche coincide con la presenza e l'assenza di variabilità della terza variabile di stato che comunque sussiste un entrambi i casi.

E' abbastanza ovvio legare la terza variabile di stato alla distribuzione interna dei microstati. E' infatti verosimile che la distribuzione interna dei microstati influenzi l'intensità e la frequenza delle molecole dirette verso le resistenze esterne e conseguentemente il lavoro fatto su di esse.

L'integrale di dW/T, e quindi, per la (1.3) e la (1.4), l'integrale di dq/T, raggiunge il suo massimo nelle trasformazioni reversibili per effetto di una certa distribuzione dei microstati che implica un equilibrio termico interno, ossia l'assenza di disequilibri interni e quindi la massima frequenza di molecole dirette verso le resistenze esterne. Le trasformazioni irreversibili, invece, involvono disequilibri interni che riducono il numero di molecole dirette verso le resistenze esterne e quindi il lavoro che può essere fatto su tali resistenze. Ciò giustifica il segno $<$ nell'equazione (1.5).

Se i disequilibri interni fossero costanti, per tutte le trasformazioni aventi un determinato valore dei disequilibri il differenziale dq/T sarebbe un differenziale esatto, quantunque minore che nella condizione di equilibrio; ma, per il postulato di Carnot Clausius, secondo cui il calore fluisce dalle zone a più alta temperatura verso quelle a più bassa temperatura, il disequilibrio interno si riduce progressivamente nel corso della trasformazione. La velocità con cui il disequilibrio si riduce può essere diversa da una traiettoria all'altra pur con lo stesso valore iniziale dei disequilibri ed è così causa di inesattezza del differenziale.

3 - Ulteriori considerazioni.

Che le differenze comportamentali mostrate dalla seconda legge possano essere attribuite ad una variabile non individuata, che tale soluzione abbia caratteristiche di grande semplicità e verosimiglianza laddove invece la soluzione data da Clausius al problema dia luogo a dubbi e perplessità, non poteva sfuggire agli studiosi dell' epoca, così che in realtà l'accettazione ottenuta dalla teoria di Clausius è uno dei misteri della scienza.

Non sono mancate le voci critiche, soprattutto a partire dalla fine del diciannovesimo secolo con i lavori di Poincaré [2] e Zermelo, e poi agli inizi del ventesimo secolo, di Paul e Tatiana Ehrenfest [3], e sulla stessa linea sono alcune considerazioni di Planck che non solo prospettavano l'esigenza di una terza variabile ma la caratterizzavano come un vincolo interno al sistema, così centrando pienamente il problema [4], lavori tutti rimasti inascoltati come privi di conseguenza erano rimasti i risultati di Pfaff .

4 - La legge dell'aumento dell'entropia e i paradossi connessi alla teoria termodinamica classica.

Secondo Clausius la seconda legge della termodinamica può essere così scritta:

$$(dq/T)_i + dS_i = (dq/T)_r \qquad (4.1)$$

dove dS_i è la produzione interna di entropia e $(dq/T)_r$ è la variazione complessiva dell'entropia, considerata quindi come un indicatore di stato, indipendente dall'effettivo assorbimento delle quantità dq.

Consideriamo una trasformazione irreversibile di un

23

sistema isolato. Nei sistemi isolati non sono possibili scambi con il mondo esterno e quindi il rapporto $(dq/T)_i$ è identicamente zero. Sostituendo zero a $(dq/T)_i$ in (4.1),abbiamo:

$$(dq/T)_r = dS_i \geq 0 \qquad (4.2)$$

e l'entropia quindi aumenta per effetto della positività della produzione interna di entropia dS_i. Ora, noi abbiamo dimostrato che la produzione interna di entropia non esiste e quindi la relazione (4.2) è priva di significato. Indipendentemente da tale dimostrazione osserviamo che nella teoria di Clausius il rapporto $(dq/T)_r$ è espressione della entropia corrispondente allo stato di una trasformazione reversibile mentre il rapporto $(dq/T)_i$ è espressione di quota parte della entropia corrispondente allo stato di una trasformazione irreversibile (talché va completata con la produzione interna di entropia). Non si comprende allora perché nella formula (4.2) $(dq/T)_r$ può sussistere anche in assenza completa di scambi di calore dq mentre $(dq/T)_i$ non può sussistere. Si tratta di un difetto di logica evidentissimo. Non si può usare lo stesso simbolo con differenti significati nella formula (4.1); entrambi i termini dq/T o sono espressione della entropia e allora possono sussistere entrambi o sono espressione del trasferimento di calore e allora sono nulli entrambi.. La formula (4.2) è dunque priva di senso.

Ciò non significa negare che un sistema isolato, in cui esistano inizialmente condizioni di disequilibrio termico, quindi in uno stato provvisorio, determinato da una precedente condizione di non isolamento, tenda verso una condizione di equilibrio termico, cui corrisponde il valore massimo dell'entropia statistica, ma questa è una condizione che deriva direttamente dal postulato di Carnot-Clausius, senza necessità di passare per il fantasioso ragionamento di Clausius.

La legge dell'aumento dell'entropia conduce ad evidenti paradossi, quale l'impossibilità di una formazione iniziale di ordine nelle Galassie, mostrata da Gott [9] o quello rilevato da Lamprecht [10] che ha mostrato che esistono processi biologici che mostrano riduzioni di entropia che sono certamente di origine endogena. Infine il paradosso di Finkelstein [11] secondo cui, seguendo le leggi della termodinamica classica, si dovrebbero ottenere, in certi processi, temperature assolute negative.

Riferimenti

[1]- Pfaff, in *Abb.d. Ber. Acad.* (f814,815), presentato alla Berlin Academy il 11 maggio, 1815,

[2] - Poincaré H.; Revue de Metaphysique et de Morale, 1893.

[3] - Ehrenfest P., Ehrenfest T.: Encyclopedia of Mathematics, 1911

[4] - Planck M.: Annln. Phys., 19, 759, 1934, Physica, 2, 1029, 1935

[5] - Prigogine I., Nicolis G.: *Self-Organization in Non-equilibrium Systems*, Wiley, New York, 1977

[6] - Boltzmann L.: Wien. Ber., 76, 373, 1877, K.Acad. Wiss. Sitzb. II Abt. 66, 275, 1871.

[7] - Firrao S.: *On Boltzmann Statistical Entropy*, Cybernetics and Systems, 5, 20, September 1989

[8] - Bergson: *L'evolution creatrice*, Parigi, 1907

[9]- Gott R.J;: *Recent Theories of Galaxy Formation*, Annual Review of Astronomy and Astrophysics, 15, 1977

[10]-Lamprecht I.: *Thermodynamics of Biological Processes*, Lamprecht and Zotin eds., de Gruyter, Berlin, 1978,

[11]-Finkelstein R;J.: *Thermodynamics and Statistical Mechanics*, Freeman, San Francisco, 1969, 147

Capitolo 3

Sull'entropia statistica di Boltzmann

Sommario

Un'analisi del concetto di entropia statistica mostra che l'ipotesi di equiprobabilità dei modi di ottenimento delle diverse configurazioni di un sistema è errata. Ciò rende insostenibile l'ipotesi ergodica secondo cui le configurazioni ordinate che innescano l'ordine in un sistema isolato vengano raggiunte casualmente e mostra la necessità di dover invece ipotizzare l'esistenza di una variabile nascosta a cui sia riconducibile l'allontanamento del sistema dal suo assetto di massima entropia.

$$* \qquad * \qquad *$$

U na delle leggi fondamentali della fisica statistica ha sollevato problemi di così difficile soluzione da bloccare, fino ad oggi, il progresso in campi di estremo interesse. Il mio proposito attuale è di mostrare, come questo fondamentale teorema potrebbe ricevere, sulla base di importanti avanzamenti della matematica statistica, delle profonde, sostanziali rielaborazioni. Intendo riferirmi alla legge sulla variabilità dell'entropia statistica di Boltzmann. Secondo Boltzmann, la configurazione di massima entropia ha la più alta probabilità di realizzarsi, ma non è la sola configurazione possibile. Quindi, il passaggio del sistema in equilibrio statistico attraverso configurazioni di minore entropia non è escluso (ipotesi ergodica).

Tale conclusione di Boltzmann è basata sull'ipotesi che i vari modi di combinazione dei microstati, che danno luogo alle varie configurazioni del sistema abbiano eguale probabilità. Per conseguenza, la configurazione di massima entropia ha la massima probabilità perché può essere ottenuta nel maggior numero di modi. Noi mostreremo, invece, che la configurazione di massima entropia è la sola possibile configurazione di una sistema in equilibrio statistico.

Iniziamo con il considerare il senso ed il significato che la statistica permette oggi di attribuire all'entropia statistica. Sia un sistema composto da n elementi individuati da un indice i che va da 1 a n e supponiamo che tali elementi possano trovarsi in r stati individuati dall'indice k che va da 1 a r con probabilità $p_{i,k}$. E' ovviamente:

$$\sum p_k = 1 \qquad\qquad (1)$$

quale che sia l'elemento i considerato. Supponiamo anche che le probabilità siano eguali quale che sia l'elemento considerato, così che possano essere indicate semplicemente con p_k.

Poniamoci ora questa domanda: data tale struttura di probabilità dei componenti elementari, quale sarà la distribuzione più probabile degli n elementi?

Nello rispondere a questa domanda fondamentale, la statistica propone un contro-quesito preliminare che condiziona la soluzione del problema e i cui termini, pur essendo prospettati da oltre due secoli, non sono stati evidentemente compresi, visto che un errore banale nella risposta al contro-quesito è stato non solo commesso da Boltzmann ma non rilevato nel corso di un dibattito da allora mai interrotto.

Secondo la statistica, dunque, il termine di probabilità è privo di senso se non viene definito preliminarmente il campo di variazione nei cui confronti esso viene definito. Il campo di variazione può essere interno ad un insieme chiamato universo se costituito da un numero infinito di componenti e popolazione se costituito da un numero finito di componenti. In tal caso il campo di variazione è comune a tutti i componenti e si dice che esiste una interdipendenza statistica delle probabilità. Il campo di variazione nei cui confronti è definita la probabilità può essere invece interno ad ogni componente che può presentarsi in una molteplicità di modi alternativi, ed il campo di variazione complessivo per un insieme si costituisce per sovrapposizione moltiplicativa dei campi di variazione dei singoli componenti e si dice che esiste una indipendenza statistica delle probabilità.

Il caso tipico di interdipendenza statistica è costituito da una popolazione di individui classificati secondo una certa caratteristica, supponiamo il colore di una maglia indossata. La probabilità di un certo colore di maglia non costituisce una caratteristica variabile nell'individuo, che si presenta con un solo colore di maglia, ma è desunta dalla variabilità della caratteristica nella popolazione. Da notare, ai fini del raffronto con la condizione da cui è partito Boltzmann nelle sue elaborazioni, che la condizione di interdipendenza statistica non muta se gli individui si scambiano la maglia, perché il numero di maglie di un dato colore rimane in tal caso costante così come rimane per conseguenza costante la probabilità di ottenere un determinato colore di maglia scegliendo a caso un individuo dalla popolazione.

Se invece ciascun individuo può presentarsi con un colore diverso di maglia senza che ciò sia l'effetto di una scambio, ad esempio attingendo ad un campo di variabilità proprio, costituito dal proprio guardaroba, senza cioè che il numero di maglie di un determinato colore debba rimanere costante nella popolazione, si ottiene una condizione di indipendenza statistica delle probabilità.

Trasferiamo tali considerazioni al caso fisico che costituisce il punto di partenza della elaborazione di Boltzmann, vale a dire un gas monoatomico costituito da molecole fra le quali si esercitano solamente urti elastici e forze gravitazionali. Nell'ambito di valori costanti dell'energia complessiva e del volume complessivo del sistema, si avrebbe una condizione di indipendenza statistica delle probabilità degli stati delle molecole se ogni molecola potesse presentarsi in una molteplicità di stati indipendentemente dalla sua appartenenza al sistema. (Allo stesso modo di come un individuo, nell'esempio testé fatto, potrebbe mostrare, attingendo al proprio guardaroba, una variabilità del colore della maglia anche uscendo fuori dalla popolazione).

Ma è ben evidente che, se una molecola fuoriesce dal sistema (e dal connesso campo gravitazionale) essa non può subire alcuna modifica del suo stato energetico ed anche la sua variazione di posizione è soggetta a condizioni limitative espresse

28

dal principio di inerzia. La variabilità mostrata è quindi effetto di scambio mentre le probabilità sono necessariamente desunte dalla frequenza degli stati molecolari nell'ambito del sistema complessivo. La condizione di partenza è quindi tipicamente di interdipendenza statistica, mentre Boltzmann ipotizza, al contrario, che la condizione sia di indipendenza statistica delle probabilità degli stati. Si tratta di un errore grave ai fini dello svolgimento della successiva trattazione, non accettabile neanche in via di approssimazione, giacché le due condizioni sono, ai fini di determinati, importanti sviluppi, diametralmente opposte. E' già ben evidente, infatti, che in condizioni di interdipendenza statistica il sistema può assumere una sola configurazione, in quanto la modifica della configurazione comporta la variazione della frequenza e quindi della probabilità degli stati di posizione, il che implica la possibilità di variazione autonoma, non di scambio, di tali stati, quindi una condizione di indipendenza statistica degli stati.

È bene sottolineare che la condizione di interdipendenza statistica degli stati non implica alcuna dipendenza funzionale fra di essi ma semplicemente il fatto che la probabilità di ottenere un dato stato scegliendo a caso un componente del sistema è data della frequenza con cui questo stato appare nel sistema complessivo. I vari stati vanno però considerati come entità assolutamente indipendenti e di comparsa assolutamente casuale, allo stesso modo come le frequenze dei colori di maglia dei componenti della popolazione nell'esempio citato di interdipendenza statistica non possono mutare, ma ciò non toglie che la prima costituzione delle frequenze dei colori possa essere una scelta assolutamente libera da vincoli, quindi casuale.

Consideriamo adesso un problema che è connesso alle suesposte considerazioni. Lo stato macroscopico può essere considerato come composto di n eventi indipendenti, cioè di n successive estrazioni. La probabilità può quindi essere calcolata come il prodotto delle probabilità dei singoli eventi. E' legittima questa procedura di calcolare la probabilità dell'evento complesso? Generalmente parlando, non lo è. Poiché l'estrazione è eseguita da un insieme finito, esiste una interdipendenza indiretta o da "container" delle successive estrazioni, cosicché l'ipotesi della loro indipendenza non può ritenersi verificata. Poiché tutti gli elementi vengono estratti dallo stesso insieme finito, ogni estrazione modifica la distribuzione degli elementi rimanenti e quindi il livello probabilistico delle successive estrazioni.

Ricordiamo che la probabilità di un evento complessivo costituito da due elementi semplici è moltiplicativa (cioè ottenibile dal prodotto delle due probabilità elementari) quando i due elementi hanno campi di variabilità completamente separati. In tal modo il campo totale, in cui la probabilità dell'evento complesso deve essere calcolato cresce in modo moltiplicativo (il numero di possibili eventi combinatori, cioè la dimensione del campo di variabilità dell'evento complesso si ottiene infatti moltiplicando tutti i punti dell'uno per tutti i punti dell'altro e sommando). Essa diviene invece additiva (ossia ottenibile per somma delle probabilità elementari, quando i due eventi si realizzano nello stesso campo, cosicché l'accadenza dell'uno riduce il campo di variabilità dell'altro.

Nel nostro caso, l'occorrenza di un certo numero di eventi riduce il campo di variabilità degli altri al fine di soddisfare non solo la relazione (1) ma anche per ottenere una struttura di frequenze eguale a quella delle probabilità, che impone ulteriori vincoli alla classe delle frequenze individuali. Ciononndimeno in statistica si ritiene che, quando il numero di elementi estratti è molto piccolo in confronto al numero totale di elementi della popolazione, la modifica connessa a quest'ultima considerazione possa essere ignorata e la estrazione è considerata come avvenire in una popolazione infinita o universo (o può stabilirsi che, dopo ogni estrazione, l'elemento venga rimesso nella popolazione cosicché il suo campo di variabilità non venga influenzato dalla estrazione). In questo modo, l'intero campo di possibilità offerto dalla popolazione è aperto ad ogni elemento estratto e, in termini aprioristici, il processo effettivamente si svolge come se non vi fossero limiti nella dimensione del campo

La probabilità dell'evento complesso può allora essere valutata come prodotto delle probabilità dei singoli eventi elementari in quanto le modificazioni indotte nella popolazione dalla estrazione possono, in questi casi, essere ignorate. Tuttavia, l'aumento moltiplicativo delle dimensioni del campo di variabilità che è implicito nel calcolare la probabilità totale tramite il prodotto delle probabilità elementari, non può essere ignorato. Infatti il numero di combinazioni possibili non è rappresentato dalle combinazioni ottenibili se a ogni estrazione corrispondesse un differente campo di variabilità laddove ad ogni estrazione corrisponde lo stesso campo di variabilità.

Occorre quindi, in ogni caso, apportare al prodotto delle probabilità una correzione che tenga conto di questa necessità di "normalizzazione" del campo di variabilità che si aggiunge alla necessità di normalizzazione del campo delle probabilità, espresso dalla (1).

Assumendo un campione di dimensione n, si avranno np_k componenti con probabilità p_k e quindi, moltiplicando le probabilità di tutti gli elementi estratti si otterrebbe, come valore della probabilità complessiva:

$$P = \Pi(p_k)^{npk} \qquad (2)$$

Cioè un numero tendente rapidamente a zero con la dimensione del campione.

Tale risultato è privo di senso e riflette l'ampliamento esponenziale delle possibilità che si verifica per effetto della considerazione di campi di variabilità separati per ogni componente estratto con la conseguente rapidissima tendenza a zero della quota rappresentata dall'evento realizzato, cioè della sua probabilità. Va quindi eliminato l'aumento dimensionale del campo connesso alla presenza del coefficiente n nell'esponente della (2) e ciò è evidentemente molto facile, basta cassarlo.

Con queste premesse, ed effettuata l'operazione di normalizzazione del campo di variabilità, la probabilità del fenomeno complesso può essere ritenuta coincidere con il prodotto delle probabilità dei fenomeni elementari, ma ad ogni modo, per tener conto delle ipotesi semplificative che permettono tale affermazione, sopratutto del riferimento a campioni estratti da un universo piuttosto che da una popolazione finita, essa viene chiamata "verosimiglianza" e indicata generalmente con la lettera L, iniziale del termine anglosassone "likelihood".

La verosimiglianza dello stato macroscopico sarà quindi espressa da:

$$L = \Pi(p_k)^{pk} \qquad (3)$$

Vi è però un elemento di ambiguità che l'introduzione della verosimiglianza mantiene: esso è costituito dal fatto che il numero di parametri a cui è assegnata la densità di probabilità non è necessariamente costante, ma può essere addirittura una funzione della dimensione del campione.

Per conseguenza, pur avendo eliminato l'elemento di ambiguità connesso all'esponente n della (2) il prodotto delle probabilità può tendere rapidamente a zero ed essere quindi privo di significato per l'aumentare del numero dei parametri i per ciascuno dei quali va determinato il livello di probabilità. Si dice che esiste una ambiguità connessa alla variabilità di scala del parametro a cui viene assegnata la densità di probabilità.

La normalizzazione realizzata dividendo l'esponente della (2) per n non è quindi completa, fintanto che il numero dei fattori al secondo membro della (3) è soggetto ad una variabilità di scala connessa alla variabilità del numero dei parametri o dei valori del parametro per i quali è richiesta la determinazione probabilistica.

La variabilità di scala implica che data una certa distanza individuata da un segmento di una retta, essa può essere espressa in modi diversi, intendendosi come tali diversi numeri di punti intermedi cui diamo importanza significativa. Ciò può accadere anche se consideriamo una infinità di punti di un segmento, cioè una condizione di continuità perché è possibile considerare infinità di punti di diverso ordine nell'ambito dello stesso segmento.

Il problema della eliminazione della variabilità di scala è un altro di quei problemi che mostrano quanto difficile sia la comprensione del significato e della generalità di certi risultati. Esso è stato infatti risolto da Bernoulli intorno al 1700 nell'ambito della dimostrazione della convergenza della binomiale alla gaussiana ridotta [2] ed il metodo adottato è stato poi applicato alla dimostrazione del teorema limite centrale del calcolo delle probabilità [3], nonché di altri importanti teoremi, ma senza che alcuno rilevasse la generalità di tale soluzione, così che il risultato generale è stato ricercato per secoli e ritrovato recentemente da Jaynes [6] riprendendo un'idea di Jeffrey [7], nell'ambito di un problema similare ed infine da me [8], in modo del tutto autonomo nell'ambito di un diverso problema.

Nel paragrafo che segue si riporta la elegante dimostrazione di Bernoulli, che commenteremo ove opportuno al fine di mostrare attraverso di essa il significato dell'operazione di normalizzazione ivi condotta e come dovrebbe essere facile, almeno intuitivamente, dedurne l'estensione al calcolo differenziale.

Consideriamo una variabile statistica distribuita secondo lo schema di Bernoulli:

$$\left[\begin{array}{l} p, q \\ 1, 0 \end{array}\right. \qquad (p + q = 1) \qquad (4)$$

dove p e q sono le probabilità di accadenza (1) e di non accadenza (0) di un evento. Come è noto, la somma di n variabili statistiche distribuite secondo lo schema di Bernoulli può essere associata al polinomio:

$$(pt + q)^n \qquad (5)$$

il cui termine generale dello sviluppo è dato dall'espressione di Newton:

$$W_s = \binom{n}{s} p^s q^{n-s} t^s \qquad (s = 0, 1 \ldots \ldots n) \qquad (6)$$

cui corrisponde la variabile statistica

$$\left[\binom{n}{s} p^s q^{n-s}, \right._s \qquad (s = 0,1\ldots\ldots\ldots\ldots n) \qquad (7)$$

Ogni valore

$$\binom{n}{s} p^s q^{n-s},$$

relativo ad un valore di s, esprime la frequenza di s accadenze su n eventi indipendenti, ciascuno distribuito secondo lo schema di Bernoulli (4). La distribuzione di frequenza della variabile statistica (7) è detta distribuzione binomiale. E' facile calcolarne la media e la varianza. Si ha infatti per la distribuzione elementare (4):

$$\text{media} = m = (1 \mathrm{x} p + 0 \mathrm{x} p)/(p+q) = p(p+q) = p$$

$$\text{varianza} = \sigma^2 = (1-p)^2 p + (0-p)^2 q = pq \qquad (8)$$

Ne segue che per la variabile (7) somma di n variabili elementari (4) si ha:

$$m = np \qquad\qquad \sigma^2 = npq \qquad\qquad (9)$$

Come si vede, quindi, l'intervallo (0,1) della variabile originaria, definito da due soli punti, ha assunto nella variabile somma n+1 punti significativi, cioè ha assunto una variabilità di scala. E' facile vedere che ciò determina una tendenza a zero di tutte le probabilità al crescere del numero di variabili statistiche somma, cioè di n, che cioè l'espressione generica della probabilità tende a zero con il crescere di n ed assume quindi una ambiguità connessa all'esistenza di una variabilità di scala. Dimostriamolo per il massimo valore della frequenza, valore che si ha in corrispondenza di un valore i della variabile s per cui si ha:

$$\binom{n}{i-1}p^{i-1}q^{n-i+1} < \binom{n}{i}p^{i}q^{n-i} > \binom{n}{i+1}p^{i+1}q^{n-i-1} \qquad (10)$$

che comporta:

$$i > pn\text{-}q \qquad (11)$$

Per grandi valori di n si può allora porre $i = pn$ e pertanto W_i diviene:

$$W_i = \binom{n}{pn}p^{pn}q^{qn} \qquad (12)$$

Applicando la formula di De Moivre Stirling, valida per grandi valori di n:

$$n! = n^{n}e^{-n}\sqrt{(2\pi\, n)} \qquad (13)$$

si ha, sostituendo in (12):

$$W_i = 1/\sqrt{(2\pi\, pqn)} \qquad (14)$$

e quindi, per n tendente all'infinito:

$$\lim W_i = 0 \qquad (15)$$

Se però sostituiamo ai valori della variabile statistica di partenza (4) gli scarti rispetto alla media rapportati allo scarto quadratico medio totale (i cosiddetti scarti ridotti) se cioè partiamo da variabili statistiche del tipo:

$$X_i = \begin{bmatrix} p, & q \\ \\ \dfrac{1-p}{\sqrt{(npq)}} & \dfrac{0-p}{\sqrt{(npq)}} \end{bmatrix} \qquad (p+q=1) \quad (16)$$

la variabile statistica $X^{(n)}$ somma di n di tali variabili, al tendere di n all'infinito tende ad una forma limite la cui distribuzione di frequenza è data dalla formula

$$y = (1/2\pi)\, e^{2(-x/2)} \qquad\qquad (17)$$

detta "Gaussiana ridotta".

Basta, per dimostrare questa affermazione, applicare l'inversa del primo teorema limite del calcolo delle probabilità e dimostrare che la funzione generatrice della variabile statistica somma $X^{(n)}$ tende alla funzione generatrice della gaussiana ridotta. Ci risparmiamo il dettaglio di questa dimostrazione, contenuta in tutti i testi di statistica ed in particolare nel mio testo citato in bibliografia, cap. II, pagg, 25 e 26 [4].

Ciò che a noi interessa è che il passaggio agli scarti ridotti, cioè a variabili anche dette normalizzate, che viene svolto anche nella dimostrazione di altri importantissimi teoremi, quale il teorema limite centrale del calcolo delle probabilità, può essere espresso in termini differenziali come sostituzione della variazione elementare $d\sigma$ con la variazione $d\sigma/\sigma$, cui corrisponde, a livello integrale, il passaggio ai logaritmi.

Come ho avuto modo di accennare, tale conclusione è stata ritrovata da Jaynes, assai recentemente, attraverso la cosiddetta "teoria della marginalizzazione" [6], nell'ambito di una ricerca volta ad eliminare l'ambiguità connessa alla variabilità di scala del parametro cui viene assegnata la uniforme densità di probabilità nel teorema di Bayes e Laplace. Lo stesso risultato è stato da me ottenuto in un altro contesto [8].

Dunque la variabilità di scala di un parametro σ viene eliminata sostituendo le variazioni differenziali del parametro, $d\sigma$, con il rapporto $d\sigma/\sigma$, il che implica, a livello integrale, l'assunzione di una scala logaritmica. La verosimiglianza, nella sua forma logaritmica, diviene:

$$(18)$$
$$S = \sum p_k \ln p_k$$

cioè la verosimiglianza normalizzata coincide (trascurando il segno) con l'entropia statistica. Per quanto abbiamo più sopra detto, essa è quindi libera dalle ambiguità connesse alla variabilità di scala del parametro cui è assegnata la densità di probabilità.

E' opportuno che ci soffermi ancora sul concetto che la verosimiglianza normalizzata, o l'entropia, pur coincidendo con la probabilità dell'evento complesso quando questo costituisce un piccolo campione estraibile da una popolazione infinita, non può essere assolutamente con essa confusa quando ci si allontani da queste ipotesi estremamente restrittive assumendo eventi complessi la cui dimensione non sia più trascurabile nei confronti della popolazione o addirittura la esauriscano, per considerare quali sono i motivi per cui essa rimanga pur tuttavia, anche in queste condizioni un indice di estrema importanza.

L'entropia, come prodotto delle frequenze normalizzate, è in rapporto univoco con la struttura distribuzionale della popolazione o del campione e rappresenta perciò un indice distribuzionale, una misura della variabilità.

Come è ben noto agli studiosi di statistica, sono stati proposti numerosi indici che possano rappresentare sinteticamente una distribuzione di frequenza. Evidentemente, vista la ovvia impossibilità teorica di sintetizzare in un solo indice informazioni così numerose e complesse quali sono racchiuse in una distribuzione di frequenza, la scelta dell'indice assume degli aspetti soggettivi, risultando un indice più adatto ad un problema piuttosto che ad un altro. Cionondimeno un indice ha avuto un successo particolare in virtù del fatto che si inquadra come componente in un quadro matematico che permette l'analisi completa della variabilità. Mi riferisco alla varianza o momento del secondo ordine, che rappresenta il secondo termine dello sviluppo in serie di una funzione, detta funzione caratteristica, che può essere trasformata, attraverso il teorema di inversione di Fourier, nella funzione distribuzionale [5].

Quindi, seppure non è possibile trasferire l'intera quantità di informazione contenuta in una funzione distribuzionale in un solo indice, è possibile trasferirla in una successione di indici, o momenti, che rappresentano lo sviluppo in serie della funzione caratteristica e fra i quali il momento del secondo ordine occupa un posto di particolare importanza, visto che generalmente il resto dello sviluppo in serie tende rapidamente a zero.

E' possibile quindi apprezzare il significato dell'entropia mediante il raffronto fra le variazioni dell'entropia e le variazioni del momento del secondo ordine.

E' innanzi tutto evidente che, poiché le probabilità sono valori frazionari, l'entropia diminuisce all'aumentare del numero dei fattori, cioè del numero delle classi di frequenza. Poiché parliamo di campi variazionali normalizzati, in cui cioè è eliminata la variabilità di scala, la riduzione del numero delle classi, e quindi l'aumento dell'entropia, riflette la reale riduzione degli elementi di variabilità o distinguibilità, ossia la diminuzione dell'ampiezza del campo di variabilità normalizzato e quindi della varianza. L'entropia è un indice distribuzionale che varia in modo inverso alla varianza, è cioè, con i termini di Gini, un indice di "concentrazione".

Naturalmente, non ignoriamo che la varianza dà un peso crescente agli elementi della variabile statistica a seconda della differenza dei loro valori dalla media, laddove nell'entropia statistica il solo elemento considerato è la frequenza, quale che sia il valore dell'elemento. Quindi nell'entropia statistica la distinguibilità degli elementi è determinata dalla selezione apriori degli eventi elementari a cui è assegnata una densità di probabilità e a cui l'operazione di normalizzazione riporta. Nella varianza invece, la distinguibilità entra anche attraverso i valori della variabile statistica che entrano nel calcolo dell'indice e non solo nella determinazione delle classi di frequenza. Quindi nella varianza è possibile graduare la distinguibilità o differenziazione, laddove nell'entropia la distinguibilità ha solo due livelli: si e no. Quindi l'entropia statistica non è adeguata al trattamento di fenomeni in cui la variabile statistica (che esprime la distinguibilità) varia secondo una quantità numerabile, mentre è adeguata alla trattazione di fenomeni in cui la variabile statistica varia per attributi.

In ogni caso, l'entropia è influenzata dalla determinazione aprioristica degli elementi di distinguibilità che può essere, in una certa misura, arbitraria, come è mostrato dal famoso paradosso di Gibbs [9].

Gibbs mostrò che le conseguenze fisiche del mischiare due gas "quasi identici" sono essenzialmente le stesse del mischiare due gas identici. Tuttavia la variazione di entropia data dalla relazione di Boltzmann è grande per molecole distinguibili mentre è zero per molecole identiche. Malgrado siano passati più di cento anni da quando Gibbs formulò il suo paradosso, non è stata ancora trovata una spiegazione soddisfacente.

Alla luce della nostra analisi la sua soluzione è chiara. Assumendo un elemento di poca importanza ai fini della distinguibilità, come è implicito nei termini "quasi identici", come elemento fondamentale di determinazione del campo di variabilità normalizzato gli si dà la massima importanza proprio per quanto riguarda la distinguibilità, così introducendo la possibilità di valutazioni erronee se l'entropia non è valutata in relazione al valore elementare di distinguibilità definito apriori.

In altre parole, l'entropia deve essere valutata in relazione al valore elementare di distinguibilità dato a una classe rispetto ad un'altra, valore che non entra nel calcolo dell'indice come invece avviene nella varianza.

Nella dimostrazione di Boltzmann della legge dell' aumento dell'entropia statistica la scelta arbitraria di distinguibilità consiste nella dimensione delle celle elementari dello spazio delle fasi. Tale cella venne scelta in modo da contenere un gran numero di particelle, cosicché il numero dei modi con cui una configurazione può essere realizzata è dato da:

$$(19)$$

$$W = N!/(N_1!.....N_k!....N_s!)$$

La sua espressione logaritmica è l'entropia coincidente (come ha mostrato Shannon utilizzando la formula di De Moivre Stirling e tenendo conto che $N_k/N = p_k$) con l'opposto della espressione (18). In essa N_k è il numero di particelle contenute nella cella k. Secondo Boltzmann, la configurazione più probabile è quella per la quale la eq. (19) diviene massima.

Ora, i fattori N_k! Esprimono le permutazioni degli elementi contenuti all'interno delle celle cosicché eq. (19) esprime le permutazioni residue fra le celle.

Evidentemente il valore dell'eq. (19) aumenta quando le particelle sono suddivide fra le celle (perché aumentano le permutazioni fra le celle) e diminuisce quando le particelle sono condensate nelle celle (perché aumentano le permutazioni nelle celle). Ma il valore dell'eq. 19, e quindi dell'entropia, aumenta anche se la dimensione delle celle decresce perché anche in questo caso le permutazioni fra le celle aumentano. Quindi l'entropia dipende dalla dimensione delle celle che cambia l' elemento di distinguibilità. Da notare che le differenze in entropia fra le configurazioni diminuisce quando la dimensione delle celle diminuisce: se scegliamo una cella così piccola da contenere solo una particella, tutti i fattori N_k! dell'eq. (19) divengono unitari ed il numero di modi di combinazione dei microstati diviene N! quale che sia la configurazione!

Ritorniamo allora al problema da cui siamo partiti, vale a dire la determinazione della distribuzione delle frequenze degli r stati in cui ciascun elemento di un insieme può trovarsi in condizioni di interdipendenza statistica ed in particolare delle frequenze di posizionamento che individuano la forma del sistema, cioè la configurazione del sistema. Ricordiamo la conclusione cui siamo giunti che in condizioni di interdipendenza statistica può esistere una sola configurazione in quanto la modifica della configurazione implicherebbe la variazione delle frequenze degli stati di posizionamento che in una condizione di interdipendenza statistica di un sistema isolato non possono sussistere.

Con ciò ovviamente non abbiamo determinato quale sia questa configurazione, anche se sappiamo che è unica; ricordiamo però che la prima formazione della distribuzione di frequenza è un processo casuale.

Noi possiamo in tal caso applicare il principio di indifferenza di Laplace e la conseguente legge dei grandi numeri di Bernoulli. Essa stabilisce che in simili casi in cui non vi è alcuna ragione a priori per dare differenti probabilità agli stati elementari si deve assumere una condizione di eguale probabilità e ritenere che l'esistenza di una non uniformità distribuzionale sia equivalente all'esistenza di una causa agente,

Si può dimostrare che, quando le probabilità degli stati elementari sono eguali, il livello di entropia di tale distribuzione è superiore a quello ottenibile con qualsiasi altra distribuzione. Dimostriamolo per semplicità nei confronti della verosimiglianza. La condizione di normalizzazione delle frequenze impone:

$$\Sigma p_i = 1 \qquad \Sigma dp_i = 0 \qquad\qquad (20)$$

Il massimo della verosimiglianza richiede l'annullamento della derivata, cioè per $Max(p_1*p_2*......)$ deve essere:

$$d(p_1*p_2....) = dp_1*p_2*p_3...+ p_1*dp_2*p_3...+p_1*p_2*dp_3...= 0 \quad (21)$$

Ma essendo

$$\Sigma dp_i = 0$$

si deve avere:

$$p_1 = p_2 = ...ecc \qquad\qquad (22)$$

Dunque, la configurazione di massima entropia non è la configurazione più probabile, ma l'unica possibile.

Ma allo stesso risultato si può giungere attraverso una diversa linea di ragionamento, senza necessità di passare dalla legge dei grandi numeri. Supponiamo che tutti i componenti del sistema abbiano lo stesso stato energetico, cioè lo stesso livello di energia cinetica.

Perché i differenti modi di combinazione diano luogo a configurazioni distinguibili vi devono essere differenze nella composizione delle celle in cui il sistema viene diviso. Ciò implica una variabilità della densità dei componenti e quindi

41

differenziali dell'energia totale fra una cella e l'altra.

Quindi, una variabilità configurale può esistere solo sotto condizioni di disequilibrio [10], altrimenti le diverse combinazioni di celle son indistinguibili. Tuttavia, poiché le condizioni di disequilibrio tendono, per il postulato di Carnot, verso l'equilibrio e poiché queste condizioni di equilibrio non possono essere abbandonate, in definitiva sotto condizioni di equilibrio solo una configurazione macroscopica è possibile.

Conclusioni

Si può in definitiva così sintetizzare il nostro ragionamento. L'ipotesi di Boltzmann è quella di equiprobabilità dei modi di combinazione degli stati per realizzare le configurazioni. Ma alle diverse configurazioni corrispondono diverse distribuzioni di frequenza degli stati e quindi diverse distribuzioni delle probabilità elementari. Poiché abbiamo visto che le distribuzioni asimmetriche delle probabilità elementari non sono possibili in assenza di una causa sistemica (secondo la locuzione di Prigogine esistono "vincoli di simmetria"), l'ipotesi di Boltzmann contraddice clamorosamente il principio di indifferenza di Bernoulli ed equivale ad ammettere che vi siano effetti senza cause.

Si tratta di un errore metodologico grave, che è stato possibile commettere e non rilevare dopo che era stato commesso, in virtù di una condizione di impossibilità ancora più grave cui sembrava condurre la sua negazione, quella della impossibilità della formazione dell'ordine nei sistemi isolati. Infatti, malgrado attraverso l'ipotesi di Boltzmann si debba considerare come macrostato più probabile quello ottenibile con il maggior numero di modi di combinazione che è quello di massima entropia, sussistono probabilità di passaggio per macrostati diversi, che possono determinare l'innesco di un meccanismo evolutivo (ipotesi ergodica), probabilità che seguendo lo schema di Bernoulli debbono invece escludersi.

Ma una contraddizione non è mai stata risolta da un'altra contraddizione: se, invece di cercare impossibili modo di formazione dell'ordine per via casuale, si fosse considerato che le conclusioni ottenute tramite lo schema di Bernoulli dimostrano la necessità dell'esistenza di un fattore sistemico nascosto, questo sarebbe stato alla lunga trovato, come ho avuto modo di mostrare in altri lavori [11].

Bibliografia
[1] – Jaynes E.T.: *Where do we stand on maximum entropy?* In "The maximum entropy Formalism" Levine & Tribus ed., MIT Press, 1978
[2] – Firrao S.: *Controllo Statistico della Qualità,* Politecnico di Milano, 1968, pag. 25
[3] – Ibidem, pag. 29
[4] – Ibidem pag. 25 e 26
[5] – Ibidem, pag 18
[6] – Jaynes .T.: *Foundations of Probability Theory, Statistical Inference and Statistical Theories of Sciences,* W.L. Harper and C. A. Hooker eds, D. Reidel Publishing Co. Dordrecht, Holland, 1976
[7] – Jeffreys H.: *Theory of Probability,* Oxford University Press, 1948
[8] – Firrao S.: *Sui fondamenti della termodinamica,* in questo volume cap. 2
[9] – Gibbs J.W. : *Principles of Statistical Mechanics,* Yale University Press, New Haven, 1948
[10] – Prigogine I., Nicolis G.: *Self-Organization in Non-equilibrium Systems,* Wiley, New York, 1977
[11] – Firrao S.: *Development of Oscillatory Processes in Isolated High Energy Systems,* Cibernetica, XXXI, 4, 1988

Capitolo 4

Lo sviluppo di processi oscillatori nei sistemi isolati ad alta energia.

Nell'ipotesi che il volume disponibile sia illimitato, l'espansione di fuga di un sistema isolato del tipo di Boltzmann si trasforma in un processo oscillatorio, importante stadio nel processo di formazione dell'ordine.

* * *

Secondo la meccanica classica se, in assenza di limitazioni volumetriche, in un sistema isolato costituito da un gas con le caratteristiche dello schema di Boltzmann, (cioè costituito da molecole monoatomiche soggette esclusivamente a forze cinetiche e gravitazionali) l'energia cinetica supera un certo valore, ossia il cosiddetto "valore di fuga", il campo gravitazionale non può più trattenere le molecole che si muovono in direzione centrifuga, che pertanto continuano inerzialmente il loro moto. Chiameremo sistemi "ad alta energia" i sistemi in cui si verifica tale condizione.

La condizione di espansione, comportando la predominanza di alcune direzioni di moto, rappresenta già una condizione più ordinata, con più bassa entropia, rispetto alla condizione di completo disordine in cui tutte le direzioni di moto sono egualmente probabili. Tuttavia, questo è un ordine che, secondo le leggi della meccanica classica, non è capace di evolvere verso più complesse forme di ordine.

Se la nostra conoscenza della fisica fosse ancora al livello prerelativistico, la conoscenza della possibilità di esistenza di una espansione di fuga del sistema isolato non sarebbe dunque molto utile per lo sviluppo della teoria dell'organizzazione. I concetti introdotti dalla teoria della relatività [2], [3] permettono invece di dimostrare che durante l'espansione di fuga e sulle grandi distanze si verificano trasformazioni di energia in massa che trasformano l'espansione in un processo oscillatorio.

Per tale via è possibile identificare meccanismi che

44

portano alla formazione di semplici forme di ordine organizzativo in certi sottosistemi e ad associati flussi di energia ordinata tra tali sottosistemi, flussi che innescano processi che portano alla formazione di ordine complesso nei sottosistemi che li ricevono [4], [5], [6], [7].

Prima dell'enunciazione della teoria della relatività, lo spazio ed il tempo erano considerati entità assolute, i cui valori dovevano essere covarianti (che implica l' invarianza degli intervalli spazio-temporali) rispetto a sistemi di coordinate in moto relativo uniforme. La trasformazione di coordinate che riflette questo principio è la trasformazione di Galileo.

Il primo risultato scientifico che generò dubbi sulla validità dell'approccio di Galileo fu ottenuto nel campo dei fenomeni elettromagnetici. Nell'ambito di tali fenomeni, governati dalle equazioni dell'elettromagnetismo di Maxwell e Lorenz, il principio di relatività galileiano non viene rispettato.

L'applicazione del principio galileiano comporta che la velocità di un raggio di luce muoventesi parallelamente al moto della terra dovrebbe risultare modificata dal moto della terra nei confronti di un osservatore posto sulla terra. L'esperimento di Michelson e Morley mostrò invece che la velocità della luce non è influenzata dal moto di traslazione della terra, così confermando il risultato di inapplicabilità della trasformazione di Galileo in un certo ambito di fenomeni.

La teoria di Einstein della relatività ristretta tenne conto di questi risultati traendone la ovvia conclusione che, non essendo gli intervalli spazio-temporali sempre invarianti nei confronti di sistemi inerziali in moto relativo come previsto dalla trasformazione di Galileo, lo spazio ed il tempo non sono assoluti. Tuttavia, le differenze nei valori delle variabili fisiche che portano all'invalidazione della trasformazione di Galileo scompaiono se viene usata la trasformazione di Lorenz (ottenuta assumendo la velocità della luce come invariante trasformazionale) invece della trasformazione di Galileo. Per mezzo di questa trasformazione le leggi della fisica possono essere trasferite da un sistema inerziale all'altro, senza più le limitazioni che scaturivano dalla utilizzazione della trasformazione di Galileo.

Secondo la teoria della relatività ristretta, le leggi della fisica sono quindi invarianti rispetto alla trasformazione di Lorenz e ciò dà ai sistemi inerziali una speciale caratteristica di privilegio, allo stesso modo in cui l'invarianza rispetto alla trasformazione di Galileo aveva attribuito una natura privilegiata al sistema assoluto di riferimento nella fisica prerelativistica. Come Einstein ha sottolineato [2] e come è in ogni caso evidente, ciò comporta il trasferimento della natura di assolutezza dallo spazio e dal tempo presi singolarmente al continuo spazio-temporale.

Una volta che l'ipotesi di spazio e tempo assoluti era stata invalidata, il risultato fu portato alle sue estreme conseguenze, negando la caratteristica di assolutezza anche al continuo spazio-temporale, operazione eseguita da Einstein nella teoria generale della relatività [3]. Secondo questo modo di vedere, come l'invarianza delle leggi della fisica nei confronti della trasformazione di Galileo rappresenta una prima approssimazione che cade quando certe condizioni limite di moto relativo uniforme dei sistemi di riferimento vengono raggiunte, così l'invarianza delle leggi della fisica nei confronti della trasformazione di Lorentz rappresenta una prima approssimazione che cade in condizioni di moto relativo accelerato dei sistemi di riferimento.

Così come l'invarianza della velocità della luce permise di formulare la trasformazione di Lorentz, così la formulazione di una trasformazione generale fra sistemi di coordinate in moto relativo non uniforme comporta che vengano identificati gli elementi di invarianza per mezzo dei quali sia possibile tale formulazione.

Il problema può essere posto nei seguenti termini: data una certa figura geometrica definita in un sistema di coordinate spazio temporali (spazio quadridimensionale di Minkoski) quale sarà la nuova figura se le coordinate variano? Einstein trasse gli elementi di invarianza, attraverso cui ottenere la trasformazione, dal principio di continuità secondo il quale le variazioni fra i sistemi devono aver luogo al livello della seconda derivata rispetto alle coordinate. La risposta alla domanda divenne così un problema geometrico già risolto dalla geometria non euclidea di Riemann, sviluppata nel calcolo dei tensori di Ricci e Levi-Civita.

Questo tipo di matematica permette di determinare gli elementi di invarianza in un tensore, di cui occorre fornire le relazioni fra i componenti che costituiscono gli elementi di variabilità. Per quanto riguarda il campo gravitazionale, queste relazioni furono fornite dal principio di equivalenza secondo il quale nel passare da un sistema di coordinate all'altro, l'accelerazione e l'attrazione gravitazionale devono essere considerate equivalenti. Questa equivalenza implica condizioni di simmetria fra i componenti del tensore.

I risultati ottenuti modificano dunque le conclusioni della meccanica classica in merito alla espansione di fuga. L'individuazione degli elementi di variabilità nell'equivalenza fra attrazione gravitazionale e accelerazione implica che nella trasformazione di un sistema ad una decelerazione deve corrispondere un aumento della attrazione gravitazionale e quindi della massa, implica cioè il principio di conservazione della somma massa+energia che sostituisce i due separati principi di conservazione dell'energia e della massa della meccanica tradizionale.

Ciò implica che durante l'espansione di fuga si verifica una trasformazione continua di energia in massa che alla lunga arresta l'espansione e avvia una fase di compressione, trasforma cioè l'espansione in un processo oscillatorio.

Riesaminiamo l'analisi di Newton del moto oscillatorio di due masse m_1 e m_2 soggette esclusivamente alla attrazione gravitazionale reciproca. Questo moto è caratterizzato in ogni istante dai valori della velocità relativa delle due masse e quindi dell'energia cinetica E, della forza di attrazione gravitazionale F e della distanza fra le due masse s. Nella trattazione di Newton si assume che un gradiente dell'energia cinetica determini una forza capace di controbilanciare la forza gravitazionale. Newton cioè scrisse la famosa relazione:

$$dE/ds = - F \qquad (1)$$

che implica lo sviluppo di una variazione di energia cinetica, eguagliante la forza gravitazionale, in corrispondenza di ogni valore della distanza.

47

La funzione dell'energia cinetica è ottenuta, nella trattazione Newtoniana, integrando la (1), da

$$E = -k\ m_1 m_2 / s + C \qquad (2)$$

Quindi, secondo la trattazione classica, se l'energia cinetica ha un valore iniziale sufficientemente alto (il valore di fuga) vi è nel processo di espansione un punto a partire dal quale l'attrazione gravitazionale decresce più rapidamente dell'energia cinetica cosicché il moto di allontanamento diviene irreversibile.

Questa conclusione fu dovuta al fatto che Newton considerava due separati principi di conservazione dell'energia e della massa, considerava quindi invariabili le masse. Secondo la teoria della relatività, invece, durante il processo di espansione si verifica una trasformazione di energia cinetica in massa che implica un aumento dell'attrazione gravitazionale, in quantità equivalenti, cosicché è sempre raggiunto un punto di inversione, quale che sia il valore iniziale dell'energia cinetica.

Anche Newton incontrò l'ostacolo del principio di conservazione nella formulazione della sua teoria. Egli infatti postulò, appunto per rispettare il principio di conservazione dell'energia, che durante il processo di espansione l'energia cinetica si trasformasse in una energia potenziale, che non modificava per nulla l'attrazione gravitazionale.

I sistemi isolati ad alta energia, in conclusione, non assumono, in assenza di vincoli volumetrici, una condizione di espansione permanente come vuole la trattazione classica. Assumono invece una condizione oscillatoria di lungo periodo.

La conclusione è anche traibile al livello di relatività ristretta. Citiamo direttamente Einstein [2]: "*se un corpo, che si muove con la velocità v, assorbe una quantità di energia E_o in forma di radiazione, senza che questo processo ne alteri la velocità, esso subisce di conseguenza un incremento della propria energia uguale a:*

$$E_o / \sqrt{(1-v^2 / c^2)} \qquad (3)$$

e l'energia cinetica del corpo risulta essere:

$$(m + E_0/c^2\ )c^2\ /\ \sqrt{(1 - v^2\ /\ c^2\ )} \qquad (4)$$

Il corpo ha così la stessa energia di un corpo di massa m+E₀/c² *che si muove con la velocità v. Possiamo dunque dire: se un* *corpo assorbe una quantità di energia E₀, allora la sua massa* *inerziale cresce di una quantità E₀/c²; la massa inerziale di un* *corpo non è una costante, ma varia a seconda del mutamento di* *energia del corpo stesso. Il principio di conservazione della* *massa di un sistema diventa identico al principio di* *conservazione dell'energia ed è valido solo in quanto il sistema* *non assorba né emetta energia."* Naturalmente, in questo caso Einstein ha preso in esame un sistema un moto uniforme, ma le conclusioni possono essere estese facilmente al caso nostro, in cui il corpo subisce una decelerazione in conseguenza dell'attrazione gravitazionale, senza necessità di ricorrere alla relatività generale. Supponiamo infatti che, subita la decelerazione, il corpo assuma un moto uniforme. Per il principio di conservazione della somma massa+energia del corpo, la perdita in energia cinetica deve essere compensata da un aumento della massa, allo stesso modo in cui l'aumento di energia E₀ dell'esempio di Einstein, non manifestandosi nel moto, comporta un aumento della massa. Il risultato non può cambiare se, subita la decelerazione il corpo, invece di riprendere il moto uniforme, subisce una ulteriore decelerazione. Ad ogni decelerazione corrisponderà un aumento della massa.

Tutto ciò ovviamente nell'ipotesi che la capacità di resistenza al moto di allontanamento sia identica alla capacità di indurre il moto di avvicinamento, cioè nell'ipotesi che la massa inerziale e la massa gravitazionale rappresentino una stessa proprietà del corpo, dove la diversità è solo nella relatività del punto di vista, come è nella visione di Einstein.

Einstein stesso spiega il motivo perché queste trasformazioni siano sfuggite nell'ambito della meccanica classica: *"Un confronto diretto con l'esperimento non è possibile al giorno* *d'oggi, perché i mutamenti dell'energia E₀ a cui possiamo* *sottoporre un sistema non sono grandi abbastanza da rendersi* *percettibili come mutamento della massa inerziale del sistema. E₀/*

c^2 risulta troppo piccola in confronto alla massa m che era presente prima dell'alterazione energetica. E' grazie a questa circostanza che è stato possibile stabilire con successo un principio di conservazione della massa come legge avente validità autonoma."[2]

Riferimenti:
[1] -Firrao S.: **Development of oscillatory processes in isolated high energy systems,** Cybernetica, XXXI, 4, 1988
[2] -Einstein A.: **Uber die Spezielle und Allgemeine Relativitats-theorie,** Lipsia, 1916
[3] -Einstein A.: **Vier Vorlesungen uber Relativitats-theorie,** Vieweg & Sohn, Braunschweig, 1992 (Course of lectures held at the Princeton in 1921)
[4] -Bertalanffy L.:Science, III, 1960, 23
[5] -Brillouin L.: J. Appl. Phys., 24, 9, 1152, Septem. 1953
[6] -Frohlich H.: Advances in Electronic and Electron Physics, 85, 53, 1980
[7] -Prigogine I., Nicolis G.: **Self-Organization in Non-equilibrium Systems,** Wiley, New York, 1977

Capitolo 5

La formazione dell'ordine nelle galassie.

Sommario

Secondo gli schemi teorici generalmente accettati, prima che venga raggiunta una configurazione ordinata ogni galassia può essere considerata come un sistema termodinamico, ossia come un sistema composto da un gran numero di componenti elementari in moto disordinato lungo tutte le direzioni possibili ed in cui vi è conseguentemente un'alta frequenza di urti.

Se l'energia cinetica dei componenti è inferiore ad un certo valore, detto di fuga, il sistema, pur potendo assumere, per valori dell'energia cinetica prossima a quella di fuga, una condizione oscillatoria fra alterne fasi di espansione e compressione, assume in generale la configurazione di massima entropia cui corrisponde l'equilibrio statistico. Se, invece, l'energia cinetica dei componenti supera il valore di fuga, il sistema assume un moto di espansione che si trasforma, alla distanza, in un moto di allontanamento reciproco di tutti i componenti senza urti di cui non è possibile immaginare la fine. In ogni caso, secondo gli schemi termodinamici oggi accettati, non vi è modo di spiegare la formazione dell'ordine nelle galassie.

Ma se ogni componente in moto di allontanamento dal baricentro del sistema nell'espansione di fuga fosse sottoposto, sulle distanze molto grandi, a variazioni di stato che implichino il rallentamento e la trasformazione dell'energia cinetica in massa, il sistema potrebbe passare per stati che possono innescare l'ordine motorio. Il processo organizzativo passerebbe in tal caso per fasi di selezione, aggregazione, contrapposizione ed equilibrio che possono essere generalizzate come fasi necessarie in qualsiasi processo organizzativo, quindi come basi della teoria dell' organizzazione.

1 - Invalidazione dell'ipotesi ergodica nei sistemi in equilibrio statistico.

Malgrado per l'intero universo il quesito circa le caratteristiche dell'espansione, se cioè si tratti di una espansione di fuga (universo aperto) o meno (universo chiuso), non sia stato ancora risolto, per quanto riguarda le galassie viene generalmente ritenuto che l'espansione, ove si verifichi, non sia di fuga. In effetti, in assenza di un processo di trasformazione di energia in massa sulle grandi distanze, che, come vedremo, può

51

spiegare la formazione dell'ordine, la condizione di espansione di fuga non può essere ipotizzata come condizione iniziale delle galassie perché non vi sarebbe modo di spiegare, attraverso di essa, il successivo processo di evoluzione verso l'ordine.

Ma, se l'energia cinetica dei componenti è inferiore al valore di fuga, il sistema termodinamico, cui la galassia primordiale è assimilabile, assumerebbe una condizione di equilibrio statistico, in corrispondenza della quale, per la legge di Boltzmann, il disordine sarebbe massimo [1]. Se l'energia cinetica dei componenti è prossima a quella di fuga, il sistema può assumere una certa condizione oscillatoria fra fasi di espansione e di compressione di breve periodo che, anche in presenza di un volume illimitato, occuperebbe un volume limitato dalle forze gravitazionali, così da non essere molto distinguibile da una condizione di massima entropia.

Secondo un certo modo di vedere generalmente accettato nell'ambito delle teorie fin oggi proposte, la legge di Boltzmann lascerebbe però la possibilità di un innesco di ordine e si è fatto quindi leva, iniziando da Boltzmann stesso, su tale possibilità per spiegare la formazione dell'ordine nelle galassie.

Tale possibilità è legata ad una interpretazione della distribuzione di Boltzmann, anziché come una distribuzione di probabilità, che fornisce un modello di evoluzione della configurazione del sistema verso la sua forma più probabile, come una distribuzione di frequenza, che fornisce un modello di passaggio ciclico del sistema attraverso un certo insieme di configurazioni (ipotesi ergodica).

Ciò evidentemente significa che in un intervallo di tempo sufficientemente lungo il sistema dovrebbe necessariamente passare per certe configurazioni che possono costituire nucleo di sviluppo di un successivo processo evolutivo dell'ordine, configurazioni che hanno cioè la proprietà di interrompere il comportamento ripetitivo, ergodico del sistema.

La legge di Boltzmann venne determinata trascurando l'effetto della struttura delle forze interne sulla probabilità di ogni configurazione (ipotesi di indipendenza della distribuzione di probabilità degli stati dei componenti) e ipotizzando limitato il volume complessivo assumibile dal sistema, elementi la cui diversa considerazione invece, alla luce degli studi successivi, si rivelerà fondamentali per lo sviluppo dell'ordine.

La legge venne cioè determinata considerando la probabilità delle varie configurazioni sulla base solamente delle possibilità combinatorie fra stati elementari di eguale probabilità (ed in numero finito), allo stesso modo in cui si può determinare la distribuzione di frequenza delle varie combinazioni di numeri nel lancio dei dadi. Essa non dirime la questione se, partendo da una configurazione di equilibrio statistico, il sistema se ne possa allontanare, sia pure rispettando la più alta frequenza della prima configurazione. L'ipotesi ergodica ha però trovato un appoggio teorico su una trattazione alternativa a quella di Boltzmann, dovuta a Liouville, volta a determinare in altro modo la funzione distribuzionale [2].

Consideriamo lo stato del sistema descritto da un punto nello spazio delle fasi, cioè in uno spazio a 2s coordinate, dove s è il numero dei componenti del sistema e dove per ogni componente si hanno due coordinate, una di posizione p e una di impulso q. L'insieme dei diversi stati attraversati in un intervallo di tempo sufficientemente lungo dal sistema sarà allora rappresentato da punti distribuiti nello spazio delle fasi con una densità proporzionale al valore della funzione di distribuzione $\mu(p,q)$ (per semplicità indichiamo con p e q le successioni dei valori delle coordinate di posizione e d'impulso dei vari componenti).

Ora, i punti così ottenuti possono essere considerati, anziché la rappresentazione degli stati del sistema in diversi istanti, la rappresentazione di sistemi identici nello stesso istante (insieme statistico). Anche tale rappresentazione deve infatti rispettare la legge di distribuzione $\mu(p,q)$.

Seguiamo allora l'ulteriore movimento dei punti dello spazio delle fasi che rappresentano gli stati dell'insieme durante un certo intervallo di tempo. E' evidente che in tutti i successivi istanti t questi punti devono essere sempre distribuiti secondo la distribuzione $\mu(p,q)$, cioè i punti di fase si spostano in modo che la densità di distribuzione resti invariante nello spazio delle fasi.

Si può allora considerare, in modo del tutto formale, lo

spostamento dei punti di fase come corrente stazionaria di gas nello spazio delle fasi a 2s dimensioni ed applicarvi l'equazione di continuità che esprime l'invarianza del numero totale dei componenti. Vale a dire:

$$\sum_i \partial(\mu v_i)/\partial x_i = 0 \qquad (i = 1\ldots\ldots 2s) \qquad (1)$$

dove in un gas μ sarebbe la densità e v_i la velocità in direzione della coordinata x_i. Nel nostro caso le coordinate x_i corrispondono alle coordinate p_i e q_i dello spazio delle fasi e le velocità alle rispettive derivate rispetto al tempo $\underline{p_i}$ e $\underline{q_i}$.
Quindi sostituendo nella (1):

$$\sum_i [\partial(\mu\underline{q_i})/\partial q_i + \partial(\mu\underline{p_i})/\partial p_i] = 0 \qquad (i = 1\ldots\ldots s) \qquad (2)$$

e, calcolando le derivate:

$$\sum_i[\underline{q_i}\partial\mu/\partial q_i + \underline{p_i}\partial\mu/\partial p_i] + \mu\sum_i[\partial\underline{q_i}/\partial q_i + \partial\underline{p_i}/\partial p_i] = 0 \qquad (i=1\ldots\ldots s)$$
$$(3)$$

Scrivendo le equazioni della meccanica nella forma di Hamilton:

$$\underline{q_i} = \partial H/\partial p_i, \quad \underline{p_i} = -\partial H/\partial q_i$$

dove $H = H(p,q)$ è l'Hamiltoniana del sistema in esame, si vede che:

$$\partial\underline{q_i}/\partial q_i = \partial^2 H/\partial q_i\partial p_i = -\partial\underline{p_i}/\partial p_i$$

e quindi il secondo termine al primo membro della (3) si annulla. Il primo termine è invece la derivata totale rispetto al tempo della funzione di distribuzione. Si ha quindi in definitiva:

$$d\mu/dt = \sum_i(\partial\mu/\partial q_i \, \underline{q_i} + \partial\mu/\partial p_i \, \underline{p_i}) = 0 \qquad (4)$$

e cioè: l'insieme si sposta lungo traiettorie dello spazio delle fasi per le quali la distribuzione di probabilità è costante, risultato da cui in fondo siamo partiti. Il teorema di Liouville implica però in più che la funzione di distribuzione deve esprimersi con combinazioni delle variabili p,q che rimangano costanti durante il movimento del sistema nello spazio delle fasi, cioè attraverso invarianti meccanici o integrali primi delle equazioni del moto, cosicché è essa stessa un integrale primo delle equazioni del moto.

Tenendo presente che la distribuzione μ_{12} per l'insieme di due sottosistemi è pari al prodotto delle funzioni di distribuzione μ_1 e μ_2 dei sottosistemi presi separatamente e che pertanto si ha:

$$\ln\mu_{12} = \ln\mu_1 + \ln\mu_2 \qquad (5)$$

se ne deduce che il logaritmo della funzione di distribuzione è una grandezza additiva. Il logaritmo della funzione di distribuzione deve essere quindi non solo un integrale primo, ma anche un integrale primo additivo delle equazioni del moto.

Come è noto dalla meccanica, esistono tre integrali primi additivi indipendenti del moto: energia, impulso e momento angolare. Considerando il sistema nel suo insieme privo di moto di traslazione o di rotazione, l'integrale si riduce ad uno solo: l'energia. Pertanto, con riferimento ad un qualsiasi sottosistema a, la funzione di distribuzione deve essere del tipo:

$$\ln\mu_a = \alpha_a + \beta E_a(p,q) \qquad (6)$$

dove α_a è la costante di normalizzazione e β una costante che può essere determinata dal valore costante dell'integrale primo additivo dell'energia di tutto il sistema.

Ciò permette di ricavare una funzione di distribuzione semplice che soddisfa il teorema di Liouville per tutto il sistema isolato. Una tale distribuzione può essere μ = costante per tutti i punti dello spazio delle fasi corrispondenti ad un valore costante dell'energia del sistema e $\mu = 0$ per tutti gli altri punti. Per conseguenza la funzione di distribuzione per l'intero sistema sarebbe del tipo:

$$\mu = c\delta E_o \qquad (7)$$

dove c è una costante e δ è una funzione che assicura l'annullamento di μ in tutti i punti dello spazio delle fasi in cui la grandezza E non sia eguale al suo valore assegnato E_o. Una simile distribuzione, che viene detta microcanonica, è il punto di partenza per il successivo sviluppo della distribuzione di Gibbs

(3). Considerando che certi punti dello spazio delle fasi rappresentano configurazioni complessive del sistema non distinguibili, cioè modalità differenti di ottenimento di una stessa configurazione del sistema, si ottiene in definitiva una distribuzione che rispecchia quella di Boltzmann.

Vi è però, secondo i sostenitori dell'ipotesi ergodica (introdotta per la prima volta dallo stesso Boltzmann) una importante differenza: la considerazione della necessità di un movimento, di una traiettoria percorsa nello spazio delle fasi, senza vincoli direzionali, fra gli stati ad eguale valore dell'energia, implica che il movimento non possa rimanere limitato nell'ambito di alcune aree ad alta intensità di tali punti e conseguentemente che la traiettoria nello spazio delle fasi del punto rappresentativo dello stato di un sistema isolato in un intervallo di tempo sufficientemente lungo debba necessariamente passare arbitrariamente vicino ad ogni punto per il quale μ ha il dato valore costante.

Il movimento del sistema nello spazio delle fasi avrebbe quindi un andamento approssimativamente ciclico, ripetitivo, oscillatorio, che implicherebbe il necessario passaggio per certi stati che avrebbero la capacità di innescare una evoluzione verso l'ordine. Nell'ambito di tali sviluppi si collocherebbero certi processi aggregativi elementari che possono innescare una iterazione del processo aggregativo stesso, cosicché a tale concezione si riallacciano le teorie fin oggi accettate sulla formazione delle stelle per "instabilità gravitazionale"

In sintesi, il procedimento di Liouville potrebbe essere cosi descritto. I punti dello spazio delle fasi rappresentano tutti i possibili stati che il sistema potrebbe assumere se non sussistesse alcun vincolo relativo ai valori delle 2s coordinate, ma vi è un vincolo, costituito dal valore dell'energia totale del sistema, che non può variare nei cambi di stato di un sistema isolato. Selezionando, fra tutti i punti dello spazio delle fasi quelli cui corrisponde un valore dell'energia eguale a quello del sistema in esame, si ottengono i punti rappresentativi degli stati che il sistema può assumere nello spazio delle fasi e quindi la funzione distribuzionale che, come abbiamo già detto, riflette la distribuzione di Boltzmann.

Ciò nella ovvia ipotesi che il vincolo della costanza dell'energia sia il solo vincolo esistente al movimento del punto rappresentativo del sistema nello spazio delle fasi. La conclusione tratta dal teorema, che il movimento non può rimanere limitato ad alcune aree ad alta densità di questi punti e la traiettoria nello spazio delle fasi del punto rappresentativo dello stato di un sistema isolato in un intervallo di tempo sufficientemente ampio deve perciò necessariamente passare arbitrariamente vicino ad ogni punto in cui l'energia ha il dato valore costante, dipende dalla condizione di assenza di restrizioni al movimento fra stati di eguale energia, condizione che non è affatto un risultato del teorema di Liouville, come abbiamo potuto constatare seguendo dettagliatamente la sua dimostrazione.

La conclusione che la traiettoria nello spazio delle fasi debba avvenire fra punti ad eguale valore dell'energia è indiscutibile, ma è una ipotesi assolutamente arbitraria che tutti i punti ad eguale valore dell'energia debbano, prima o poi, essere toccati da tale traiettoria perché non considera l'esistenza di ulteriori vincoli al movimento del punto rappresentativo del sistema nello spazio delle fasi. Non tiene nel giusto conto che l' energia, in un sistema in equilibrio statistico, ha una prevalente direzione centripeta indotta dal campo gravitazionale che impone una certa frequenza di urti ed impedisce l' accesso a stati ordinati del sistema. Non tiene nel giusto conto che ad uno stesso valore dell'energia può corrispondere una condizione di disequilibrio o una condizione di equilibrio delle forze, condizione quest'ultima che definisce uno stato stazionario, in cui non diciamo la traiettoria, ma addirittura il punto rappresentativo dello stato nello spazio delle fasi, una volta raggiunto per la tendenza all'omeostasi (postulato di Clausius), diviene invariabile perché ad ogni spostamento (virtuale) da esso corrisponderebbe una condizione di disequilibrio che tenderebbe a riportarlo nella condizione iniziale.

Ovviamente, possono esistere in teoria anche stati stazionari ordinati del sistema, ad eguale valore dell'energia, ma non sono raggiungibili partendo dalla condizione di equilibrio statistico per l'assenza di continuità; l'intorno dello stato di equilibrio statistico è costituito infatti da stati di disequilibrio che tendono a ricostituire il precedente stato di equilibrio. Il movimento dei componenti avviene dunque in modo da mantenere inalterato lo stato complessivo di equilibrio statistico.

Per tali motivi la probabilità di formazione dell'ordine in un sistema isolato in equilibrio statistico previsto dalla legge di Boltzmann sulla base dell'interpretazione ergodica di tale legge è, in realtà, inesistente. La formazione dell'ordine in un sistema isolato in equilibrio statistico è semplicemente impossibile e sono quindi privi di senso tutti i tentativi svolti per trovare un qualche risultato che contraddica tale asserzione. Tale modo di vedere è confortato da tutti i risultati finora ottenuti in fisica statistica dallo studio di particolari sistemi, studi che non hanno confermato la validità dell'ipotesi ergodica nei sistemi isolati in equilibrio statistico; citiamo fra gli altri i lavori di Poincaré e di Fermi (6).

5.2 - L' ipotesi relativistica.

L'impossibilità della formazione dell'ordine in un sistema in equilibrio statistico viene in definitiva fatta risalire alla presenza di quelli che Prigogine ha chiamato "vincoli di simmetria" e alla conseguente assenza di "gradi di libertà configurale del sistema".

In un altro lavoro, in cui abbiamo mostrato come tale problema fisico trovi la sua rappresentazione matematica nel principio di ragion insufficiente di Laplace e nella conseguente legge dei grandi numeri di Bernoulli, abbiamo anche mostrato che all'aumentare del volume e al diminuire dell'attrazione gravitazionale verso il baricentro del sistema diminuiscono i vincoli di simmetria ed aumentano per conseguenza i gradi di libertà del sistema [5].

Per aversi una simile evoluzione occorre che la condizione di partenza del sistema non sia di equilibrio statistico, ma sia una condizione di espansione; si può ipotizzare che fin dall'inizio il sistema abbia un così alto livello dell'energia interna da porlo in una condizione oscillatoria fra fasi di espansione e di compressione, estrapolando ai sistemi complessi lo schema di interazione fra due gravi di Newton che vede appunto l'alternanza fra fasi di allontanamento e di avvicinamento.

Durante la fase di espansione si avrebbe una riduzione dei vincoli di simmetria, ma fintanto che il livello dell'energia cinetica è inferiore al valore di fuga, tale riduzione non può essere tale da permettere il movimento ergodico del sistema per la permanenza di vincoli direzionali prevalenti indotti dal campo gravitazionale.

D'altra parte, un sistema che nella condizione iniziale abbia una energia cinetica superiore al valore di fuga si trasformerebbe, in assenza di trasformazioni relativistiche, in un sistema in espansione in cui i componenti, procedendo inerzialmente, si allontanerebbero l'uno dall'altro senza che di questo processo possa intravedersi la fine.

La formazione dell'ordine in un sistema isolato è invece possibile se l'energia del sistema è superiore al valore che da luogo all'espansione di fuga ed il sistema può espandersi e contrarsi entro un volume così grande da dare rilevanza decisiva alle trasformazioni relativistiche oltre che, ovviamente, all'aumento dei gradi di libertà configurale del sistema [12].

Secondo tale teoria, le galassie, nella condizione iniziale disaggregata e disordinata cui pervengono successivamente alla fase iniziale dell'espansione dell'Universo, hanno un altissimo livello dell'energia cinetica (interna) dei componenti ed assumono quindi un moto di espansione accompagnato da una trasformazione dell'energia cinetica in massa che alla lunga determina il suo arresto e l'avvio di un processo di contrazione, cui fa quindi seguito un nuovo processo di espansione.

Il processo cioè si svolge secondo lo schema già adottato da Newton che vede la trasformazione dell'energia cinetica in energia potenziale e viceversa nei sistemi oscillatori binari con energia cinetica inferiore a quella di fuga, schema che può essere esteso ad un sistema con un maggior numero di componenti ove il valore dell'energia cinetica ed il volume del sistema consentano lo svolgersi del processo oscillatorio.

I due processi differiscono per il fatto che nello schema derivato da quello di Newton l'oscillazione si verifica al di sotto del valore di fuga dell'energia cinetica, quindi nell'ambito di un volume limitato in cui il limite dell'esaurimento dell'energia cinetica definisce come una parete su cui le particelle rimbalzano impedendo che la frequenza degli urti scenda oltre un certo limite e che per conseguenza si sviluppino processi aggregativi.

Inoltre nello schema di Newton l'energia cinetica anziché in massa si trasforma nella alquanto nebulosa energia potenziale impedendo quindi di definire quei fenomeni di incremento della attrazione gravitazionale fra elementi contigui lontani dal centro di gravità dell'intero sistema che, come vedremo, svolge una importante funzione nella formazione dell'ordine.

Durante la fase di espansione si ha il passaggio per stati che possono determinare l'interruzione della oscillazione ed innescare un processo ordinativo. Risulta infatti possibile, per la riduzione dell'energia cinetica e l'aumento della massa che si ha durante la fase di espansione, la realizzazione di condizioni che danno luogo al collasso gravitazionale in corrispondenza della formazione di disomogeneità distribuzionali che l'aumento del volume rende possibili.

Se anzi consideriamo che il punto di partenza sia un'espansione esplosiva che parte dal centro della galassia, la presenza di una molteplicità di flussi energetici che dal centro si diramano a stella verso la periferia non può non indurre una variabilità distribuzionale della densità e quindi alla formazione delle nebulose.

Il processo di trasformazione dell'energia in massa che si realizza durante l'espansione porterebbe poi necessariamente la nebulosa a raggiungere quel rapporto critico fra massa ed energia che porta la nebulosa al collasso gravitazionale. Il processo non sarebbe casuale, ma deterministico.

La esplosione stellare cui il collasso gravitazionale dà luogo, porta, come è noto, ad una molteplicità di importantissime conseguenze, in primis l'arricchimento del gas primordiale di nuclei atomici pesanti, nonché l'introduzione nel sistema di un disequilibrio di enormi dimensioni che, come ci ha insegnato Prigogine, è fonte di organizzazione [4].

Noi siamo comunque interessati agli effetti organizzativi cui dà luogo il primo processo di espansione della galassia. La condizione espansiva si sviluppa partendo da una condizione iniziale simile a quella dell'equilibrio statistico, in cui le particelle sono sottoposte ad urti secondo tutte le direzioni, per il semplice fatto che le particelle poste alla periferia del sistema e che si muovono in direzione centrifuga incontrano lo spazio vuoto e quindi non subiscono urti, mentre le particelle che si muovono in direzione centripeta vengono sottoposte ad urti che ne modificano la direzione di movimento.

Le direzioni centrifughe quindi sopravvivono mentre le direzioni centripete si spengono, cosicché le prime emergono selettivamente. Ciononondimeno, fra la direzione estroversa e quella introversa delle particelle sussistono una infinità di direzioni intermedie che subiscono un'azione selettiva crescente con l'angolo formato con la direzione centrifuga. In conclusione possiamo dire che l'espansione è accompagnata da una variabilità configurale che mostra una prevalenza della componente espansiva della direzione del movimento dei componenti, ma che permette comunque una molteplicità di configurazioni, variabilità configurale inesistente in condizioni di equilibrio statistico.

La prevalenza della direzione espansiva implica che una parte notevole delle particelle assumano gradualmente una comune direzione di moto, assumano cioè un certo grado di parallelismo motorio. Come è noto dal principio di relatività, l'energia cinetica relativa ad una velocità comune è come inesistente ai fini delle interazioni fra i componenti, non fa cioè parte dell'energia interna del sottosistema composto da tali componenti. Per conseguenza, l'energia interna del sottosistema, progressivamente decrescente, sia per il fenomeno di assunzione di una comune direzione (estroversione), sia per il fenomeno di trasformazione in massa, non può ostacolare l'accostamento dei componenti che si muovono parallelamente dovuto alle interazioni gravitazionali fra di loro progressivamente crescenti per l'aumento della massa mentre l'attrazione gravitazionale verso il baricentro del sistema è progressivamente decrescente e si da così la formazione di aggregati.

Il semplice parallelismo motorio, pur se estremamente importante, non è di per sé elemento sufficiente per determinare certe forme forti di aggregazione, capaci di resistere ai successivi urti con gli altri corpi, indispensabili per lo sviluppo dell'ordine, anche in relazione a quella che viene generalmente ritenuta la composizione del gas primordiale, privo di elementi pesanti.

Occorrono particolari condizioni della struttura delle forze; oltre all'aumento del rapporto fra le forze gravitazionali locali e la forza gravitazionale verso il baricentro del sistema, un ruolo importante giocano sotto questo riflesso le forze elettromagnetiche in vista del fatto che più della metà delle particelle sono sotto forma di ioni.

Ciò permette di non considerare perfettamente rigide e quindi a comportamento perfettamente elastico le particelle elementari ma di considerarle, almeno in parte soggette al fenomeno dell'"incollamento" che comporta l'acquisizione di caratteristiche di resistenza agli urti da parte degli aggregati elementari. Chiaramente, man mano che aumenta la dimensione degli aggregati, il successivo accrescimento diviene più facile in vista della maggiore forza attrattiva nei confronti delle particelle connessa all'aumento della massa.

La variabilità configurale del sistema determinata dalla scontro fra la eterogeneità direzionale delle particelle e la direzione di espansione, di dimensioni variabile con l'angolo di scontro, permette alle particelle di trovare poli di aggregazione alternativi nelle traiettorie circolari o ellittiche attorno agli aggregati principali, cioè formati per aggregazione nella direzione espansiva, in vista del fatto che in tali traiettorie si realizza l'equilibrio fra le forze di attrazione e di rifiuto nei confronti degli aggregati principali, condizione che ne determina una maggiore stabilità e quindi ancora una emersione selettiva [11].

La curvatura dello spazio indotto dalla massa della galassia trasforma il moto di espansione degli aggregati principali in moto orbitale intorno al centro della galassia, moto che ha anche un'altra origine. Gli aggregati costituiscono centri di attrazione competitivi rispetto al baricentro del sistema; man mano che procede l'espansione l'energia cinetica di allontanamento dal baricentro di ogni aggregato decresce ed anche la forza gravitazionale verso il centro del sistema decresce, mentre acquista maggior forza l'attrazione verso l'aggregato più vicino, quindi al limite nella direzione che possiamo chiamare tangenziale in quanto ortogonale alla direzione radiale della congiungente con il baricentro del sistema e ciò contribuisce allo sviluppo di moti orbitali degli aggregati principali intorno al baricentro della galassia.

5.3 - Generalizzazione dei risultati ad una teoria generale dell'organizzazione.

Lo schema organizzativo esposto per l'evoluzione delle galassie rappresenta uno schema basilare di interazione che opera in tutti i processi organizzativi. Tale schema vede la sovrapposizione di due tipi di energia, attrattiva e repulsiva, che si manifestano sia nel campo gravitazionale che in quello elettromagnetico.

Newton, come è noto, non ha introdotto esplicitamente un campo repulsivo contrapposto al campo gravitazionale. Alieno ad introdurre ipotesi che non avessero un immediato riscontro con la realtà, così da apparire quasi delle semplici constatazioni (*hypotheses non fingo*), si limitò ad introdurre un corpo ideale, perfettamente rigido, per il quale enunciò il principio della dinamica, secondo cui ad ogni azione corrisponde una reazione eguale e contraria. Ai fini dello sviluppo di una teoria generale dell'organizzazione è invece opportuno interpretare tale reazione come dovuta ad un campo repulsivo immaginabile come una molla che si carica di energia potenziale in corrispondenza dell'urto, per restituirla immediatamente come energia di allontanamento.

La sovrapposizione dei due campi di forza si verifica nell'ambito di una variabilità configurale che, contrariamente all'ipotesi di Boltzmann, non sussiste in un sistema isolato in equilibrio statistico, ma sussiste o in sistemi isolati macroscopici in disequilibrio "strutturale" per effetto di un alto valore dell'energia interna o si sviluppa in sistemi non isolati per l'intervento di una forza esterna.

La sovrapposizione si realizza attraverso quattro tipi di processi a seconda di come le linee di forza dei campi si dispongono nello spazio-tempo e interagiscono con esso: sono i processi selettivo, aggregativo, oppositivo e di formazione di equilibri dinamici.

L'azione selettiva è dovuta allo stesso flusso di energia che induce la variabilità configurale che impone la sua direzione di flusso ad un certo numero di componenti del sistema. Tale azione rende più probabile l'accostamento di elementi dotati delle caratteristiche selezionate e lo sviluppo di interazioni fra di esse che nel caso preso in esame abbiamo definito, a seconda dell'intensità delle forze aggregative, di aggregazione e di incollamento, ma che nella sua generalizzazione possiamo definire di "sinergia". Questo processo è creatore di una realtà nuova in cui gli effetti della selezione sono amplificati e resi autonomi dall'azione iniziale.

Si formano infatti oggetti viaggianti nella direzione inizialmente indotta dalla selezione e che, per effetto sia della maggiore rigidità dovuta all'incollamento che della dimensione della massa complessiva, resistono agli urti con i componenti dotati di moto contrario ed anzi impongono la loro direzione di moto così da determinare, se raggiungono una certa dimensione e rigidità (principio di organizzazione di Prigogine) la persistenza della prevalenza direzionale indotta dall'azione selettiva anche quando questa cessa.

Tale processo aggregativo determina una distribuzione delle masse e delle conseguenti forze gravitazionali che vincola i movimenti dei componenti lungo traiettorie curvilinee che emergono per effetto selettivo di sopravvivenza, cioè di assenza di urti, nell'ambito della variabilità configurale residua. Ciò richiede, ovviamente, che la variabilità configurale residua comprenda queste traiettorie, caratterizzate da determinati rapporti fra le forze gravitazionali e cinetiche e quindi da determinati valori delle masse e delle distanze e che queste traiettorie siano in un certo rapporto di frequenza nei confronti di tutte le possibili traiettorie; anche questo risultato può essere generalizzato nel senso che, sussistendo determinati vincoli alle variabili del sistema, i componenti interagiscono in modo da realizzare una condizione di equilibrio dinamico. Tale processo viene indicato come processo organizzativo dialettico e comprende le fasi di opposizione e di sintesi nell'equilibrio.

L'importanza della sinergia e della dialettica nella creazione della realtà è estrema [13]; va molto oltre gli elementi di amplificazione degli effetti della selezione dovuta all'azione esterna. Abbiamo già descritto le qualità indotte dalla sinergia, ma anche l'inglobamento di istanze oppositive nelle condizioni di equilibrio ha effetti creativi straordinari in quanto produttore di nuove entità ove gli elementi costituenti non sono più riconoscibili. Nuove entità, con qualità assolutamente nuove, scaturiscono ovviamente dalla estensione dei concetti di sinergia e di sintesi ai processi chimici, alle interazioni di forma, in tutti i tipi di interazione che l'accostamento e la codirezionalità o la complementarietà rendono possibili.

Desideriamo rilevare, in chiusura, come l'ipotesi di trasformazione dell'energia cinetica in massa e viceversa che è centrale in questo studio porti a soluzione alcuni problemi attuali della cosmologia, molto importanti. Uno di questi è costituito dal problema della massa mancante nell'universo [7],[8].

La cosmologia attuale non considera la possibilità di una variazione seconda dell'energia cinetica e della massa che porti allo sviluppo di processi oscillatori. Ne segue che, perché l'espansione dell'Universo si arresti ed il fenomeno si inverta l'espansione non deve essere di fuga (Universo chiuso). Ora, le valutazioni della massa dell'universo (o meglio della densità di massa) portano a valori che, in relazione ai valori dell'energia cinetica, indurrebbero a considerare l'espansione come di fuga e quindi permanente (universo aperto). Di qui quindi la ricerca di una eventuale "massa nascosta" dell'universo per dirimere la questione, giacché la considerazione dell'universo come aperto porterebbe a tutta una serie di conseguenze da molti giudicate paradossali. Il problema è invece inesistente giacché l'espansione di fuga è accompagnata da una trasformazione dell'energia cinetica in massa che alla lunga determina necessariamente il suo arresto e l'avvio di un processo di contrazione, cui fa seguito un nuovo processo di espansione.

Ciò spiega anche il fenomeno dell'allontanamento della distribuzione delle velocità di rotazione delle stelle attorno al centro delle galassie dalla distribuzione di Keplero, recentemente scoperto [9],[10]. Infatti se all'allontanamento dal centro, quando le distanze divengono dell'ordine delle distanze delle stelle dal centro delle galassie, corrisponde un aumento della massa, la velocità che consente l'equilibrio diviene necessariamente differente da quella prevista dalla distribuzione di Keplero.

Bibliografia

[1]– Boltzmann L.: K. Acad. Wiss. Sitzb. II Abt. 66, 275, 187

[2]- Lifsits E.M., Landau L.D.: *Fisica Statistica*, it. Ed. Editori Riuniti, Bologna, 1978, pag,23

[3]– Gibbs J.W.: *Principles of Statistical Mechanics* , New Haven, 1948

[4]– Prigogine I., Nicolis G.: *Self-Organization in Non equilibrium Systems*, Wiley, New York, 1977

[5[– Firrao S: *Sui fondamenti della fisica dei sistemi complessi*,   in questa raccolta, capitolo 1

[6]– Toda M, Kubo R., Saito N.: *Statistical Physics* 1, Springer Verlag, Berlin, 1983, pag. 204

[7]– Dicus D.A., Letaw J.R., Teplitz D.C., TeplitzV.L.: *Il futuro dell'Universo*, Le Scienze, 177, Maggio 1983, 70.

[8]– Freeman D.J. : *Time without End: Physics and Biology in an Open Universe*, in Review of Modern Physics, 51, 3, luglio 1979

[9]– Rubin V.C.: *La materia oscura nelle galassie a spirale*, Le Scienze, 180, Agosto 1983

[10]– Faber S.M., Gallagher J.S.: *Masses and Mass-to-Light Ratios of Galaxies* – Annual Review of Astronomy and Astrophysics – 17, pp. 135-187, 1979

[11]- Firrao S. *Dynamic equilibria generation in Nonequilibrium systems*, Cybernetics and Systems, 22, 1991,

[12]- Firrao S: *Development of oscillatory processes in isolated high energy systems*, Cybernetica, vol. XXXI, n.4, 1988

[13]-Corning P.: *Nature's magic, synergy in evolution and the fate of humankind*, Cambridge, Univesity Press, 2003

Capitolo 6

Sui fondamenti relativistici della teoria dell'organizzazione

L'assunzione di alcune ipotesi di Leibniz nell'ambito della teoria della relatività apre importanti prospettive di sviluppo alla teoria dell'organizzazione.

*   *   *

Le formule relativistiche di trasformazione fra sistemi in moto relativo, basate sulla invarianza trasformazionale del continuo spazio temporale e della somma energia + massa, sono molto importanti, come ho avuto modo di mostrare in altri lavori [1],[2], per comprendere i meccanismi di autorganizzazione dei sistemi, partendo da quelli macroscopici in cui l'organizzazione viene inizialmente innescata.

E' mia intenzione mostrare che vi è un certo risultato, che precede di gran lunga gli sviluppi della relatività, che è stato acquisito in modo alquanto ambiguo dalla scienza, ma che può inserirsi in modo estremamente interessante nel discorso sui fondamenti relativistici della teoria dell'organizzazione.

Si tratta della caratterizzazione ulteriore degli elementi invarianti, che hanno cioè una esistenza assoluta, del referente ultimo della realtà che sottende alla relatività dialettica.

I principi di conservazione del continuo spazio-tempo e della somma massa-energia non risolvono molti problemi per i quali occorre dare all'elemento assoluto una caratterizzazione maggiore di quella che risulta dalla semplice esistenza di "qualcosa" che può manifestarsi in modi alternativi. Intendo riferirmi al principio del "contenimento" del continuo nel discreto, introdotto in modo, lo ripetiamo, alquanto ambiguo nella formulazione Newtoniana ed in modo invece netto nella formulazione Leibniziana che ha portato alla costruzione della teoria monadistica.

67

Come Einstein ha riconosciuto in un articolo pubblicato su "Scientific American" nel 1950, gli aspetti fondamentali della teoria della relatività erano già presenti nel pensiero di Leibniz. Le due teorie, avendo un corpo comune, sono coerenti e ciò ci permette di affermare che la soluzione Leibniziana del problema del referente ultimo è aprioristicamente valida, in termini euristici, anche nell'ambito della teoria della relatività.

La parte fondamentale del ragionamento di Leibniz, poi proseguita nella costruzione di una teoria sulla costituzione della realtà che va sotto il nome di monadologia, pur essendo costituita da elementi puramente logici, non sperimentali, ha portato allo sviluppo di una matematica, l'analisi infinitesimale, senza la quale non sarebbero stati possibili gli sviluppi della scienza sperimentale moderna.

Il punto di partenza ha origine nel pensiero greco, nei paradossi zenoniani circa la collocazione del mondo nel tempo e nello spazio e circa la divisibilità della sostanza composta in sostanze semplici che investono, in sintesi la compatibilità del continuo e del discreto, il primo caratteristica necessaria dello spazio e del tempo, il secondo caratteristica necessaria degli oggetti.

La soluzione del problema da parte di Newton e di Leibniz consistette nell'introduzione del concetto di "limite", da cui scaturirono i concetti di derivata e di integrale, secondo cui il discreto è il limite a cui tende il continuo. La validità sul piano euristico di tale concezione è fuori discussione; se una sommatoria si approssima sempre di più ad un determinato valore, vi è sempre una dimensione della sommatoria per la quale la differenza da tale valore, dal limite, è, a qualsiasi effetto pratico, trascurabile. Ciononondimeno, la accettabilità sul piano euristico non implica la accettabilità sul piano logico. Se una sommatoria si approssima sempre di più ad un valore senza mai raggiungerlo, non è lecito assumerne l'equivalenza, e l'artificio analitico, di considerare una sommatoria infinita si rivela, nella sua pratica inattuabilità, per quello che è, cioè solo un artificio.

E' particolarmente importante rilevare che l'insufficienza della soluzione di Newton e del primo Leibniz apparve evidente a quest'ultimo nelle condizioni in cui un limite non è definibile, cioè nei problemi che involvono l'infinito, come nella prima antinomia e come si pro-spettano oggi di fronte alla dimostrazione dell'esistenza di una espansione accelerata dell'universo.

Di qui l'insoddisfazione di Leibniz che lo spinse ad andare oltre il punto raggiunto anche da Newton. L'idea di Leibniz fu quella di trasferire alla realtà la conciliazione logica implicita nel concetto di limite, così anticipando di quasi due secoli l'impostazione filosofica positivistica secondo cui, essendo l'intelletto partecipe della realtà, è assurda una sua dicotomizzazione da essa *(nihil est in intellectu quod prior non fuerit in sensu)*.

Quindi, poiché nel concetto di limite è implicito un "contenimento", una limitazione del continuo da parte del discreto, nella realtà deve considerarsi il continuo come "subordinato", "compreso" nel discreto. Ne consegue che lo spazio e il tempo che inducono il concetto di continuità, in quanto per essi non è definibile una dimensione minima, non hanno una esistenza autonoma, come invece ha la monade, cioè l'elemento discreto che costituisce la realtà e che li contiene. Essi costituiscono un mezzo di inquadramento delle relazioni inframonadiche, un prodotto delle monadi.

Secondo Leibniz dunque l'assoluto è assunto nelle monadi, serie di elementi adimensionali, ossia giacenti fuori della struttura spazio-temporale in cui peraltro si manifestano. Si noti l'anticipazione, due secoli prima di Planck, della teoria dei quanti che possono farsi coincidere con le monadi semplici se si accetta l'idea, connessa alla monade, che i quanti possano manifestarsi nel continuo spazio temporale in modi alternativi, relativistici.

Tale conclusione può essere assunta nell'ambito della teoria della relatività perché è con essa coerente. D'altra parte bisogna bene intendersi su che cosa significhi la ricerca dell'assoluto nell'ambito di una teoria scientifica. Essa certamente non implica un affacciarsi alla metafisica, ma semplicemente stabilire. di fronte alla variabilità ed alla trasformabilità degli elementi della realtà, quali siano le leggi, cioè gli elementi costanti che ne governano l'organizzazione.

69

In questo senso, la monade è ancora un mezzo di rappresentazione necessario al ragionamento, ma il portato sostanziale della teoria leibniziana è costituito dall'affermazione della legge generale, quindi assoluta, del contenimento del continuo nel discreto. Questa legge costituisce un elemento strutturale fondamentale della costruzione della realtà ed è alla base dell'analisi infinitesimale. Anche l'approssimazione di Newton ne è, in fondo, un riconoscimento.

La matematica fa infatti a pieno titolo parte della teoria dell'organizzazione, sia pure nei limiti definiti dal teorema di incompletezza che la definisce come parte sintattica di un sistema che richiede un completamento semantico. Come Galileo aveva già detto (anticipando Gödel), la matematica rappresenta il "linguaggio" della natura. Il modo con cui il concetto della subordinazione del continuo al discreto si presta a risolvere il paradosso di Russell [3] è ancora una dimostrazione di come esso vada considerato come una legge fondamentale della matematica e quindi della realtà.

E' chiaro che, se volessimo rappresentare un continuo spazio temporale costituente l'universo come limitato, senza che possa definirsi in alcun modo un "fuori", ci troveremmo di fronte ad una realtà "matematica" per la quale mancherebbero le possibilità di rappresentazione. Cionondimeno, se noi decidessimo di trascurare la rappresentazione di un "fuori" potremmo rappresentare l'universo come una sfera. Ciò non impedisce la possibilità di fasi di espansione e contrazione, ma pur sempre nell'ambito di un volume limitato ed è allora chiaro che l'esistenza del limite comporta che i fenomeni di espansione ed accelerazione dell'espansione dell'universo vadano interpretati in maniera ben diversa da quella oggi in vigore, comportando la necessità di una curvatura delle traiettorie espansive indotta dall'esistenza del limite, condizione di curvatura che d'altra parte è un portato della relatività generale, nell'ambito della quale la condizione sferica dell'Universo era stata già ipotizzata da Einstein [4], [5].

La coincidenza del risultato mostra però, nella diversità delle linee di pensiero che lo hanno determinato, che è possibile immaginare, seguendo la linea di pensiero di Leibniz che sia la curvatura a determinare la gravità, mentre, seguendo la linea di pensiero di Einstein avvenga il contrario, cioè sia la gravità a determinare la curvatura. Ed è possibile immaginare che le due linee di pensiero siano equivalenti e possano trovare una sintesi.

Quando si osservano altre galassie, poste ai confini dell'universo osservabile, non può trascurarsi che la considerazione di un centro di gravità in cui sarebbe concentrata l'attrazione gravitazionale è ragionevole nei confronti di aggregati ma non di ammassi posti ad immense distanze l'uno dall'altro, nel qual caso la considerazione di un centro di gravità comune è priva di senso. Anche qualora lo si volesse individuare occorrerebbe considerare che gli enormi movimenti e trasformazioni di masse che si verificano nell'universo determinerebbero corrispondenti movimenti del centro di gravità.

E' possibile, data la relatività del moto, che il nostro sistema sia in decelerazione nei confronti di un certo centro di gravità e veda quindi in accelerazione sistemi che in realtà sono in moto uniforme rispetto ad un altro sistema di riferimento; è possibile, data la forma sferica dell'universo che movimenti accelerati di certe galassie lontane siano dovuti all'attrazione esercitata da masse che esistono al di là del nostro orizzonte.

Le due linee di pensiero, quella di Leibniz e quella di Einstein, si sfiorano ancora, ma senza identificarsi come era avvenuto sul piano della curvatura dello spazio, in conseguenza di quello che fu l'errore più grande di Leibniz. Secondo Leibniz, se le relazioni inframonadiche si svolgono al di fuori dello spazio e del tempo che sono solo dei mezzi di rappresentazione, le relazioni spazio-temporali, ed in particolare le relazioni meccaniche, non possono avere un contenuto reale, ma solo apparente.

Ciò comporta la considerazione della monade come una entità chiusa, che può modificarsi solo in virtù di un principio interno. Sulla base di tale concezione, osservando un maglio che schiaccia un lingotto, dovremmo ritenere che il lingotto si schiaccia in virtù di un principio interno, non in virtù dell'azione esercitata dal maglio. Ciò è già di per sé difficilmente credibile; quando poi la conseguente e ovvia questione sul come accada che lo schiacciamento del lingotto si verifichi proprio in corrispondenza dell'avvicinamento del maglio, su come cioè si verifichi una armonia fra le modificazioni delle monadi, trova risposta, da parte di Leibniz, nell'intervento di Dio, diviene comprensibile un giudizio severo, assai critico, sulla costruzione leibniziana.

Invero a molti critici, quali il Russell, la costruzione di Leibniz è apparsa come l'opera di un folle. Certamente la soluzione finale, per uscire in qualche modo dal ginepraio in cui lo aveva condotto la sua speculazione filosofica, non appare all'altezza dei livelli speculativi raggiunti nell'impostazione della monadologia, ma ciò non ci può consentire di ridimensionare questi ultimi.

E' però da osservare, a tal proposito, che la relatività generale giunge ad alcuni risultati che richiamano in modo straordinario anche queste ultime proposizioni di Leibniz. Come è noto infatti, secondo il principio einsteiniano di equivalenza la modificazione interna equivale all'azione esterna e i due fenomeni sono indistinguibili. Gli effetti dell'azione gravitazionale di un corpo su di un altro sono equivalenti agli effetti di un movimento rotatorio o accelerato di quest'ultimo.

Einstein quindi introduce una equivalenza delle due azioni, non una esclusività dell'azione interna e dobbiamo quindi domandarci se è giustificata la chiusura estrema della monade alle azioni meccaniche ipotizzata da Leibniz, domanda alla quale possiamo rispondere che essa è giustificata solo per la monade elementare ultima (che può essere associata al quanto), ma non certo per le monadi ottenute per associazione delle monadi elementari che costituiscono la sostanza della vita dell'universo.

Secondo Leibniz, lo spazio e il tempo costituiscono una struttura di "rappresentazione" delle interazioni inframonadiche nella forma di interazioni meccaniche. Ciò comporta che vi siano almeno due monadi interagenti, senza le quali la monade ha solo potenzialità, è priva di rappresentazione spazio-temporale. L'interazione delle due monadi crea quindi uno spazio-tempo interno all'insieme costituito dalle due monadi, nell'ambito del quale le interazioni inframonadiche appaiono come interazioni meccaniche e quindi, seppure non possono modificare la monade ultima, possono determinare l'aggregazione o la scissione <u>delle</u> <u>rappresentazioni</u> delle due monadi elementari. L'associazione delle monadi avviene quindi nella rappresentazione spazio-temporale che è tutto quanto noi percepiamo e dove esse sono soggette alle interazioni meccaniche.

Ovviamente, vi sono anche interazioni fra le monadi che sfuggono alla rappresentazione spazio-temporale, prima di tutte proprio quella che dà luogo alla formazione della struttura spazio temporale stessa e che quindi ne è fuori, esprime cioè una condizione di "entanglement" fra le monadi interagenti che è (almeno sul piano della logica) prodroma al loro coordinamento spazio temporale.

Inoltre è possibile che anche le interazioni che trovano la loro rappresentazione nello spazio tempo inducano degli effetti sul modo come le monadi stesse si presentano nello spazio tempo, possano cioè determinare le trasformazioni massa-energia e vice versa all'interno della monade elementare. E' possibile che l'apparire come energia o come massa, richieda che le interazioni inframonadiche raggiungano un certo livello critico al di sotto del quale la monade mantiene un grado di libertà che gli consente di oscillare fra le forme di apparenza, di mantenere cioè un livello di indeterminazione (onda-corpuscolo).

E' chiaro, in definitiva, che se la limitazione della impenetrabilità delle monadi viene limitata alle sole monadi elementari, costituenti ultime della realtà, la dicotomia fra le due teorie scompare insieme alle paradossali conseguenze che l'errore leibniziano aveva determinato.

Ma vi sono anche delle concordanze fra altri aspetti della monadologia e le conseguenze, in termini di fondamenti della teoria dell'organizzazione, che abbiamo tratto dalla considerazione delle trasformazioni relativistiche che si verificano nei sistemi isolati macroscopici ad alta energia. Secondo Leibniz, in corrispondenza di determinate caratteristiche delle interazioni le monadi possono associarsi e fondersi (ovviamente sempre nell'ambito delle rappresentazioni spazio temporali) in una nuova unità, in cui le caratteristiche delle monadi componenti non sono più rintracciabili, mentre compaiono qualità nuove.

Si tratta dunque di un processo creativo che trova precisi riscontri nella teoria dell'organizzazione, ove prende il nome di "incollamento". La nuova monade complessa sarà allora la componente elementare di una certa stratificazione di realtà nell'ambito della quale essa non può più avere le caratteristiche della chiusura alle interazioni meccaniche e quindi della indistruttibilità.

Dunque la monade complessa non deve essere chiusa alle interazioni meccaniche anche se essa rimane un "contenitore" che delimita uno spazio interno determinato dalle interazioni fra le monadi interne ed uno spazio esterno determinato dalle interazioni con le altre monadi complesse. Il limite è dunque un filtro selettivo, che esercita l'azione di contenimento su una certa qualità del contenuto. E' un concetto che ritroviamo come elemento estremamente importante nella teoria dell'organizzazione a tutti i livelli di organizzazione. Anche, ad esempio, nell'organizzazione sociale, all'interno della quale si determina una struttura interna dei valori, una semantica, che non trova riscontro nell'ambiente esterno.

Vi sono alcuni tipi di interazione che seguono integralmente il concetto leibniziano, nel senso che esse danno luogo a delle trasformazioni che si verificano internamente alle monadi elementari, quali le trasformazioni massa-energia e queste trasformazioni si svolgono secondo il principio di equivalenza di Einstein. Il fatto che le interazioni che danno luogo a queste trasformazioni si svolgano secondo la variazione seconda delle coordinate getta una luce sul ruolo che le infinità di punti di diverso ordine che compongono il continuo spazio-temporale possono giocare nella trasmissione di vari tipi di interazione.

In primo luogo, poiché, seguendo la teoria Leibniziana, le interazioni inframonadiche non si limitano a creare la struttura di base spazio-temporale, ma danno un contenuto alla monade che comprende l'alternativa massa - energia nelle varie forme in cui questa può apparire, è possibile che ogni forma di energia sia supportata da un substrato infinito di diverso ordine del continuo spazio temporale in cui vibra. La curvatura delle traiettorie determinata dalla presenza del limite, che agisce su tutte le monadi complesse, potrebbe allora essere selettiva nei confronti delle varie forme di energia; potrebbe cioè esistere una variabilità dell'azione di curvatura nei confronti delle varie forme di energia.

Ciò potrebbe condurre ad una molteplicità di linee di contenimento e quindi all'intrecciarsi delle strutture sistemiche nella monade complessa che assomiglierebbe ad una struttura reticolare.

In secondo luogo, nell'ambito dello studio del processo organizzativo sono state individuate due fasi fondamentali, di sinergia e di sintesi dialettica. La sinergia ha diverse gradualità di manifestazione, dalla semplice aggregazione dei componenti del sistema, per la quale abbiamo determinato la necessità di un parallelismo motorio, all'incollamento profondo che porta alla formazione di una nuova unità operativa e che corrisponde, in termini leibniziani alla formazione di una monade complessa.

Non sono però ben individuate le condizioni per il verificarsi dell'incollamento, a parte l'intervento di altri campi di forza e l'individuazione di una messa in sintonia di certe linee di flusso dell'energia che però non dovrebbe operare su componenti costituiti esclusivamente di massa. Se però si accettasse l'idea, che scaturisce dalle impostazioni leibniziane, che sia la curvatura a determinare la massa, questa potrebbe essere rappresentarsi come l'avvitarsi dell'energia su se stessa, come in un vortice. Si potrebbe forse allora comprendere come il parallelismo motorio possa favorire la fusione di due vortici, mentre la divergenza, possa portare alla repulsione, all'assunzione, da parte dell'energia cinetica, di una direzionalità antigravitazionale. Il binomio attrazione - rifiuto, che nell'ambito del campo elettromagnetico ha due soli valori, si e no, avrebbe nel campo gravitazionale una polarità graduata, secondo l'angolo di incidenza delle linee di azione dei due componenti e della entità della energia cinetica convogliata. Questo argomento è sviluppato, al di fuori di ogni considerazione relativistica, in un altro lavoro [6].

Note e Riferimenti

[1] - Firrao S.: *Lo sviluppo di processi oscillatori nei sistemi isolati ad alta energia*, in questo volume, capitolo 4

[2] - Firrao S.: *La formazione dell'ordine nelle Galassie*, in questo volume, capitolo 5

[3] - **Il paradosso di Russell** si riferisce alla teoria degli insiemi e consiste nella domanda: "la classe di tutte le classi che non appartengono a se stesse appartiene o non appartiene a se stessa?" Sia che si risponda che appartiene, sia che si risponda che non appartiene, si da luogo ad una contraddizione. Fra gli assiomi degli elementi di Euclide è compresa la proposizione secondo cui il contenuto non può contenere il contenente. Cantor ha però mostrato come ciò non possa affermarsi riferendosi agli infiniti, cosa che per la verità aveva già affermato Galilei, ma Cantor ne fece un elemento importante della sua teoria degli insiemi, utilizzata quindi da Frege nella ricerca dei fondamenti ultimi della matematica, ricerca messa in crisi dal paradosso di Russell. Il punto fondamentale trascurato è costituito dal fatto che la classe di tutte le classi è un elemento discreto, finito, anche se le classi sono in numero infinito e quindi per essa vale l'assioma di Euclide per cui il contenente contiene il contenuto e non può verificarsi il contrario. Quindi la classe di tutte le classi che non appartengono a se stesse può contenere queste ultime senza che possa porsi il problema della sua appartenenza o meno ad una delle classi contenute.

[4] - Einstein A.: *Relatività,* Torino, Boringhieri, 1967

[5] - Einstein A.: *Il significato della relatività,* Torino, Boringhieri, 1980

[6] - Firrao S.: *La formazione di equilibri dinamici nei sistemi in disequilibrio* in questo volume, capitolo 7

Capitolo 7

La formazione di equilibri dinamici nei sistemi in disequilibrio

L'azione esterna su di un gas induce una corrente lineare che viene deviata dalle forze gravitazionali del sistema che tende così a realizzare degli equilibri dinamici al suo interno. Gli elementi fondamentali per il raggiungimento di questo obiettivo sono costituiti, oltre che dalla capacità di aggregazione delle molecole e dai rapporti fra forza incidente, energia interna e forza gravitazionale, dall'angolo formato dalla direzione della forza esterna con la direzione della forza gravitazionale, dall'assenza di limitazioni volumetriche e dalla presenza di un processo oscillatorio del volume occupato dal sistema.

*   *   *

7.1 - Modificazione di un insieme gravitazionale per effetto di un'azione esterna.

L'assunzione di una configurazione di massima entropia è legata all'ipotesi che non esista alcuna causa agente, così che valga il principio di indifferenza di Bernoulli. In realtà una causa agente, che può modificare la distribuzione delle molecole, esiste ed è costituita dal campo gravitazionale che dovrebbe determinare un addensamento delle masse nel baricentro. Tale addensamento, come sappiamo, è però contrastato dalle reazioni sviluppate dall'energia cinetica negli urti. E' stato già mostrato da Boltzmann e da altri autori che generalmente, nell'ipotesi di limitatezza del volume disponibile per il gas e di energia cinetica compresa entro certi valori, la distribuzione delle molecole non subisce modificazioni sostanziali per questa causa [1],[2].

Nell'ipotesi che l'energia cinetica scenda al di sotto di certi valori si deve ipotizzare un maggiore addensamento in prossimità del baricentro, ma sul piano pratico, ai fini dell'autonoma evoluzione del sistema verso condizioni ordinate, ciò non porta a conseguenze di rilievo. Analogamente, se l'energia cinetica supera determinati valori, ma pur sempre inferiori al cosiddetto valore di "fuga", e se i vincoli volumetrici esistenti lo consentono, si possono verificare fluttuazioni fra fasi di espansione e di contrazione. Ma anche queste fluttuazioni non hanno effetto sull'innesco di una autonoma evoluzione del sistema verso condizioni di ordine. In questi casi l'intervento di una azione esterna è sempre necessario. Come ho mostrato in altri lavori [3], [4], l'autorganizzazione richiede una espansione di fuga e si realizza sulle distanza molto grandi, in cui divengono significativi gli effetti relativistici.

Con l'azione esterna, che supponiamo non diretta verso il baricentro del sistema, si formano due poli di concentrazione delle probabilità di occupazione nell'ambito del sistema, uno secondo la direzione dell'azione esterna e l'altro secondo la direzione della forza gravitazionale. Il sistema mostra quindi una certa quantità di movimenti interni di connessione dei due poli; tali movimenti si svolgono secondo linee curve, indotte dalla composizione degli effetti delle forze esterna e gravitazionale, con urti decrescenti con la polarizzazione dei movimenti su queste linee.

La presenza di due elementi ordinatori nell'ambito del sistema, costituiti dalla forza esterna e dalla forza gravitazionale, nel mentre giustifica la permanenza di movimenti interni al sistema secondo certe direzioni prevalenti, il che implica ovviamente un certo parallelismo che riduce gli urti, non permette di poterne derivare la permanenza dell'ordine così formato, pur in presenza di una permanenza dell'azione esterna. La corrente di molecole dotate di una certa direzionalità e di una certa energia indotta dall'azione esterna, viene logorata dagli urti che subisce nella sua penetrazione nel sistema e la sua energia viene così trasferita alle altre molecole, diviene cioè energia interna che incrementa la forza e la frequenza degli urti, quindi la loro capacità distruttiva dell'ordine direzionale indotto dall'azione esterna. E' quindi necessario, per mantenere in vita l'azione ordinatrice della azione esterna, che l'energia da essa fornita, dopo aver svolto la sua funzione ordinatrice, sia dissipata attraverso un flusso di energia uscente dal sistema. I sistemi organizzabili devono cioè essere strutture dissipative, introdotte da Prigogine [5].

Supponiamo che la dimensione delle variabili in gioco permetta una penetrazione profonda della corrente ordinatrice nel sistema dissipativo dove subisce l'incurvamento dovuto alla composizione della forza esterna con la forza gravitazionale. La permanenza della prevalenza direzionale è dovuta alla persistenza dell'azione esterna (con un processo continuo di distruzione e ricostruzione) la cui cessazione determina il ripiombare del sistema nella condizione di equilibrio statistico. Dato l'effetto devastante che ha l'urto sull'ordine, per la permanenza dell'ordine una volta cessata l'azione esterna occorrerebbe o la completa scomparsa degli urti o l'assunzione, da parte delle traiettorie, di una rigidità che le faccia resistere agli urti.

Se noi ragioniamo sotto l'ipotesi di limitatezza del volume disponibile per il sistema, ipotesi che pure sottende al cosiddetto "schema di Boltzmann" e che può essere rappresentata dalla presenza di pareti ideali che racchiudono il sistema, la completa scomparsa degli urti richiederebbe che tutti i movimenti si svolgano all'interno del contenitore senza mai toccarne le pareti, giacché l'urto con le pareti respingerebbe le molecole all'interno del sistema riaccendendo la catena degli urti. La condizione di limitatezza del volume disponibile va quindi accantonata o, quantomeno, va ritenuto che i limiti siano così ampi da poter ragionare come se essi non esistessero.

Per quanto attiene alla "rigidità", ossia alla capacità di resistenza delle traiettorie sia agli urti che alla forze che tendano a modificarle, essa viene determinata, prima di tutto, dall'irrigidimento dei corpi che viaggiano lungo tali traiettorie conseguente ai processi aggregativi resi possibili dal parallelismo direzionale indotto dall'azione esterna. Tali processi aggregativi danno luogo ad aggregati in cui le forze di attrazione fra i componenti superano le forze sviluppate negli urti. La sola attrazione gravitazionale non è sufficiente a determinare la rigidità necessaria a resistere agli urti, sopratutto nelle prime fasi del processo di aggregazione, quando il volume degli aggregati è poche volte superiore a quello delle particelle elementari; sono perciò necessari dei processi di "incollamento" fra le particelle in cui, oltre alle forze gravitazionali, entrano in gioco le forze elettromagnetiche.

In secondo luogo, la rigidità delle traiettorie è determinata dallo sviluppo di equilibri dinamici entro orbite stazionarie. L'azione della forza esterna determina una asimmetria direzionale del moto delle molecole e quindi l'emergenza di una prevalente direzione dell'energia cinetica, una corrente, che si traduce in una corrispondente emergenza di un'azione gravitazionale agente sulle molecole che fanno parte di tale corrente.

Se la direzione del moto della particella che fa parte della corrente forma con la direzione della forza gravitazionale un angolo ottuso, la forza gravitazionale avrà una componente nella direzione opposta a quella dell'energia cinetica e una componente nella direzione ad essa ortogonale. La particella svilupperà per conseguenza una forza di reazione alla componente opposta e continuerà perciò nella sua corsa, ma subendo una riduzione graduale dell'energia cinetica per il lavoro effettuato contro la componente opposta della forza gravitazionale ed una rotazione per effetto della componente ortogonale assumendo infine la direzione della forza gravitazionale. La variazione della direzione del moto della molecola sarà naturalmente più o meno rapida a seconda delle dimensioni della forza gravitazionale e della energia cinetica.

Quando la divergenza fra la direzione della forza gravitazionale e la direzione dell'energia cinetica raggiunge l'angolo retto e le dimensioni delle due grandezze fisiche sono in un certo rapporto, si forma una traiettoria circolare, in cui le forze agenti determinano una particolare rigidità.

In un qualsiasi punto di una traiettoria circolare la direzione dell'energia cinetica è ortogonale alla direzione della forza gravitazionale e pertanto quest'ultima non può avere una componente nella direzione dell'energia cinetica. L'energia cinetica non può quindi sviluppare alcuna forza di reazione cosicché per un tratto infinitesimo il moto si sviluppa in termini di avvicinamento al baricentro. Nella nuova posizione così raggiunta dalla molecola la forza gravitazionale può subire la scomposizione nelle due componenti e l'energia cinetica può produrre una forza di reazione alla componente oppositiva che, insieme allo spostamento indotto dalla componente ortogonale, riporta il componente in orbita. La traiettoria circolare costituirebbe pertanto l'inviluppo di oscillazioni sinusoidali che hanno una fase di avvicinamento e una fase di allontanamento. In sostanza lo schema di trasformazione tra energia potenziale ed energia cinetica e viceversa postulato da Newton per la condizione oscillatoria si ripete, a livello infinitesimo, anche per la traiettoria circolare.

Lo schema solleva la ovvia obiezione che se la traiettoria circolare rappresenta l' inviluppo di oscillazioni microscopiche, queste dovrebbero essere in talune condizioni osservabili. A questa obiezione è possibile rispondere che le oscillazioni microscopiche si sviluppano in intervalli infinitesimi di più alto ordine degli intervalli percettibili, come d'altra parte è implicito nella relatività generale, che prevede la possibile esistenza, per ogni funzione fisica, di una derivata seconda alle coordinate spazio-temporali che deve quindi operare su una infinità di punti di ordine superiore rispetto a quella in cui opera la derivata prima [3].

7.2 - Necessità di un processo oscillatorio del volume occupato dal sistema.

A seconda dei valori assunti dall'energia cinetica e dalla forza gravitazionale, le forze che si sviluppano quando l'angolo di incidenza fra le due direzioni è ottuso (fra 90 e 270 gradi) possono indurre movimenti verso l'esterno del sistema o supportare una condizione stazionaria di equilibrio. Nel primo caso queste forze stimolano l'espansione del sistema che è, come vedremo, un elemento assai importante per raggiungere le condizioni di ordine.

In generale, la frequenza di tali forze regolatorie non è sufficiente a mantenere la variabilità configurale ottenuta, cosicché questa tende a tornare alla condizione iniziale di equilibrio statistico a meno che non permanga il flusso di energia proveniente dall'esterno (ramo termodinamico del processo trasformazionale [5]).

Ma se sussistono certe dimensioni degli aggregati e la divergenza statistica fra forza gravitazionale ed energia cinetica della corrente raggiunge l'angolo retto, con un rapporto fra energia cinetica e forza gravitazionale che consente l'equilibrio, le configurazioni ottenute assumono, per effetto delle forze regolatorie, una capacità di permanenza anche in assenza del flusso energetico esterno (ramo cinetico del processo trasformazionale [5]). Nell'ordine così realizzato si manifesta il principio d'ordine nei sistemi aperti di Prigogine.

E' evidente che il raggiungimento di una condizione di ortogonalità fra l'energia cinetica di un componente e la forza gravitazionale agente su di esso non è una condizione sufficiente perché si sviluppi un equilibrio di tipo rotatorio intorno al baricentro del sistema. Occorre che sussista una certa distanza che possa determinare, in relazione ai valori assunti dalla massa e dalla energia cinetica, i necessari rapporti delle forze agenti. Per di più è chiaramente necessario, una volta che si siano create delle traiettorie curvilinee, che le distanze intercorrenti fra i componenti del sistema siano tali da rendere impossibile l'intersezione fra le varie traiettorie.

Per questi motivi il raggiungimento di una condizione di ordine è legato al raggiungimento di una certa dimensione volumetrica del sistema, sia pur legata alla dimensione degli aggregati e a quella dell'energia cinetica del sistema. L'azione esterna dunque, oltre ad avere una certa intensità e una certa inclinazione rispetto alla direzione della forza gravitazionale, deve comporsi con un processo oscillatorio del volume, fra fasi di espansione e fasi di compressione, nell'ambito del quale il sistema possa ritrovare la condizione volumetrica necessaria all'instaurarsi dell'ordine.

Come abbiamo avuto modo di mostrare, l'azione esterna è essa stessa promotrice della fase espansiva attraverso l'azione delle reazioni cinetiche oppositive che si sviluppano quando la direzione dell'azione incidente ha una certa angolazione con la direzione della forza gravitazionale. Quando viene raggiunto un volume che consente la distribuzione delle masse, delle energie cinetiche e delle singole distanze che è necessaria per la realizzazione degli equilibri dinamici, la configurazione ordinata emerge selettivamente nell'ambito della variabilità configurale, perché priva di urti, cioè di elementi distruttivi, quindi dotata di sopravvivenza. In altre parole, la struttura dell'organizzazione delle masse, delle energie e delle distanze determina tali vincoli ai movimenti da costringere ad organizzarsi in termini di equilibrio orbitale (principio d'ordine nei sistemi chiusi di Boltzmann)

7.3 - Conclusioni.

Il risultato ottenuto, circa lo sviluppo, da parte dell'azione esterna, di una variabilità configurale che da luogo a processi di aggregazione, di sviluppo di traiettorie curvilinee, di loro modificazione in conseguenza di un processo oscillatorio che modifica i rapporti fra le forze agenti e che si arresta ad un più basso valore dell'entropia, è un risultato di grande importanza. Infatti, l'esistenza di una variabilità configurale è stata vista finora come una condizione preliminare per lo sviluppo dell'ordine che verrebbe selezionato "a posteriori". Questa erronea visione ha dominato non solo in fisica, nella ipotesi ergodica di Boltzmann, ma è anche, come è noto, il fondamentale punto di partenza della teoria evolutiva di Darwin. La variabilità configurale è invece un effetto dell'azione esterna che agisce eliminando un vincolo di simmetria. Tale eliminazione costituisce anche, ovviamente, una selezione, ma operante su una variabilità "statica" o "strutturale" fra opposte direzioni di movimento esistenti contemporaneamente e reciprocamente bloccantesi; tale selezione innesca una variabilità configurale "dinamica" o "evolutiva" prima inesistente e di tutt'altra specie, che da luogo a processi ordinativi su cui agisce infine ancora la selezione fissando la configurazione che realizza determinati equilibri.

Nella sua generalizzazione l'equilibrio dinamico può ritenersi un caso speciale di una legge di più vasta applicabilità che afferma che, quando due flussi energetici entrano in opposizione, se sussistono determinati rapporti fra le loro dimensioni, essi possono confluire in una nuova linea detta di "sintesi" posta a 90 gradi dalla comune linea d'azione, purché su questa linea d'azione sussista una terza forza che, sia pure a livello infinitesimo, interagisca con i flussi principali indirizzandoli in maniera "sinergica" nella nuova linea.

Bibliografia
[1] – Boltzmann L.: K. Acad. Wiss. Sitzb. II Abt. 66,275,1871
[2] - Gibbs J. W.: *Principles of Statistical Mechanics*, Yale University Press, New Haven, 1948
[3] - Firrao S.: *Development of Oscillatory Processes in Isolated High Energy Systems*, Cybernetica, XXXI, 44, 1988
[4]–Firrao S.: *Initial Formation of Order in Isolated Macroscopic Systems*, Cybernetica, XXXIII, 2, 1990
[5] – Prigogine L.: Self-organization *in Non-equilibrium Systems*, Wiley & Sons, New York, 1977.
[6]– von Bertalanffy L.: *The Theory of Open Systems in Physics and Biology*, Science, 111, 1960, 23
[7]-Firrao S.: *Development Lines of Self-Organization Theory*, Studies on Complex Systems, S. Firrao ed., Cens, Liscate. 1994

Capitolo 8

Sulla teoria dell'evoluzione

Sommario

Se le varietà che realizzano una diversità di risposta alla selezione nell'ambito di una specie fossero indipendenti, costituissero cioè un semplice insieme, le varietà resistenti ad una certa azione selettiva potrebbero occupare lo spazio reso libero dalla selezione, ma non potrebbero dar luogo ad alcun meccanismo evolutivo. Perché si verifichi una evoluzione le varietà devono costituire un sistema, deve cioè sussistere fra di esse una interdipendenza.

La selezione opera dunque nell'ambito dei componenti interagenti di un sistema in equilibrio, ma il successivo processo evolutivo si svolge nell'ambito di una variabilità determinata dalla conseguente eliminazione di un elemento di "simmetria" nell'interazione, eliminazione che genera una condizione di disequilibrio. Il disequilibrio è una condizione instabile che genera un processo di convergenza verso una nuova condizione di equilibrio. Durante questo processo di convergenza che si sviluppa gradualmente nell'ambito di una iniziale variabilità configurale si genera fra i componenti selezionati una "sinergia" che implica il rafforzamento della capacità di resistenza all'azione selettiva, determina cioè la formazione di una "rigidità" nei confronti di tale azione. Si genera anche un processo di riorganizzazione degli equilibri interni che porta a configurazioni ordinate che danno luogo ad un minor numero di urti all'interno del sistema.

Durante questo processo si genera anche, nelle strutture "dissipative" un flusso di energia diretto verso l'esterno che può avere diversa inclinazione ed intensità. Attraverso la sua introduzione il processo evolutivo assume chiaramente l'aspetto di un processo stimolo- risposta in cui il flusso uscente può interagire con quello entrante, così dando al processo evolutivo l'aspetto di un colloquio continuo con il mondo esterno.

La ripetizione del processo da luogo ad una struttura stratificata, con strati di diversa rigidità e resistenti a diverse azioni selettive. La configurazione finale ottenuta può contenere anche quantitativi di entropia il cui livello è determinato dagli ostacoli che il processo evolutivo incontra nelle variabili che caratterizzano l'ambiente in cui l'evoluzione si sviluppa. Ad ogni nuovo processo selettivo, se non contraddice le selezioni già effettuate, la variabilità configurale indotta si restringe per la riduzione delle possibili direzioni di sviluppo ed il processo di convergenza diviene più rapido.

8.1-Evoluzione come espressione delle leggi di organizzazione.

Le leggi di organizzazione di un sistema composto di molecole monoatomiche fra cui operano solo forze gravitazionali e forze di reazione sviluppate dall'energia cinetica possono contenere la soluzione di fondamentali problemi generali organizzativi che si presentano in tutti i campi dello scibile.

Le forme di ordine ipotizzabili in tali sistemi implicano certe regolarità di movimento di tipo rotatorio che sono ben lontane dalle complesse forme di organizzazione mostrate dai sistemi biologici. Ciononostante l'importanza delle leggi di organizzazione dei sistemi gravitazionali risiede nel fatto che i processi che si svolgono sul piano biologico richiedono la soluzione di uno stesso problema, quello del raggiungimento di una particolare struttura del sistema, cui è legato il suo funzionamento organizzativo, a partire da una variabilità configurale che appare del tutto casuale.

La soluzione di tale problema nell'ambito dei sistemi gravitazionali costituisce una indicazione analogica importante per la soluzione dell'analogo problema nell'ambito biologico. In tale ottica, cioè nell'ipotesi di una possibile generalizzazione del risultato, possiamo pertanto raffrontare la soluzione ottenuta sul piano dei sistemi gravitazionali con il modo con cui Darwin formulò la sua teoria dell'evoluzione.

Ambedue le linee di ricerca, quella fisica e quella biologica, sono partite dallo stesso punto di vista secondo cui la configurazione ordinata sarebbe una particolare configurazione ottenibile casualmente dal sistema nell'ambito di una variabilità configurale priva di alcuna causa agente. Questa configurazione sarebbe dotata di particolari caratteristiche che determinerebbero, una volta che essa sia comparsa, la sua permanenza (ipotesi ergodica di Boltzmann, sopravvivenza del più adatto di Darwin); in entrambi i casi dunque la selezione avverrebbe successivamente alla comparsa casuale della forma più evoluta, la farebbe solo emergere.

Nell'ambito fisico tale impostazione costituì una

modificazione della primitiva impostazione di Boltzmann in base alla quale il raggiungimento di una condizione di ordine in un sistema disordinato per mezzo della variabilità casuale dovuta all'energia interna doveva ritenersi impossibile (legge della tendenza alla massima entropia). Questo risultato apparve paradossale, poiché nessun' altra maniera di formazione dell'ordine in un sistema isolato (e quindi nell'universo) appariva poter sussistere e portò quindi alla detta modificazione teoretica la cui fragilità fu subito riconosciuta da Poincaré e da Zermelo e in ultimo dallo stesso Boltzmann.

La modificazione teoretica, legata all'ipotesi che le configurazioni ordinate, quantunque con frequenze di apparizione molto piccole, appartengano comunque al campo di variabilità configurale ottenibile casualmente era certamente errata. In un sistema disordinato di Boltzmann la comparsa casuale di configurazioni con distribuzione non uniforme delle direzioni di moto dei componenti è impossibile per differenti ragioni, per il dettagliato esame delle quali rimando a un mio precedente lavoro [15].

E' sufficiente qui ricordare che, in assenza di una "causa agente" che consenta di assegnare una diversa probabilità ai vari stati vale il principio della eguaglianza della frequenza di apparizione (in ogni configurazione assunta dal sistema) degli stati in cui ciascun componente può comparire, quindi nel caso specifico delle opposte direzioni di moto di ogni componente (se il numero di componenti del sistema è sufficientemente grande).

Tale principio fu formulato da Laplace (nella forma di principio di indifferenza) e poi da Bernoulli (nella forma di legge dei grandi numeri) ed è stato accettato come un principio fondamentale della scienza da oltre due secoli. L'ipotesi ergodica di Boltzmann, secondo cui configurazioni che mostrano una distribuzione non uniforme delle direzioni di moto, in particolare delle opposte direzioni, che definiamo configurazioni asimmetriche, possono apparire casualmente è quindi in stridente contraddizione con il "principio di indifferenza".

Il principio di indifferenza, nella sua iniziale formulazione, è stato più volte messo in discussione, ma secondo una inattaccabile impostazione più recente, dovuta a Prigogine, si dice che, in assenza di tale causa agente, sussistono nei sistemi, sotto condizioni largamente generali, "vincoli di simmetria" che impongono la presenza di opposte direzioni di moto ed impediscono conseguentemente la comparsa di configurazioni asimmetriche [10].

E' appena il caso di rilevare che la impostazione di Prigogine, che lega la impossibilità organizzativa all'esistenza di una struttura vincolativa quale si ha nello schema di Boltzmann, permette di ipotizzare delle condizioni in cui tale struttura vincolativa non esiste, quali quelle del cosiddetto "brodo primordiale", in cui quindi potrebbero sorgere casualmente una molteplicità di organizzazioni.

Anche in questo caso, naturalmente, il sistema evolverebbe, in assenza di un input energetico esterno, verso una condizione di immobilizzo omeostatico, ma la considerazione è egualmente importante per spiegare la formazione di una variabilità "strutturale" che precede la variabilità evolutiva. A noi però al momento interessa proprio il tipo di organizzazione, altamente specializzato e finalizzato alla sopravvivenza, che si sviluppa in ambiente vincolato, competitivo, quale si ha sia nello schema di Boltzmann che nello schema di Darwin.

Recentemente è stata prospettata una possibile e plausibile soluzione del paradosso dei sistemi isolati mostrando che i sistemi isolati con un certo valore dell'energia interna possono assumere una condizione di nonequilibrio esterno (o espansione di fuga) che da luogo ad una particolare variabilità configurale che porta, attraverso un processo complesso che involve meccanismi relativistici, allo sviluppo di certe forme di ordine che implicano la formazione di flussi di energia che attraversano il sistema. Tali flussi di energia, incidendo sui sottosistemi, vi possono determinare lo sviluppo di forme più complesse di ordine [13], [14].

Il risultato fondamentale del nuovo modo di approccio, che interessa ai fini di questo studio, è che comunque, trascurando il caso appena menzionato che riguarda certe condizioni ottenibili solo in sistemi macroscopici quali le galassie, l'ordine è innescato dall'esterno cosicché, contrariamente a quanto postulato dalla teoria evolutiva di Darwin (nella ipotesi di trasferibilità analogica dei risultati), l'azione esterna è promotrice dello sviluppo e non solo selettiva di una organizzazione formatasi indipendentemente da essa [7], [14].

L'azione esterna elimina un vincolo di simmetria e così determina una variabilità configurale del sistema, dovuta ai gradi di libertà così acquisiti [16]. Nel caso in cui l'azione esterna si svolga su di un sistema in equilibrio statistico dove i componenti sono indistruttibili,, essa è pur sempre un' azione selettiva, che si svolge a livello di componenti elementari, premiando una direzione di moto e inibendo l'opposta.

Il progresso organizzativo si svolge però nell' ambito della variabilità configurale determinata dalla forza esterna, variabilità che è successiva alla azione selettiva. Analogamente, anche quando l'azione esterna agisce su sistemi complessi, l'azione selettiva opera su una variabilità "strutturale", ossia dei componenti elementari, preesistente, ma l'evoluzione si svolge nell'ambito di una ulteriore variabilità configurale dell'intero sistema prodotta dall'azione selettiva connessa all'azione esterna.

Quest'ultima, eliminando un vincolo di simmetria, rompe gli equilibri preesistenti fra i componenti del sistema complessivo, determinando così una condizione di disequilibrio e una conseguente variabilità configurale che non è ovviamente casuale: una direzione di sviluppo è impedita ed il sistema tende verso una nuova condizione di equilibrio (generalizzazione del postulato di Carnot e Clausius). Se non esiste una linea di convergenza verso una configurazione di equilibrio ordinata, che emergerebbe selettivamente, il sistema tende verso la configurazione di massima entropia consentita dal vincolo di "asimmetria" indotto dalla selezione, a cui corrisponde un equilibrio statistico o un equilibrio oscillatorio.

8.2 - Il ruolo della sinergia nell'evoluzione

Nell'ambito dei sistemi gravitazionali il processo ordinativo è innescato dalla realizzazione di un certo grado di parallelismo motorio nella direzione del flusso energetico di input che è necessariamente accompagnato da importanti processi aggregativi. L'assunzione di una comune direzione di moto, alla stessa velocità, comporta infatti la scomparsa dell'energia cinetica "interna" al gruppo di componenti in moto coordinato. Le forze di attrazione gravitazionale fra componenti contigui in moto coordinato non determinano quindi forze di reazione da parte dell'energia cinetica capaci di contrastare l'accostamento e si sviluppano perciò processi aggregativi [14].

La formazione di aggregati determina importanti risultati. In primo luogo, per il modo della loro formazione, di aggregazione fra molecole dotate della direzione della forza esterna, rafforzano la prevalenza di questa direzione per la maggior massa e quindi maggiore inerzia nello scontro con le molecole antagoniste, cioè dotate di opposta direzione di moto.

Trasferendo in via analogica questo risultato al piano evolutivo, questo rafforzamento della prevalenza della direzione esterna, che va oltre quanto la forza esterna può fare da sola, implica un processo evolutivo di rafforzamento degli effetti della selezione, che è stato chiamato effetto sinergico e si sviluppa fra gli elementi selezionati.

Si tratta di un processo molto importante secondo il quale, ad esempio, la selezione di forme microbiche resistenti ad un determinato agente porta allo sviluppo di forme ancora più resistenti, la selezione di anticorpi resistenti a forme attenuate porta allo sviluppo di anticorpi resistenti a forme virulente, la selezione di animali intelligenti porta allo sviluppo di animali ancora più intelligenti e così via .

In secondo luogo, l'azione contemporanea di molte forze esterne che presentino divergenze direzionali su un sistema privo di strutture di rigidità non può dar luogo all'ordine in quanto implica l'esistenza di componenti di queste forze in reciproca opposizione che danno luogo ad urti ed al conseguente sviluppo di simmetria. Il processo ordinativo deve quindi procedere (almeno nelle fasi iniziali) attraverso l'iterazione di un processo elementare che implica l'azione di una sola forza esterna.

Tuttavia in assenza di processi aggregativi l'effetto

ordinativo di una forza sarebbe distrutto dall'effetto di quella seguente in quanto modificativa degli equilibri cui l'ordine è legato. La complessità del risultato è invece garantita dalla permanenza di una struttura di aggregati che esercitino forze parzialmente riequilibratrici dei disequilibri indotti dalla nuova forza nella forma di "resistenze" alle modificazioni dell' ordine già ottenuto.

Ne consegue da ciò la riduzione dei gradi di libertà della variabilità configurale del sistema connessa alla nuova forza ordinatrice, variabilità che deve pertanto rispettare le "linee organizzative" imposte dalle strutture rigide (cioè capaci di esercitare una resistenza) determinate dai precedenti processi aggregativi.

In terzo luogo, l'aspetto iterativo del processo organizzativo implica che la struttura degli aggregati dei sistemi ordinati deve essere stratificata, cioè prodotta per sovrapposizione di strati successivi. Poiché i primi processi aggregativi implicano un maggior accostamento dei componenti e quindi lo sviluppo di più forti forze aggregative, questa stratificazione implica una gerarchia di rigidità, ossia dei livelli delle potenziali reazioni esercitabili dai diversi strati. Anche questi aspetti sono chiaramente visibili nelle strutture prodotte dall'evoluzione.

8.3 - Il ruolo della variabilità configurale.

Nel sistema meccanico l'ordine richiede che i componenti del sistema raggiungano certi valori della massa e dell'energia nonché una certa disposizione spaziale e struttura direzionale dei movimenti. Queste condizioni sono note da tempo dalla fisica classica per sistemi semplici. Per esempio, il moto rotatorio di due corpi, esempio tipico di moto ordinato, cioè privo di urti, dovuto alla speciale interazione che si stabilisce fra i due corpi, richiede certi valori di massa ed energia dei componenti, una certa distanza fra di essi ed una certa struttura direzionale dei movimenti rappresentata dall'ortogonalità fra la direzione del moto di ogni componente e la direzione dell'attrazione gravitazionale esercitata su di esso dall'altro componente. Le condizioni per l'ordine sono

91

anche note per alcuni importanti sistemi complessi interpretabili come la sovrapposizione di sistemi semplici, quali i sistemi planetari.

Se il sistema ha i richiesti valori di masse ed energie dei componenti ed un volume adeguato alla realizzazione delle necessarie distanze, esso può essere organizzato attraverso una variabilità della configurazione, ossia della disposizione spaziale e della struttura direzionale dei movimenti dei componenti.

La modificazione degli equilibri interni che è l'immediata risposta del sistema all'azione esterna determina una variabilità configurale che converge verso nuovi equilibri attraverso il 'passaggio per configurazioni ad equilibrio crescente. Durante questo transito si ha la formazione sia di aggregati che sono poli alternativi di attrazione gravitazionale sia di equilibri dinamici in cui l'energia cinetica controbilancia l'attrazione gravitazionale, cosicché il risultato finale è una configurazione ordinata. Ovviamente il raggiungimento di questo risultato finale è legato ad altri fattori, quali le caratteristiche di intensità, permanenza e penetrazione della forza esterna, le dimensioni delle forze aggregative che danno luogo agli aggregati, (l'intervento del campo elettromagnetico per esempio) ecc.

Non è facile trasferire questi concetti sul piano evolutivo, in cui sono certamente più complessi. Rileviamo però la più importante conseguenza che può trarsi dal trasferimento di questi concetti sul piano del processo evolutivo. Essa è costituita dal fatto che la selezione è seguita da un processo di riorganizzazione degli equilibri interni e dalla conseguente creazione di strutture in cui il legame con l'iniziale processo selettivo può non risultare più rintracciabile.

Il processo evolutivo viene innescato dall'azione esterna selettiva ed è costituito da una fase di sviluppo di una variabilità configurale dinamica dovuta alla rottura degli equilibri interni del sistema, che non ha niente a che vedere con la variabilità strutturale statica fra sottosistemi in equilibrio, su cui la selezione agisce.

Essa è accompagnata dallo sviluppo di sinergie fra gli elementi selezionati corrispondente alla formazione degli aggregati dello schema meccanico e dalla riorganizzazione degli equilibri interni che porta alla convergenza verso le configurazioni ordinate che danno luogo al minor numero di urti.

Osserviamo ora che nei sistemi molto complessi, quali sono i sistemi biologici, i vincoli che limitano lo sviluppo dell'ordine sono molto più numerosi di quelli presenti nello schema che abbiamo illustrato. In generale, nella fase iniziale di sviluppo dell'ordine, partendo da una configurazione di alta entropia, la prima azione esterna determina una riduzione di entropia che lascia nel sistema un certo livello di entropia. Questa azione esterna, infatti, anche se penetra profondamente nel sistema, ha una lunga durata ed è supportata dalla formazione di aggregati, non ha la capacità di indurre a configurazioni completamente ordinate alle quali corrisponda la fine del movimento disordinato, entropico dei componenti. L'azione esterna da luogo ad un equilibrio parzialmente statistico mantenuto, quando cessa l'azione esterna, dalle strutture rigide formate in questa fase.

Tuttavia, la variabilità dovuta all'azione esterna decresce gradualmente negli stadi successivi (per la riduzione dei gradi di liberà dovuta all'aumento dei vincoli asimmetrici indotti dalle strutture rigide) mentre la riduzione di entropia cresce progressivamente (per l'aumento della frequenza delle configurazioni di equilibrio ordinato nella variabilità configurale quando i gradi di libertà sono pochi, ossia quando il sistema diviene semplice) [17]. Ciò finché viene raggiunta una condizione in cui l'azione esterna determina una variabilità minima che converge rapidamente alla condizione di massimo ordine.

L'innesco di un processo di convergenza verso condizioni completamente ordinate richiede quindi che un certo numero di vincoli di simmetria sia stato rimosso (ed una corrispondente rigida struttura si sia formata), numero variabile con la complessità del sistema (un risultato simile è stato ottenuto nella teoria delle reti [19]. Prima che questo numero sia stato raggiunto il sistema tende verso l'entropia massima consentita dai vincoli di asimmetria esistenti [18], oltre questo numero critico il sistema tende verso l'ordine massimo cosicché ad ogni azione esterna che turbi l'equilibrio risponde con l'assunzione di una corrispondente condizione ordinata di equilibrio. Esso diviene un sistema autorganizzantesi in cui la struttura stratificata delle rigidità può essere interpretata come un programma predeterminato di certe componenti della risposta..

8.4 - Le strutture dissipative.

E' noto che una condizione di disequilibrio delle forze, implicante l'esistenza di una risultante delle forze agenti, può trasformarsi in una condizione di equilibrio, che implica l'annullamento della risultante, sia attraverso la rotazione delle linee di flusso dell'energia, che porta ad un equilibrio di contrapposizione, sia attraverso il semplice scarico in un flusso di energia cinetica.

Quindi, fra le configurazioni che danno luogo a retroazione negativa sulla variabilità configurale per effetto della riduzione della risultante delle forze vi sono configurazioni in cui la riduzione è dovuta non solo alla formazione di moti interni rotazionali, con i connessi equilibri ortogonali, ma anche allo sviluppo di un flusso di energia cinetica diretta verso l'esterno del sistema. Queste configurazioni definiscono le strutture dissipative, introdotte da Prigogine [7].

Le strutture dissipative hanno estrema importanza per i nostri scopi perché attraverso la loro introduzione il processo evolutivo assume chiaramente l'aspetto di un processo di stimolo-risposta dove la risposta è costituita non solo dall'irrigidimento delle strutture anti-selettive e dalla organizzazione interna del sistema, ma anche dal flusso di energia uscente la cui direzione può assumere differenti inclinazioni e intensità e può quindi interagire con il flusso di energia entrante così dando al processo evolutivo l'aspetto di un colloquio continuo con il mondo esterno.

Riferimenti bibliografici
[1] -Dover G.A: *The Spread and Success of Non-Darwinian Novelties*, in Evolution Processes and Theory, Karlin S., New E. eds, Academic Press, New York, 1986
[2] – Haken H.: *Information and Self-Organization* (Series in Synergetics, vol. 40) Springer Verlag, New York, 1988
[3] – Haken H, ed.: *Chaos and Order in Nature,* Proceedings of the

International Symposium on Synergetics at Schloss Elmau, Bavaria, April 27 – May 2, 1981 (Springer Series in Synergetics, vol. 11) Springer Verlag, New York, 1985

[4] – Haken H.: *Evolution of Order and Chaos in Physics, Chemistry and Biology*, Schloss Elmau, FRG, 1982, Proceedings (Springer Series in Synergetics, vol. 17), Springer Verlag, New York, 1982

[5] – Eigen M.: *Darwin and die Molekularbiologie in Angewandte Chemie*, 93, 1981, 221

[6] – Eigen M.: *Selforganization of Matter and the Evolution of Biological Macromolecules*, in Naturwissenschaften, 58,1971, 465

[7] – Prigogine I., Nicolis G.:*Self-Organization in Non-equilibrium Systems*, Wiley, New York, 1982

[8] – Prigogine I.:*Chaos, the New Science*, Holte John, ed, Gustavus Adolphus College, 1992

[9]-Prigogine I., Stenger I.: *Order Out of Chaos: Man's New Dialogue with Nature*, Bantam Books, New York, 1984

[10]-Glansdorff P., Prigogine I.:*Thermodynamic Theory of Structure, Stability and Fluctuations*, Wiley Interscience, London, 1921

[11-Babloyantz A.: *Molecules, Dynamics and Life,an Introduction to Selforganization of Matter*, Wiley Interscience, New York, 1986

[12]-Firrao S.: *On the applicability in Biology of the Theory of Self-organization of the Systems*, Cybernetica, XXXV,1, 1992

[13]-Firrao S.: *Development of Oscillatory Processes in Isolated High Energy Systems,* Cybernetica, XXXI, 4, 1988

[14]-Firrao S.: *Initial Formation of Order in Isolated Macroscopic Systems*, Cybernetica, XXXIII, 2, 1990

[15]-Firrao S.: *On Boltzmann Statistical Entropy*, Cybernetics and Systems, 5,20, September, 1989

[16]-Firrao S.: *Dynamic Equilibria Generation in Non-Equilibrium Systems*, Cybernetics and Systems,, 22, 25-40, 1991

[17]-Firrao S.: *Stratification of Feedbacks Circuits in Evolution Structures*, Quaderni di Cibernetica, 8, 1991

[18]-Jaynes E.T.: *Where do we Stand on Maximum Entropy?* In The Maximum Entropy Formalism, R.D.Levine and M. Tribus eds., MIT Press, Cambridge, Massachusetts, 1979

[19]-Firrao S.: *Il processo di associazione stimolo-risposta nelle reti stratificate*, V Meeting di Neuroriabilitazione, Clinica Neurologica della II facoltà di Medicina, Napoli, 6-7 ottobre 1989, Europa Medicophysica, XXV, 4, 1989

Capitolo 9

Sviluppi della teoria evolutiva

Sommario

La realizzazione di certi contesti ambientali permette lo sviluppo di uno straordinario numero di interazioni possibili fra gli oggetti della realtà, in particolare di quelle che vengono chiamate interazioni di forma. Naturalmente, anche per le strutture che si formano con queste nuove forme di interazione, il processo formativo segue le leggi della teoria dell'organizzazione.

L'evoluzione costituisce anche per queste strutture la risposta riequilibratrice alla rottura degli equilibri indotta dall'azione esterna. Quest'ultima induce una variabilità che si sviluppa fra configurazioni che mostrano una prevalenza della direzione imposta dalla forza esterna. A parte questo vincolo di asimmetria, più o meno esteso, questa variabilità ha inizialmente aspetti casuali che vengono quindi modificati dalle forze sviluppate dai campi di forza agenti sul sistema.

La variabilità ottenuta comprende configurazioni di equilibrio che determinano l'assorbimento dell'energia che sostiene la variabilità stessa per l'inclusione in circuiti interni o per scarico all'esterno del sistema. Il sistema tende verso queste configurazioni perché sono configurazioni di maggiore permanenza dovuta alla riduzione della energia libera che sostiene la variabilità, riduzione che è conseguenza dell'equilibrio. Ogni riduzione, sia pur minima, del disequilibrio comporta una riduzione della variabilità che così converge verso la condizione di massimo equilibrio.

L'organizzazione porta ad un sistema costituito da strati di differente rigidità fra i quali corre un flusso energetico di connessione idealmente rappresentabile, nella sua forma più complessa, come una rete "stratificata" nei cui nodi si realizza la regolazione del flusso. Nell'ambito di questa rete è fondamentale la suddivisione fra le modificazioni realizzabili a livello individuale e quelle realizzabili a livello di specie; queste ultime, a cui più specificamente viene dato il nome di evoluzione, permettono la modificazione di componenti rigide a livello individuale.

Lo schema del processo è però similare nei due casi e ciò permette di mostrare come nell'ambito dei diversi circuiti della rete si possono memorizzare esperienze elementari evolutive nella forma di energie potenziali che possono confluire in unico nodo dando luogo a risultati evolutivi che sembrano contraddire il principio di continuità del processo evolutivo e che riuniscono linee evolutive apparentemente prive di una aprioristica sinergia.

9.1 - Le interazioni di forma

Nell'ambito dei processi organizzativi macroscopici che avvengono nelle galassie non è possibile ottenere, attraverso aggregazione, contrapposizione ed equilibrio, molto di più di quanto è visibile, astri che ruotano attorno al centro della galassia, pianeti che ruotano attorno alle stelle e satelliti che ruotano attorno ai pianeti.

Sono però costituite le condizioni perché il processo organizzativo prosegua ad un livello dimensionale minore. L'esplosione delle stelle ha portato a processi riorganizzativi locali e ha arricchito, con la creazione di nuclei atomici pesanti, il panorama degli oggetti su cui può operare l'organizzazione. Durante il processo di formazione dei pianeti, per effetto delle azioni attrattive e repulsive dovute ai campi di forza agenti sugli ioni degli elementi prodotti dall'esplosione, si è prodotta gran parte delle sostanze chimiche esistenti. Infine i flussi di energia che attraversano il sistema provenendo dalle stelle, incidendo su particolari pianeti, vi possono mantenere attivo il processo organizzativo.

Ai fini dell'ulteriore sviluppo del discorso sui processi organizzativi dobbiamo dunque considerare un ambiente in cui, essendosi svolti i principali processi organizzativi che hanno portato all'assorbimento dei più intensi flussi di energia, sussistono ampie aree in cui la dimensione dell'energia interna consente lo sviluppo di ampi processi aggregativi e ove la dimensione e la frequenza dei flussi di energia provenienti dall'esterno permettono la formazione e la sopravvivenza di un'ampia gamma di strutture.

Dobbiamo in particolare centrare la nostra attenzione su strutture in cui si verifica un certo mix di rigidità e di movimento e in cui l'energia proveniente dall'esterno alimenta un continuo processo trasformazionale (strutture dissipative). Nell'ambito di queste strutture si verifica l'intervento di un elemento che governa lo sviluppo delle forze da parte dei campi di forza in modo così articolato da rendere praticamente infinito il panorama delle interazioni possibili fra gli elementi della realtà: la forma. Si tratta del fatto che una struttura, dotata di una certa forma (informazione codificante), incontrando una forma complementare (informazione decodificante), da luogo allo sviluppo di forze aggregative o disgregative, così riattivando il processo organizzativo.

Per chiarire questo aspetto dobbiamo innanzi tutto considerare il più articolato intervento dei campi di forza, reso possibile, nelle descritte condizioni ambientali, dalle condizioni di vicinanza o di contatto, che permette lo sviluppo di interazioni, dovute alla sovrapposizione dei campi gravitazionale ed elettromagnetico, di diversa intensità. Quindi, oltre quelle che si svolgono nell'ambito chimico, soprattutto per i composti del carbonio che sono alla base della vita, le interazioni elettrostatiche di debole intensità quali le forze elettroniche di Van der Waals, l'interazione elettrostatica tra gruppi atomici dotati di carica elettrica, il legame idrogeno, ecc., la cui intensità può variare in relazione alla conformazione spaziale delle molecole interagenti.

Come è noto, l'intensità delle forze esercitate dal campo elettrostatico è inversamente proporzionale al quadrato della distanza che separa gli elementi tra cui tali campi agiscono. Quindi, l'intensità dell'attrazione esercitata da un sistema su un oggetto esterno (ovviamente se i componenti sia dell'uno che dell'altro sono polarizzati e se le cariche elettrostatiche sono di diversa polarità) è inversamente proporzionale alla somma dei quadrati delle distanze fra gli elementi che compongono il sistema e gli elementi che compongono l'oggetto esterno, cioè al momento del secondo ordine che è un fondamentale componente della forma (teoria della variabilità strutturale di Laplace [4]).

Naturalmente, ciò è vero per distanze fra gli elementi del sistema e gli elementi dell'oggetto esterno piccolissime, dello stesso ordine delle distanze intermolecolari poiché, aumentando la distanza fra gli elementi interagenti, l'effetto della forma tende a scomparire.

Quindi lo sviluppo della interazione di forma richiede una "compenetrazione", ossia l'accostamento dei componenti dei sistemi interagenti non limitata a pochi componenti, ma che si estenda fino a raggiungere una certa dimensione critica. Per raggiungerla, gli elementi dei sistemi devono avere dimensione

98

similare e i sistemi devono avere forme "complementari", ossia ad una prominenza dell'uno deve corrispondere una cavità dell'altro e viceversa. Ciò implica che lo sviluppo delle interazioni di forma non è una caratteristica di un singolo sistema, per quanto complesso, ma è una caratteristica di una specifica coppia di sistemi, una interazione selettiva, legata al riconoscimento di una informazione specifica.

Il livello di intensità delle forze attrattive può essere assai elevato e costituire un elemento assai importante al fine di realizzare il fenomeno dello "incollamento" quale quello che, nei primi processi di formazione dell'ordine a partire da sistemi disordinati, porta alla formazione di nuove entità a livello microscopico dotate di una rigidità superiore a quella dei componenti, in grado quindi di resistere agli urti da parte dei componenti elementari.

Le interazioni di forma non costituiscono solamente un mezzo che permette di realizzare delle "aggregazioni" o delle "disgregazioni" fra molecole dotate di forme complesse a seconda della struttura polare degli elementi interagenti e della intensità del campo di interazione. Lo sviluppo di interazioni di una entità inferiore a quella necessaria per formare o distruggere legami molecolari può determinare delle modificazioni di assetto che portino a sbloccare determinati accumuli di energia potenziale modificando certi equilibri o, come nel caso dei catalizzatori, favorendo certi tipi di reazioni.

La connessione fra l'informazione, che implica il riconoscimento specifico di un disegno, e lo sviluppo di energia che ne consegue porta ad un enorme allargamento del campo delle interazioni che possono esercitarsi fra sistemi complessi che non è quindi limitato alle interazioni di forma che si svolgono sul piano microscopico di cui abbiamo fin qui discusso. Il trasporto dell'informazione può avvenire attraverso mezzi, quali le onde elettromagnetiche, le onde acustiche, ecc, che non sono legate alla dimensione microscopica della distanza, come invece avviene nell'ipotesi di interazione molecolare da cui siamo partiti.

La forma non riguarda esclusivamente la disposizione nello spazio, il disegno, seguito dai componenti, ma anche la disposizione nel tempo, la successione con cui si susseguono le azioni. Anche l'intelligenza non fa che ricercare forme diverse, fino a ritrovare quella che sviluppa la richiesta interazione. Come infatti la forma di un oggetto complesso è determinata dal modo come gli oggetti elementari che lo compongono sono disposti, così il ragionamento è costituito dal modo come le connessioni logiche elementari, di origine istintuale (legate a contiguità spazio-temporali memorizzate), sono disposte in successione [6].

Con l'aumento dei tipi di interazione il processo organizzativo assume forme diverse, ma sempre in qualche modo riconducibili allo stesso schema fondamentale che vede il susseguirsi di fasi di sinergia (tesi), contrapposizione (antitesi) ed equilibrio (sintesi). Se sono rispettate certe condizioni, gli elementi dotati di mobilità costituiscono con i loro movimenti un flusso energetico di connessione e l'insieme, come nel caso più elementare di incollamento, costituisce una nuova unità le cui caratteristiche non sono riconducibili a quelle degli elementi componenti allo stesso modo che nell'acqua non sono più ravvisabili le caratteristiche dell'ossigeno e dell'idrogeno che la compongono.

9.2 - La struttura stratificata del sistema complesso.

Nella sua forma più complessa l'organizzazione porta ad un sistema costituito da strati di differente rigidità fra i quali corre un flusso energetico di connessione che può assumere la forma di movimenti nell'ambito di stratificazioni flessibili. Il flusso energetico di input che stimola la risposta del sistema può assumere una molteplicità di forme; parleremo perciò, in generale, di una azione svolta sul sistema.

L'evoluzione costituisce una particolare risposta riequilibratrice, che afferisce alle strutture rigide a livello individuale, quindi operante a livello di specie, alla rottura degli equilibri indotta dall'azione esterna. Nell'ambito della variabilità configurale, che costituisce l' elemento prioritario della risposta, si creano le condizioni per la realizzazione, sotto l'azione dei campi di forza agenti, di fenomeni di sinergia, contrapposizione ed equilibrio che innescano una convergenza della variabilità verso la configurazione di massimo equilibrio che è anche quella del massimo ordine consentito dai vincoli di simmetria esistenti, cioè dall'intrecciarsi delle traiettorie. L'evoluzione è dunque parte del più generale meccanismo stimolo - risposta agente nei sistemi complessi.

La condizione di stratificazione di rigidità nasce come conseguenza necessaria dei modi di formazione del processo aggregativo che vede operare forze decrescenti al crescere della distanza dal nucleo dello strato in formazione e dal fatto che il flusso energetico incidente non opera con la stessa intensità e con le stesse modalità su tutti i componenti del sistema. La rigidità può svilupparsi lungo tutta una scala di livelli partendo dai corpi assolutamente rigidi, concetto limite, che non consentono movimenti al loro interno, giungendo infine ai sistemi assolutamente flessibili, altro concetto limite, assolutamente privi di capacità di resistenza alla spinta esterna di qualsiasi livello, privi di una forma propria. Nelle posizioni intermedie si realizzano maggiori o minori facilità di realizzazione di movimenti interni.

I sistemi complessi sono sempre costituiti da in certo mix di strutture di diverso grado di rigidità; al crescere della rigidità dei componenti della struttura diminuiscono le possibilità che essi vengano modificati mediante movimenti interni e cresce il livello tensionale dell'energia a ciò necessaria. I componenti la cui rigidità supera un certo limite vanno considerati come immodificabili senza un lavoro di distruzione e ricostruzione che non può essere eseguito nell'ambito di un organismo. La modificazione può avvenire solo in fase di replicazione, cioè di costruzione di un nuovo organismo e diviene allora modificazione evolutiva.

Nel linguaggio scientifico corrente dunque si intende per evoluzione la variazione di forma delle strutture rigide mediante replicazione considerandola un problema completamente separato da come l'organismo individuale possa reagire alle sollecitazioni esterne con la modifica delle componenti flessibili. Nell'ambito della teoria dei sistemi complessi questa distinzione così netta non sussiste sia perché i processi trasformazionali sono similari, sia

101

perché i due processi hanno interconnessioni di cui è necessario tener conto.

La flessibilità delle strutture permette a un singolo organismo di potere esprimere una molteplicità di reazioni, sia pure nell'ambito di un certo campo variazionale determinato dalle strutture rigide che costituiscono vincoli alla libertà variazionale del sistema non superabili. Tale limitazione viene ridotta, nell'ottica di conservazione della specie, nei sistemi composti da una molteplicità di organismi attraverso una variabilità delle strutture di rigidità, così che ciò che non è possibile per un organismo lo è per un altro.

Questa variabilità delle strutture rigide fra i vari componenti di un sistema, costituisce un aspetto cruciale, indispensabile, del processo evolutivo dei sistemi complessi. Come abbiamo avuto modo di mostrare in un precedente lavoro [5], il processo evolutivo si svolge nell'ambito di una variabilità configurale indotta dalla selezione dovuta all'azione esterna, non ad essa preesistente. Ma ciò comporta necessariamente che debba esistere anche una variabilità strutturale del sistema precedente all'azione esterna, nell'ambito della quale questa possa realizzare la selezione.

Questa variabilità può formarsi in ambienti privi di vincoli, condizione nella quale potevano trovarsi gli aggregati non esposti ad urti distruttivi nel brodo primordiale delle fasi iniziali di sviluppo della vita. L'assenza di vincoli determina però un allargamento del numero delle forme "semplici", una colonizzazione della nicchia, ma non un avanzamento organizzativo che richiede un'azione selettiva che rompa gli equilibri di forze connessi a vincoli di simmetria e induca una variabilità configurale "sistemica" che termini in una configurazione ove è raggiunto nuovamente l'equilibrio complessivo.

Ciononondimeno tale variabilità casuale iniziale, in cui la replicazione si coniuga con la variazione, può avere già comportato differenze nei modi di risposta ad eventuali azioni esterne ed essersi quindi trasformata in variabilità di forme complesse allorché l'affollamento della nicchia ha creato una struttura di vincoli di simmetria e quindi di equilibri, così convogliando la variabilità in percorsi evolutivi.

9.3 - L'organizzazione della risposta nei sistemi costituiti da un solo organismo.

La condizione del sistema costituito da un unico organismo richiama la condizione di un sistema composto di molecole monoatomiche allo stato gassoso in equilibrio statistico sottoposto ad una azione esterna. In quel caso, come sappiamo, la selezione non è costituita dalla distruzione del componente ma dalla inibizione di certe direzioni del suo moto. In modo analogo, nel sistema costituito da un unico organismo per effetto dell'azione esterna, se questa non supera determinati livelli critici, non si hanno distruzioni di componenti, ma l'inibizione di certe direzioni di moto dei flussi energetici di connessione operanti all'interno del sistema.

Conformemente alle leggi generali dell'organizzazione [5] il sistema deve "rispondere" alla conseguente variazione delle condizioni di equilibrio, sviluppando una variabilità di tali direzioni di flusso o variabilità configurale. Tale variabilità è sistemica, non casuale, non solo per il vincolo indotto dall'azione esterna, ma anche per i vincoli posti alle direzioni di flusso dalla struttura a strati di diversa rigidità del sistema. Attraverso tale variabilità il sistema può raggiungere la configurazione dei flussi che ristabilisce l'equilibrio.

Ciò avviene se la variabilità configurale consentita dai vincoli indotti dalla struttura stratificata contiene una configurazione di completo equilibrio che cioè fa sparire il disequilibrio indotto dalla eliminazione iniziale di alcune direzioni di flusso. Altrimenti, sempre nell'ipotesi che l'azione esterna non possa portare alla distruzione totale, la condizione finale raggiunta è quella di un parziale o totale equilibrio statistico, che implica un proseguimento senza fine di una variabilità configurale dei flussi e, se questa è impedita, dallo sviluppo di energia potenziale nelle connessioni del sistema.

Vi è però una parte del processo variazionale che involve

certe stratificazioni di rigidità intermedia che possono essere modificate in condizioni di particolare tensione (accumulo di energia potenziale) e che sono per noi particolarmente importanti in vista dell'obiettivo di mostrare in dettaglio l'importanza dell'aspetto reticolare dei sistemi complessi.

Seguiamo più dettagliatamente ciò che avviene in un sistema composto da un unico organismo sottoposto ad un flusso di energia proveniente dall'esterno la cui intensità ovviamente non sia tale da causarne la distruzione. Per effetto della struttura stratificata, con strati di differente rigidità, del sistema, il flusso di energia ha la possibilità di penetrare nel sistema attraverso quelle stratificazioni il cui livello di rigidità non è tale da impedirne l'ingresso. Il flusso di energia segue pertanto nell'interno del sistema i percorsi di minore resistenza, per poi fuoriuscirne.

Fintanto che l'azione esterna rientra entro determinati livelli che ne consentano il flusso lungo tali percorsi, che portano a scarico l'energia senza apportare modificazioni delle strutture organizzative rigide del sistema, la funzionalità dell'organismo rimane inalterata. Ma se l'intensità dell'azione esterna supera tali livelli, pur sempre senza raggiungere il livello di rottura del sistema, il flusso di energia si apre un varco entro stratificazioni più rigide che equivale al cambiamento della disposizione dei componenti del sistema e alla modifica della forma della interfaccia con i sistemi esterni, (e quindi delle interazioni forma), e di dimensione e direzione del flusso di energia in uscita.

Se il percorso di scarico del disequilibrio non viene ritrovato e l'azione esterna è crescente, l'azione modificativa si estende gradualmente a componenti di rigidità crescente e quindi di importanza crescente per la funzionalità dell'organismo e si modificano conseguentemente i percorsi interni del flusso di energia fino, ovviamente, a raggiungere le stratificazioni immodificabili a livello ontologico.

Ciò però non avviene in modo continuo. Sotto condizioni ampiamente generali per i sistemi biologici nelle aree di modificabilità ontologica, in ogni superficie di interfaccia fra uno strato di rigidità e l'altro, che indichiamo come "nodo", si da luogo alla formazione di energia potenziale che assorbe l'energia del flusso incidente, dando luogo a equilibri interni statici.

L'energia potenziale permane finché non cessa il flusso di energia o finché non è raggiunto un livello di "saturazione" oltre il quale modifica la disposizione dei componenti della struttura. Il raggiungimento di questo stadio può essere definito come "riconoscimento" dell'informazione legata al flusso di energia entrante, riconoscimento che determina l'apertura di un nuovo insieme di percorsi.

L'unità di informazione o "bit" di Shannon [1] può essere realizzata non solo dall'apertura e chiusura di un circuito, ma anche dallo sviluppo di energia potenziale in un nodo del sistema. Essa può essere interpretata come una unità di riconoscimento che, permettendo o impedendo il flusso di energia, varia per elementi discreti, si (riconoscimento), no (non riconoscimento). Tuttavia, nel nostro caso, il riconoscimento è la conseguenza di un accumulo per infinitesimi dell'energia potenziale a cui noi possiamo quindi associare una informazione non riconoscitiva.

Per sistemi eterogenei e anisotropi che involvono differenti gradi di rigidità nelle varie direzioni, i livelli tensionali di riconoscimento variano a seconda della direzione di incidenza del flusso di input e il riconoscimento determina differenti direzioni del flusso di output. Ciò permette di rappresentare il sistema complesso come una rete di interconnessioni in cui i nodi hanno connessioni multiple che potrebbero per conseguenza essere definite "connessioni stellari". La presenza di una molteplicità di connessioni in ogni nodo permette di rappresentare il sistema come la sovrapposizione di una molteplicità di reti di diversa rigidità, collegate l'una all'altra in corrispondenza dei nodi. Il sistema può in sostanza essere definito una "rete stratificata" secondo livelli di rigidità.

La crescita dell'energia potenziale nei nodi senza che ciò comporti alcuna concreta risposta finché non viene raggiunto il livello di saturazione è equivalente alla crescita della concentrazione dei neuro trasmettitori nelle sinapsi dei neuroni finché non viene raggiunto il livello di saturazione cui corrisponde la trasmissione dell'impulso. Essa corrisponde ad una raccolta di informazioni che ha l'effetto di predisporre differentemente la risposta del sistema ad ulteriori sollecitazioni ma mano che le informazioni vengono raccolte ossia, in termini del modello psicocibernetico di MacKay, di modificare lo stato di "conditional readiness" del sistema [3].

Il raggiungimento del livello di concentrazione di neurotrasmettitori nelle sinapsi che fanno parte dei circuiti logici (in cui cioè si svolgono i processi di pensiero) fino al livello di saturazione che determina il passaggio del segnale al neurone successivo, può essere dovuto ad un segnale o ad una successione di segnali provenienti da un solo neurone precedente, nel qual caso possiamo parlare di una connessione logica, oppure ad una molteplicità di segnali non riconoscitivi che provengono da diverse linee neuroniche e che, sommandosi, determinano il raggiungimento del livello di saturazione. In questo caso si ha una "intuizione" senza che sia possibile rintracciare una linea logica giustificativa e senza che il processo formativo possa essere mai pervenuto alla coscienza a cui appare come un fenomeno improvviso e misterioso [2]. Si tratta di una proprietà che può essere estesa ai nodi di molti sistemi complessi e che ha importanti conseguenze sul processo evolutivo delle strutture biologiche.

9.4 - L'organizzazione della risposta nei sistemi costituiti da più organismi.

Un sistema può essere costituito da un unico organismo o da una molteplicità di organismi fra i quali non esiste contatto; in questo secondo caso, perché operi come un sistema, devono sussistere comunque una variabilità entro cui possa agire la selezione e delle interazioni fra i componenti tali che la distruzione di alcuni ne modifichi gli equilibri ed induca conseguentemente una variabilità configurale che porti a nuovi equilibri.

Ricordiamo innanzi tutto ciò che avviene quando un flusso di energia entra in un sistema del tipo di Boltzmann in equilibrio statistico. Le molecole che hanno la stessa direzione di moto del flusso di energia non subiscono cambiamenti nella direzione, quelle che hanno direzione opposta subiscono un cambio direzionale di 180°, mentre le altre subiscono cambi direzionali che decrescono con l'angolo formato dalla loro direzione con la direzione del flusso di energia entrante.

Similmente, supponiamo che un flusso di energia incida su un sistema composto di una varietà di organismi così causando la distruzione di tutti gli organismi di una certa forma. Tutti gli altri organismi, ricevono un'azione di intensità variabile a seconda di come la loro forma sia o non in opposizione al flusso di energia proveniente dall'esterno. Tutti ricevono anche un'azione dovuta alla rottura dell'equilibrio esistente fra i componenti del sistema, rottura dovuta alla scomparsa degli organismi distrutti dall'azione esterna.

Ora, noi sappiamo che il rafforzamento della resistenza che si sviluppa fra i componenti che hanno già resistito alla selezione, con la connessa riorganizzazione degli equilibri, costituisce il cuore del processo evolutivo. Consideriamo quindi come ciò possa realizzarsi nei sistemi composti di molti organismi.

I flussi energetici che danno luogo alla selezione ri-chiedono la modificazione di strutture che, a livello individuale, sono assolutamente rigide. Cionondimeno, ciò che è impossibile a livello individuale diviene possibile a livello di specie. Realizzando infatti la modificazione degli strati rigidi nei corpi ottenuti per replicazione, ossia rendendo plastici tali strati solo in uno stadio preliminare, protetto dello sviluppo di un nuovo individuo, non viene mai meno, a livello di specie, la protezione data dalle strutture rigide.

L'organizzazione dei sistemi biologici è determinata dalla struttura flessibile del DNA e quindi tutti gli elementi variazionali devono essere inseriti nel DNA per apparire quindi come strutture rigide nel corpo replicato. Nella nostra specie, come d'altra parte in una molteplicità di altre specie, la interazione modificativa degli elementi strutturali, sia nella formazione delle sinergie che nella riorganizzazione degli equilibri, è realizzata in sede di riproduzione per via sessuale.

Gli elementi che danno luogo alle variazioni evolutive si evidenziano nell'ambito del raffronto fra il genoma maschile ed il genoma femminile. La scomparsa di una forma variazionale della specie, dovuta alla selezione, comporta una maggiore frequenza di incontro di organismi aventi elementi di sinergia costituiti dalla comune capacità di resistere alla selezione.

Tale sinergia innesca, come sappiamo, il processo trasformazionale che porta a forme per le quali la resistenza all'azione esterna, che ha indotto la selezione, è rafforzata. Questo processo richiede la formazione di nuovi equilibri e quindi nuove forme organizzative e ciò porta a considerare il genoma come una struttura reticolare dove i geni sono connessi e vi sono strati di differente rigidità.

Tenendo conto che le forme variazionali che si raffrontano, pur nella eguaglianza della condizione costituita dalla capacità di resistenza all'azione selettiva, sono molto differenti, la trasformazione evolutiva avviene mediante linee di sviluppo separate; si sviluppa cioè una variabilità delle linee evolutive. Queste linee possono intrecciarsi nei successivi cicli riproduttivi, dando così al processo evolutivo un aspetto reticolare.

In termini di teoria dell'organizzazione noi possiamo semplicemente dire che l'azione esterna selettiva determina lo sviluppo di una variabilità configurale che si manifesta nelle successive generazioni, centrata sulla direzione individuata dall' azione esterna, variabilità che tende verso una condizione di equilibrio interno.

Queste linee di sviluppo del processo evolutivo rappresentano quindi, a livello di specie, le connessioni di una larga rete che tende, attraverso una molteplicità di cicli riproduttivi e quindi di incroci, a realizzare nei successivi nodi condizioni di crescente equilibrio.

Nei nodi di questa rete possono rimanere nascosti nella forma di energia potenziale elementi "non riconoscitivi" (che non hanno ancora raggiunto una dimensione sufficiente a farli apparire nel fenotipo).

Tenuto conto della struttura reticolare che il sistema assume per effetto degli incroci, le diverse linee di sviluppo evolutivo possono convergere, sia pure dopo una molteplicità di cicli riproduttivi, in un nodo comune nel quale la somma degli elementi non riconoscitivi può assumere un livello di "riconoscimento" [2]. Si può così verificare la formazione di strutture complesse costituite da elementi che sembrano aver avuto uno sviluppo separato e si siano poi trovati miracolosamente ad essere funzionali l'uno all'altro, ma che in realtà devono avere avuto elementi di sinergia, quindi di reciproca attrattività, anche lontani, anche deboli, anche nascosti.

Da notare che un progettista di un impianto, un "disegnatore intelligente", come eufemisticamente si usa dire per non essere definiti dei creazionisti, prende in esame pezzi apparentemente privi di qualsiasi connessione perché ne intuisce la sinergia con l'obiettivo del progetto, sia pure attraverso la memorizzazione di componenti analitiche di altri progetti che è cultura. Il procedimento seguito dal processo evolutivo è lo stesso, ove la memorizzazione è in precedenti processi evolutivi, salvo il fatto che gli elementi di sinergia non sono dati dall'obiettivo prefissato al progettista, ma dall'obiettivo determinato dall'azione esterna, ma che un treno venga trainato dalla testa o spinto dalla coda non fa nessuna differenza, se la direzione è comunque definita dai binari.

Bibliografia
[1]- Shannon C.E.:, Weaver W.: *Teoria Matematica della Comunicazione,* Etas Compass, Milano, 1968.
[2]-Firrao S.: *Il processo di associazione stimolo – risposta nelle reti stratificate,* Atti del V meeting di Neuroriabilitazione, Università di Napoli, 6 – 7 ottobre 1989,
[3]-MacKay D.M.:*Formal Analysis of Communicative Processes,* in Non verbal Communication, a cura di R.A. Hinde, Cambridge, 1972, pag 12 seg.
[4]-Firrao S.: *Controllo Statistico della Qualità,* Corso di Perfezionamento in Industrie Tessili del Politecnico di Milano, 1968, cap. 1
[5]-Firrao S.: *Cibernetic Theory of Evolution,* Quaderni di Cibernetica, 5, 1988, *Sulla teoria dell' evoluzione,* in questo volume, capitolo 8
[6].Firrao S.: *Interpretazione cibernetica del pensiero,* Quaderni di Cibernetica, 7, 1990.

Capitolo 10

Il processo di associazione stimolo-risposta nelle reti stratificate

Sommario

Le problematiche dei sistemi complessi reticolari vengono introdotte attraverso l'esame di vari tipi di reti. Per la sua somiglianza con le strutture del cervello ci si sofferma in particolare sulle caratteristiche di un sistema che utilizza interruttori stellari per collegare diverse reti che si distinguono per la resistenza opposta al mutamento dello stato delle connessioni. Il sistema è dotato di serbatoi di energia che possono essere attivati, sia in carico che scarico, dai flussi di energia che percorrono determinati circuiti di accesso. Un simile sistema è autorganizzantesi sulla base di gradienti positivi e negativi dell'energia che fluisce nelle connessioni e della resistenza opposta al flusso di energia.

10.1 - La teoria delle reti telematiche

Nella forma più semplice una rete è costituita da due fasci di linee parallele che si incrociano secondo una certa angolazione, ad esempio, come è mostrato nella figura 1, ad angolo retto. In essa i punti di intersezione vengono chiamati nodi e le linee che li collegano connessioni. Tale struttura geometrica permette di collegare uno qualsiasi dei punti posti su uno dei lati della figura, che vengono chiamati di input, con uno qualsiasi dei punti posti in un altro lato, che vengono chiamati di output, attraverso una molteplicità di percorsi alternativi fra le connessioni.

Evidentemente, perché la figura geometrica abbia un significato sul piano fisico, noi supporremo che le linee siano costituite da conduttori in cui può fluire un flusso di energia ed i nodi siano degli interruttori che permettono di deviare il flusso di energia in direzioni alternative. Una simile rete viene chiamata di commutazione. Nell'esempio riportato in figura, in ogni nodo confluiscono quattro segmenti; uno di essi è il canale di adduzione o di input e gli altri tre sono i canali di deflusso o di output; la rete rappresentata in figura 1 è quindi una rete con interruttori tripolari o a tre vie. In essa il flusso di energia può essere deviato in ogni nodo secondo tre direzioni alternative.

Non è però difficile immaginare e rappresentare una rete ad interruttori bipolari, in cui in ogni nodo confluiscono tre linee, una di adduzione e due di deflusso, o nodi ad Y (fig. 2), mentre non è necessario immaginare o rappresentare una rete con interruttori con un numero qualsiasi di vie di afflusso e di deflusso, o interruttori stellari, perché Voi che mi ascoltate ne avete quotidianamente esperienza; il cervello è infatti il più perfetto esempio che si possa porre di una rete ad interruttori stellari.

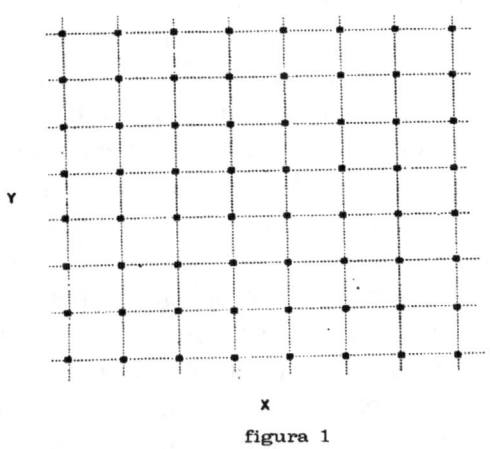

figura 1

Ora, la situazione rappresentata dalla figura 1 non implica necessariamente che in ogni nodo si abbiano tre direzioni alternative di output; è possibile immaginare che le direzioni possibili di output siano solo due, mentre la terza può non esistere come possibilità o essere inibita.

Ad esempio si può immaginare che i punti indicati con la lettera x in figura rappresentino le chiamate in arrivo in una centrale telefonica, mentre i punti indicati con y rappresentino i diversi abbonati alla centrale stessa.

Si può immaginare che ad ogni chiamata in arrivo venga

assegnata una linea x o linea principale e che in corrispondenza di ogni interruttore la chiamata possa deviare verso sinistra, se incrocia la linea dell'abbonato, o proseguire verso l'alto alla ricerca della linea dell'abbonato. Una simile rete viene detta ad incroci.

Consideriamo in via di esempio una simile rete con N linee principali e N abbonati. Con ogni linea si possono fare evidentemente N chiamate, cosicché con le N linee si possono fare NxN = N^2 chiamate ed occorrono, altrettanto evidentemente, N^2 interruttori. Se adesso raddoppiamo il numero delle chiamate smistabili dalla rete portandole a 2N, il numero di interruttori necessario diviene $(2N)^2 = 4N^2$ cioè quadruplo. Il raddoppio della capacità di smistamento di una rete ad incroci porta alla quadruplicazione della dimensione della rete. Una rete ad incroci implica cioè una diseconomia di scala che porta rapidamente a valori insostenibili il costo di ogni allacciamento supplementare.

Come è evidente, il problema di progettare reti che consentissero un egual numero di chiamate con un minor numero di componenti è stato il problema principale da risolvere per le compagnie telefoniche, giacché la sua soluzione si riflette immediatamente in termini di costo di impianto e di esercizio delle reti. Il primo progresso in tal senso si è avuto intorno agli anni 50 ad opera di Charles Clos dei Bell Laboratories [5].

Il progetto di Clos è basato sull'idea di costruire una rete di grandi dimensioni a partire da reti minori, dette sottoreti. Secondo questo progetto gli abbonati sono suddivisi in gruppi di piccole reti anziché in una rete unica e la chiamata giunge alla sottorete di destinazione passando per altre sottoreti di smistamento, disposte secondo tre livelli. Ogni chiamata può seguire uno degli svariati percorsi alternativi tra le reti di smistamento ed è possibile che diverse linee abbiano in comune degli interruttori.

Con le reti di Clos, la dimensione del numero degli interruttori aumenta con il numero delle chiamate secondo l'esponente 1,5 anziché 2; si dice cioè che nelle reti di Clos l'ordine del numero di interruttori è 1,5.

Per quanto attiene alle applicazione che potremo fare di tali concetti alla struttura del cervello, ci interessa sottolineare come le sottoreti di smistamento sono come dei grossi interruttori a più vie interposti nel flusso comunicativo.

E ci interessa soprattutto sottolineare la generalizzazione che può farsi del risultato secondo cui l'aumento di efficienza di una rete, cioè della sua capacità di commutazione, (vale a dire del numero di chiamate che possono essere smistate con un certo numero di interruttori), si ottiene strutturando percorsi alternativi per la singola chiamata attraverso l'intermediazione di interruttori o sottoreti di smistamento a più vie, ossia determinando una "ridondanza" che appare, per la singola chiamata, tutto l'opposto dell'efficienza, uno spreco.

Il trasferimento di tali risultati alla specifica rete costituita dal cervello ci permette di affermare che la rete di collegamenti fra organi sensori ed organi operativi assume la capacità di convogliare un maggior numero di informazioni se la connessione è fatta tramite l' intermediazione di gruppi di reti intermedie di smistamento, nonché di interruttori a più vie, nell'ambito delle quali siano possibili percorsi alternativi del flusso informativo.

La possibilità di generalizzare tale risultato scaturisce in maniera incontrovertibile dagli ulteriori sviluppi della teoria delle reti, sia per quanto attiene ai progetti presentati o realizzati di reti economiche, tutti basati sull'ampliamento della capacità di percorsi alternativi e quindi di ridondanza del singolo processo comunicativo, sia per quanto riguarda gli sviluppi teorici veri e propri dovuti soprattutto a Shannon.

Il numero di interruttori in una rete può venire infatti ulteriormente ridotto, rispetto a quanto ottenuto inizialmente da Clos, aumentando il numero dei livelli delle reti di smistamento e riducendo la dimensione delle reti, cioè con la tecnica detta ricorsiva, che implica quindi un aumento della ridondanza, e ciò fino ad un punto in cui il proseguimento in tale direzione non è più conveniente.

La rete di Clos è stata ulteriormente migliorata da David G. Cantor dell'Università della California, utilizzando sempre sottoreti di smistamento ad incrocio, e raggiungendo un numero di interruttori dato da $N(\log N)^2$, ma tali sviluppi non hanno particolare interesse ai nostri specifici fini, che tendono a mostrare

113

semplicemente l'importanza dell'incremento delle alternative di percorso, vale a dire dell'inserimento di una "flessibilità" o ridondanza nella rete.

Come detto, il vantaggio differenziale dovuto alle alternative di percorso si riduce gradualmente con l'aumento del numero delle sottoreti fino a scomparire se si utilizzano sottoreti ad incroci, quindi con interruttori binari. Il vantaggio massimo richiede che siano aumentate le alternative al livello del singolo interruttore oltre che al livello di sottoreti di smistamento, cosa realizzata nel cervello, dove gli interruttori sono "stellari".

La assoluta generalità di tale risultato può essere dimostrata utilizzando un teorema dovuto a Claude E. Shannon, lo stesso che ha introdotto, negli anni 30, la teoria dell'informazione. Esso mostra che nessun sistema d commutazione basato su interruttori binari può essere esente da diseconomie di scala.

Nell'ambito della teoria delle reti si intende per stato di una rete la configurazione degli interruttori aperti o chiusi in un determinato istante. Shannon dimostra innanzi tutto che una rete che possa trattare N chiamate deve poter assumere almeno N! stati differenti.

Consideriamo la rete quando non vi sono chiamate in corso. Una chiamata in arrivo sulla prima linea principale può essere collegata a ciascuno degli N abbonati. Se arriva un 'altra chiamata sulla seconda linea principale prima che la precedente sia terminata, essa può essere connessa a ciascuno degli N-l restanti abbonati, se arriva una terza chiamata sulla terza linea principale prima che le prime due siano terminate, essa può essere connessa a ciascuno degli N-2 restanti abbonati e così via fino a che una chiamata in arrivo sull'ultima linea principale può essere trasmessa solo all'ultimo abbonato ancora libero. Il risultato può essere generalizzato a qualsiasi tipo di rete e nelle condizioni più diverse nel senso che l'aumento del numero di terminali eccitati provoca una diminuzione del numero dei gradi di libertà di cui gode il sistema.

Il numero delle possibili sequenze di destinazioni per N chiamate è:

$$Nx(N-1)x \ldots x1 = N!$$

Quindi ci sono N! differenti stati in cui si può trovare la rete, ovviamente con tutte le linee in funzione.

Shannon dimostra poi che una rete con s interruttori non può assumere più di 2^s stati. Poiché un singolo interruttore può essere pensato come una sottorete a due stati (aperto e chiuso), una rete con s interruttori può assumere al massimo:

$$2x2x2x2x2 \ldots = 2^s \text{ stati}$$

.
Quindi se una rete per N chiamate ha s interruttori avrà almeno N! e al massimo 2^s stati, quindi $2^s \geq N!$ da cui, passando ai logaritmi in base 2:

$$s \geq \log_2 N!$$

da cui, applicando la cosiddetta formula di De Moivre Stirling

$$s \geq N \log_2 N$$

Quindi il numero di interruttori in una rete deve essere $N \log_2 N$ almeno, mentre il numero di interruttori per chiamata deve essere:

$$N \log_2 N / N = \log_2 N$$

che è crescente con N. Ciò mostra che le diseconomie di scala sono inevitabili se gli interruttori sono binari.

Applicando però la detta argomentazione ad interruttori a n vie, si ottiene, per il numero di interruttori per chiamata $\log_n N$, valore rapidamente decrescente con l'aumentare di n, il che mostra che le diseconomie possono essere drasticamente ridotte se si aumenta il numero di alternative direzionali di output nel singolo interruttore.

Tale risultato può sembrare semplicemente la teorizzazione del risultato già raggiunto in termini pratici da Clos e dai successivi ricercatori, risultato costituito dall'aumento dell'efficienza della rete attraverso l'inserimento di sottoreti di smistamento. L'inserimento di una sottorete di smistamento nel flusso comunicativo implica infatti l'aumento delle alternative direzionali, dei percorsi attraverso cui si può raggiungere un determinato terminale di output, modo similare a quanto avviene con l'inserimento di interruttori multidirezionali o "stellari".

Fintanto che le sottoreti di smistamento sono costituite da interruttori binari le limitazioni stabilite da Shannon per i sistemi binari rimangono comunque valide; la determinazione della maggiore efficienza connessa agli interruttori stellari assume allora, nel suo trasferimento a sistemi con interruttori binari, il significato di individuazione di una strada, quella della moltiplicazione dei percorsi attraverso le sottoreti, per raggiungere i limiti posti da Shannon ma non per superarli, risultato che potrebbe apparire ben magro, visto che comunque ad esso erano ormai giunti per via pratica i progettisti di centrali telefoniche.

Tuttavia la trattazione permette di focalizzare l'attenzione sugli elementi che distinguono una sottorete di smistamento da un interruttore stellare. In termini economici il problema diviene quello di realizzare sottoreti di costo (o di dimensione) inferiore a quello della somma degli interruttori binari che sarebbero necessari per costruirli attraverso di essi. In termini più generali il problema consiste nella invenzione di sottoreti in cui certe funzioni svolte dai singoli interruttori binari possano essere appoggiate su di un unico meccanismo (ad esempio su un unico cavo di trasmissione) e la distribuzione dell'input fra le varie alternative di output avvenga con l'adozione di un elemento direzionale di costo minimo. Al limite ciò può portare a definire un interruttore stellare come una speciale sottorete non più riconducibile alla somma di più interruttori binari, ma che rappresenta un costituente elementare del sistema. Come abbiamo avuto modo di vedere, per un sistema di tal tipo le limitazioni per diseconomie di scala si riducono secondo una funzione rapidamente decrescente all'aumentare del numero n delle alternative di output.

Il neurone è un interruttore a più vie costituite dalle connessioni sinaptiche; in esso i vari flussi di energia percorrono lo stesso assone e sono dirottati verso le varie direzioni sinaptiche da un elemento di costo minimo e di entità comunque trascurabile nel contesto fisico del sistema, elemento costituito dal differenziale della frequenza del segnale elettrico. Esso può pertanto ben rappresentare l'approssimazione più perfetta che si possa immaginare ad un interruttore stellare nel senso precisato, non di sottorete di interruttori binari, ma di componente elementare del sistema. Se si considera che è normale ritrovare neuroni con migliaia di sinapsi e che vi sono addirittura dei neuroni con un milione di sinapsi, ci si può rendere conto di quale potenza di commutazione (volendo ancora adottare i termini telematici) vi sia nel cervello umano.

Non riteniamo opportuno, ai fini che qui ci ripromettiamo, parlare degli ulteriori sviluppi della teoria delle reti ad interruttori binari, costituiti soprattutto dalla dimostrazione, data dai sovietici, della possibilità (mostrata per ora solo sul piano teorico) di raggiungere i limiti minimi di dimensione fissati dalla formula di Shannon, modi centrati sull'introduzione delle "reti ad incrocio diffuso". Nè ci intratterremo sugli sviluppi americani legati alla possibilità di ottenere reti economiche pur accettando una certa dimensione di disservizio, reti che vengono chiamate a blocchi saltuari.

Prima di passare a considerazioni applicative al particolare tipo di rete costituito dal cervello, riteniamo però opportuno precisare che i risultati che abbiamo qui prospettati non sono esclusivi delle reti telematiche, ma si ripropongono in egual misura e con gli stessi risultati generali in tutti i tipi di reti ed in particolare nell'ambito dei calcolatori elettronici. La questione è che i progressi compiuti nella miniaturizzazione dei componenti elementari hanno portato a spettacolari sviluppi pur nell'ambito della utilizzazione di reti ad interruttori binari, così che sul piano economico il problema non si pone come pressante, ma sul piano teorico il problema della diseconomicità di scala, che investe anche la struttura delle sequenze delle istruzioni programmatorie (e quindi dei linguaggi di programmazione), l'utilizzazione delle iterazioni sostitutive di sequenze programmatorie e delle istruzioni condizionate che possano prevedere il numero massimo di alternative anziché la sequenza binaria si/no, ecc., si pone come il

117

problema più importante [6].

Così come agli stessi risultati si perviene mediante più generali formulazioni della teoria dell'autorganizzazione dei sistemi che si sta sviluppando dall'originario tronco della fisica statistica, formulazioni che, per quanto svincolate dalla considerazione fisica di una rete di supporto dei flussi energetici, vedono comunque questi come svolgentisi entro reticoli ideali determinati dai vincoli di rigidità, di forze di campo, ecc.

Osserviamo allora che, per quanto il livello di avanzamento della cibernetica, intesa nel suo senso più generale, come l'insieme di tutte le teorie sistemiche che si riallacciano alla fisica, non sia tale da consentire oggi la costruzione di un sistema che abbia il livello di prestazioni del cervello (soprattutto per la incapacità materiale, che non è cibernetica, ma fisica, di costruire alcuni meccanismi operanti in modo complesso a livello microscopico) esso è purtuttavia tale da consentire di individuarne le linee fondamentali organizzative e di mostrare con discreto dettaglio le modalità con cui certe funzioni di trattamento dell'informazione debbono necessariamente svolgersi in conseguenza delle leggi organizzative che la cibernetica ha individuato.

Comunque, prudenzialmente, diciamo che ci occuperemo di un modello di rete che, data la sua complessità, non è stato ancora adeguatamente studiato pur rappresentando lo sviluppo più promettente dei nostri studi (e, naturalmente, di cui non esiste alcuna realizzazione, sia pure approssimativa) che presenta estremo interesse anche per Voi, date le sue strette connessioni con il meccanismo cerebrale.

10.2 - Le reti stratificate e il cervello.

Consideriamo dunque una rete costituita da interruttori a più vie, che abbiamo denominato interruttori stellari, quale potrebbe essere costituita da strati sovrapposti di neuroni. La possibilità di collegare i neuroni che fanno parte delle varie stratificazioni con più connessioni sinaptiche ci permette di considerare l'insieme descritto come una sovrapposizione di più reti, così che il sistema in essere presenta, oltre ad una ridondanza di percorso, anche una ridondanza di rete.

Le diverse reti si distinguono per il livello di rigidità nella posizione degli interruttori, vale a dire nel livello di energia necessario a modificare la posizione di apertura o chiusura delle connessioni, che chiameremo "stato degli interruttori".

Il livello di rigidità di una stratificazione reticolare non va considerato una caratteristica sempre costante nel tempo ma può variare sia pure in certe condizioni speciali. Fra queste rivestono una particolare importanza certe condizioni iniziali di autoprogrammazione di base del sistema in cui certe stratificazioni hanno un elevato livello di plasticità per poi assumere, una volta realizzata una certa organizzazione delle connessioni neuronali, una rigidità elevatissima.

Tali condizioni di plasticità provvisoria permettono lo svolgimento di una serie di processi di "imprinting" che determinano l'organizzazione iniziale non solo di stratificazioni neuroniche legate ai terminali sensori, ad esempio l'organizzazione della percezione visiva, ma anche di certe stratificazioni neuroniche legate a più complessi elementi di definizione oggettuale, quale ad esempio la traslazione alla figura umana di certe condizioni sollecitative legate all'auto-conservazione, condizione quest'ultima che più da vicino richiama il primitivo significato del termine "imprinting" dato da Lorentz alla primordiale formazione dell'immagine parentale in alcuni animali.

Non è nostro interesse, in vista del carattere di analisi cibernetica a livello di rete di questo studio, entrare nei dettagli delle modalità, peraltro ancora non definitivamente chiarite, con cui questo processo si svolge a livello molecolare nelle sinapsi. Ci basta rilevare come in questi casi di imprinting le stratificazioni interessate sembrano avere una plasticità iniziale che viene modificata dalla semplice attivazione delle connessioni, cioè dalla semplice esistenza di una sollecitazione della stratificazione reticolare che induce modificazioni chimiche (quale la fosforilazione della MAP2 [13]) che provocano, sia pure entro un arco di tempo variabile (da pochi giorni ad anche un anno), l' irrigidimento delle connessioni.

In altri casi la modifica delle condizioni di rigidità delle stratificazioni può essere indotta dal versamento di neurotrasmettitori nel liquido cefalo rachidiano, versamento che determina la plastificazione delle connessioni in una certa area neuronale, la loro conseguente organizzazione e quindi l'irrigidimento nella nuova struttura acquisita quando l'effetto dei neurotrasmettitori cessa. Ciò secondo un programma di origine genetica che determina la formazione di organizzazioni neuronali che non possono svilupparsi per semplice auto-organizzazione delle strutture percettive (senza una guida cibernetica ad esse esterna) perché apportatrici di esigenze "soggettive" (a livello individuale o di specie) acquisite per via selettiva nel corso del processo evolutivo. Di tal specie è la sensibilizzazione alle stimolazioni provenienti da certe aree corporali (le zone erogene di Freud) o da certi elementi oggettuali riconoscibili attraverso particolare guide chimiche sensorie (sensibilizzazione sessuale).

Ciò può però verificarsi anche come fatto operativo, non programmatorio, nel senso che il processo non si verifica una sola volta in sede formativa di certe stratificazioni rigide di base ma ogni volta che si determini una certa sollecitazione sensoria (di tale tipo è ad esempio l'eccitazione sessuale). Le modificazioni indotte nelle caratteristiche di pervietà dei percorsi neuronali non determinano in tal caso la formazione ed il successivo irrigidimento di una certa organizzazione dell'area interessata, ma il semplice accesso ad essa e senza che ne segua un irrigidimento della connessione così indotta che anzi cessa al cessare dell'elemento informativo causale o in seguito all'imbocco di certe linee di scarico.

L'effetto sembra cioè equivalente all'innalzamento della frequenza del potenziale d'azione che si verifica in certi neuroni in corrispondenza di determinate informazioni sensorie e che determina l'accesso del segnale ad una diversa rete di connessioni; in realtà vi sono delle profonde differenze sulle quali non possiamo qui intrattenerci e che sono legate all'adozione di alternative globali di attivazione di grosse stratificazioni neuroniche, all'adozione di meccanismi di indirizzamento per retroazione negativa anziché per retroazione positiva, con conseguenti effetti di trascinamento e scarico di altri flussi di energia, alla diversa permanenza nel tempo della condizione sollecitativa, ecc.

Ad ogni modo, trascuriamo in questa sede gli aspetti del sistema legati alla variabilità della rigidità delle stratificazioni nel tempo, nonché alla variabilità nel tempo della stessa dimensione del processo di stratificazione, cioè del numero di reti sovrapposte, in conseguenza della variabilità del numero di connessioni sinaptiche (Levi Montalcini), per concentrarci sulla variabilità da stratificazione a stratificazione.

Onde procedere in via semplificativa, come approccio graduale alla complessità della struttura reale, noi supporremo inizialmente tre livelli di rigidità nelle connessioni, di cui uno definisce una rete di fondo (o di primo livello) costituita da connessioni nodali che si limitano a trasferire il flusso in input a tutte le direzioni di output, che operano cioè con tutti gli interruttori costantemente aperti, il secondo che definisce una rete di secondo livello (più rigida della prima) e la terza che definisce una rete di terzo livello (ancora più rigida).

Nelle reti di secondo e di terzo livello lo stato naturale degli interruttori comporta la chiusura di tutte le connessioni. Tale stato può essere modificato da un flusso di energia di adeguato livello tensionale e, una volta modificato, permane per un tempo più o meno lungo (a seconda della rigidità della rete). Ora, è possibile mostrare che un simile sistema sarebbe autorganizzantesi, secondo diversi livelli di organizzazione ciascuno dei quali richiede una guida cibernetica, cioè l'esistenza di punti o nodi di emissione o assorbimento di energia (che possono essere anche condizioni di particolare pervietà delle canalizzazioni di sottoreti indotte dal versamento di neurotrasmetitori nel liquido cefalo rachidiano).

In questo contesto organizzazione significa definizione di linee di flusso dell'energia che attraversano il sistema collegando dei nodi di input, che chiameremo terminali sensori, con nodi di output, che chiameremo terminali operativi (a ciascuno dei quali corrisponde una certa azione motoria) così trasformando lo stimolo in entrata in una risposta in uscita.

Consideriamo innanzi tutto la determinazione delle linee di flusso che collegano i terminali sensori con i nodi di uno strato interno, che chiameremo memorie percettive. Consideriamo cioè un primo livello di organizzazione, in cui la guida cibernetica è costituita dai flussi di energia che provengono dagli organi sensori costituendo input di una prima serie di nodi che costituiscono i terminali sensori.

Ogni informazione sensoria, che costituisce il contenuto di una "percezione", è costituita da una determinata combinazione di terminali eccitati. In questa prima fase dell'indagine non è di alcun rilievo la considerazione che le informazioni acquisibili con il singolo atto percettivo non sono in generale sufficienti a realizzare una definizione oggettuale che ne consenta la successiva elaborazione ma vanno integrate da informazioni accumulate nel sistema. Sussiste cioè la necessità di una organizzazione preliminare di base delle strutture percettive rappresentabile come una stratificazione di connessioni associative a diverso livello di rigidità fra le memorie percettive, organizzazione realizzata in particolare attraverso i processi di imprinting cui abbiamo già fatto riferimento.

L'organizzazione del singolo atto percettivo rappresenta infatti il primo processo autorganizzativo del sistema e siamo quindi giustificati nel partire da esso. Dovremo però ricordare che una tale condizione in cui la informazione percettiva non trova una struttura di decodificazione precostituita può verificarsi solo nei primi istanti di vita del sistema e che comunque l'esistenza di una organizzazione delle strutture percettive che implica una struttura di connessioni incrociate fra le memorie percettive costituisce una condizione preliminare a che l'informazione contenuta nella memoria percettiva e nelle memorie ad essa associate possa subire una ulteriore elaborazione.

Lo schema di figura 2 rappresenta una rete semplice con interruttori a due vie di input e due vie di output per ciascuna delle sottoreti di base, di secondo e di terzo livello; ovviamente essa viene introdotta al solo fine di illustrare in un contesto semplice il processo di autodeterminazione dei percorsi, introducendo ove occorrano le considerazioni necessarie a tenere conto della più complessa situazione cui la nostra analisi si riferisce.

Nello schema di figura 2 i punti della linea A rappresentano i terminali sensori che si distinguono per avere una sola via di input e che abbiamo, per comodità, esemplificato in un numero limitato di punti, che abbiamo numerato. Le frecce incidenti su alcuni di questi terminali stanno a rappresentare il flusso energetico che, incidendo su di essi, ne determina l'eccitazione. Nello schema è cioè indicata la particolare informazione sensoria costituita dall'eccitazione dei terminali sensori 2, 5 e 9 (dovremo però in linea generale considerare la percezione come costituita sempre dalla sollecitazione di un certo numero minimo di terminali sensori, cosi che la variabilità delle percezioni sia una variabilità distribuzionale della sollecitazione,

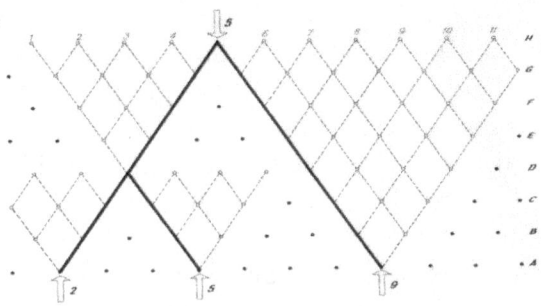

figura 2
Schema dei collegamenti memorie sensorie – memorie percettive

non una variabilità del numero di terminali eccitati, ma su questo punto, che si connette alla determinazione dei gradi di libertà configurale dei flussi di energia, torneremo in seguito).

Lo strato A rappresenta quindi come uno schermo in cui si proiettano, mediante una scomposizione puntuale, le informazioni sensorie. Sopra lo strato A abbiamo indicato gli strati B, C, ecc., di interruttori, o nodi, o neuroni che dir si vogliano (adotteremo indifferentemente termini cibernetici o termini neurologici fintanto che non ne possa derivare confusione). Ogni nodo dello strato A è collegato ai nodi adiacenti dello strato B, ogni nodo dello strato B è collegato ai nodi adiacenti dello strato C e cosi

123

via.

Il nodo 2 dello strato A è allora, nella nostra figura, collegato ai nodi 1 e 2 dello strato B; ora noi supponiamo che il flusso energetico uscente dal nodo 2 dello strato A si diriga sia verso il nodo 1 che verso il nodo 2 dello strato B, che cioè vengano attivate tutte le sinapsi di output della rete in questione (che fa quindi parte della rete di nodi di fondo, il cui stato implica l'apertura di tutte le connessioni). Ciò abbiamo indicato in figura attraverso l'uso di linee tratteggiate. Lo stesso dicasi per il flusso energetico incidente sui terminali 5 e 9 dello strato A. Il flusso energetico uscente dai nodi dello strato B si diffonde nella stessa maniera nei nodi dello strato C e così via, come indicato in figura.

Come si vede ad ogni nodo di uno strato intermedio il flusso energetico può essere trasmesso da una o da due sinapsi di input. Ora noi supporremo che ad ogni passaggio si verifichi una diminuzione dell'intensità del flusso trasmesso da ogni connessione sinaptica, cosicché, oltre un certo strato il flusso trasmesso da una sola connessione sinaptica si spegne. Oltre un'ulteriore distanza (che definisce la cosiddetta area di ridondanza) il flusso si spegne anche se è trasmesso da due connessioni sinaptiche.

Tenendo conto quindi del più rapido spegnimento al contorno, il flusso energetico proveniente da un terminale sensorio si diffonde per conseguenza nel sistema di strati sovrapposti disegnando una superficie ovoidale che abbiamo per semplicità rappresentato in figura, nella sua parte inferiore, con una superficie conica.

Necessariamente in un nodo di un determinato strato, punto di intersezione del cono proveniente dal nodo 2A e del cono proveniente dal nodo 5A, confluiscono sia il flusso proveniente dal nodo 2A che il flusso proveniente dal nodo 5A. Tale confluenza determina l'innalzamento del livello della energia emessa dal nodo di confluenza (il n.3 dello strato D) e che fluisce nei percorsi che lo seguono (che fanno quindi parte di una rete più rigida, cioè della rete di secondo livello, di cui vengono per conseguenza aperte le connessioni) nonché, nei percorsi attraverso cui si arriva direttamente a tale confluenza (2A-3D e 5A-3D).

124

Abbiamo indicato con linee continue sullo schema grafico i percorsi in cui fluisce l'energia a più alto livello tensionale.

Analogamente, con successive confluenze, si arriva ad un nodo di uno strato in cui confluiscono i flussi provenienti da tutti i terminali sensori eccitati e che abbiamo già chiamato delle memorie percettive, cioè, nella rappresentazione figurata, il n.5 dello strato H.

Passano quindi alla rete di secondo livello di rigidità non solo i flussi che fuoriescono dal nodo 3 dello strato D (per i quali si da luogo ad un riconoscimento positivo, legato al più alto livello tensionale) ma anche quelli che vi pervengono dai terminali sensori 2 e 5 dello strato A attraverso le connessioni 2A-3D e 5A-3D. Analogamente, passano al terzo livello di eccitazione non solo il nodo 5H ma anche i flussi che vi pervengono da 3D e da 9A. Ciò in base a un fenomeno che in cibernetica viene detto di riconoscimento negativo, in base al quale l'energia fluisce nella direzione in cui vi è minore resistenza. Ne riparleremo più avanti.

Dunque, per effetto della informazione sensoria si forma inizialmente un cono di più alta intensità di flusso costituito dalle intersezioni dei coni centrati sui nodi 2A e 5A (in linea tratteggiata a sinistra del nodo 5 dello strato H) e successivamente anche le linee di flusso che collegano direttamente i nodi 2 e 5 dello strato A con il nodo 3 dello strato D passano, per riconoscimento negativo, nella rete del secondo livello.

Ciò porta ad una importante conseguenza: come si vede dalla figura, se i nodi di eccitazione sono solo il 2A e il 5A, una volta realizzata la confluenza nel nodo 3 dello strato D, tutto il cono posto a sinistra del nodo 5 dello strato H risulta al secondo livello tensionale e quindi tutti i nodi dall'1 al 5 si trovano a tale livello tensionale (a questo livello tensionale il sistema ha cioè 5 gradi di libertà nello strato H); solo attraverso l'ulteriore eccitazione del nodo 9A si determina la selezione del nodo 5 come sbocco unico del flusso di energia al terzo livello tensionale (a questo livello tensionale il sistema non ha più gradi di libertà nello strato H). Noi supporremo che solo i flussi che raggiungano lo strato H con un certo livello tensionale (e quindi nell'ambito di una determinata rete) abbiano un significato ai fini della ulteriore elaborazione dell'informazione; in tal caso per raggiungere tale livello devono verificarsi un certo numero di incrementi tensionali e noi supporremo che siano tali da azzerare i gradi di libertà del sistema nello strato H.

Il sistema perde cioè gradi di libertà con l'aumento del numero di terminali eccitati a parità di stratificazioni e ciò non costituisce altro che il risultato già ottenuto nel corso della dimostrazione del teorema di Shannon sulle diseconomie di scala. Il sistema assume invece gradi di libertà aumentando il numero di stratificazioni sovrapposte (che equivale all'inserimento di sottoreti di smistamento) ciascuna delle quali introduce una molteplicità di alternative direzionali.

Lo strato delle memorie percettive è dunque lo strato in cui il sistema non ha gradi di libertà nei confronti dei flussi informativi complessi che costituiscono una informazione sensoria, che supporremo sempre costituita da un certo numero minimo di terminali eccitati, tale appunto da saturare i gradi di libertà del sistema nello strato H.

Dunque, abbiamo visto che, partendo da una determinata informazione sensoria, si determina automaticamente, in un sistema stratificato con interruttori a più vie, nei quali sussistano solo meccanismi di riconoscimento positivo (gradiente positivo della tensione) e negativo (gradiente negativo della tensione), la formazione di linee di flusso, che portano, supponendo un determinato rapporto fra gli elementi costituenti l'informazione sensoria e gli strati di filtro, ad un determinato sbocco nodale, di un certo livello tensionale, in una certa stratificazione di nodi.

Considerato in se solo, avulso dalla rete dei flussi di energia provenienti dai terminali sensori e che in esso confluiscono, tale nodo finale non può essere considerato rappresentativo delle informazioni sensorie. Perché si abbia una "percezione", infatti, occorre che ogni combinazione di informazioni provenienti dai terminali sensori sia nettamente distinguibile da qualsiasi altra e, a tal fine, abbia una propria indipendente rappresentazione nel cervello. Occorre cioè che i vari terminali sensori contemporaneamente eccitati vengano associati fra di loro in maniera unica, non ripetibile con un'altra combinazione di terminali sensori.

Perché il nodo in cui confluiscono i flussi di energia provenienti dai terminali sensori possa essere considerato rappresentativo della particolare combinazione di informazioni provenienti dai terminali sensori occorrerebbe, in definitiva, che si stabilisse una corrispondenza "biunivoca" fra la combinazione di informazioni sensorie ed il nodo in cui confluiscono i flussi di energia provenienti dai terminali sensori.

Ora, lo svolgimento del processo senza gradi di libertà implica che ad ogni informazione sensoria corrisponda un solo nodo di sbocco, ma non che viceversa ad ogni nodo di sbocco corrisponda una sola informazione sensoria. La corrispondenza biunivoca cioè non sussiste se si fa astrazione dalla rete dei flussi di energia attraverso cui si realizza la confluenza: ad ogni nodo dello strato finale possono infatti confluire i flussi energetici più diversi, cioè provenienti dalle più diverse combinazioni di informazioni sensorie.

Ma se supponiamo che i percorsi in cui fluisce energia di un certo livello tensionale siano fissati in linee preferenziali di flusso, sia pure in maniera labile, tale corrispondenza biunivoca può istituirsi, sia pure limitatamente al tempo di durata della fissazione delle linee di flusso. Il nodo di confluenza potrà allora essere chiamato "memoria percettiva" della informazione sensoria ed avrà una durata pari a quella delle linee preferenziali di flusso.

La permanenza nel tempo della memoria percettiva può essere in atto o potenziale. Nel primo caso si verifica non solo la permanenza delle linee preferenziali di flusso, ma anche l'emissione, da parte del nodo in cui si realizza la confluenza, di un flusso di energia in direzione opposta a quella dell'energia ricevuta, flusso che percorre le linee preferenziali di flusso e ricostituisce, sullo schermo A, l'informazione sensoria originale, sia pure con una intensità ridotta (il che permette di distinguere le informazioni provenienti dall'esterno da quelle ricostituite partendo dalla memoria percettiva).

Nel secondo caso si verifica la sola permanenza delle linee preferenziali di flusso e l'informazione sensoria si ricostituisce sullo schermo dei terminali sensori solo in occasione di un afflusso di energia proveniente da memorie collegate alla memoria percettiva.

Possiamo inoltre ritenere, in aderenza a quanto fin qui esposto, che la fissazione della memoria percettiva, sia essa in atto o potenziale, sia comunque molto labile.

Una qualsiasi memoria percettiva può però diventare assai rigida se la sua formazione è accompagnata dallo sviluppo di energia che entra nel sistema per altra via, ad esempio attraverso la reazione ad un danno fisico, condizione che viene detta di sollecitazione di una memoria di azione e che la fa passare in una rete più rigida cioè, nella nostra semplificazione descrittiva, in una rete di quarto livello. Tale flusso di energia legato alla sollecitazione della memoria di azione costituisce quindi la guida cibernetica alla organizzazione di secondo livello del sistema.

Le canalizzazioni di accesso alla rete di quarto livello di rigidità rimangono aperte anche quando l'energia di azione non è più presente: esse vengono cioè percorse come canali preferenziali di flusso anche in assenza dell'energia di azione, dai flussi energetici che accompagnano l'informazione sensoria. E' anzi opportuno sottolineare che la fissazione rigida si verifica proprio quando l'energia formativa scompare, mentre il ricostituirsi del livello energetico formativo "rifluidifica" le connessioni, che possono allora modificarsi se cambia la struttura della informazione sensoria contemporaneamente presente.

Una volta strutturatesi le canalizzazioni preferenziali di flusso nella rete di quarto livello, l'informazione sensoria che è associata alla memoria percettiva diviene essa stessa capace di determinare lo sviluppo di un forte flusso di energia cosiddetta di attivazione del sistema, diventa cioè una memoria di allarme, e ciò attraverso il collegamento che si istituisce, tramite adatte stratificazioni neuronali, col centro di emissione di energia.

La formazione di una memoria di allarme in una stratificazione del quarto livello di rigidità si sovrappone a quella della memoria percettiva, cosicché l'estensione del nostro ragionamento, fatto per semplicità descrittiva su una rete a pochi livelli di rigidità, ad una rete ad un numero molto grande di livelli di rigidità, e corrispondenti livelli di energia che vi fluisce, implica che possano formarsi memorie percettive e di allarme di diverso grado di rigidità in corrispondenza dello sviluppo di flussi energetici di diverso livello tensionale a partire da un flusso di livello minimo che non ha la funzione di attivazione del sistema ma solo di fissazione della memoria percettiva (l'attenzione) passando quindi per flussi di energia di livello sempre più alto che trasformano la memoria percettiva in memoria di attivazione.

Implica anche che, per effetto della struttura stratificata di queste memorie, si possano formare connessioni fra due di esse in uno qualsiasi degli strati formativi per la contemporanea presenza delle informazioni sensorie relative a tali memorie e per la sovrapposizione delle aree di ridondanza. Si realizzano così connessioni fra memorie percettive o fra memorie percettive e memorie di allarme che danno luogo a ulteriori memorie di allarme.

Secondo la esemplificazione di cui alla figura 2, il nodo 5 H è posto nell' area di ridondanza del segnale emesso da 9A cosicché questo vi può arrivare, sia pure senza le amplificazioni energetiche dovute alle confluenze cui sottostanno i segnali provenienti da 2A e 5A ma pur tuttavia con una intensità sufficiente a determinare l'attivazione di una rete di livello superiore. Si tratta evidentemente di una semplificazione descrittiva, giacché in generale un singolo segnale non può giungere ad interessare lo strato delle memorie percettive. Potremo considerare più in generale il segnale che arriva a 5H da 9A come proveniente da un certo insieme di sollecitazioni sensorie differente da quelle individuate da 2A e 5A.

Supponiamo allora che il nodo 5H non rientri nell'area di ridondanza del segnale proveniente da 9A, cosicché quest'ultimo non perviene alla memoria percettiva 5H, non viene cioè "memorizzato" in 5H. Se però contemporaneamente alla stimolazione della memoria percettiva 5H si ha la sollecitazione di una memoria di attenzione o di attivazione si verifica un innalzamento tensionale che non solo attiva le connessioni di una rete di un più alto livello di rigidità ma incrementa le dimensioni delle aree di ridondanza, cosicché si struttura una connessione 9A - 5H nella rete di livello superiore, più rigida, ed il segnale 9A

129

assume la capacità di sollecitare il nodo 5H, si forma cioè una associazione fra l'informazione 9A e l'informazione costituita da 2A e 5A. L'informazione proveniente da 9A diviene quindi capace sia di ricostituire l'informazione 2A-5A attraverso la memoria percettiva 5H sia di stimolare una memoria di attivazione eventualmente connessa a tale memoria percettiva.

Accanto ai processi di formazione di memorie di attivazione legati alla formazione di connessioni fra informazioni sensorie e centri di emissione di energia si strutturano anche processi di formazione di memorie di arresto legati alla formazione di connessioni fra informazioni sensorie e centri di assorbimento di energia che si attivano inizialmente in via subordinata allo scarico esterno (cioè di quelle che in teoria psicocibernetica vengono chiamate memorie di rassicurazione). L'insieme delle memorie di attivazione e di arresto vengono chiamate, nell'ambito della teoria psicocibernetica, memorie di riconoscimento.

Prima di proseguire oltre, desidero rilevare anche che il modello che qui presento, nel mentre si riallaccia allo schema di John Anderson [9] di una struttura centrale di processo delle informazioni, non esclude, ma anzi impone, l' esistenza anche di una struttura modulare, come ipotizzato da Jerry Fodor [10]. La teoria psicocibernetica richiede tale struttura modulare, oltre che per certe operazioni di inquadramento ed ordinamento preliminare delle informazioni sensorie a livello di senso o di certe funzioni collaterali a livello di memorie percettive (linguaggio), quando il sistema deve assumere decisioni sulla base di elaborazioni alternative macroscopiche dell'informazione, effettuabili nell'ambito di proprie strutture reticolari per essere poi poste a raffronto.

Un caso particolarmente importante si verifica nel processo di ottimizzazione non lineare della tensione del sistema, per ottenere la quale occorre una elaborazione estesa di alternative raggruppative effettuate con diversi livelli tensionali degli impulsi (indicando con questo termine qualsiasi flusso di energia che attraversa il sistema) non realizzabile in pochi nodi. Come avremo modo di vedere, questo caso interessa particolarmente lo sviluppo dialettico del pensiero, inteso come flusso di energia che attraversa canalizzazioni estremamente labili. E' stata proposta in tal caso la localizzazione delle elaborazioni dialettiche degli impulsi nei due emisferi cerebrali, che interagiscono tramite le fibre commissurali. In ogni caso per la teoria psicocibernetica le elaborazioni modulari si diramano da una linea principale di trattamento dell'informazione su cui rifluiscono o su cui si sovrappongono.

Il sistema psichico ha la possibilità di connettere diverse risposte alla stessa memoria di attivazione, ha cioè dei gradi di libertà nella risposta. Ciò implica necessariamente che fra le memorie di attivazione e gli organi operativi siano interposte delle stratificazioni supplementari che ridanno gradi di libertà al sistema.

Ad ogni memoria di attivazione sono così connessi più terminali operativi fra i quali il sistema sceglie sulla base di un riconoscimento negativo determinato dallo scarico indotto dal terminale operativo stesso, condizione in pratica coincidente con la cosiddetta "ricompensa" della scuola comportamentale americana.

Quindi il meccanismo è diviso in due parti: la prima che costituisce la memoria di riconoscimento, attivazione e disattivazione, in cui il flusso energetico è guidato dagli incrementi tensionali dovuti alla sommatoria delle tensioni inerenti alle componenti dell'informazione sensoria (per dar luogo alle memorie percettive) nonché dagli incrementi e decrementi tensionali dovuti alla connessione delle memorie percettive con centri di emissione o assorbimento di energia (per dar luogo alle memorie di allarme e di rassicurazione) e la seconda che costituisce la memoria comportamentale, in cui il flusso energetico è guidato dai decrementi tensionali connessi all'attivazione di un determinato organo operativo.

Facendo ancora una volta riferimento alla figura 2, supponiamo che lo strato delle memorie di attivazione sia D. La informazione sensoria costituita dalla sollecitazione dei terminali sensori 2 e 5 implica, se essa costituisce una memoria di attivazione, l'eccitazione del nodo n. 3 dello strato D e tale eccitazione si trasmette a tutti nodi ad esso collegati, comportando così la eccitazione dei terminali operativi 1,2,3,4, 5 dello strato H (che ovviamente rappresenta in questo caso lo strato dei terminali operativi).

Anche in questo caso il sistema si autorganizza definendo delle linee univoche di flusso sulla base di una guida cibernetica. Mentre nel caso della formazione delle memorie di attivazione il processo formativo era prevalentemente a riconoscimento positivo nel caso della formazione di linee preferenziali di flusso fra le memorie di attivazione ed i terminali operativi il processo formativo è prevalentemente a riconoscimento negativo.

Nella condizione più semplice, nella determinazione della connessione fra memoria di attivazione e terminale operativo agisce solamente un riconoscimento negativo; la direzione di flusso che si stabilizza come preferenziale è quella che collega il nodo di attivazione con il terminale operativo nel quale si ha scarico, talché la guida cibernetica è costituita dalla condizione di scarico indotta nella fonte di eccitazione.

Evidentemente, i terminali operativi antagonisti non possono in generale operare contemporaneamente cosicché, secondo formulazioni della teoria dell'autorganizzazione dei sistemi, la contemporanea eccitazione comporta una condizione di oscillazione o di attivazione successiva che si arresta quando viene attivato il terminale operativo, o il gruppo di terminali operativi, per cui si verifica lo scarico.

Anche in questo caso, peraltro, il collegamento può essere labile (allo stesso modo della memoria percettiva) e viene determinato ad ogni sollecitazione della memoria di attivazione, così che è possibile che in differenti occasioni di sollecitazione sia diverso il terminale operativo connesso (in funzione di variabili esterne che modificano la condizione di scarico), ma può essere realizzato anche in una rete più rigida e diviene allora un comportamento predeterminato, o memoria comportamentale, che viene ripetuto in occasione di ogni ripetizione della sollecitazione della memoria di attivazione.

Allo stesso modo di quanto avviene nel caso dei terminali sensori che mostrano una organizzazione preliminare di base delle

132

strutture percettive rappresentabile come una stratificazione di connessioni associative a diverso grado di rigidità, realizzata attraverso i processi di imprinting, esiste necessariamente anche nell'ambito dei terminali operativi una simile organizzazione di base realizzata mediante simili processi di imprinting e che dà luogo alle cosiddette "unità di azione" che uniscono gruppi di terminali ad attività correlata. Secondo alcuni, queste unità di azione presentano una capacità di autoregolazione dei rapporti di attività dei componenti che le corrispondenti strutture percettive non posseggono, ma noi non condividiamo questa opinione. Anche le strutture percettive dispongono di tale attività di autoregolazione, anzi ne dispongono in maniera più elevata, come è dimostrato ad esempio dal modo come le modificazioni della visione vengono compensate per tener conto dei movimenti della testa o degli errori di parallasse.

Sono state elaborate diverse teorie per la spiegazione di tali capacità di autoregolazione, possiamo citare quella di Minsky [13] per la organizzazione della visione e quella di Kelso [14] per l'organizzazione del movimento. Vi sono già, nel modello psicocibernetico, importanti elementi che rendono conto di tale capacità autoregolativa. La rete di connessioni è costituita dalla sovrapposizione di reti a diverso livello di rigidità; è cioè una rete stratificata. Ogni comportamento, inteso come un insieme di atti indotto da una stessa sollecitazione nei terminali operativi è attivato da un flusso di energia che attraversa stratificazioni che non sono necessariamente della stessa rigidità ma anzi, in linea generale, sono di diversa rigidità. Le componenti rigide non vanno intese come elementi che definiscono completamente un certo aspetto dell'azione, ma come elementi delimitativi dei gradi di libertà dell'azione ed in quanto possono presentare una diversa configurazione di risposta in relazione a diverse sollecitazioni, costituiscono un programma di regolazione del campo di variabilità delle componenti labili che vengono quindi indirizzate dalla riduzione della tensione, cioè per retroazione negativa.

Con ciò non si intende affatto escludere l'esistenza, che appare indiscutibile, di connessioni dirette, in termini sia sollecitativi che inibitori, che operano in termini autoregolativi fra

133

i terminali operativi nell'ambito della cosiddetta unità di azione e che appaiono esprimere equilibri dinamici (vale a dire nell'ambito di un sistema contenente una certa quantità di movimento) anziché statici, ma pur sempre a nostro avviso determinati (almeno in sede formativa del "frame" dinamico) per retroazione negativa. D'altra parte l'esistenza di una certa combinazione di equilibri statici e dinamici nei sistemi che evolvono verso l'ordine pare essere una legge generale organizzativa [15].

Evidentemente, la formazione di una componente rigida, cioè di una memoria comportamentale, può non richiedere alti livelli tensionali se si verifica nella fase di "imprinting" e con il concorso di processi ripetitivi; la sua modifica richiede però un livello tensionale più alto di quello necessario per sviluppare la semplice connessione fra memoria di attivazione e terminale operativo.

Se l'attivazione dei terminali operativi non porta all'eliminazione della sollecitazione si può determinare un accumulo energetico (fenomeno dovuto come vedremo all'accumulo di neurotrasmettitori nella fessura sinaptica), cioè un aumento della tensione (che d'altra parte può conseguire semplicemente da una modificazione delle condizioni esterne) che rende plastiche le strutture più a monte attraversate dal flusso di energia, il che equivale a dire che l'attività di strutturazione (o meglio, in questo caso, modificazione) delle connessioni comportamentali passa ad una stratificazione più rigida.

Noi diciamo che nella stratificazione in cui si verifica la modifica delle connessioni opera un "vettore modificativo" e che l'aumento della tensione determina un approfondimento del vettore modificativo che interessa stratificazioni sempre più rigide. Ovviamente, ciò non significa affatto che sia possibile modificare qualsiasi stratificazione mnemonica mediante un opportuno approfondimento del vettore modificativo; al contrario diverse considerazioni che non è necessario qui richiamare portano a ritenere che vi siano importanti stratificazioni di memorie operative praticamente immodificabili.

Il processo di autorganizzazione del sistema che abbiamo delineato può essere iterato. Vale a dire, realizzando lo sviluppo di un certo flusso energetico per effetto della sollecitazione di un centro di emissione di energia, o centro di carico, in corrispondenza di una determinata informazione sensoria, la si fa passare in una rete più rigida di connessioni e la si connette con il centro di carico, trasformando così la informazione sensoria in memoria di attivazione del sistema (e connettendo quindi, a tale più alto livello di tensione del sistema, un' altra informazione sensoria con un centro di scarico la si trasforma in memoria di rassicurazione). Corrispondentemente, provocando un abbassamento del livello tensionale in corrispondenza di una certa modalità comportamentale, la si trasforma in memoria comportamentale. Il processo può essere ripetuto per una molteplicità di informazioni sensorie e modalità comportamentali.

Quindi, perché il sistema possa essere organizzato devono esistere delle fonti interne o esterne di carico e scarico definite "guide cibernetiche". Abbiamo mostrato come, in relazione all'estensione della stratificazione di reti esistente nel cervello, occorra ritenere che, oltre alle strutture di autorganizzazione delle percezioni in cui le guide cibernetiche sono costituite dai flussi di energia di supporto delle stesse informazioni sensorie che strutturano le percezioni, esistano una molteplicità di altri flussi energetici che danno luogo ad una molteplicità di memorie di allarme e di rassicurazione di differente livello tensionale. Abbiamo descritto (a parte la memoria di attenzione che ha una funzione mediata nell'attivazione del sistema) una guida cibernetica per la organizzazione degli input sensoriali costituita dal flusso di carico e scarico di una "memoria di stato" che abbiamo denominato "memoria di azione". L'elemento decodificatore degli input sensoriali è in tal caso costituito da una energia modulata in relazione allo stato di autoconservazione.

Sussistono però ovviamente altre guide cibernetiche che costituiscono elemento selezionatore di elementi sollecitativi e comportamentali legati ad esigenze strategiche o a finalità di conservazione della specie, costituite da programmi di sensibilizzazione che operano sulle strutture sensorie (attraverso l'emissione di neurotrasmettitori nel liquido cefalo rachidiano che amplificano la sensibilità a determinati stimoli delle corrispondenti aree cerebrali) e costituiscono un processo di "amplificazione primaria" di certe informazioni sensorie che vengono così trasformate in impulsi.

L'approfondire questi processi di ulteriore auto-organizzazione del sistema è inutile ai fini degli obiettivi fissati dall'argomento di questo convegno e ci porterebbe troppo lontano; ho però voluto accennarne non solo per dare una certa completezza al quadro espositivo, ma perché essi pongono dei complessi problemi di indole cibernetica che hanno ancora una volta delle soluzioni uniche, che appaiono coerenti con la struttura organizzativa del cervello, così mostrando che la visione cibernetica del sistema psichico è quella euristicamente più valida. Il lettore interessato potrà soddisfare la sua curiosità consultando l' opera citata in bibliografia [11].

La cibernetica interpreta il cervello come una rete di interconnessioni per il trasferimento dell'informazione proveniente dagli organi sensori agli organi operativi muscolari, con i punti nodali rappresentanti interruttori a più vie con la funzione di individuazione del percorso che l'informazione deve seguire. Tale interpretazione si attaglia perfettamente alla descrizione del cervello come di un insieme di neuroni connessi l'uno all'altro attraverso collegamenti sinaptici, talché la descrizione cibernetica rappresenta solo una modalità descrittiva che ne estrapola gli aspetti sistemici, organizzativi. I neuroni infatti raccolgono incontestabilmente le informazioni provenienti dagli organi sensori e le trasmettono ad altri neuroni, scegliendo fra una molteplicità di connessioni disponibili, cosicché svolgono senza dubbio la funzione di determinazione della via seguita dal flusso informativo fra le tante vie rappresentate dai collegamenti sinaptici disponibili. Le azioni motorie in risposta alle sollecitazioni sensorie vengono quindi stimolate attraverso collegamenti neuronici come appare più chiaramente, ovviamente, per i collegamenti periferici rigidi stimolo - risposta che costituiscono i riflessi spinali.

Il modello che vi ho esposto, però, ipotizza anche che le informazioni provenienti dagli organi sensori siano interconnesse attraverso diverse reti sovrapposte di connessioni, a diverso grado di rigidità, e che esistano estesi collegamenti fra le varie reti.

Ora, ciò ha una dimostrazione di carattere cibernetico, che fa particolarmente riferimento alla teoria dell'autorganizzazione dei sistemi, che vede nella strutturazione di una stratificazione di rigidità un punto focale ed indispensabile nello sviluppo della complessità organizzativa, ma ciò trova anche la sua dimostrazione palmare nel fatto ben noto che ogni neurone è collegato con ciascun neurone adiacente non con una, ma con una molteplicità di sinapsi, che possono essere considerate come facenti parte di diverse reti di interconnessione, ciascuna con un determinato grado di rigidità.

Perché ciò sia vero, occorre che le varie sinapsi si attivino in corrispondenza di diversi livelli di eccitazione della cellula, individuati dalla frequenza di formazione dei potenziali d'azione, cioè dalla frequenza dell'onda elettrica che trasmette il segnale lungo l'assone della cellula. Anche tale condizione è confermata, come è noto, dalla evidenza sperimentale.

Lo strato di neuroni corticali a cui arrivano le informazioni sensorie può, pertanto, farsi coincidere con i terminali sensori del nostro modello. Il trasferimento dell'informazione agli strati neuronici sovrapposti può avvenire, allora, come mostrato nella figura 2 con linee tratteggiate: l'informazione, cioè, si diffonde a tutti i neuroni collegati con il primo strato attraverso una rete di sinapsi, la più labile, che chiameremo rete primaria, sempre aperta al trasferimento dell'informazione che le perviene attraverso un potenziale d'azione.

Nei neuroni in cui si verifica la confluenza di flussi energetici provenienti da più direzioni, che cioè vengono "sinaptati" da più parti si verifica un aumento della frequenza di trasmissione dei potenziali d' azione e ciò può dar luogo all'attivazione di sinapsi facenti parte di una rete diversa, più rigida, che chiameremo rete secondaria, che darebbe quindi luogo alla trasmissione dell'informazione secondo le linee continue di figura 2, darebbe luogo, cioè, ad una memoria percettiva.

Ora, malgrado tale integrazione della frequenza dei potenziali d'azione sia sperimentalmente verificata, vi sono delle difficoltà a che le cose siano in modo così semplice.

L'integrazione delle sollecitazioni provenienti dalle varie sinapsi serve, come abbiamo visto, per selezionare i vari percorsi utilizzando il fatto che, in corrispondenza di ogni informazione sensoria, si determina una diversa distribuzione del valore della sollecitazione complessiva trasmessa dalle sinapsi in ogni nodo. E' possibile così selezionare i nodi in cui la sollecitazione supera un determinato valore per alimentare una seconda rete e ripetere quindi l'operazione fino al raggiungimento del nodo finale.

Ora, date le grandezze in gioco, quali rapidità di decadenza del segnale, differenze nella lunghezza dei percorsi ecc., anche informazioni sensorie abbastanza differenti danno luogo a differenze insignificanti nella sollecitazione complessiva di ogni neurone di un certo strato cosicché la sensibilità del neurone, cioè la sua capacità di avvertire ogni livello "discriminatorio delle informazioni sensorie" della sollecitazione complessiva ed associarvi una onda elettrica di diversa frequenza, dovrebbe raggiungere livelli impossibili nella fisica dello stato solido.

Osservando allora il ricorso allo stato liquido nelle connessioni sinaptiche, il che permette l'utilizzazione di portatori di informazione a livello molecolare, se ne comprende il significato di meccanismo di amplificazione estrema della sensibilità, quale è necessario perché il meccanismo di stratificazione delle reti possa dare il suo massimo vantaggio, che è quello di permettere una diversificazione "quantificata", "pesabile" dei percorsi.

Perché tale meccanismo di amplificazione della sensibilità possa funzionare, occorre quindi che, quando una sinapsi di input viene attivata, si abbia versamento di neurotrasmettitori in tutte le sinapsi di output, non solo in quella in cui si verifica la trasmissione del segnale, anche se, naturalmente, secondo rapporti variabili in relazione alla rigidità della connessione.

Un neurone posto in una stratificazione qualunque potrà allora misurare, in ogni sinapsi di output, l'entità della sollecitazione complessiva trasmessa da tutte le sinapsi di input attraverso la concentrazione dei neurotrasmettitori ed attivare il segnale quando la concentrazione raggiunge un determinato valore, caratteristico della sinapsi in questione. E' allora possibile

138

che la connessione si attivi per effetto della sommatoria di sollecitazioni provenienti da reti sinaptiche "deboli" in quanto provenienti da fonti eccitatorie lontane, senza la possibilità, quindi di attivare una connessione di accesso, vale a dire, riprendendo in esame la figura 2, ciò equivarrebbe alla eccitazione del nodo 3D senza che sia possibile attivare le connessioni 2A-3D e 5A-3D, il che equivale ad affermare che la connessione viene "intuita" prima che essa possa essere determinata in rete.

E' opportuno rilevare, in questa occasione, a quali dimensioni di errore può condurre la mancata considerazione in termini cibernetici del meccanismo cerebrale. L'esistenza di versamenti nella fessura sinaptica di quantità di neurotrasmettitori insufficienti a determinare la formazione del potenziale d'azione è stata verificata sperimentalmente, ma è stata portata a dimostrazione dell'esistenza di elementi di casualità ed indeterminazione nel funzionamento del cervello, alla formulazione di una specie di principio di indeterminazione psicologica.

Ciò è incredibile se si pensa che essa rappresenta invece la cosa più perfetta, più ammirevole del meccanismo. E' possibile, trovandosi di fronte alla soluzione di un problema difficile, che con facilità si pensi che essa sia l'unica possibile ma, per la verità, allo stato non si saprebbe dove ricercarne una diversa, più efficiente o più economica. Se dovessimo costruire un dispositivo di automazione capace di un discernimento informativo che sia solo una piccola quota di quello mostrato dal cervello umano andremmo certamente in cerca di dispositivi che possano tener conto di quantità infinitesime di informazione attraverso la modifica della concentrazione di una soluzione.

Ciò anche se soluzioni alternative, quali ad esempio l'utilizzazione di onde elettromagnetiche, raggi laser, ecc., appaiono forse possibili, ma non certo più realizzabili, più economiche o più efficienti.

Ciò a parte ovviamente il fatto, ancora più importante, che le modalità di modificazione della concentrazione di neurotrasmettitori nella fessura sinaptica ha molteplici altre funzioni di estrema importanza sulle quali non possiamo soffermarci (esprime ad esempio la modificazione dello stato di "conditional readiness" del modello psicocibernetico di McKay [12]). Ricordo solo che i meccanismi di formazione delle associazioni rigide delle informazioni sensorie appaiono chiaramente realizzati nel reale meccanismo cerebrale ma con la importante aggiunta del fatto che tali associazioni fra le informazioni sensorie possono realizzarsi anche indipendentemente dalla connessione con un centro di emissione di energia (o con rigidità superiore a quanto consentirebbe il livello dell'energia formativa), per effetto di ripetitività. Anche in questa funzione gioca un ruolo importantissimo la concentrazione dei neurotrasmettitori nel sito sinaptico. Debbo necessariamente rimandare chi volesse approfondire la questione alle fonte citata in bibliografia [11].

L'interpretazione dei fenomeni visivi, quale risulta dai lavori di Rubel e Wiesel, nonché di Minsky, è coerente con questa teoria. Le cellule complesse ed ipercomplesse che seguono le cellule semplici della corteccia visiva, che sono stimolate dal movimento, dalle condizioni di uniformità o disuniformità, dalle fessure di luce in campo oscuro o dalle barre oscure in campo luminoso, dai margini fra luce ed oscurità, ecc., possono infatti intendersi come le cellule di confluenza di un reticolo ormai rigido di connessioni sinaptiche, formatesi inizialmente come associazioni dovute a ripetitività. Le loro interconnessioni consentono, pertanto, di introdurre, nell'interpretazione della singola visione, un patrimonio analitico dovuto alle precedenti esperienze visive. Così come, ad un diverso livello di organizzazione, le interconnessioni fra le percezioni esprimono quella struttura di inquadramento che Minsky chiama "frame" [13].

Ritengo adesso opportuno, scegliendo naturalmente con criterio necessariamente soggettivo nella grande quantità di argomenti che l'impostazione cibernetica solleva, trattare del problema della realizzazione del riconoscimento negativo nell'ambito dei circuiti cerebrali. in cui il flusso energetico "sente" l'esistenza di una condizione di scarico a valle, quale si verifica ad esempio per il completamento della rete di interconnessioni "attivate", nell'ambito della rete secondaria, da una particolare percezione, mostrate in figura 2 con linee continue, in particolare per la realizzazione delle connessioni 2A-3D e 5A-3D nella rete secondaria. In altre forme di flussi di energia non vi è difficoltà a spiegare questo fenomeno, (vedasi ad esempio in idraulica il concetto di carico e in elettricità quello di differenza di potenziale) ma nel nostro caso, in cui vi è un'alternanza di fenomeni elettrici e chimici, occorre darne una particolare spiegazione.

Sappiamo che nelle sinapsi della rete secondaria ha luogo l'immissione di neurotrasmettitori contemporaneamente alle sinapsi della rete primaria, sia pure in quantitativo insufficiente a determinare la formazione di un potenziale d'azione. Per intenderci, diremo che nelle sinapsi della rete secondaria si verifica un riempimento parziale per ridondanza di rete. Sappiamo anche che la formazione di uno scarico in corrispondenza di una sinapsi di output di una cellula provoca modificazioni nei dendriti postsinaptici della sinapsi di input, riducendo la formazione degli enzimi distruttivi delle molecole formate dall'unione dei neurotrasmettitori con i ricettori, molecole che, come è noto, modificano la permeabilità ionica della membrana cellulare e danno così luogo alla formazione del potenziale d'azione. Ne consegue allora un aumento della concentrazione dei neurotrasmettitori nelle sinapsi di input che sono sinapsi di output della cellula precedente e danno luogo in questa allo stesso effetto che si trasmette quindi su tutte le cellule che la precedono. Se queste sono sinapsi solo parzialmente riempite per effetto di ridondanza di rete, per effetto di tale aumento la concentrazione dei trasmettitori raggiunge in esse il livello che determina la formazione del potenziale d'azione. Ecco che l'attivazione delle linee della rete secondaria 2A-3D e 5A-3D è realizzato.

Un altro punto di particolare interesse, collegato al fenomeno del riempimento parziale per ridondanza di rete, è il seguente. Riprendendo in esame la solita figura 2, la formazione della memoria percettiva che ha vertice in 5H comporta l'esistenza di un flusso di energia riflessa che percorre delle linee di flusso che sono differenti da quelle indicate con linee continua in figura 2, giacché, sebbene i potenziali d'azione possano percorrere la cellula indifferentemente nei due sensi, non è invece possibile l'inversione del collegamento sinaptico che è realizzato da neurotrasmettitori che procedono solo in un senso, ma le linee di flusso percorse sono in ogni modo parallele e seguono pedissequamente le linee preferenziali di flusso indicate in linea continua in figura 2, ricostituendo l'informazione sensoria sullo schermo A in modo speculare. Ciò si verifica per tutte le memorie del cervello, così che si può dire che esso è attraversato integralmente da una rete tutta destinata a questo flusso riflesso, che in termini cibernetici costituisce un flusso di retroazione o regolativo.

Ritorniamo allora all'importante risultato che la formazione di neurotrasmettitori nel sito sinaptico si verifica non solo per effetto di un potenziale d'azione avente una certa frequenza, ma anche, sia pure con rapporti quantitativi variabili, per effetto di tutti i potenziali d'azione che percorrono l'assone, ivi compresa l'energia riflessa, cosicché l'aumento della concentrazione di neurotrasmettitori sulla membrana cellulare postsinaptica con il conseguente aumento della permeabilità ionica fino a determinare la formazione del potenziale d'azione si verifica per un effetto cumulativo che amplifica enormemente la capacità selettiva dei percorsi dovuta alla sovrapposizione delle reti.

Abbiamo già avuto modo di illustrare come la possibilità di immissione di neurotrasmettitori nella sinapsi, senza l'instaurazione della connessione, cioè il fenomeno del riempimento parziale, sia, sul piano cibernetico, manifestazione dell'estremo livello di sensibilità e di determinazione del funzionamento del cervello, capace di prender nota di elementi informativi a livello infinitesimo, senza trasmetterli a fasi successive di elaborazione comportamentale fintanto che, per il pervenire di altre informazioni attraverso la stessa sinapsi afferente (ripetizione delle informazioni) o attraverso un 'altra sinapsi afferente, facente parte o meno della stessa rete, il livello della concentrazione non raggiunga il valore di produzione del potenziale d'azione.

Supponiamo allora che nei neuroni interessati da una

percezione, in cui sono in completa attività le sinapsi della rete secondaria, siano parzialmente eccitate le sinapsi di una rete "terziaria", nel senso, già chiarito, di versamento nella fessura sinaptica di un quantitativo di neurotrasmettitori insufficiente a determinare la formazione del potenziale d'azione nella cellula postsinaptica.

La formazione di enzimi distruttori dei neurotrasmettitori procede, nella cellula postsinaptica, secondo un determinato ritmo temporale, cosicché i neurotrasmettitori che si poggiano su di essa, che non sono capaci di attivare l'onda elettrica, vengono con il tempo anche distrutti. Supponiamo adesso che si abbia o una ripetizione delle informazioni sensorie che hanno dato luogo all'eccitazione parziale delle sinapsi della rete terziaria e/o la formazione di un flusso energetico in senso inverso, cioè diretto verso i terminali sensori, che possiamo far coincidere con l' "attenzione", nella rete regolativa.

Si determina allora per entrambi i motivi un aumento della formazione di neurotrasmettitori e quindi della loro concentrazione sulla membrana della cellula postsinaptica della rete terziaria che dura fin tanto che tale cellula non abbia ricostituito i necessari quantitativi di enzimi distruttori, nonché per il tempo successivo necessario ad eliminare i neurotrasmettitori, funzione della capacità di distruzione di neurotrasmettitori tipica della particolare rete sinaptica.

Si è così determinata, senza che si sia mai avuta la formazione di un potenziale d'azione, solo attraverso la modifica delle concentrazioni di neurotrasmettitori, una memoria percettiva di lunga durata, un "ricordo". Una eventuale ulteriore ripetizione delle informazioni sensorie (o di informazioni associate, cioè costituite da un reticolo con punti di connessione con il reticolo delle informazioni sensorie in essere), troverà infatti le membrane delle cellule postsinaptiche della rete terziaria già con una elevata concentrazione di neurotrasmettitori (conditional readiness di McKay); l'ulteriore incremento nel quantitativo di neurotrasmettitori dovuto alla ripetizione è allora sufficiente a determinare il superamento del limite di depolarizzazione delle membrane in corrispondenza del quale si forma il potenziale

143

d'azione. Si sviluppa così un flusso energetico che percorre, nei vari neuroni, tutte le sinapsi terziarie che fanno parte di quel determinato gruppo di interconnessioni: si è cioè formato un "ricordo" meno labile che nella rete secondaria, ove la capacità distruttiva dei neurotrasmettitori è più elevata.

Ora, tornando al nostro modello, e in particolare alla figura 2, (il che comporta che l'argomento viene affrontato con riferimento alle memorie percettive; l'estensione a qualsiasi tipo di memoria è però immediato) osserviamo che la memoria percettiva è costituita dalla rete di linee preferenziali di flusso indicate in linea continua che attraversano l'intera stratificazione di neuroni che collegano la stratificazione iniziale, dei terminali sensori, con la stratificazione finale, dei centri di attivazione. La sua attivazione comporta la ricostituzione, sullo schermo A dei terminali sensori, della struttura dell'informazione sensoria, realizzata dall'energia riflessa. Come si vede, l'energia di attivazione del reticolo può penetrarvi da uno qualsiasi dei nodi che fanno parte del reticolo stesso: la distruzione di una parte elimina quindi solo un modo di sollecitazione della memoria, ma non la può escludere del tutto. L'importante è che il numero di nodi sollecitati, facenti parte del reticolo rappresentativo del ricordo, raggiunga un certo valore cosicché l'energia immessa corrisponda a quella che sarebbe immessa tramite i nodi dello strato finale.

10.3 - Interpretazione cibernetica del pensiero.

Come abbiamo avuto modo di vedere, perché si abbia una percezione durevole, una memoria, non è sufficiente che il flusso energetico proveniente dai terminali sensori raggiunga lo strato neurotico terminale delle memorie percettive; occorre anche che il flusso torni indietro dallo strato terminale delle memorie percettive ricostituendo sullo schermo delle memorie sensorie l'informazione sensoria. Le linee di flusso che costituiscono le memorie percettive sono cioè accompagnate da linee parallele in cui procede in senso inverso un flusso informativo di minor livello tensionale.

Abbiamo visto che lo strato dei terminali delle memorie percettive è lo strato in cui il flusso proveniente dai terminali sensori non ha gradi di libertà in conseguenza del raggiungimento di un certo numero minimo di terminali di input eccitati. Abbiamo anche visto che il flusso riflesso, partendo da un solo terminale di input, potrebbe assumere invece gradi di libertà se tale libertà non fosse impedita dall'esistenza di percorsi preferenziali indotti dal flusso diretto di formazione della memoria percettiva, disposti secondo strati a rigidità crescente passando dai terminali sensori ai terminali delle memorie percettive. E' però sufficiente che il livello tensionale del flusso riflesso si rialzi perché il flusso, debordando dai canali preferenziali, assuma gradi di libertà che si manifestano quindi particolarmente negli strati più labili di connessioni, prossimi ai terminali sensori, che vengono chiamati "memorie logiche" e la sua estrinsecazione, che comporta una modifica della informazione sensoria, costituisce l'attività di pensiero. La successione di tali connessioni labilissime, che comportano la stimolazione dall'interno di strutture percettive, corrisponde alla realizzazione simulata di una successione di informazioni sensorie.

Evidentemente, l'input energetico che porta all'incremento tensionale del flusso riflesso non può che essere dovuto all'intersezione della rete della memoria percettiva con una rete di azione o di allarme, cioè con gli stessi elementi che stimolano la successione delle operazioni svolte dalle memorie operative. Il pensiero, quindi, è stimolato dagli stessi elementi che stimolano le memorie operative di cui costituisce quindi uno strumento di regolazione. E' evidente infatti che la rappresentazione preventiva degli effetti di ogni azione operativa nello schermo dei terminali sensori permette di apportare i dovuti aggiustamenti all'azione ottenendo una più rapida convergenza verso la risposta efficace.

Il movimento dei flussi di energia nelle reti cerebrali è dunque guidato da "differenze di potenziale" indirizzandosi verso le direzioni che portano allo scarico della tensione. In termini psicologici classici potrebbe dirsi che il movimento è guidato dal "principio del piacere".

Evidentemente nell'ambito delle memorie logiche il livello

tensionale del flusso energetico non si abbassa in seguito ad una eliminazione dello stimolo, che non può scaturire da una realizzazione simulata. Nel corso del suo movimento verso lo schermo dei terminali sensori, il flusso di energia riflessa del pensiero incontra però canalizzazioni facenti parte di memorie di allarme e di memorie di rassicurazione ed in conseguenza delle emissioni od assorbimenti di energia che ne conseguono si allontana da certe direzioni di movimento e si avvicina ad altre, incrementa la sua attività o la spegne. Ciò non significa affatto che il pensiero sia completamente guidato dalle differenze di potenziale indotte dalle memorie di allarme e di rassicurazione incontrate nel suo percorso; sussistono gradi di libertà residui analogamente a quanto avviene per la connessione diretta memoria sensoria - memoria operativa che nella sua forma più labile è costituita da connessioni casuali, fintanto che non venga sollecitata una risposta cui è associato un gradiente tensionale negativo.

Dovremo anzi ritenere che nell'ambito delle memorie logiche sia lasciato più spazio per le variazioni casuali, che il pensiero abbia maggiori gradi di libertà dell' attività operativa. Nel ragionamento, inteso come la successione dei passaggi logici, è quindi variabile il rapporto fra i passaggi in corrispondenza dei quali non si verificano abbassamenti tensionali e i passaggi in cui tali abbassamenti si verificano (per la connessione con memorie di rassicurazione); è pertanto variabile il grado di soddisfazione connesso ad ogni ragionamento, definibile come "entità di certezza" o con il concetto simmetrico di "entità di dubbio".

Cionondimeno, come per le memorie operative la libertà variazionale sussiste nell'ambito delle limitazioni imposte da memorie più rigide di pretrattamento, così dovremo ritenere che anche per le memorie illusorie (come vengono anche chiamate queste linee di flusso riflesse) più labili, cioè per le memorie logiche, la libertà associativa venga limitata dalle associazioni più rigide già esistenti che dovremo far coincidere in parte con le stesse memorie di pretrattamento comportamentali; non avrebbe alcuna utilità infatti una attività associativa svolta sul piano simulativo che fosse indirizzata verso operazioni di cui fosse già accertata la inefficienza.

Pertanto, in ognuna delle memorie che fanno parte della memoria comportamentale il flusso energetico in arrivo dalle memorie di attivazione si suddivide in due parti, una diretta verso gli organi operativi, per imprimere una certa modalità comportamentale al programma operativo, e una diretta verso le memorie sensorie, per imprimere la stessa modalità comportamentale alla rappresentazione simulata. Poiché quest'ultima, come abbiamo visto, è guidata dai collegamenti con memorie di rassicurazione e di allarme, cioè dai collegamenti che determinano variazioni del livello energetico, indirizzandosi verso la direzione cui corrisponde una riduzione tensionale, è naturale supporre che l'obiettivo di condizionamento della libertà di associazione delle memorie logiche sia raggiunto provocando una riduzione di tensione in corrispondenza delle associazioni logiche coerenti con la modalità comportamentale imposta. Le memorie comportamentali pertanto si configurano, nei riguardi delle memorie logiche, come elementi di memorie di rassicurazione. E' evidente l'importanza di questi collegamenti fra le memorie comportamentali e le memorie logiche per i fenomeni di controllo continuo dell'esecuzione dei movimenti, o fenomeni propriocettivi.

Come per le memorie operative, così anche per le memorie logiche dovremo ritenere che il movimento del pensiero possa verificarsi non solo fra le memorie più labili, prossime ai terminali sensori, ma in un ambito più vasto di memorie di collegamento delle memorie sensorie e dovremo quindi introdurre un vettore modificativo che opera nell'ambito delle memorie logiche con una componente introversa che, operando su elementi lontani dalle memorie sensorie, si identifica con il pensiero astratto ed una componente estroversa che, operando sulle memorie sensorie, si identifica con la più semplice forma di pensiero modificativo degli aspetti concreti della realtà.

Anche per le memorie logiche si svolgono quei processi di raggruppamento, contrapposizione ed equilibrio che si svolgono in linea generale nei nodi della rete e che sono ampiamente influenzati dal processo di accumulo graduale dei neurotrasmettitori nel sito sinaptico. Per il dettaglio rimandiamo ad altri lavori [6].

Desideriamo invece intrattenerci su certi tipi di trattamento dell'informazione, assai importanti, che non possono svolgersi integralmente nell'ambito di una successione di neuroni che operano singolarmente, ma richiedono l'attività di importanti gruppi coordinati di neuroni che possano testare alternative globali di tipo dialettico e che consentono così di migliorare la condizione finale di equilibratura delle tensioni dei flussi energetici che attraversano il sistema. Per la illustrazione di questo argomento dovremo introdurre alcune elaborazioni matematiche che cercheremo però di mantenere   nella forma più semplice possibile.

La tensione globale del sistema, T, è funzione delle tensioni dei singoli flussi di energia che chiameremo impulsi e indicheremo con $(y_1...y_n)$ che a loro volta sono funzioni delle variabili che identificano il programma operativo o la rappresentazione simulata del pensiero, che indicheremo con $(x_1...x_r)$.

Se le relazioni di dipendenza fra gli impulsi e le variabili operative sono esplicitabili, ossia se le relazioni:

$$y_j = y_j(x_1 ...... x_r) \qquad\qquad (j=1....... n)$$

sono note, sostituendole nell'espressione di T si ottiene:

$$T = f(x_1 .... x_r) \qquad\qquad (1)$$

Dove T è una funzione di variabili indipendenti.

Come è noto dall'analisi infinitesimale, le condizioni di minimo della funzione (1) si ottengono risolvendo il sistema di r equazioni:

$$dT/dx_m = 0 \qquad\qquad (m = 1 ...... r) \qquad (2)$$

Per il principio del piacere il movimento del pensiero si svolge nelle direzioni cui corrispondono variazioni delle variabili

148

operative (o meglio della loro rappresentazione simulata) che danno luogo ad una riduzione della tensione, ossia nella direzione in cui la derivata della tensione è negativa e si arresta quando la riduzione si annulla, cioè quando si verifica la (2). Il movimento del pensiero è quindi un programma di ricerca dei valori minimi di una funzione di più variabili.

Se alcune delle relazioni di dipendenza fra gli impulsi e le variabili operative non possono essere esplicitate, la funzione (1) diventa:

$$T = f(x_1 \ldots x_r, y_1 \ldots y_n) \qquad (3)$$

Dove y indica gli impulsi per i quali la relazione di dipendenza dalle variabili operative non è nota. Ora, una completa assenza di informazione sui legami di dipendenza di ogni impulso dalle variabili operative non può sussistere. La variazione elementare di tensione è infatti la reazione ad una variazione elementare delle variabili operative che è sempre eseguibile, specialmente sul piano logico, simulativo, cosicché almeno sul piano delle derivate prime, della variazione elementare di tensione in corrispondenza di una variazione elementare delle variabili operative, la dipendenza di ogni impulso dalle variabili operative è nota. In analisi infinitesimale si dice che sono note le componenti lineari delle relazioni di dipendenza. Per conseguenza il movimento del pensiero, fintanto che si svolge unicamente secondo il principio del piacere, equivale alla ricerca del minimo della tensione globale sulla base di una approssimazione lineare per le relazioni di dipendenza fra gli impulsi e le variabili operative e si dice che esso rappresenta un programma di ottimizzazione lineare della detta funzione.

Se i legami di dipendenza fra gli impulsi e le variabili operative sono effettivamente lineari, la cessazione della ricerca nelle direzioni individuate dalla esistenza di una derivata negativa della tensione, ossia secondo il principio del piacere, indica il raggiungimento del minimo assoluto della funzione T. Se invece i legami non sono lineari, il punto di arresto è un punto di minimo relativo della funzione T (valori più bassi della tensione globale non possono cioè sussistere in un intorno infinitesimo del punto, giacché ciò involverebbe un valore negativo della derivata prima della tensione globale e quindi uno spostamento nella direzione così individuata) ma non è un punto di minimo assoluto (valori più bassi possono cioè sussistere in un intorno non infinitesimo).

La ricerca del minimo assoluto della funzione (3) può essere eseguita nell'ambito della cosiddetta ricerca dei minimi vincolati di una funzione di più variabili. Se cioè la carenza di informazione sui legami di dipendenza fra le y_i e le x_m non è totale e se l'informazione disponibile è nella forma di n condizioni di vincolo da realizzarsi nel punto di minimo (che prende il nome di minimo vincolato) espresse da:

$$\varphi_j(x_1\ldots\ldots x_r, y_1\ldots\ldots y_n) = 0 \qquad (j=1\ldots\ldots n) \qquad (4)$$

la ricerca dei minimi della funzione (3) coincide con la ricerca dei minimi liberi della funzione:

$$W = f(x_1\ldots..x_r,y_1\ldots..y_n) + \textstyle\sum_j \alpha_j \varphi_j(x_1\ldots..x_r,y_1\ldots\ldots y_n) \qquad (5)$$

dove le α_j sono costanti reali, dette moltiplicatori di Lagrange.

Individuando il minimo assoluto attraverso condizioni di vincolo, la sua ricerca può essere effettuata come un minimo vincolato. Ricerchiamo quindi quali informazioni parziali risultano disponibili sulla posizione del minimo assoluto, cosicché la loro espressione come condizioni di vincolo possa permettere la ricerca del minimo assoluto. Tali informazioni sono costituite dall'esistenza, nelle condizioni di minimo relativo della tensione globale, di un gradiente negativo della tensione di alcuni particolari flussi o impulsi per variazioni infinitesime di alcune variabili operative (impulsi insoddisfatti). Ovviamente, in presenza di impulsi che presentano un gradiente negativo della tensione pur in presenza di un gradiente nullo della tensione globale sta ad indicare che sussistono altri impulsi con gradiente positivo, che cioè l'equilibrio realizzato nel punto di minimo è un equilibrio dinamico. Le (4) devono quindi esprimere la condizione che le tensioni di questi impulsi diminuisce nel minimo assoluto e questa condizione è evidentemente verificata se poniamo la condizione che addirittura la tensione di questi impulsi si annulli nel minimo assoluto. Le (4) quindi divengono:

$$y_j(x_1 \ldots x_r) = 0 \qquad (j = 1 \ldots n) \qquad (6)$$

e, per conseguenza, la (5) diviene:

$$W = f(x_1 \ldots x_r, y_1 \ldots y_n) + \sum_j \alpha_j y_j(x_1 \ldots x_r) \qquad (7)$$

La ricerca del minimo assoluto della funzione (3) può essere quindi eseguita come ricerca del minimo libero della funzione (7), in cui gli impulsi insoddisfatti vengono amplificati secondo coefficienti dati dai moltiplicatori di Lagrange. Tale ricerca del minimo libero avviene come sappiamo, in conseguenza del naturale indirizzarsi dei flussi di energia verso le direzioni che implicano una riduzione della tensione fino a quando la tensione si annulla, condizione che, pur essendo un fondamentale principio fisico, ha assunto in psicologia lo speciale nome di principio del piacere.

La struttura funzionale che, nel modello psicocibernetico, svolge la funzione di amplificazione selettiva degli impulsi insoddisfatti per permettere una ottimizzazione non lineare del livello complessivo della tensione prende il nome di "memoria di amplificazione secondaria" e l'energia di amplificazione viene detta "energia libera". Si tratta di un serbatoio di energia sollecitabile non in corrispondenza di una determinata informazione, come avviene per gli impulsi, ma da una condizione generica di "insoddisfazione", cioè dall'esistenza di flussi impediti nel loro movimento dalla contrapposizione con altri flussi nelle condizioni di minimo relativo. Si ritiene che, mentre la condizione di insoddisfazione generica sia molto comune (noia), l'entità della energia libera sia molto variabile da individuo a individuo, così da permettere, a livello di specie, una sperimentazione di tutti i valori possibili dei moltiplicatori di

Lagrange i cui valori relativi alla singola situazione non sono aprioristicamente conosciuti.

Secondo l'ipotesi cui abbiamo già fatto riferimento, secondo cui esiste una duplicazione dell'elaborazione delle informazioni nelle due linee delle memorie comportamentali e delle memorie logiche, che sono state anche localizzate nei due emisferi cerebrali, l'amplificazione secondaria opera su una sola delle due linee e assume capacità di influenzare il comportamento solo al verificarsi di certe condizioni di coerenza con l'elaborazione svolta dall'altra linea, che porta alla individuazione del minimo relativo. Non sempre infatti l'amplificazione degli impulsi_insoddisfatti conduce all'individuazione di un minimo assoluto (occorre che tale minimo esista e che sia realizzata una certa struttura dei moltiplicatori di Lagrange, condizione questa che ha delle limitazioni [16]). La verifica di coerenza con il minimo relativo implica l'accertamento che le distorsioni indotte dalle amplificazioni lagrangiane nella struttura degli impulsi abbiano realmente condotto all'individuazione di un minimo assoluto (o quanto meno di un minimo relativo più basso) prima di essere trasferite sul piano operativo. La composizione delle elaborazioni prodotte dalle due linee elaborative del comportamento, che si svolge secondo alcuni attraverso le fibre commissurali, implica problemi complessi, su cui non abbiamo la possibilità di soffermarci.

(5° meeting di neuroriabilitazione, Clinica Neurologica, 2a facoltà di medicina, Napoli, 6/10/1989)

Bibliografia

[1] - Shannon C.E., Weaver W.: *Teoria Matematica della Comunicazione,* Etas Compass, Milano, 1968.

[2] - Firrao S.: *Controllo Statistico della Qualità,* Politecnico di Milano, Corso di Perfezionamento in Industrie Tessili, 1968

[3] - Firrao S.: *Attualità della sintesi leibniziana,* Quaderni di Cibernetica, 2, 1986

[4] - Firrao S.: *La dialettica da Hegel alla teoria dell'autorganizzazione dei sistemi,* Quaderni di Cibernetica, 5, 1988

[5] - Clos C.: *A Study of Non-blocking Switching Networks,* Bell System Technical Journal, 32,2, 1953

[6]-Rothstein J.: *On Ultimate Thermodynamic Limitations in Communication*

and Computation, Lecture presented at a NATO Advanced Study Institute Meeting on Performance Limits in Communication, Theory and Practise, Il Ciocco, Toscana, Italia, 7-19 luglio, 1986

[7] - Pippenger N. :*On Crossbar Switching Networks,* IEEE Transactions on Communications, 23, 6, 1975

[8] - Pippenger N.: *La teoria della complessità,* Le Scienze, 120, 26, 1978

[9] - Anderson J. R.: *The Architecture of Cognition,* Harvard University Press, Cambridge, Massachussets, 1983

[10]- Fodor J.A.: *The Modularity of Mind,* MIT/Bradford Press, Cambridge, Massachusetts, 1983 *The Mind-Body Problem,* Scient.Am. 244, 1981, 1 -

[11] - Rose V.: *I meccanismi di programmazione delle memorie rigide,* Quaderni di Cibernetica, 5, 1988

[12] - MacKay D.M.:*Formal Analysis of Communicative Processes,* in Non verbal Communication, a cura di R.A. Hinde, Cambridge, 1972, pag 12 seg. *Operational Aspects of Intellect,* in Mechanization of Thought Processes N.P.L. Symp. n.10-1958, H.M.S.O, 1959, pp. 37-52, *Information,, Mechanism and Meaning,* MIT Press, Cambridge, Mass., 1969, *Cerebral Correlates of Conscious Experience,* Elsevier, 1978, pp.335-346, *Cybernetics and the Nervous System,* Progress in Brain Research 17, Elsevier, 1965, pp.321,*Neural Communications: Experiment and Theory,* Seience, 159, 1968, pp. 335-353, *Evaluation, The Missing Link between Cognition and Action,* in W. Prinz and A.Sanders ed.,

[13]- Minsky M.: *La società della mente,* Adelphi, Milano, 1989, 476

[14]- Scott Kelso J.A. , Tuller B.:*A Dynamical Basis for Action Systems,* in Gazzaniga M. S. (ed.) Handbook of Cognitive Neuroscience, Plenum Press, New York, 1984, pag 321

[15]- Firrao S.:*La formazione iniziale dell'ordine nelle Galassie,* Quaderni di Cibernetica, 4,1987

[16] – Rose V.: *Introduzione alla psicocibernetica,* Quaderni di Cibernetica 1/86, 2/86, 3/87, 4/87, 5/88

153

Capitolo 11

Sulla formazione delle connessioni logiche fondamentali.

Sommario

Le connessioni logiche fondamentali sono il risultato di un processo di "imprinting" genetico in cui vengono trasferite al sistema alcune connessioni fondamentali della realtà. Per alcune di queste connessioni, che definiamo "generali" il trasferimento avviene per sinergia con il contesto esterno, per altre è il risultato di un processo di equilibratura con le forze interagenti con il sistema e le definiamo "particolari" in quanto esprimenti verità limitate al contesto in cui vengono assunte. Vi è infine un terzo tipo di connessioni "complesse" costituite da una catena di connessioni elementari in cui la condizione di equilibratura con l'esterno si verifica solo nell'ultima connessione. Le connessioni intermedie permettono di realizzare condizioni di sinergia fra i vari flussi di energia che attraversano il sistema e per tal via ne aumentano l'efficienza operativa. Esse pertanto sono connessioni che esprimono verità interne al sistema o verità "soggettive", prive di riscontro nella realtà "oggettiva".

11.1 - Origine delle connessioni logiche rigide.

Se è vero l'assunto fondamentale della teoria dell'organizzazione, secondo cui tutti i processi organizzativi seguono uno stesso schema generale, anche i processi di organizzazione del sistema psichico e in particolare di quella parte in cui si svolgono i processi di pensiero o sistema intellettivo, devono svolgersi seguendo questo schema. Ciò comporta che la formazione delle connessioni logiche rigide, in cui è costretto a scorrere il flusso energetico che costituisce il pensiero, sia espressione di processi di sinergia e di confronto dialettico che sono il cuore del processo organizzativo.

154

La sinergia è un processo di messa in sintonia che si svolge fra elementi che hanno una direzione comune e va ben oltre la semplice aggregazione, riguardando aspetti di coordinamento dei processi interni a ciascun elemento. Evidentemente, ogni oggetto che si trovi nel mondo è soggetto alle stesse leggi cui è sottoposto il mondo e ciò comporta quindi una codirezionalità. La sinergia, attraverso cui il sistema ha acquisito le connessioni logiche fondamentali, che definiremo "generali" costituisce un processo di copiatura di connessioni esistenti nella realtà dovuto allo sviluppo di una particolare sensibilità e alla possibilità di memorizzare gli eventi con una intensità che è funzione della ripetitività degli eventi stessi. Il processo, ovviamente, ha uno sviluppo genetico, in quanto le connessioni rigide fondamentali ci pervengono come "categorie a priori" innate. Queste considerazioni non sono nuove in quanto ripetono l'osservazione fatta da Helmoltz alla filosofia Kantiana del "noumeno" secondo cui tali categorie, essendo frutto di un processo evolutivo, sono a priori per l'individuo, ma non per la specie.

Possiamo ritenere dunque che una certa organizzazione primordiale, nell'affrontare la lotta per la sopravvivenza, si sia trovata ripetutamente in una condizione nell'ambito della quale il raggiungimento della condizione di equilibrio con le strutture della nicchia abbia richiesto il rispetto di determinate connessioni, quindi acquisite come vincolo interno. Secondo la teoria dell'organizzazione, infatti, il processo evolutivo, creativo, non coincide con il processo selettivo come tale, ma nella riorganizzazione degli equilibri che il processo selettivo distrugge.

Durante questa risposta riorganizzatrice degli equilibri si formano anche connessioni che non vengono fissate nella memoria dalla ripetizione, che pure induce un contributo rafforzativo, ma dall'entità dell'effetto di scarico della tensione del sistema, che esprime il raggiungimento della condizione di massimo equilibrio. Ciò ne limita la validità, che è sempre di carattere euristico, alla situazione specifica e potremo perciò chiamare queste connessioni "particolari".

Il processo di formazione delle connessioni rigide per effetto di ripetizione potrà apparire più chiaro ponendo tale

155

formazione in relazione con gli sviluppi moderni del problema cognitivo conseguenti alle limitazioni mostrate dal metodo galileiano. A tal fine dobbiamo richiamare la suddivisione dei fenomeni fisici in "tipici" ed "atipici". Il fenomeno tipico è quello analizzato con il metodo galileiano in cui sono ben individuate tutte le variabili da cui esso dipende e che può essere analizzato, nella forma della sua dipendenza da ogni variabile facendo variare questa ultima e tenendo fisse tutte le altre. Sfugge quindi ai metodi della scienza tradizionale, basati sul metodo galileiano, lo studio di quei fenomeni nei quali non sono individuate tutte le variabili da cui essi dipendono cosicché non è possibile concludere dall'esame di una variazione se essa è dovuta all'azione della variabile sotto esame o a quello di una variabile non individuata.

Questi fenomeni possono essere studiati con i metodi della moderna teoria statistica della prova delle ipotesi [1] ove viene osservata la concomitanza fra le variazioni di due variabili senza preoccuparsi di tenere sotto controllo tutte le altre variabili che si assume diano luogo complessivamente ad una variabilità casuale di detta concomitanza. Viene ritenuto che vi sia una connessione fra le due variabili se la frequenza della ripetizione della concomitanza mostra una differenza "significativa" rispetto alla frequenza che dovrebbe aversi per effetto di una variabilità puramente casuale. Naturalmente ciò comporta che si possa stabilire quale debba essere la frequenza della concomitanza casuale e quale possa essere una differenza "significativa" rispetto ad essa, ma questi sono aspetti sui quali non è necessario qui addentrarci. Nel corrispondente processo che si svolge nella formazione delle connessioni logiche, infatti, il meccanismo si limita a realizzare una "memorizzazione" della concomitanza tanto più forte quanto più alta è la frequenza di apparizione ed è il processo selettivo conseguente che premia quei processi in cui la relazione fra la rigidità della memorizzazione e la frequenza di apparizione sia la più idonea ad esprimere il grado di associazione reale fra le due rappresentazioni concomitanti.

La frequenza di apparizione della concomitanza casuale ha una sua variabilità strutturale da un campione parziale della popolazione all'altro. Se noi quindi individuiamo in una certa frequenza di concomitanza l'esistenza di una connessione, possiamo sempre trovare un campione parziale della popolazione in cui tale frequenza è raggiunta anche se non vi è connessione. E' questo un punto fondamentale dei rilevamenti statistici: con una opportuna scelta del campione qualsiasi tesi può essere dimostrata (errore di campionamento) cosicché per individuare con certezza una significatività della differenza occorrerebbe controllare tutta la popolazione degli eventi che in molti casi è praticamente infinita oppure individuare preventivamente un campione che sia "assolutamente casuale", che rispecchi cioè la struttura della popolazione e sia di adeguata dimensione.

La connessione dunque emerge per effetto di una ripetitività della concomitanza non addebitabile alla casualità. In vista del fatto che la frequenza di apparizione delle concomitanze casuali potrebbe essere assai grande, la dimensione del campione necessaria al rilevamento può variare da una associazione all'altra, ma dovrebbe essere comunque assai grande, il che comporta un tempo assai lungo di formazione. Evidentemente, poiché la dimensione del campione necessaria a far emergere determinate associazioni si evidenzia a posteriori, per effetto selettivo, i processi di formazione più rapidi, su di un campione più limitato, quindi più soggetti all'errore di campionamento, possono aver portato in animali diversi dall'uomo a processi rivelatisi inefficienti ed è possibile che la specie non ne abbia giovato in termini di sopravvivenza. Oppure è possibile che in certe specie si siano rilevate solo le connessioni più forti, che richiedono un processo più rapido, così ottenendo una intelligenza più limitata.

Dunque, anche nell'ambito delle connessioni generali più rigide, che sono alla base del pensiero, non è detto che esse esprimano leggi universali della realtà, perché bisogna tener conto dell'ambito in cui si strutturano che, pur se amplissimo, è pur sempre limitato. Sono dunque anch'esse oggetto di fede, anche se giustificata dall'alto livello di probabilità connesso alla sistematicità della loro comparsa.

A ciò bisogna aggiungere limitazioni che sono proprie alla struttura dell'associazione, all'ordine in cui i due termini dell'associazione si pongono. La teoria dell'organizzazione ha mostrato come il processo organizzativo della realtà nasce da una scelta iniziale di direzione e senso (della forza che innesca il processo ordinativo) che appare come casuale, quindi flessibile, e tale scelta "selettiva" precede la formazione delle rigidità e ne condiziona il senso pur essendo ad esse esterna; in particolare determina la direzione "gerarchica" secondo cui possono legarsi gli elementi delle associazioni rigide. Alla causa segue l'effetto e dall'effetto non può farsi derivare la causa, l'azione si svolge da un soggetto ad un oggetto e l'oggetto non agisce sul soggetto. Bisogna dunque rilevare il senso che devono avere le associazioni perché esso non sempre scaturisce dalle associazioni stesse che possono essere adoperate in un senso come nell'altro, dando però luogo a conclusioni differenti. L'assenza di tale gerarchia nei termini delle associazioni, di tale semantica, comporta il ritorno alla simmetria e al caos, come è mostrato dal paradosso del mentitore e dal teorema di incompletezza di Gödel. Ma anche dove il senso è evidente esso può avere una validità limitata. Consideriamo ad esempio la categoria di causa, che rientra nell'ambito delle categorie a priori kantiane. E' evidente che in un ambito non limitato essa innescherebbe una assurda logica dell'infinito, talché il percorso della connessione è, sulle grandi distanze spazio - temporali, necessariamente circolare, ma negli ambiti limitati in cui si è svolto il processo evolutivo essa esprime una reale legge fisica.

Nonostante l'evidenza di queste considerazioni, ancora recentemente Peirce ha dovuto svolgere un'accesa polemica contro la ancora imperante tradizione filosofica metafisica (da Cartesio a Leibniz e Kant) che ha impostato l'idea di una conoscenza a priori in grado di sganciarsi e giustificarsi al di fuori del confronto con la realtà, in una corrispondenza formale interna alla conoscenza stessa.

I due processi formativi, per ripetizione e per scarico tensionale, possono svolgersi sia sul piano evolutivo, rappresentando così una eredità genetica, sia sul piano ontologico (dove gli effetti di carico e scarico della tensione giungono alla coscienza come dolore e piacere). L'inquadramento di tutte le informazioni sensorie in una rete di connessioni determina la formazione di una rappresentazione, la cui modificazione può essere immaginata in una rete parallela [2], in ciò consistendo il processo di pensiero che è vincolato dalle connessioni rigide che fanno parte della rete parallela. E' fra queste rappresentazioni che, sul piano ontologico, si sviluppano i processi di memorizzazione delle contiguità spazio-temporali che si presentano ripetutamente con un processo accumulativo con la ripetizione il cui sbocco è la formazione di una connessione, vale a dire di un legame fra le rappresentazioni talché l'una richiami l'altra, anche se tale processo non permette la realizzazione di connessioni del livello di rigidità posseduto dalle connessioni di origine genetica. E naturalmente, oltre alle connessioni determinate dalla ripetizione della contiguità fra due rappresentazioni anche le connessioni determinate dalla contemporanea successione delle sollecitazioni di carico e scarico (dolore-piacere) di particolari circuiti di sensibilità legati alla integrità e alla conservazione del corpo che costituiscono la cosiddetta memoria di stato.

La formazione di connessioni può riguardare le informazioni sensorie comuni a certe rappresentazioni che siano per il resto differenti determinando così il sorgere di connessioni parziali nella forma dell'aggettivo (nei termini dell'analisi logica) o di categorie raggruppative o di insiemi, che nella logica matematica sono assiomi logici primari, o infine di idee generali, prive degli "accidenti" che individuano gli oggetti specifici quando l'informazione è completa.

Il sistema intellettivo è una struttura stratificata e le connessioni si dispongono a strati che differiscono per il livello di rigidità, cioè delle possibilità di essere modificate, fino a giungere alle forme più labili che si manifestano nel ragionamento, in cui la connessione labile rappresenta un anello di una catena di connessioni logiche a carattere provvisorio, di prova. La formazione di connessioni a livello intermedio di rigidità nell'ambito delle astrazioni o delle idee generali ha la funzione di fornire dei "pregiudizi" o giudizi "a priori" che permettono una rapida convergenza del pensiero verso la soluzione quando la ricerca debba essere fatta per tentativi.

159

Noi sappiamo che nel cervello possono realizzarsi un enorme numero di percorsi e pertanto un certo stimolo può essere collegato ad una certa risposta attraverso una molteplicità di percorsi. Quindi solo quando l'associazione rigida è realizzata in una sola connessione può dirsi che riflette una analoga associazione esistente nella realtà, che cioè costituisca una "verità oggettiva o esterna" sia pure, come abbiamo visto, entro livelli di estensione della sua validità che sono assai differenti. Quando l'associazione è costituita da un percorso, cioè da una successione di connessioni, non vi è alcun elemento che possa far ritenere che un analogo percorso si verifichi nella realtà, che cioè anche gli anelli intermedi della catena di connessioni esprimano verità oggettive; se ciononostante il percorso si ripete nei processi di equilibratura per effetto dello scarico finale, esso si irrigidisce, ma le connessioni intermedie definiscono in generale "verità soggettive o interne" cui non corrispondono connessioni reali né generali né particolari e che hanno il solo scopo di convogliare i flussi di energia del sistema verso lo scarico utile. In molti casi infatti il percorso potrebbe essere abbreviato, ma il percorso più lungo risulta più efficiente per motivi organizzativi, in quanto capace di determinare sinergie e composizioni con altri flussi di energia che percorrono il sistema.

Considerazioni matematiche portano a ritenere che la variabilità dei percorsi sia crescente con il numero delle connessioni costituenti cosicché la ripetizione dei percorsi nei processi di equilibratura abbia una frequenza di apparizione assai minore di quella delle associazioni costituite da una singola connessione. E' quindi ragionevole ritenere che le associazioni logiche più rigide, costituite da una sola connessione, definenti una verità oggettiva, in particolare di quelle generali, ad ampia validità euristica, alla base del ragionamento matematico e più in generale del ragionamento rigoroso, siano state acquisite con precedenza su tutte le altre associazioni dal processo di imprinting genetico, come può essere chiamato questo processo di acquisizione graduale sul piano evolutivo delle associazioni rigide.

Ciononostante, si formano anche connessioni rigide

complesse, esprimenti una verità soggettiva, che, in virtù del loro apporto alla sopravvivenza del sistema, possono avere anche maggiore rigidità delle connessioni rigide semplici, esprimenti una verità oggettiva. L'importante è che sia raggiunto l'obiettivo dello scarico del disequilibrio.

E' chiaro che un percorso in cui i singoli anelli fossero connessioni rigide generali avrebbe la stessa validità obiettiva dei singoli componenti, come avviene nella matematica, ma, a parte la minore validità che potrebbe avere ai fini organizzativi interni del sistema di una catena di falsità, occorre considerare anche che la variabilità della realtà è assai vasta e non si lascia ingabbiare entro schemi rigidi predeterminati, così che il sistema non riesce a costruire una struttura di percorsi di origine genetica che possa trattare integralmente qualsiasi situazione possibile, pur potendo costruire una struttura di "pretrattamento" che nel campo simulativo del pensiero diviene una struttura di giudizi a priori capaci di restringere il campo della variabilità da trattare ontologicamente.

In molti casi, estremamente importanti, ciò che manca è la conoscenza dei valori assunti da alcuni elementi della realtà, che possono essere rilevati una volta per tutte a livello ontologico, dando così luogo a percorsi rigidi che hanno una origine mista, genetica e ontologica. In questi casi sussiste un certo percorso di connessioni di origine genetica nel cui ambito viene collocata l'esperienza ontologica, processo che si svolge nei primi tempi della vita dell'individuo.

Alcuni di questi processi rigidi di acquisizione di elementi variabili sono processi di sensibilizzazione provvisoria di determinati circuiti sensori che convogliano le esigenze della realtà. La prima scoperta di tali meccanismi di "imprinting" si deve a Freud [3] che individuò condizioni iniziali di particolare sensibilità delle cosiddette "zone erogene" e le interpretò come strutture di formazione dell' impulso sessuale, ma gli sfuggì la più ampia attività formativa delle connessioni rigide e quindi degli impulsi legata a questi meccanismi di sensibilizzazione sensoria. L' imprinting fu poi riscoperto da Lorenz [4] con riferimento all'acquisizione della immagine parentale da parte delle oche. Il

161

nome di imprinting fu dato alla scoperta di Lorenz che non venne collegata alla precedente scoperta di Freud.

Insieme alla condizione di particolare sensibilizzazione sensoria sussiste una condizione di plasticità mentale che rende il bambino come una carta assorbente di tutta una struttura di affettività e di valori che viene assunta attraverso la interazione con i membri del gruppo di appartenenza. Il campo di applicazione di questi processi di imprinting e la loro dimensione temporale sono dunque assai più estesi di quanto indicato da Freud.

Infine vi sono le connessioni che si formano completamente sul piano ontologico e anche in questo caso il processo non è che l'applicazione al caso specifico delle leggi generali della teoria dell'organizzazione. L'azione esterna provoca una condizione di disequilibrio e quindi un flusso di energia che parte dalla memoria di stato (struttura di controllo dello stato di conservazione dell'organismo) e induce una variabilità configurale della mappa dei percorsi che nella struttura simulativa è rappresentata dai processi di pensiero e che porta, quando le conclusioni del pensiero sono tradotti in azione, alla definizione di nuovi equilibri. La variabilità configurale si svolgerà nell'ambito dei gradi di libertà lasciati dai vincoli indotti dalle connessioni rigide esistenti, siano esse interamente o parzialmente genetiche ed anche in questo caso emergerà la distribuzione che porterà all'equilibrio perché in "simmetria oppositiva" con le struttura delle interazioni esistenti nella realtà esterna. La particolarità della esperienza diviene di importanza crescente passando dalle connessioni più rigide a quelle più flessibili che sono anche quelle che implicano un percorso più lungo, sono cioè costituite da un maggior numero di connessioni elementari.

Nel caso delle connessioni flessibili si sostituisce il meccanismo dolore – piacere, che è un meccanismo di sensibilizzazione, al processo di acquisizione attraverso la dimensione della ripetizione. Si tratta quindi un meccanismo di accelerazione del processo di irrigidimento della connessione tramite ripetizione, di cui viene per conseguenza ridotta la probabilità che possa essere generalizzato al di là della singola esperienza formativa.

11.2 - L'intermediazione sociale nell'intelligenza.

La forza della connessione soggettiva può essere superiore a quella della connessione oggettiva con la quale confluisce nel giudizio a priori. Anche in relazione all'importanza che hanno per la sopravvivenza della specie, alcune connessioni rigide soggettive costituiscono nella maggioranza degli uomini le connessioni più forti. Intendiamo riferirci all'ambito delle connessioni che chiamiamo sociali.

Le connessioni logiche fondamentali di origine sociale sono determinate da una condizione di codirezionalità più limitata di quella che da luogo alle connessioni generali, quale può aversi con altri individui della specie in presenza di un pericolo comune. Tale condizione di codirezionalità da luogo a fenomeni di sinergia e di equilibri dinamici che governano le relazioni interne al sistema sociale così formato. Tali connessioni realizzano così lo scopo di convogliare le energie disponibili all'interno del sistema verso comuni obiettivi esterni di scarico e di farlo in un modo che ne massimizza l'efficienza; sono pertanto connessioni che esprimono verità interne al sistema o a finalità "sociali".

L'accettazione aprioristica di un insieme di pregiudizi che si pongono fuori da quell'insieme di giudizi a priori ritenuti rigorosi e quindi oggettivi perché di immediata evidenza, che si verifica nella gran massa degli individui è stata considerata come manifestazione di stupidità, cioè di assenza di intelligenza. E ciò da pensatori di non poco conto; secondo Einstein la stupidità umana è "infinita", per Pascal e per Beresford è "illimitata". E' detto nell'Ecclesiaste: *"infinito è il numero degli stolti"*.

E' appena il caso di far notare, dopo quanto abbiamo fin qui esposto, quanto leggere sarebbero queste affermazioni se implicassero un giudizio di errore o di inefficienza nell'ambito del processo evolutivo. La presenza di questa supposta stupidità non è accompagnata da una condizione fisiologica inadeguata, cioè una inadeguatezza di quello che nel linguaggio informatico potremmo definire lo hardware del sistema e nemmeno una inadeguatezza generale del software, cioè della struttura dei programmi applicativi cui la mappa delle connessioni può essere assimilata. Essa è dovuta alla presenza di connessioni soggettive che sono verità "interne" al sistema necessarie per il suo funzionamento cosicché piuttosto che un errore del processo evolutivo sono la manifestazione della sua perfezione. Nei fenomeni di massa quali la religione, la superstizione, la accettazione aprioristica dei valori sociali ecc, l'apporto delle connessioni soggettive può apparire fuorviante ai fini di una conoscenza obiettiva della realtà, ma ha avuto enorme utilità ai fini della sopravvivenza della specie creando le condizioni per lo sviluppo di una integrazione profonda, dell'incollamento. Esse sono manifestazione di dipendenze psicologiche, di bisogni, necessari per realizzare l'organizzazione del sistema sociale che implica la gerarchia, l'unità di comando, la fede nel capo, il coordinamento dei modi di pensiero.

Occorre considerare che l'inviluppo dei due tipi di connessione e i loro rapporti di forza sono di tali dimensioni da rendere in molti casi impossibile la loro separazione. Le connessioni soggettive profonde, cioè molto rigide, anche quando, in certi uomini, entrino in collisione con connessioni oggettive di maggior forza, e quindi cedano il passo a queste ultime nello svolgimento del ragionamento o nel passaggio all'azione, non muoiono, ma permangono ad influenzare il panorama psichico sia nel senso di indurre un minor grado di convincimento (o una minore sicurezza nell'azione) sia nel senso dell'indirizzamento dell'ulteriore svolgimento del ragionamento. Come ha detto Einstein, è più facile spezzare un atomo che un pregiudizio.

E' chiaro che, ai fini dello sviluppo di una ricerca conoscitiva pura, cioè delle leggi universali che governano la realtà, occorre sottomettere le ipotesi di connessione al controllo della realtà esterna al sistema, sostituendo alla retroazione della realtà sul meccanismo dolore-piacere opportuni rilevamenti sulla realtà stessa. Ciò é realizzato nell'esperimento galileiano in cui il trasferimento in azione dei contenuti del pensiero è costituito da un adatto esperimento e vengono rilevati i risultati di modifica della realtà. Mancando l'azione del meccanismo dolore-piacere, le connessioni così ottenute non si iscrivono nel patrimonio "istintuale" rigido del soggetto senziente ma entrano a far parte di quella che è la "cultura" del gruppo cui egli appartiene. Anche queste acquisizioni vengono però sostenute da una fede, che non afferisce alle singole determinazioni singolarmente ma investe tutto quanto proviene da una determinata fonte e che, come abbiamo visto è essenziale per conseguire il coordinamento interno necessario al funzionamento efficiente del sistema. In questo senso la fede verso le acquisizioni scientifiche non differisce dalla fede verso tutta una serie di altre connessioni che sono trasmesse dal gruppo per via culturale, quali i valori etici e religiosi, i tabù, le regole sociali, ecc. ma nell'ambito scientifico è più evidente la difficoltà di critica e correzione degli errori.

La teoria è infatti ancora una catena di connessioni giustificata dal risultato finale, quindi una elaborazione soggettiva, una interpretazione della realtà che può contenere delle falsità nocive al successivo sviluppo della scienza. Di qui l'importanza che Karl Popper dà al processo di falsificazione delle teorie scientifiche, cioè alla possibilità che si possa costruire un esperimento che permetta di giudicare della verità di ogni connessione intermedia.

L'influenza diretta del pensiero dominante nel gruppo, infine, è dello stesso tipo di quella che abbiamo mostrato operare nel caso delle teorie scientifiche, ma ha una portata più vasta perché non è necessario che l'influenza provenga da una cultura codificata e interiorizzata. Basta trovarsi in un gruppo perché si verifichino certi fenomeni che implicano l'assunzione di certe connessioni. Freud ha già mostrato come il gruppo si sostituisca al super-io, ma si tratta in realtà di un fenomeno più profondo che non comporta solo l'assunzione dal gruppo di una specifica istanza censoria o morale, ma addirittura di una complessiva struttura del sentire, di una comune struttura di valori e di una basilare logicità di gruppo. Kafka (La metamorfosi) ha mostrato come ciò si verifichi anche quando comporti una riduzione dell'io, giacché è nello specchiarsi negli altri che si ha la propria misura.

L'identificazione istantanea dell'uomo nel gruppo in cui venga casualmente a trovarsi raggiunge ovviamente valori ben più elevati quando si coniuga con l'identificazione di più ampio respiro dovuta ai valori religiosi e culturali. La dipendenza dal gruppo, con cui l'uomo esorcizza la sua paura, raggiunge infine valori estremi nella dipendenza dal capo che con essa si coniuga, e che può essere intessuto sia di amore che di odio, di senso di protezione ma anche di paura e di sottomissione, con un livello altissimo dell'intensità degli scambi affettivi.

Il contributo della intelligenza oggettiva nella determinazione delle vicende umane, in particolare della storia, degli accadimenti sociali, delle relazioni interpersonali, dell'economia ma anche delle religioni e delle ideologie viene sopravalutato nella nostra cultura ignorando forze di peso assai maggiore quali la volontà di potenza, la paura, la sessualità, il fascino della bellezza e la diretta influenza del gruppo e del capo che strutturano l'intelligenza soggettiva o di gruppo il cui peso nella storia collettiva e individuale dell'uomo è stato ed è enorme.

Riferimenti
[1] Firrao S.: *La teoria della prova delle ipotesi*, Controllo Statistico della Qualità, Politecnico di Milano, 1968
[2] Firrao S.: *Il processo di associazione stimolo-risposta nelle reti stratificate,* V° Meeting di Neuroriabilitazione, Clinica Neurologica della II Facoltà di Medicina, Napoli, 6-7 ottobre 1989
[3] Freud S.: *Tre saggi sulla teoria della sessualità,* Opere vol. IV, Torino, Boringhieri, 1970
[4] Lorenz : *L'anello di Re Salomone,* Adelphi, Milano, 1995

Capitolo 12

Contributo della teoria dei sistemi complessi alla psicologia.

Sommario

Nel sistema psichico le informazioni di input provenienti dagli organi sensori attivano, in base a meccanismi di riconoscimento, determinati serbatoi interni di energia (memorie di attivazione), che danno luogo a flussi di energia che viaggiano in una rete di connessioni e terminano in porte di uscita che comandano gli organi operativi (memorie operative). Il flusso di energia è guidato nella rete neuronale dai differenziali tensionali che si creano nelle direzioni che provocano lo scarico tensionale per l'effetto che le risposte della realtà, modificando le informazioni di input, hanno sull'attivazione dei flussi di energia. La realizzazione di uno scarico determina la riduzione della resistenza delle linee attraversate, linee che si trasformano conseguentemente in percorsi preferenziali.

La rete del cervello è costituita dalla sovrapposizione di molte sotto-reti le cui interconnessioni costituiscono i nodi stellari. Ogni sotto-rete è caratterizzata da un certo valore della resistenza al flusso di energia. Il flusso di energia segue inizialmente le linee di connessione fra i terminali di ingresso e di uscita la cui resistenza è sotto il livello che può inibirlo. Tuttavia, se l'attivazione risultante delle memorie operative non conduce ad alcuna riduzione dello stimolo - cioè allo scarico – oppure se porta ad un suo aumento, si verifica un aumento progressivo della tensione del flusso di energia. Vengono conseguentemente aperte nuove linee di flusso, prima inibite, che portano a differenti modi di stimolazione delle memorie operative. Il fenomeno è descritto come rotazione o piegamento della reazione, che gradualmente si allontana dalla direzione iniziale estroversa per effetto di cedimenti parziali, dovuti all'aumento della tensione, in stratificazioni a rigidità crescente. Una volta che una determinata linea di flusso sia stata attraversata da un flusso di energia di tensione sufficiente, se successivamente ha luogo uno scarico adeguato, le connessioni interessate rimangono aperte. La linea di flusso si trasforma cioè in un canale preferenziale di flusso per i flussi di energia di più bassa tensione: si forma così un'associazione comportamentale. La semplice piegatura della reazione, senza alcun irrigidimento dei collegamenti è chiamata "cedimento elastico,, mentre la piegatura e l'irrigidimento successivo del sistema nella forma conseguentemente assunta dalle connessioni nel caso di scarico adeguato è chiamato "cedimento plastico,,. Il cedimento plastico individua una situazione definita di " scambio,,.

Il meccanismo illustrato, costituito da un anello di retroazione la cui guida è costituita dalle modifiche indotte nella realtà esterna viene migliorato amplificando la sensibilità del sistema, il che comporta che le azioni di risposta inizino prima che si sia sviluppato un danno all'organismo. Per realizzare tale obiettivo è necessario disporre di strumenti di analisi delle informazioni sensorie che permettano di dedurre l'esistenza di un pericolo e attivare il meccanismo di risposta e, inversamente, di dedurre la scomparsa del pericolo ed arrestare il meccanismo.

Vi sono pertanto circuiti di retroazione "secondari" che si chiudono ad anello all'interno del sistema e che implicano sia l'emissione (memorie di allarme) che l'assorbimento di energia (memorie di rassicurazione) senza che siano direttamente stimolate le fonti principali di eccitazione o scarico esterne al sistema psichico. Esse sono prodotte da un processo di associazione fra informazioni sensorie che attivano o disattivano le memorie di attivazione di origine genetica, chiamate "memorie di azione" ed altre informazioni sensorie legate alle precedenti da una condizione di contiguità, previo un controllo di significatività statistica dell'associazione. Queste ulteriori informazioni sensorie assumono la capacità di attivare o scaricare serbatoi di energia "secondari,,. Le interazioni fra serbatoi primari (memorie di azione) e secondari (memorie di allarme) e fra scarichi primari (memorie operative) e secondari (memorie di rassicurazione) danno luogo ad importanti modificazioni del comportamento; in particolare ai fenomeni detti di "estroversione".

Le memorie di azione possono essere distinte in memorie esterne e memorie interne, a seconda che lo stimolo venga originato da accadimenti esterni o interni all'organismo, pur se in entrambi i casi esterni al sistema psichico. Le memorie interne di azione danno luogo ad un processo di" definizione oggettuale,, e di "estroversione della fonte di eccitazione,, caratteristiche che sono invece insite nella informazione sensoria di stimolo per le memorie esterne. Le memorie esterne ed interne danno luogo a reazioni, o comportamenti degli organi operativi, che possono essere coincidenti ai bassi livelli della tensione (reazioni estroverse), ma che agli alti livelli della tensione hanno, in default, opposte direzioni, di allontanamento dall'oggetto le esterne (introverse), di avvicinamento le interne (estroverse). Quando sono attivi entrambi gli impulsi agli alti livelli della tensione, il comportamento segue l'impulso più forte, ma il più debole persiste, pur se inattivo, nella forma di energia potenziale. Si possono però verificare condizioni di equilibrio fra i due impulsi e in questi casi, per un meccanismo simile a quello del principio di relatività in fisica, gli impulsi componenti fuoriescono dalla coscienza ed il comportamento di equilibrio viene avvertito come un nuovo impulso del tutto autonomo.

La stratificazione di rigidità delle connessioni cerebrali non è legata esclusivamente all'egoismo del comportamento, cosicché il passaggio da una stratificazione ad una più rigida implichi un elemento cessionario, introverso. La stratificazione esprime una gerarchia di risposte, una stratificazione di canali preferenziali di flusso che è informazione accumulata nel sistema attraverso precedenti esperienze o di derivazione genetica. Il passaggio da una stratificazione a quella più rigida può quindi esprimere semplicemente una ferita agli elementi istintuali, prelogici del comportamento, alle proprie fedi o alla propria cultura, di nessun rilievo ai fini della funzionalità interna del sistema.

Nella ricerca della risposta ottimale nell'ambito di una popolazione di risposte possibili il sistema è guidato da flussi di energia di retroazione che si aggiungono alla retroazione direttamente indotta dalla realtà che prendono il nome di connessioni illusorie e che hanno, come i flussi principali di energia, una struttura stratificata ed includono il processo di pensiero. Questi flussi sono modulati, nella loro ampiezza, da una "energia libera" o " memoria di amplificazione secondaria,,.

12.1 - Le linee esterne di stimolo-risposta nel sistema psichico.

Il cervello consiste di una rete di linee di flusso di energia, i cui nodi sono a forma di stella, cioè permettono molte alternative direzionali. Il flusso di energia che parte da speciali memorie di input, o memorie di attivazione, segue uno degli innumerevoli percorsi possibili in questo labirinto fino a che non raggiunge le memorie di output, o memorie operative, che sono elementi di intervento sulla realtà esterna. Passa quindi ad un altro percorso, a cui corrisponde un differente modo di attivazione delle memorie operative, fino a che l'ultimo modo non determini la cessazione del flusso di energia di attivazione del sistema come effetto dell'azione esercitata sull'ambiente esterno (anello di retroazione).

La rete del cervello è costituita dalla sovrapposizione di molte sotto-reti le cui interconnessioni costituiscono i nodi o giunzioni stellari. Ogni sotto-rete è caratterizzata da un certo valore della resistenza al flusso di energia. Ciò significa che può essere attraversata solo da un flusso di energia che possiede un livello sufficiente di una caratteristica che definiamo "tensione,,.

Possiamo anche definire una caratteristica chiamata

169

"intensità,, del flusso di energia che misura la quantità dell'energia che fluisce in una linea e stabilire una legge corrispondente a quella di Ohm nell'elettricità, cioè T = r.I che mostra che, a parità di tensione   T, la riduzione della resistenza, r, conduce ad un aumento dell'intensità del flusso, I..

Il flusso di energia è inizialmente guidato dal differenziale tensionale rispetto alle porte di uscita formatosi in corrispondenza delle porte di ingresso; pertanto segue inizialmente le linee di connessione fra i due terminali la cui resistenza è sotto il livello che può inibirlo. Tuttavia, se l'attivazione risultante delle memorie operative non conduce ad alcuna riduzione dello stimolo - cioè allo scarico – oppure se porta ad un suo aumento, si verifica un aumento progressivo della tensione del flusso di energia. Vengono conseguentemente aperte nuove linee di flusso, prima inibite, che portano a   differenti modi di stimolazione delle memorie operative. Si dice che si ha un approfondimento del "vettore modificativo,, il che esprime il fatto che l'azione di modificazione dei collegamenti - cioè delle alternative direzionali prese alle giunzioni – si sposta verso strati reticolari di rigidità crescente, cioè che possiedono un più alto livello di resistenza [12], [13], [14].

La maniera con cui le connessioni vengono modificate – e quindi vengono modificati i percorsi seguiti dai flussi di energia – può essere illustrata in termini generali facendo riferimento ad uno schema fisico in cui gli elementi di input vengono chiamati "azioni sul sistema" e gli elementi di output "reazioni del sistema". Nei termini di questa schematizzazione, quando l'azione esercitata sul sistema è al disotto di una determinata soglia (relativa alle caratteristiche di rigidità del sistema) la reazione prende quella che viene chiamata direzione estroversa, che può essere riguardata inizialmente, per semplicità, come la direzione opposta a quella di azione, come nel caso dei corpi rigidi e omogenei di Newton.

Al di sopra di questa soglia, nei corpi reali, che si allontanano dalla condizione di omogeneità e rigidità assolute ipotizzate da Newton, la reazione può assumere una differente direzione, in relazione alla struttura interna del corpo che può essere allora definito un meccanismo. La reazione mostrerà quindi una divergenza rispetto alla direzione estroversa e tale divergenza andrà aumentando con il crescere della tensione, per effetto delle modifiche della struttura interna che tale aumento determina.

Nel campo psicologico e adottando una dicitura introdotta inizialmente da Jung si parla della comparsa, oltre un certo livello della tensione, di una componente "introversa" della reazione, cioè volta verso l'interno del sistema. Non viene però chiarito, nella formulazione di Jung, che le modifiche della struttura interna indotte da questa componente non determinano semplicemente una riduzione della componente estroversa e non sono semplicemente un cedimento o un processo autodistruttivo. Tale modo di rappresentazione nasconde la nascita e lo sviluppo di una componente in direzione ortogonale rispetto alla direzione estroversione-introversione, fatto che, come vedremo, è di grande importanza. In realtà il fenomeno è meglio descritto come "rotazione" o "piegamento" della reazione, che gradualmente si allontana dalla direzione iniziale estroversa per effetto di cedimenti parziali, dovuti all'aumento della tensione, in stratificazioni a rigidità crescente, così modificando la struttura delle reazioni interne.

Un aspetto molto importante del modello reticolare è costituito dalla variabilità del gradiente tensionale richiesto per il passaggio dell'energia da uno strato di connessioni all'altro, cui corrisponde una certa crescita del piegamento. Nella psicocibernetica questo elemento, chiamato "gradiente di irrigidimento delle stratificazioni" è considerato estremamente variabile tra gli individui e costituente il più importante elemento di derivazione genetica che influenza la variabilità caratteriale. [13].

Una volta che una determinata linea di flusso sia stata attraversata da un flusso di energia del necessario livello tensionale, se successivamente ha luogo uno scarico adeguato, le connessioni interessate rimangono aperte. La linea di flusso si trasforma cioè in un canale preferenziale di flusso per i flussi di energia di più bassa tensione [12], [13]. L'associazione così formata fra uno stimolo e una risposta è chiamata "associazione

171

comportamentale,,.

Anche questo risultato può essere espresso da una similitudine fisica. Come conseguenza del passaggio di energia, gli interruttori - intesi come gli elementi situati alle giunzioni stellari per consentire il passaggio di energia in una data direzione – si fluidificano, cambiano la posizione e successivamente, come conseguenza del calo di tensione, si irrigidiscono nuovamente nella nuova posizione assunta, posizione che presenta una resistenza più bassa al passaggio di energia. Questa maniera di illustrare il fenomeno esemplifica in quelli che potrebbero essere chiamati termini "metallurgici,, - cioè come processi simili a quelli della fusione e della re-solidificazione dei metalli come conseguenza del riscaldamento e del raffreddamento - il risultato più generale della teoria dei sistemi complessi, che vede il progresso dell'organizzazione come una successione di processi di aumento e di diminuzione di un certo tipo di energia di non equilibrio [16], [26].

Il concetto generale di flusso di energia che viaggia in una rete stratificata, che abbiamo introdotto, è coerente con ciò che si conosce sulle reti cerebrali. Che questo flusso si manifesta come un'onda elettrica nell'assone, che ciò implica nelle sinapsi un determinato livello di concentrazione dei neurotrasmettitori e che le differenti resistenze implicano differenti concentrazioni di neurotrasmettitori che permettono la trasmissione dell'impulso.

Ancora, che la formazione di un collegamento, cioè di un canale preferenziale di flusso, implica la modifica del livello medio di concentrazione dei neurotrasmettitori nella sinapsi di un percorso, livello che si avvicina a quello della trasmissione dell'impulso, ottenendo ciò che McKay ha denominato la "conditional readiness,, del sistema [13]. Inoltre, che la provvisorietà di un collegamento, cioè la sua capacità di scomparire nel tempo in assenza di ulteriore sollecitazione, implica una predominanza della distruzione sulla produzione dei neurotrasmettitori e questa predominanza può essere di grandezza differente nelle varie connessioni. Infine, il risultato importante che il processo di formazione dei collegamenti è rinforzato dalla ripetizione; in effetti un determinato livello di concentrazione del neurotrasmettitore, che individua una conditional readiness e quindi un collegamento, può essere raggiunto con contributi sollecitativi successivi.

La semplice piegatura della reazione, senza alcun irrigidimento dei collegamenti è chiamata "cedimento elastico„ mentre la piegatura e l'irrigidimento successivo del sistema nella forma conseguentemente assunta dalle connessioni nel caso di scarico adeguato è chiamato "cedimento plastico„. Quest'ultimo deve essere necessariamente parziale - cioè coinvolgente soltanto alcuni strati marginali - altrimenti esso segnerebbe la fine dell'organizzazione. Un sistema può sopravvivere soltanto se una certo nucleo fondamentale dei collegamenti (che implicano un certo numero di vincoli di asimmetria) sopravvive [16].

Il cedimento plastico implica una caduta della tensione che determina l'irrigidimento dei collegamenti. Ciò non può essere dovuto esclusivamente al cedimento, che implica necessariamente un certo grado di insoddisfazione che impedisce l'irrigidimento dei collegamenti, malgrado una certa riduzione di tensione necessariamente segua al cedimento per il conseguente alleggerimento della pressione esterna.

La produzione di un calo nella tensione capace di determinare un cedimento plastico è dovuto allo sviluppo della componente ortogonale (rispetto alla direzione estroversa) della reazione, che deve essere considerata responsabile di un diverso modo di utilizzazione delle memorie operative e del conseguente coinvolgimento di altre linee di flusso dell'energia e così dell'estensione del processo di interazione ad un numero più grande di variabili

La situazione in cui l'aumento della tensione lungo la linea di flusso della reazione laterale porta allo scarico della linea principale è definita come di " scambio„. Un caso tipico estremamente importante ai fini dello sviluppo di comportamenti sociali è quello in cui l'attivazione della componente ortogonale della reazione provoca l' intervento di un altro sistema esterno, che chiamiamo secondario, e tale intervento provoca la riduzione o l'eliminazione della tensione generata dal sistema esterno principale. Oppure l'intervento di un sistema esterno può essere l'elemento iniziale che provoca tensione in una linea laterale in entrambi i partner di un rapporto, dirottando parte dell'energia dalla linea principale.

Il livello totale della tensione può essere, alla conclusione del processo di scambio, più bassa che all'inizio e questo rende stabile l'equilibrio raggiunto. Ciò può essere dovuto anche ad una pervietà della linea laterale, cioè il suo dar luogo a scarico tensionale per effetto di un collegamento con centri di scarico (di cui parleremo più avanti) già esistente, sia esso di origine genetica o ontologica, oppure formatosi nell'occasione, condizione che evidentemente facilita la formazione di situazioni di scambio [13]. L'equilibrio determinato così è chiamato "dinamico,, [26].

È importante sottolineare che il comportamento identificato tramite la direzione della reazione è lo stesso sia che il cedimento plastico - cioè l'irrigidimento del collegamento nella nuova posizione - avvenga oppure no. In entrambi i casi, il piegamento della reazione implica comportamenti di cedimento (o del dare) in modo tale che dall'esterno è difficile distinguere fra le due posizioni - se il loro confronto non si estende alle modifiche che subisce il comportamento quando cambiano le condizioni di stimolo. Le due posizioni possono infatti essere distinte dai differenti valori della tensione che le accompagna (elemento che può essere giudicato soltanto dall'interno) e dall'elasticità del comportamento che segue al cedimento elastico, cioè dal suo immediato ritorno al comportamento che precedeva il cedimento quando cessa la pressione tensionale che lo ha indotto.

12.2 - Le linee interne di stimolo-risposta nel sistema psichico.

Il processo di definizione del comportamento descritto precedentemente, porti esso a una reazione lineare o a una piegatura (elastica o plastica) della reazione, costituisce soltanto una aspetto dell'attività psichica concernente la formazione della reazione ad un'azione esterna, quello in cui i fattori di indirizzamento della risposta provengono anch'essi dall'esterno del sistema (anello di retroazione esterna). I fattori di

174

indirizzamento sono in effetti la riduzione o la scomparsa dell'azione esterna, a loro volta dovute alla modifica indotta dalla risposta nell'ambiente esterno.

Il funzionamento di questo meccanismo solleva importanti problemi di efficienza. L'attivazione del meccanismo quando si verifica uno stato di necessità può essere di scarsa efficienza. Per esempio, l'innesco dell'attività di ricerca del cibo quando si sviluppa la fame può essere di minore efficienza rispetto all'estensione dell'attività di ricerca anche al tempo in cui la fame non si è ancora sviluppata. L'innesco dell'attività di difesa quando si sviluppa un attacco esterno può essere di minore efficienza rispetto alla preparazione della difesa quando vi è soltanto una condizione di pericolo. In breve è necessario sviluppare stimoli di "allarme e rassicurazione,,, che attivino o arrestino il meccanismo sulla base di informazioni non accompagnate da una alta capacità di riconoscimento quale ha il dolore determinato dalla modifica dello stato di autoconservazione. Come abbiamo indicato in altro lavoro, la formazione di questo nuovo tipo di memorie di riconoscimento è un problema tipico della teoria dell'informazione, che può essere espresso, in termini di tale teoria, come il problema della separazione di un segnale debole dal rumore [13].

Per superare queste difficoltà, nel sistema psichico, strettamente connessi con i processi delineati nel paragrafo precedente, in cui l'elemento che attiva o che arresta il meccanismo viene dall'esterno, vi sono ulteriori processi in cui l'elemento che attiva o che arresta il meccanismo viene dall'interno.

In teoria, nessuna azione raggiunge il cervello direttamente dall'esterno. Anche l'azione che appare più naturalmente come sollecitante direttamente la reazione psichica - cioè l'azione meccanica di attacco dell'integrità e della funzionalità del corpo - raggiunge il cervello attraverso la rete di controllo costituita dal sistema nervoso periferico, che è chiamata " memoria di stato,, cioè attraverso un' informazione. Tuttavia, in questo specifico caso della memoria di stato, la distinzione è di nessuna importanza pratica poiché il serbatoio da cui l'energia di

175

attivazione fluisce è da considerare comunque come situato al di fuori dei circuiti associativi del cervello e quindi come indistinguibile da una fonte esterna. Lo scarico della eccitazione della memoria di stato, o memoria esterna di azione, è poi certamente di origine esterna in quanto è costituito dalla cessazione dell'azione esterna che attiva la memoria di stato.

Tuttavia, come già abbiamo detto, ci sono serbatoi di energia e linee di scarico che sono completamente interne al sistema reticolare nel senso che l'emissione o l'assorbimento di energia avviene quando l'informazione raggiunge uno specifico nodo interno. Ciò significa che le informazioni che stimolano i serbatoi non possono essere direttamente associate con un flusso di energia esterno ai circuiti neuronali di tal livello che si possa parlare di una "azione,, sul sistema a cui corrisponde una "reazione", cioè di un livello tale da non potere essere assorbito dalla rigidità del sistema. Inoltre il processo non può essere interrotto dalla cessazione del flusso esterno di energia, che non esiste; il processo si arresta quando determinate informazioni raggiungono uno specifico nodo interno di assorbimento di energia. Le memorie di attivazione di tale tipo sono chiamate "memorie di allarme,, mentre quelle di scarico sono chiamate "memorie di rassicurazione,,.

Se un determinato elemento di informazione sensoria attiva uno dei serbatoi di carico - cioè costituisce una memoria di allarme - gli altri elementi di informazione sensoria che esistono nello stesso momento in cui si verifica l'episodio di attivazione si collegano con la memoria di allarme come conseguenza di un processo per cui i flussi di energia contemporaneamente esistenti vengono canalizzati in nodi comuni, processo su cui non possiamo qui attardarci. Questo collegamento rimane fissato in virtù di un processo di fissazione del percorso identico a quello descritto per le memorie comportamentali, basato su un aumento e un successivo calo della tensione, ma sottoposto ad un processo di controllo statistico preventivo (tramite l'entità della ripetizione) sulla significatività dell'associazione. In conseguenza del loro collegamento con la memoria di allarme, questi altri elementi di informazione sensoria acquistano così una capacità autonoma di stimolare il serbatoio, divengono cioè esse stesse memorie di allarme. Le memorie di scarico si formano in modo analogo. [12].

Le prime memorie di allarme disponibili, da cui parte il processo associativo, sono le stesse memorie di azione, in dipendenza del fatto che i serbatoi interni sono collegati in serie con le memorie di azione. In determinati casi, molto importanti, questo collegamento fra i serbatoi principali e secondari di energia sparisce quando termina il processo iniziale di formazione ontologica degli impulsi, ove con questo termine si intendono in psicologia i flussi di energia che attraversano il sistema.

Il processo di formazione delle memorie di allarme e di rassicurazione (che insieme costituiscono le memorie di "riconoscimento") è reso complesso dall'intervento di procedure di analisi statistica delle informazioni in funzione di controllo della validità dell'associazione a cui abbiamo già accennato. In esse si tiene conto del livello tensionale dell'energia agente così come della dimensione della ripetizione o ridondanza delle informazioni in una molteplicità di esperienze. Ciò particolarmente per la formazione delle associazioni più rigide, che ha luogo nell'infanzia e sulla quale agisce anche l'eredità genetica. Anche su tali sviluppi non possiamo fermarci [13].

Trattando dell'associazione comportamentale, abbiamo visto che il cedimento plastico ha luogo nella direzione delle reazioni laterali. Ciò significa che l'estensione dell'interazione a sistemi connessi con la reazione laterale implica l'adozione di modelli di comportamento coerenti con le richieste di questi sistemi anche se questi modelli di comportamento possono apparire inizialmente come introversi, cioè auto-distruttivi ("comportamento del dare„). Il calo tensionale dovuto alla riduzione del stimolo esterno principale in conseguenza di tale comportamento si estende però alle linee di flusso laterali e può in certi casi verificarsi un ulteriore processo di scarico delle linee laterali in centri interni di assorbimento di energia a ciò predisposti. Come conseguenza di associazione con elementi di informazione sensoria presenti simultaneamente, si ha in definitiva la formazione di memorie di rassicurazione.

177

12.3 - Memorie di azione esterne ed interne e loro interazione

Oltre alla memoria di stato, o memoria di azione esterna, vi sono altre memorie di attivazione e scarico situate fuori della rete dei circuiti associativi neurali. Tuttavia, diversamente dalla memoria esterna di azione, queste memorie sono attivate dalle informazioni che vengono dall'interno del corpo. Esse possono essere attivate da determinate concentrazioni di sostanze nel plasma, rilevate da specifici sensori, o dalla diffusione di neurotrasmettitori nel liquido cerebrorachidiano, con conseguente eccitazione o scarico di determinate aree cerebrali. Tali memorie di attivazione e scarico sono chiamate "memorie interne di azione,,. L'energia prodotta da queste memorie fluisce nelle canalizzazioni cerebrali e si collega quindi con quelle aperte dalla informazione sensoria contemporaneamente presente, così costruendo quelle che sono chiamate "memorie di definizione oggettuale,, (processo di "imprinting"). Queste identificano l'oggetto esterno da cercare quando vengono raggiunte determinate condizioni interne di stimolazione che attivano il serbatoio che costituisce la memoria interna di azione [13]. [27].

Esiste anche il processo inverso, cioè la possibilità che le informazioni sensorie connesse all'oggetto così individuato stimolino il serbatoio di energia che costituisce la memoria interna di azione malgrado il fatto che quest'ultimo sia situato fuori del sistema reticolare. Questo fenomeno è chiamato "estroversione della fonte di eccitazione,, ed è un processo collegato all'esistenza, all'interno della rete, di serbatoi secondari di energia, collegati alle fonti principali di eccitazione. Non entreremo nei particolari di questo processo, per cui i lettori vengono rinviati agli studi citati nei riferimenti.

Ora, vi sono memorie interne di azione collegate a sensori che registrano la presenza di sostanze nel plasma prodotte tramite processi esterni al sistema dei collegamenti neuronali, per esempio i sensori della fame e della sete. In questi casi è possibile causare l'eccitazione del serbatoio secondario interno anche in assenza delle sostanze stimolanti nel plasma, ma non lo scarico del serbatoio principale in presenza di tali sostanze; tuttavia è possibile scaricare i serbatoi secondari interni collegati al

178

serbatoio principale (scarichi parziali).

La presenza di scarichi parziali – nel senso di scarico di serbatoi secondari, come sopra detto – non è senza effetto sullo stimolo principale. Infatti lo scarico secondario identifica un modo comportamentale verso cui il flusso di energia legato allo stimolo principale viene trascinato (drag-effect) così comportando una trasformazione del grado di introversione o piegamento della reazione. Naturalmente, poiché lo scarico dello stimolo principale non può essere una conseguenza diretta dello scarico di un serbatoio secondario, ciò porta alla ripetizione parossistica del comportamento finché gli effetti indotti nella realtà esterna non portino ad una riduzione dello stimolo principale.

Ciò ha conseguenze importanti. Abbiamo visto che la reazione ad una azione esterna assume una direzione estroversa nelle fasi iniziali della stimolazione, quando la tensione è bassa, ed assume componenti introverse crescenti man mano che la tensione cresce. Ai livelli elevati, l'accumulo di energia - che allora prende il nome di paura - ha una direzione prevalentemente introversa, cui corrispondono comportamenti di cedimento e fuga. Se lo scarico di un serbatoio secondario identifica una direzione estroversa del comportamento, anche lo stimolo principale vi confluirà, ovviamente mantenendo la sua tensione che, come abbiamo visto, non può essere ridotta dallo scarico di un serbatoio secondario. Il comportamento estroverso è così sostenuto da una quantità di energia ben più grande che il comportamento estroverso sviluppato direttamente come reazione allo stimolo esterno prima del piegamento e prima dello scarico del serbatoio secondario. Le caratteristiche di crudeltà e di ferocia che un comportamento estroverso quale l' aggressività così assume possono essere ricondotte a questo processo di "estroversione della paura,,.

Lo scarico del serbatoio secondario può essere l'effetto di rassicurazione dovuto a cambiamenti nelle circostanze esterne, cioè ad un aumento nella potenza del soggetto o a scarichi nelle cosiddette connessioni illusorie che rappresentano la rete di canalizzazioni che supportano un flusso regolatore. La transizione dell'impulso della paura da uno stato di cedimento e fuga ad uno di massima aggressività può quindi essere l'effetto di cambiamenti anche marginali nel rapporto fra gli impulsi di allarme e di rassicurazione (cioè l'effetto della speranza). Similmente, il ritorno ad uno stato introverso di paura è immediato se le linee di rassicurazione vengono chiuse da cambiamenti nelle condizioni esterne o dallo sviluppo di memorie di allarme che bloccano gli scarichi illusori.

Oltre ad avvenire come conseguenza della rassicurazione esterna dovuta all'aumento di potenza o come risultato di un processo simulativi interno, lo scarico del serbatoio secondario può anche essere determinato dallo stabilirsi di una reazione laterale. Agli alti livelli tensionali della paura, gli stessi effetti che danno luogo nel primo caso ad un'amplificazione estrema del comportamento estroverso danno luogo nel secondo caso ad un'amplificazione estrema del comportamento cessionario nella direzione della reazione laterale ed anche - se il calo di tensione conseguente è molto alto - ad un alto grado di cedimento plastico.

Quindi non sono solo gli alti livelli dell'impulso aggressivo ma anche gli alti livelli dell'impulso di scambio che possono essere ricondotti alla traslazione della paura. I primi costituiscono un processo tutto interno al sistema, mentre lo sviluppo dei secondi richiede una rispondenza all'esterno del sistema. Lo sviluppo in un senso o nell'altro dipende quindi notevolmente dalla realtà con cui il sistema si confronta nella fase formativa, ossia dalla possibilità offerta dalla realtà di intervento da parte di altre linee di flusso capaci di stabilire condizioni di scambio con la linea principale.

Le memorie esterne ed interne danno luogo a reazioni, o comportamenti degli organi operativi, che possono essere coincidenti ai bassi livelli della tensione (reazioni estroverse), ma che agli alti livelli della tensione hanno, in default, opposte direzioni, di allontanamento dall'oggetto le esterne (introverse), di avvicinamento le interne (estroverse).

Quando sono attivi entrambi gli impulsi agli alti livelli della tensione, il comportamento segue l'impulso più forte, ma il più debole persiste, pur se inattivo, nella forma di energia potenziale. Si possono però verificare condizioni di equilibrio fra i due impulsi che sono coincidenti con il processo di "scambio" di cui abbiamo già trattato. In questo caso l'interazione fra linea principale e linea laterale si svolge fra i due impulsi la linea principale dell'uno costituendo la linea laterale dell'altro e viceversa.. In questi casi, per un meccanismo simile a quello del principio di relatività in fisica, gli impulsi componenti fuoriescono dalla coscienza ed il comportamento di equilibrio viene avvertito come un nuovo impulso del tutto autonomo in base al quale il soggetto ha come obiettivo il comportamento corrispondente alla condizione di equilibrio [13], [30].

12.4 - Formazione di strutture di pre-trattamento.

Abbiamo visto che il sistema psichico è un meccanismo di ricerca di una risposta ad un'azione esterna che provochi la cessazione dell'azione stessa, che chiameremo risposta "efficace".

Il meccanismo più semplice che può essere ipotizzato sul piano della teoria dei sistemi complessi è una ricerca casuale. In questo caso il problema della ricerca di una risposta è lo stesso di quello di ottenere a caso una configurazione ordinata in un sistema privo di vincoli interni. Secondo la teoria dei sistemi complessi, il raggiungimento di questo obiettivo in un unico passo è estremamente improbabile; alcuni componenti della risposta devono essere predeterminati e occorrono quindi strutture di sezionamento progressivo del campo di variabilità cosicché la ricerca avvenga nell'ultimo campo. Per ottenere una convergenza (e con la massima velocità possibile) verso una risposta efficace, il sezionamento deve inoltre raggiungere una certa dimensione critica. Denomineremo le strutture reticolari corrispondenti "memorie di pre-trattamento comportamentale.

Esse coincidono con la stratificazione di rigidità delle connessioni cerebrali che abbiamo già introdotto. Tale stratificazione, quindi, non è legata esclusivamente all'egoismo del comportamento, cosicché il passaggio da una stratificazione ad una più rigida implichi un elemento cessionario, introverso. La stratificazione esprime una gerarchia di risposte, una stratificazione di canali preferenziali di flusso che è informazione accumulata nel sistema attraverso precedenti esperienze o di derivazione genetica. Il passaggio da una stratificazione a quella più rigida può quindi esprimere semplicemente una ferita agli elementi istintuali, prelogici del comportamento, alle proprie fedi o alla propria cultura, di nessun rilievo ai fini della funzionalità interna del sistema.

Essendo predeterminati, per questi componenti della risposta gli elementi che li indirizzano e che determinano la loro fissazione devono necessariamente essere centri di carico e scarico di origine genetica. Per queste memorie la fissazione richiede un'analisi statistica delle informazioni, particolarmente per le associazioni più rigide formate nell'infanzia che costituiscono la struttura degli impulsi. Come abbiamo già detto, per questi aspetti, relativi all'analisi statistica, dobbiamo rimandare ad altri lavori, non essendo possibile, in uno spazio limitato, trattare anche brevemente questi problemi [13].

E' chiaro che durante la fase di carico si formano nuove memorie di allarme mentre durante la fase di scarico si formano nuove memorie di rassicurazione; quindi, le memorie di pre-trattamento, che indirizzano lo scarico, sono componenti di memorie di rassicurazione.

12.5 - I flussi retroattivi di regolazione e controllo.

Esistono flussi energetici di retroazione o di regolazione, chiamati memorie illusorie, che procedono in senso inverso al flusso principale allarme-rassicurazione, vanno cioè dalle memorie operative alle memorie sensorie e tali flussi non sono limitati ai nodi terminali delle reti, cioè alle memorie operative, ma partono da tutte le giunzioni del sistema.

Di importanza particolare è il flusso che parte da nodi particolari, denominati memorie percettive ed arriva allo strato delle memorie sensorie, costituito dai terminali degli organi sensori. È stato mostrato che nel tornare indietro il flusso di energia acquista gradi di libertà, cioè possibilità di deviazioni, anche se in parte indirizzato dalle intersezioni con le reti di alimentazione delle memorie di allarme e rassicurazione che sono fonte di attrazione o rifiuto. La successione di immagini sullo schermo delle memorie sensorie determinata dalla possibilità di movimento acquisita dal flusso regolativo costituisce il pensiero [12], [15].

Non possiamo soffermarci qui sulle particolarità del processo di pensiero, che costituente un argomento molto complesso che richiede necessariamente, anche nella formulazione più elementare, un trattamento più esteso di quello qui possibile. Ci limitiamo a ricordare che la cibernetica ha mostrato che i flussi di retroazione interagendo con le reti di allarme e di rassicurazione, costituiscono un meccanismo di ottimizzazione lineare. L'ottenimento di un meccanismo di ottimizzazione non lineare (cioè, nei termini di Hegel, il pensiero speculativo) richiede l'intervento di un'entità ulteriore, chiamata "memoria di amplificazione secondaria,, o anche, in alcuni contesti, "energia libera" la cui azione è molto più larga, intervenendo anche nei processi di formazione e interazione degli impulsi. Rimandiamo i lettori interessati ai lavori citati nei riferimenti [12], [28].

Ulteriori flussi di energia partono continuamente dalla memorie sensorie e determinano fenomeni di regolazione dell'azione in atto in relazione all'influenza delle memorie di allarme o rassicurazione attraversate; queste azioni di regolazione della risposta sulla base del rilievo continuo del suo risultato sono denominate regolazioni propriocettive. Per inciso, notiamo che questa modalità di funzionamento implica che i circuiti che costituiscono le memorie di allarme e rassicurazione debbano essere tutti contemporaneamente attivi. Cioè ci deve essere ciò che in cibernetica è chiamata "elaborazione parallela,, [31], [15], [29].

Riferimenti

[1] - Hopfield J.J., *Neural networks* in Proceed. of National Academy of Sciences, 1982, 79, pp. 2554-2558
[2] - Woods B. T., *Foundations for Semantic Networks,* in Studies in Cognitive Science, ed. D.G. Bobrow and A. Collins, Academic Press, New York, 1975.

[3] - Parisi D., *Intervista sulle reti neurali*, Universale Paperbacks, Il Mulino, Bologna 1989

[4] -Grossberg S., *Neural networks*, Cambridge, Mass., MIT Press, 1988

[5] -Crick F., *The recent Excitement about Neural Networks*, Nature, 1989, 337

[6] -Minsky M.L., *Semantic Information Processing*, MIT Press, Cambridge, Mass., 1968.

[7]-Hofstadter D.R., *Artificial Intelligence*, in Study of Information: Interdisciplinary Messages, ed. Machlup F.and Mansfield U., John Wiley, New York, 1983

[8] - Lachman R., Lachman J.L., Butterfield E.C., *Cognitive Psychology and Information Processing*. Lawrence Erlbaum, Hillsdale, N.J., 1979.

[9] - Johnson Laird P.N., *Thinking: Readings in Cognitive Science*, Cambridge Univ. Press, 1977.

[10]- McKay D.M.: *Mind Talk and Brain Talk*, Handbook of Cognitive Neuroscience, Gazzaniga M.S. Editor, New York, 1983. *Operational Aspects of Intellect*, Mechanization of Thought Processes, NPL Symp. 1958, 10, HMSO, 1959, 37-52. *Neural Communications, Experiments and Theory*, Science, 1968, 159, 335-353

[11]- Ferrante D., Nolfi S.,Parisi D., *Concept Acquisition in Neural Networks and its Impairment*, Conference on Cognitive Neuropsychology and Connectionism, Venezia, 1988

[12]- Firrao S.: *Il processo di associazione stimolo-risposta nelle reti stratificate*, V Meeting di Neuroriabilitazione, Clinica Neurologica della II facoltà di Medicina, Napoli, 6-7 ottobre 1989, Europa Medicophysica, vol.XXV, n.4, 1989, riportato in questo volume, capitolo 10

[13] - Firrao S., *La formazione degli impulsi nella psicocibernetica*. In questo volume, capitolo 13.

[14] - Rose V.: *Introduction to Psychocybernetics*, Quaderni di Cibernetica, Milano, 1 e 2, 1986.

[15] - Firrao S., *Interpretazione Cibernetica del Pensiero* in *Il processo di associazione stimolo-risposta nelle reti stratificate,* in questo volume, capitolo 10

[16] - Firrao S., *On the Evolution Theory*, Cybernetica, 2, 1995,

[17] - Levy W.B., Anderson J.A., Lehmkule S., *Synaptic Modification, Neuron Selectivity and Neural System Organization*, Cambridge University Press, 1988.

[18] - Lajtha A. (ed), *Handbook of Neurochemistry*, New York, 1971

[19]- Iversen LL et al.: *Neurotransmitters and their action*, Trends in Neuroscience 1983, 6, 293-254

[20]- Starke K.: *Presynaptic Receptors*, Annu.Rev.Pharmacol. Toxicol., 1981, 21, 7-30

[21]- Rose V., *Introduction to Psychocybernetics*, Quaderni di Cibernetica, Milano, 3, 1987

[22] - Kohonen T., *Self-organization and Associative memory*, Berlin, Springer

Verlag, 1988

[23] - Hinton G.E., Anderson J.A., *Parallel Models of Associative Memory*, Hillsdale, N.J., Erlbaum, 1981.

[24] - Adams J.A., *Human Memory*, Maindenhead, Berkshire, 1967

[25] - John E., R., *Mechanisms of Memory*, London, 1967

[26] - Firrao S., *Dynamic Equilibriums Generation in Nonequilibrium Systems*, Cybernetics and Systems, 22, 25 - 40, 1991,

[27] -Rose V., *Introduction to Psychocybernetics*, Quaderni di Cibernetica, Milano, 5, 1988

[28] - Firrao S., *Stratification of Feedback Circuits in Evolutive Structures*, Quaderni di Cibernetica, 8, 1991,

[29] - Rumelhart D.E., McClelland J.L., *Parallel Distributed Processing, Explorations in the Microstructure of Cognition*, Cambridge, Mass., MIT Press, 1986

[31] -Gardner H., *La nuova scienza della mente*, Milano, Feltrinelli, 1987.

Capitolo 13

La formazione degli impulsi

Sommario

La formazione di quella parte della struttura istintuale che si verifica nell' infanzia segue un processo complesso che comprende lo sviluppo di flussi di energia provenienti da sensori che fanno parte dell'eredità genetica e la loro connessione con le informazioni provenienti dal sistema sensoriale per giungere alla determinazione di oggetti e modalità operative dell'attività psichica che portino al loro scarico. Tale processo comporta la modificazione selettiva e programmata di certe linee di informazione sensoria al fine di obbligare il processo di ricerca delle associazioni entro schemi che comportano la realizzazione di una organizzazione sociale.

La formazione della struttura istintuale vede una prima fase in cui si verifica la traslazione delle fondamentali istanze conservative, connesse agli impulsi della fame e della paura, alla figura umana e una seconda fase in cui si formano altri elementi oggettuali su cui si concentrano le capacità sollecitative, gli impulsi "relazionali" e si definiscono in maggior dettaglio gli elementi comportamentali cui tutti gli impulsi danno luogo. Fondamentali, ai fini del risultato caratteriale finale sono certi processi di equilibrio fra impulsi contrastanti che sono influenzati dalle condizioni ambientali nonché dalla flessibilità del sistema psichico che determina il rapporto con cui interagiscono nei singoli impulsi le componenti di aggressività e di paura.

13.1 – Introduzione

Secondo la teoria dell'organizzazione, il processo organizzativo procede dal semplice al complesso attraverso la sovrapposizione di cicli evolutivi aventi la stessa struttura delle modalità fondamentali organizzative, quale che sia il campo in cui l'organizzazione si sviluppa. Anche il quadro delle interazioni fra l'uomo ed il suo ambiente rientra per conseguenza in tale quadro generale organizzativo che vede la sovrapposizione di campi di forza attrattivi e repulsivi e che dà luogo a processi dialettici di aggregazione, contrapposizione ed equilibrio delle forze che essi sviluppano.

186

Se classifichiamo gli impulsi in base ai comportamenti cui danno luogo, dovremo dire che essi sono determinati da due impulsi o campi di forza fondamentali, attrazione-rifiuto, che hanno la loro origine psicologica in quelli che Freud chiama "i due principi fondamentali dell'accadere psichico", cioè nel binomio piacere-dolore [10]. La particolare forma assunta dal comportamento è conseguenza di come questi due impulsi, per effetto delle differenti condizioni di sollecitazione provenienti dalla realtà, si confrontano nell'ambito di processi dialettici.

Noi possiamo anche, ovviamente, classificare gli impulsi sulla base della fonte della sollecitazione e potremo così avere impulsi della fame, filiale materno, paterno, sessuale, ecc. L'origine di alcuni impulsi, che chiameremo principali, è in sensori interni mentre la rappresentazione psichica che vi è connessa, che possiamo definire l'oggetto dell'impulso, è frutto di un processo associativo fra la sollecitazione del sensorio interno e le rappresentazioni sensoriali della realtà contemporaneamente esistenti, processo che vi trasferisce anche la capacità eccitatoria. Le associazioni hanno, sia pure in misura maggiore o minore una certa flessibilità e quindi, pur nell' ambito di una rigidità del sensorio interno si può avere una variabilità della rappresentazione psichica, entro un certo range rappresentativo e un certo lag temporale.

Le fonti di eccitazione, abbiano o meno lo stesso oggetto, possono richiedere comportamenti opposti, fra i quali il sistema deve scegliere. In tal caso, nell'ambito degli impulsi principali che, malgrado la maggiore flessibilità della rappresentazione sensoria, hanno modalità comportamentali rigide, si sviluppano processi dialettici governati dalla forza relativa dei due impulsi in cui l'impulso soccombente assume la forma di energia potenziale, priva di realizzazione comportamentale. Si possono anche determinare processi di scambio, sul cui significato ci intratterremo più oltre, dovuto all'intervento di un elemento terzo che modifica il quadro delle forze agenti fra gli iniziali elementi interagenti permettendo la realizzazione di condizioni di sinergia comportamentale (in cui l'attrazione invece di essere fonte di scontro diviene fonte di aggregazione) . Nell'ambito di altri impulsi, che chiameremo derivati, che sono effetto di associazione fra l' oggetto dell' impulso e altre rappresentazioni sensorie contigue, si possono verificare processi di scambio, senza la necessità del concorso esterno, per effetto della loro flessibilità, che permette al processo dialettico di giungere alla fase di sintesi.

Onde procedere per gradi, dal semplice al complesso, consideriamo dunque il caso più semplice in cui un oggetto sollecita entrambi gli impulsi fondamentali di attrazione e di rifiuto. Il processo di interazione di due corpi rigidi in un campo gravitazionale, studiato da Newton, può essere utilizzato come paradigmatico di tale tipo di interazioni fra impulsi rigidi, quali sono quelli principali.

Al fine di avere come paradigma uno schema della più ampia generalità, anziché fare ricorso, come Newton, ad un principio fisico (la terza legge della dinamica) di limitata validità euristica a corpi perfettamente rigidi, oltretutto inesistenti, noi interpretiamo il cambio direzionale in corrispondenza dell'urto, da avvicinamento ad allontanamento, come dovuto all'azione di un campo repulsivo che operi con tale rapidità da far apparire la trasformazione come istantanea. Ciò nel mentre non modifica per nulla il modello di interazione newtoniano, che richiede solamente che la trasformazione sia istantanea, permette uin raccordo con situazioni fisiche in cui la presenza del campo repulsivo è indiscutibile o addirittura fondamentale, quali sono quelle che interessano i fenomeni psicologici.

Si noti che tale modificazione teoretica è simmetrica a quella già eseguita da Einstein operando sulla trasformazione inversa, dovuta al campo attrattivo, da energia cinetica di allontanamento ad energia potenziale di avvicinamento che per Einstein diviene trasformazione in massa. La trasformazione avviene per infinitesimi di ordine superiore rispetto alle variazioni elementari delle coordinate (in cui sono percepibili le variazioni d energia cinetica) e quindi si realizza su uno spazio infinitamente più grande. Similmente, è ragionevole pensare che la trasformazione da energia cinetica di avvicinamento ad energia cinetica di allontanamento avvenga per quantità elementari nei cui confronti le variazioni elementari delle coordinate sono

188

infinitesime di ordine superiore, così da realizzarsi in uno spazio infinitamente più ristretto.

Naturalmente, la natura del campo attrattivo gravitazionale e del campo repulsivo che opera in corrispondenza dello scontro di due gravi è diversa dalla natura dei campi attrattivo e repulsivo che governano gli impulsi. La differenza giace nella dimensione del continuo in cui si manifestano; diverso è cioè il modo con cui la loro intensità varia in funzione delle coordinate del sistema. Nell'interazione umana l'impulso repulsivo, la paura, opera ben prima dello scontro (vedasi il diagramma del gradiente all'avvicinamento dell'impulso di rifiuto in Dollard e Miller [3]). Identica è però la tipologia delle operazioni organizzative cui l'interazione dà luogo.

Nello schema di Newton, durante la fase di allontanamento l'energia cinetica dei gravi segue la direzione indotta dal campo repulsivo ma viene gradualmente logorata nella sua dimensione dalla decelerazione indotta dal passaggio attraverso il campo attrattivo. L'energia che scompare dal moto non scompare dal quadro fisico; essa persiste nella forma di una energia potenziale, vi è cioè una continua trasformazione da energia cinetica ad energia potenziale (per semplicità continuiamo ad usare i termini della fisica classica fintanto che non ne consegue alcuna confusione).

Alla fine della fase di allontanamento l'energia è tutta potenziale; ma la fase di avvicinamento parte con un basso livello locale dell'energia cinetica che viene gradualmente incrementata durante il percorso per l'accelerazione indotta dal passaggio attraverso il capo attrattivo. Si ricordi infatti che essa è in realtà trasformata in massa in cui è imprigionata, cosicché la forza attrattiva che può essere sviluppata è determinata dalla legge di attrazione gravitazionale, non dalla dimensione dell'energia assorbita, come invece avviene in altre forme di energia potenziale. Essa quindi si trasforma in energia potenziale di rifiuto e quindi in energia cinetica di allontanamento nel breve tratto in cui passa attraverso il campo repulsivo e queste trasformazioni, che costituiscono l'urto, avvengono così rapidamente da apparire istantanee. Si noti che, se i due corpi hanno differenti masse, la

189

lunghezza del percorso effettuato da ognuno di essi in ogni fase della oscillazione è inversamente proporzionale alla sua massa. Oltre una certa differenza la massa più grande può essere considerata fissa e la più piccola come rimbalzante sulla superfice della prima.

Partendo dalla condizione oscillatoria, se si verifica una azione esterna di livello adeguato sul sistema, ad esempio attraverso l'introduzione nel sistema di un terzo grave che esercita una attrazione sui primi due, si determina una perturbazione della traiettoria oscillatoria che può trasformarsi in una traiettoria orbitale e tale forma della traiettoria può permanere, sia pure con qualche modifica, anche una volta allontanatosi il terzo grave.

L'orbita può avere forme diverse potendo anche assumere, per certi valori caratterizzanti l'azione esterna, la forma circolare. Essa implica il raggiungimento di una condizione di equilibrio fra le forze sviluppate dalle due energie, attrattiva e repulsiva, in corrispondenza della quale nessuna delle due può più determinare la direzione del movimento che si svolge ad angolo retto nei confronti della traiettoria attrazione-rifiuto.

I due gravi possono anche dar luogo a processi aggregativi se l'azione esterna è di tale entità da rendere trascurabile, ai fini della determinazione della direzione del movimento, l'azione del campo repulsivo fra i due gravi che è funzione della energia cinetica di scontro che residua dal dirottamento verso il terzo grave e porli quindi in condizione di "quasi" parallelismo motorio che, al limite, porta alla loro "aggregazione" per effetto della attrazione non più impedita dall'azione del campo repulsivo [4].

Nel campo delle interazioni istintuali fra gli individui il processo è similare, tenendo conto ovviamente delle differenze esistenti nella struttura dei campi di forza. Il comportamento segue l'impulso più forte e l'impulso inibito rimane nella forma potenziale, come insoddisfazione o desiderio. Se però sorge un'altra fonte di attrazione – rifiuto, una parte dell'energia è dirottata verso la nuova fonte e sottratta allo scontro con la prima fonte che viene così alleggerito, situazione che si definisce come "donataria" nei confronti della prima fonte e, se verificata in entrambi i partners dello scontro, di "scambio"; essa comporta una convergenza verso una condizione di equilibrio fra le forze sviluppate dai due campi che determina l'accostamento dei due individui e impedisce lo scontro [6], [7]..

Lo scambio può evolvere in processi di coordinamento totale del comportamento, detti di "incollamento" o "attaccamento" che corrispondono ai processi similari a quelli di sintesi nel campo chimico. Ciò richiede che i componenti dello scambio siano corpi flessibili, ben diversi nelle loro proprietà dai corpi rigidi di Newton, e lo sviluppo di ingenti forze di breve distanza che superino il campo di rifiuto e che possono essere dovute alla sollecitazione di una altro campo di forza, vale a dire ad un altro impulso, agente sulle brevi distanze, cioè agente una volta che una certa aggregazione si sia realizzata per effetto dell'azione dei primi campi.

Non possiamo spingerci oltre nella esposizione delle condizioni fisiche assunte come paradigmatiche del processo organizzativo per ovvi motivi di economicità della esposizione. Questa breve esposizione introduttiva ha infatti il solo scopo di chiarire, attraverso un esempio semplice, la metodologia di indagine seguita dallo studio. Affrontiamo dunque l'oggetto centrale di questo lavoro, costituito dai processi di regolazione, concetto che implica la marginalità della modificazione, degli impulsi che si svolge sul piano ontologico, condizione che riteniamo sia particolare al genere umano.

Nel quadro che andiamo prospettando risulta necessaria la esistenza di una struttura, di origine genetica, che chiameremo memoria di programmazione, responsabile del governo dei processi di formazione istintuale ontologica.

Tali processi prevedono la definizione di oggetti esterni associati ai sensori di origine genetica che divengono fonti autonome sia di eccitazione che di scarico nell'ambito del sistema reticolare del cervello sia pure con una certa relazione complessa con i sensori "primari". Alcuni di questi processi di definizione oggettuale, quale quello che porta al riconoscimento dell'immagine umana, assumono una rigidità pari a quella di una diretta derivazione genetica, costituiscono cioè l'equivalente umana del processo di "imprinting" da Lorenz individuato nelle oche. Segue quindi, in connessione dialettica con le rappresentazioni sensoriali della realtà esterna, la loro moltiplicazione associativa (memorie di allarme e di rassicurazione) e la definizione delle modalità comportamentali che collegano le rappresentazioni sensoriali di carico con quelle di scarico, dando così luogo ai vari impulsi.

Nella ricerca di queste modalità comportamentali operano ulteriori sensori di indirizzamento, attraverso carico e scarico parziale del flusso di energia che Freud denominò "zone erogene" e la cui funzione è quella di indirizzare il comportamento verso determinati sbocchi organizzativi sociali. E' enorme l'importanza di questi sensori per realizzare condizioni similari a quelle determinate dalla presenza di un terzo oggetto, capace di produrre rigetto o attrazione (quale potrebbe essere il rigetto di un pericolo costituito da un animale feroce o l'attrazione costituita da un animale da preda) anche nel completamento ontologico del processo di formazione degli impulsi.

Una parte importante della struttura istintuale umana deve essere realizzata sul piano ontologico, in modo da essere adeguata alle condizioni esistenti nell'intorno sociale dell'individuo. I processi di scambio formativi dell'aggregato sociale devono essere pertanto riproposti a livello ontologico assumendo così forme diverse per effetto dell'influenza delle condizioni ambientali in essere al momento di svolgimento del processo formativo.

A tal fine, onde ricostituire la situazione di paura che impose, in tempi lontanissimi, la formazione di un impulso sociale, viene trasmessa geneticamente, oltre ai fondamentali impulsi legati alla nutrizione e al sesso, una grande paura dell'isolamento e dell'abbandono, cui è legato un bisogno estremo di protezione attraverso l'aggregazione, anzi l' incollamento, a qualsiasi oggetto capace di esorcizzarla. La dipendenza che così si crea dall'altro permette di ottenere condizioni aggregative se la dipendenza sussiste anche nell'altro, se sussistono condizioni di scambio "indiretto" costituite dal rafforzamento che l'azione di ognuno riceve dalla collaborazione dell'altro in una attività comune, cioè dalla condizione che abbiamo definito di "sinergia". Abbiamo però visto che ciò non è sufficiente per realizzare l'alta

192

efficienza operativa del sistema che richiede un tale livello di integrazione da trasformare il gruppo in una unità indivisibile. Ciò richiede dunque la strutturazione di una rete di interdipendenze, cioè un rafforzamento delle condizioni di scambio che non scaturisce automaticamente dalla condizione di sinergia, come avviene per lo scambio iniziale.

Tali più intense condizioni di scambio richiedono dunque un "dare" oltre che un "avere" che non scaturisce dal bisogno di protezione che è una richiesta di avere che, anche se condivisa da tutto il gruppo, non troverebbe alcuno disposto a soddisfarla. Lo strumento fondamentale adoperato dalla memoria di programma per indirizzare il rapporto interpersonale verso lo scambio e realizzare così finalità sociali è costituito dalla inversione della polarità della sensibilità di determinate strutture sensorie connesse alla memoria di stato, da dolore a piacere e viceversa, realizzata appunto nelle zone erogene.

E' evidente che il binomio energia attrattiva - energia repulsiva del quadro meccanico corrisponde al binomio fame - paura, così come al binomio piacere-dolore cui la soddisfazione o la frustrazione di entrambi gli impulsi conduce [10]. Nello schema che abbiamo delineato, supponendo che sussista un processo di allontanamento fra due individui per effetto della paura, l'intervento di un terzo che costituisca un pericolo maggiore impone necessariamente il dirottamento di una parte dell'energia dei primi due e quindi la diminuzione della relativa energia di allontanamento, cioè della paura reciproca, diminuzione che costituisce l'elemento donatario reciproco, di scambio.

Considerata l' equivalenza fra paura e dolore, lo stesso risultato è ottenuto dalla memoria di programmazione senza la necessità di intervento di un terzo elemento, sostituendo la diminuzione della paura reciproca, determinata dal terzo elemento, con una equivalente diminuzione del dolore connesso all'attività donataria, anzi con la sua trasformazione in piacere.

Per questa operazione non è necessaria la presenza attrattiva o repulsiva del terzo elemento perché può essere realizzata attraverso la modificazione diretta di componenti della sensibilità nei rapporti interpersonali da dolore a piacere così ponendo le condizioni per la realizzazione di processi di scambio che portano ad equilibri e all'eliminazione degli scontri e per conseguenza ad impulsi derivati sociali. Tale meccanismo di modificazione della sensibilità è quindi centrale nel processo di strutturazione ontologica degli impulsi.

13.2 - L'impulso di riconoscimento dell'immagine umana.

Le esigenze fondamentali di un organismo vivente (che è una struttura dissipativa) sono quelle di ricevere periodicamente un flusso di energia che rimpiazzi quella dissipata e di resistere alle azioni esterne che tendono alla sua distruzione [1]. Conseguentemente, esistono nell'uomo, come d'altra parte in tutti gli animali, due impulsi fondamentali di origine genetica connessi alle esigenze di aggredire l' ambiente per rifornirsi di cibo e di difendersi dall'aggressione esterna. Essi sono stimolati da organi sensori interni, che rilevano le condizioni nutrizionali (memoria nutrizionale) e da organi sensori esterni che rilevano qualsiasi turbamento allo stato di omeostasi del sistema che provenga dall'esterno (memoria di stato). Nella loro formazione iniziale di origine genetica hanno modalità comportamentali generiche di avvicinamento incorporativo verso gli oggetti esterni più deboli e di allontanamento dagli oggetti esterni più forti. Sono la fame e la paura, che svolgono una funzione di mobilitazione di energie che hanno differenti innervazioni somatiche, il secondo in maniera più parossistica, essendo legato a condizioni di pericolo che richiedono interventi più rapidi [2].

L'essere umano fa inoltre parte delle specie che si riproducono per via sessuale e quindi esiste ancora un altro impulso di origine genetica, costituito dall'impulso sessuale, stimolato anch'esso da un sensorio interno. L'essere umano è infine un animale sociale, di branco, e ciò comporta l'esistenza di un bisogno sociale di origine genetica, nella forma di un bisogno di attaccamento la cui insoddisfazione determina una paura esistenziale, non legata ad un particolare pericolo, una paura della solitudine affettiva, su cui abbiamo già avuto modo di intrattenerci e che, pur sussistendo, in misura maggiore o minore nel corso della vita, assume una dimensione estrema nell'infanzia.

Il primo processo di organizzazione degli impulsi di realizzazione ontologica è costituito dal riconoscimento dell' immagine umana. Malgrado esso appaia per molti versi legato ad un processo di imprinting, nel significato dato a questo termine dopo Lorenz [11], il modo con cui si verifica in tutti gli uomini, a dispetto delle particolarità dell'esperienza ontologica, porta a ritenere che si tratti di un processo complesso che si svolge con il contributo di molti elementi, fra i quali guide di origine genetica, chiamate anche "richiami" che possono comportare, oltre a qualche elemento di memoria somatica, il riconoscimento selettivo di particolari segnali ormonali.

Data la dipendenza della alimentazione del bambino dall'allattamento materno, è il flusso di energia connesso con l'impulso nutrizionale che, con tutta probabilità e sia pure con il contributo dei richiami, costituisce la struttura portante del processo di traslazione dell'impulso dalla sfera totalmente auto-conservativa associata alle necessità nutrizionali alla sfera individuata dalla immagine umana.

La sua importanza è tale, ai fini della sopravvivenza della specie, da richiedere che esso sia esente da errori e pertanto deve essere accompagnato da vincoli che permettano gradi di libertà del processo che siano trascurabili al livello della specie. Questa condizione è raggiunta fissando le informazioni sensorie contemporanee allo stato tensionale indotto dalla fame in assenza di rumore e così esenti da distorsioni. L'assenza di rumore è ottenuta dalla limitazione dell'attività psichica alla sola funzione nutrizionale e dalla presenza di un solo mezzo di soddisfazione delle necessità nutrizionali, mezzo che involve necessariamente l' immagine umana. Ciò si verifica in forma gradualmente decrescente nelle fasi autistica, simbiotica e di separazione dello sviluppo infantile [12].

La stimolazione dell'impulso è di origine interna, connessa con la soddisfazione delle necessità nutrizionali che si sposta sull'unico oggetto disponibile, l'immagine materna (o di chi comunque si prende cura del bambino) per un meccanismo associativo chiamato di definizione oggettuale o imprinting (associazione delle informazioni esterne con la sollecitazione dei sensori interni dovuta a contiguità spazio-temporale); ovviamente, esso non può essere soddisfatto dall' allontanamento ma richiede l' avvicinamento ed un comportamento avente caratteristiche aggressive.

Naturalmente, essendo il bambino privo di qualsiasi potere, l'espressione "comportamento aggressivo" va inteso come l'attivazione disordinata e caotica di tutti gli organi operativi, ivi compresi quelli che danno luogo al pianto, a cui il termine aggressivo sembrerebbe, di primo acchito, non confacente. Tale comportamento viene definito comunque aggressivo in quanto diretto prevalentemente verso l'oggetto individuato, ma viene rapidamente modificato in un comportamento che ha caratteristiche di svuotamento o di sfruttamento (dominio) ma con caratteristiche conservative anziché distruttive. Tale modificazione è così immediata da rendere la divisione nelle due fasi del comportamento quasi solo un esercizio analitico; essa è il risultato dell' azione orientativa svolta dalla sensibilizzazione labiale, che crea l'impulso orale di suzione che è quindi la prima modificazione della sensibilità indotta dalla memoria di programmazione.

L'impulso dominativo così formato subisce quindi un processo di estroversione per cui l'impulso agisce anche al di fuori della sollecitazione proveniente dal sensore della fame, in cui cioè l'elemento da cui parte la sollecitazione non è il sensore della fame ma la figura umana (estroversione della fonte di eccitazione). La figura umana viene quindi collegata ad una fonte interna secondaria di eccitazione ed il collegamento fra fonte primaria e secondaria scompare ad una certa fase di evoluzione del processo formativo degli impulsi. L'impulso dominativo assume così una esistenza autonoma, con un processo che viene detto di creazione di memorie di "riconoscimento" [7].

L'evoluzione che subisce successivamente l'impulso dipende dalla variabilità caratteriale umana. Vi sono individui praticamente esenti dalla paura nel corso della vita e in cui anche la paura infantile ha dimensioni limitate, in cui i rapporti di dipendenza dal gruppo sono più limitati, ma noi siamo interessati

196

all'evoluzione che subisce l'impulso nei caratteri in cui la paura gioca un ruolo importante e che appartengono alla maggior parte dell'umanità.

La piena disponibilità della madre a soddisfare la fame e quindi l'impulso dominativo del bambino costituisce un comportamento donatario che è l'opposto del comportamento aggressivo e ciò comporta che scompaia nel bambino la paura della madre che è, come sappiamo, reazione repulsiva all' aggressività del partner, modo con cui viene vissuta la insoddisfazione delle necessità nutrizionali. Per conseguenza la madre diviene l'oggetto della tendenza all'attaccamento che, come abbiamo visto nel precedente paragrafo, si rivolge a qualsiasi oggetto che non induca paura per eliminare il bisogno genetico di protezione, che nel bambino assume dimensioni estreme.

Di qui l'estrema sensibilità alle modificazioni del rapporto con la madre dovute al fatto che non sempre la fame del bambino coincide con la disponibilità della madre e lo sviluppo conseguente di una attività volta a prevenire la paura rafforzando quella che appare la fonte di rassicurazione, cioè la condizione di soddisfazione della madre. L'impulso dominativo si trasforma così in un impulso attrattivo privo di aggressività, quindi volto all'aggregazione. Data la caratteristica formativa, di "imprinting" di queste prime esperienze, ciò costituisce predisposizione alla costituzione di un rapporto di "amicizia" fra individui della stessa specie con cui si condividano necessità vitali, una volta che tale rapporto sia aprioristicamente liberato dalla paura.

L'interazione madre – figlio può andare ben oltre la semplice tendenza passiva all'aggregazione; nelle condizioni che abbiamo illustrato, di mancanza di sincronia fra le necessità del bambino e la disponibilità della madre il bambino apprende di non avere alcun potere e di dipendere dalla volontà della madre e l'obiettivo dell'impulso si trasforma dal desiderio di una diretta disponibilità, cioè dominio dell'oggetto, nei confronti del quale il bambino sperimenta frustrazioni, al dominio della volontà dell'oggetto, per il quale può disporre di mezzi seduttivi come gli atteggiamenti che costituiscono i "richiami infantili" genetici.

Si tratta di un argomento molto importante, perché tale

trasformazione implica una interazione bilaterale, un colloquio, che valorizza la volontà dell'oggetto e comporta un processo di scambio, quindi un "dare" oltre che un "avere". Questo obiettivo, di possedere la volontà del partner, di essere cioè nell'anima, di essere amato, può trovare infatti soddisfazione in un certo colloquio che può stabilirsi, e in genere si stabilisce, fra il bambino e la madre.

Tale particolare rapporto si basa ancora su un linguaggio del corpo, reso possibile da una corrispondente sensibilizzazione della madre dovuta al fatto che al piacere del bambino nella suzione corrisponde un piacere della mamma nell'allattare, piacere che può essere di notevole entità e determinare una dipendenza dal bambino, rendendo così quasi automatici processi di identificazione ed attaccamento.

Se si realizza questa coincidenza del piacere della madre con quello del bambino ne conseguono processi associativi assai importanti per la creazione della struttura psicologica del bambino. Sappiamo, infatti, dalla teoria psicocibernetica, che le informazioni sensorie contigue ad una condizione di carico o scarico dei flussi di energia, se sussistono determinate condizioni, assumono la capacità di sollecitare autonomamente il carico e scarico di tali flussi (memorie di allarme e di rassicurazione, che insieme formano le memorie di riconoscimento).

Pertanto, le informazioni sensorie del bambino contigue ad una condizione di piacere assumono la capacità autonoma di dare piacere e quindi, poiché queste informazioni sensorie sono anche contigue al piacere della madre, in virtù della reciproca dipendenza del piacere, le sollecitazioni che inducono piacere alla madre inducono piacere anche al figlio. Si verifica cioè una "copiatura" della struttura degli impulsi dell' oggetto dell' attaccamento che è stata anche teorizzata da Girard, sia pure senza alcuna giustificazione strutturale, solo sulla base dell'analisi di grandi opere della letteratura, come "teoria mimetica del desiderio"[24].

E' quindi chiaro che le condizioni di copiatura si realizzano quando vi è contemporaneità delle condizioni di piacere in entrambi i partners. Il trasferimento delle condizioni istintuali che modificano quelle puramente oppositive, di aggressione – paura, di origine genetica, nei termini sinergici indotti dallo scambio, si realizza quando è verificata questa condizione. Anche quando la direzione sinergica esterna non è ancora ben individuata, è comunque modificata la condizione interna, cioè nel rapporto fra i partners, da oppositiva a sinergica. Ciò equivale all'apertura di un canale per le successive trasmissioni di valori che debbano governare il rapporto con il resto del mondo.

Anche Jung sostiene, come semplice constatazione, senza darne la spiegazione strutturale, riduzionistica, l'esistenza di comunicazioni inconsce, subliminali, fra l'inconscio della madre e quello del bambino [23]. In sostanza al rapporto profondo di scambio del piacere, al rapporto di incollamento che in termine più diffuso possiamo definire di "amore", è quindi strutturalmente connessa un'azione di plagio da parte del partner che riveste in esso una posizione donataria dominante.

Desideriamo sottolineare la dicotomia che così si determina fra la confidenza con la madre e la diffidenza con l'estraneo ed il fatto che il rapporto con la madre, il cui contenuto di paura, in condizioni ideali, scompare, diviene, per effetto mimetico, elemento di intermediazione iniziale dell' affettività nei confronti degli altri membri della famiglia.

Onde valutare l'importanza delle variazioni di sensibilità indotte sia nel figlio che nella madre, consideriamo l'ipotesi che il comportamento incorporativo incontri difficoltà, siano esse dovute a difetto dell'impulso di suzione o, come è più verosimile, a disturbi dell'apparato mammario della madre. La tensione cresce, si interrompe la condizione di anestesia delle funzioni psichiche relative alla memoria di stato e si sviluppa la paura, in misura maggiore o minore a seconda dell'entità dei disturbi.

Lo sviluppo di un certo livello di paura può non essere completamente anormale al cessare delle fasi autistica e simbiotica ma le eventuali difficoltà nella alimentazione, oltre ad anticiparne la comparsa portano a conferire un alto livello tensionale all'impulso complessivo risultante (nella forma di aggressività o di paura, nonché di alternanza schizofrenica dei due impulsi in dipendenza dallo stato della fame), condizione che rende più difficoltosa la trasformazione dell'impulso aggressivo in impulso dominativo.

Ma anche nell'ipotesi di un corretto funzionamento dell'attività di suzione che consentisse la trasformazione in impulso dominativo, l' ulteriore passaggio verso l'impulso di scambio può essere impedito da un rapporto inadeguato con la madre (dovuto a indisponibilità psicologica di quest'ultima) e ciò rischierebbe di vanificare anche il successo degli ulteriori importanti processi di scambio, nei confronti degli altri membri della famiglia o degli altri membri del gruppo sociale, dovuti all'intermediazione materna, che inducono la differenziazione fondamentale fra "nemici" e "amici".

Le difficoltà incontrate nell'alimentazione nella prima fase dello sviluppo del bambino possono avere quindi conseguenze molto pesanti nello sviluppo della personalità, specialmente per quanto riguarda l'origine della schizofrenia [14]. Queste conseguenze sono già state illustrate dalla psicanalisi, in particolare da Margaret Mead, ma la psicocibernetica va oltre mostrando come in casi estremi in cui viene inibita la trasformazione dell'impulso aggressivo in impulso dominativo, possa anche verificarsi il fenomeno dell'estroversione della paura, su cui avremo modo di intrattenerci, che porta ad una sinergia dei due impulsi, aggressività e paura, nella forma di un odio feroce, cannibalico, verso l'immagine umana che può sostanziare le più estreme forme criminali.

L'esistenza di un alto livello tensionale della paura non è, di per sé, un elemento sufficiente a determinarne l'estroversione. Anche l'assenza di qualsiasi alternativa comportamentale, come la fuga, che accompagni l'alto livello tensionale non è sempre sufficiente per provocarne l'estroversione, potendosi in tal caso determinare la completa paralisi di qualsiasi attività difensiva. Occorre che la situazione obiettiva mostri qualche probabilità, sia pure minima, di successo, di riuscire a dare sfogo all'odio.

Nelle condizioni emergenti da una condizione di disturbo dell'alimentazione nella prima fase infantile se il bambino non muore vuol dire che in qualche modo è riuscito ad alimentarsi e ha dovuto pertanto sottostare ai modi dolorosi con cui ciò è stato possibile. Ma questa sottomissione non implica la scomparsa della paura, come avviene nella condizione di scambio, e tale paura lo accompagnerà nella sua vita come energia potenziale, pronta ad esplodere come estroversione, cioè come violenza contro gli altri uomini, allorché le condizioni della vita lo permetteranno. E non vi è modo per porvi rimedio perché, come affermò Joyce, *"Nessun ulteriore disfacimento potrà mai disfare una primitiva disfatta"*.

13.3 – Le altre componenti relazionali dell'impulso sociale.

Il primo fondamentale componente dell'impulso sociale è dunque diretto verso l'immagine umana, e si articola, trascurando le forme estreme che vedono l'estroversione della paura, nelle forme comportamentali dominativa pura, di alternanza schizofrenica aggressione - paura o di equilibrio di scambio entro cui si definiscono i rapporti di amicizia e di amore inizialmente limitati alla figura materna, e poi estesi ad un certo ambito familiare.

Si dà così luogo ad un impulso differenziato verso la figura umana e che verso gli estranei mantiene le sue caratteristiche oscillanti fra l' aggressività, il desiderio dominativo e la paura. Le caratteristiche massime di aggressività e di crudeltà, del piacere di uccidere, si manifestano negli uomini deboli che hanno estrovertito la paura, condizione che si conserva, a livello inconscio, anche quando ricoprono le posizioni di potere, magari raggiunte proprio in virtù della amplificazione delle capacità aggressive determinata dall'estroversione della paura.

Il più importante impulso che si forma successivamente all'impulso verso la madre ha come oggetto il padre, che sostituisce la madre come l'interlocutore più importante in quanto detentore del potere nei confronti del bambino e ciò quando ancora le esperienze esistenziali del bambino costituiscono elemento fondante la struttura degli impulsi. Nei confronti del padre si ricostituisce la dicotomia comportamentale dominazione – paura, senza l'azione modificatrice della suzione, intervenuta nel rapporto materno, ma con l'azione intermediatrice della madre.

Dato l'alto livello della richiesta di protezione, si possono realizzare condizioni di aggregazione con una varietà di rapporti di scambio, ma vi è un livello critico del rapporto di scambio che consente l'incollamento in cui gli elementi del "dare", sottomissivi, sono vissuti come comandamento interiore. Sono condizioni in cui il piacere connesso alla soddisfazione del bisogno di protezione supera di tanto la frustrazione dell'impulso dominativo da cancellarlo; la situazione ideale è quella in cui l'impulso dominativo non viene addirittura frustrato perché sussiste una contropartita al dominio del padre nel dominio dell'anima del padre, nella sensazione cioè di essere amato. E' chiaro che, nel determinare simili sviluppi ha estrema importanza che il rapporto precedente con la madre non abbia portato ad una estremizzazione la paura esistenziale, condizione che ne rende più ardua la sua compensazione in sede di rapporto con il padre.

Come sappiamo dalla teoria psicocibernetica, l'indirizzamento comportamentale "introiettato", cioè assunto a proprio indirizzo istintuale autonomo, richiede l'esistenza di un piacere da ambo le parti, piacere che derivi dall'abbattimento di un comune dolore. Esso è quindi impedito dalla presenza di dolore, cioè dalla condizione oppositiva fra i partner dello scambio.

La grande paura della solitudine fa si che, allontanandosi dall' intervallo del rapporto di scambio che da luogo alle condizioni massime di incollamento e che, come avremo occasione di esporre più in dettaglio nel prossimo capitolo, è amplificato dalla illusione, la dipendenza dal padre non scompare, ma i vincoli sociali risultano imposti dall'esterno, subiti per l'azione della paura. Allontanandosi dal rapporto di scambio ottimale il comportamento sottomissivo del figlio nasconde inoltre una scontentezza che costituisce una energia potenziale aggressiva che può quindi emergere ove le circostanze lo consentano.

L'estrema importanza di questo impulso risiede nel fatto che, malgrado sia il rapporto con la madre ad aprire, come abbiamo visto, i canali comunicazionali, è esso il fondamentale veicolatore dei valori comportamentali pre-razionali, religiosi e morali, e che il tipo di rapporto si trasferisce col tempo verso il capo del gruppo e verso il gruppo nel suo complesso, costituendo così, in questa forma allargata, il più importante elemento fondante dell'impulso sociale.

Sulle condizioni che governano la formazione di questo impulso, specialmente in quelle che determinano l'incollamento profondo, che abbiamo definito come amore, torneremo nel prossimo capitolo. Attualmente, però, notiamo due aspetti fondamentali che distinguono la formazione che si verificava nell'orda primordiale con quella che avviene nella attuale civiltà. Questi aspetti permettevano di ridurre l'aspetto inibitorio connesso all'intervento del padre, rendendolo simile a quello della madre, in cui la sottomissione del bambino, fatto in cambio di un regalo gratuito di enorme dimensione, era vissuto in termini ludici, come soddisfazione dell'impulso dominativo dovuto all'instaurazione di un potere sulla volontà della madre, come sicurezza del suo amore.

Innanzi tutto la possibilità che anche il padre intervenisse molto presto nel processo di alimentazione del bambino, cosicché non vi fosse una drastica separazione dei ruoli, come invece avviene oggi. Secondariamente, il fatto che il bambino era introdotto molto precocemente nella realtà sociale, non esistendo, come invece avviene oggi, differenziazione fa realtà sociale e realtà familiare, così che molta parte della acquisizione degli obblighi sociali più costrittivi era dovuta alla vita nel gruppo, sottratta al diretto intervento genitoriale.

Non vi è dubbio ovviamente sull'origine genetica dell'impulso sessuale, nel senso che la fonte della stimolazione sia originariamente interna, venga indirizzata verso determinati oggetti attraverso "richiami" e venga poi estrovertita. Il punto fondamentale da rilevare è che esso ha un oggetto già compreso nell'ambito dell' impulso rivolto alla figura umana di cui costituisce amplificazione selettiva, rivolta cioè agli individui dotati di particolari caratteri.

Lo sviluppo iniziale dei due impulsi è unico, così che è difficile distinguere ciò che è dovuto all'uno e ciò che è dovuto all'altro, giacché come abbiamo avuto occasione di vedere, l'energia che trasferisce in azione lo stimolo attrattivo è sempre la stessa, l'aggressività, soggetta al gioco dialettico con la paura. Ciò anche se le condizioni comportamentali finali sono definite da particolari guide sensorie che portano allo scambio che elimina la paura ed impone le condizioni di sinergia che possono trasformare l'attrattività da aggressività a connettività. Nondimeno, questi passaggi avvengono sempre nell'ambito del più ampio impulso sociale, cosicché la presenza di una aggressività residua dalla relazione con i genitori e quindi con la società può impedire che gli scambi sessuali si trasformino in una relazione di amore.. Ciò era già stato compreso da Jung che ipotizzava una sola energia psichica, che aveva denominato "libido".

I due impulsi sono comunque strettamente intrecciati, come appare dal fatto che certi canoni della bellezza femminile si formano socialmente, come la preferenza per le forme "giunoniche" dell'epoca classica e rinascimentale e delle forme più slanciate della nostra epoca, più in generale il fatto che l'apprezzamento sociale costituisce elemento di amplificazione del desiderio sessuale vedi il fenomeno del sex symbol e del divismo, che cioè l'azione mimetica non è limitata ad un solo tipo di impulso.

Un altro aspetto, di cui vedremo l'estrema importanza sul piano evolutivo nel prossimo capitolo, è costituito dal fatto che esso si concentra su particolari individui del gruppo, ma tale concentrazione ha una durata limitata nel tempo, superato il quale si trasforma in una affettività sociale. Ciò è reso possibile da una estrema variabilità di forma dell'immagine, così che sovrapposta all'attrattività connessa al sesso vi è una attrattività connessa al singolo individuo, influenzata, come abbiamo già detto, da elementi sociali.

Per quanto riguarda gli impulsi genitoriali, materno e paterno viene a volte messa in dubbio la loro stessa esistenza o importanza in conseguenza della loro ambiguità. Si fa riferimento, in tale giudizio, alla quantità di violenza che si è da sempre abbattuta sui bambini, di cui non si ha adeguata coscienza ma che è ampiamente documentata in importanti lavori scientifici [15], [16].

Vi è forse un errore in queste valutazioni, giacché

l'accudimento parentale è un elemento fondamentale per la conservazione della specie e ciò in un enorme numero di animali, non solo nei mammiferi. L'errore è forse nel voler giudicare l'impulso sulla base del tipo di comportamento nei confronti dei bambini di una parte minoritaria della popolazione e in una condizione, quale l'attuale, in cui esiste una enorme paura, connessa alla frustrazione del bisogno di protezione, paura che si estroverte in violenza nei confronti dei più deboli.

Nel caso specifico dell'impulso materno, abbiamo già visto come la sensibilità al piacere dell'allattamento rafforzi lo svolgersi del processo di attaccamento e di identificazione, inizialmente innescato dall'essere il bambino come un'escrescenza del proprio io e da richiami infantili Per la Blaffer infatti, è il primo periodo di vita del bambino, prima che si inneschi la lattazione, quello in cui più facilmente può manifestarsi l'aggressione materna [16]. Il processo di identificazione, una volta iniziata la lattazione, viene poi ulteriormente alimentato dal rapporto comunicazionale che si crea con il bambino ed infine, dalla acquisizione, spesso appassionata e irrazionale, delle condizioni di ruolo imposte dal gruppo come risultato del processo di equilibrio o di scambio delle fondamentali istanze dominative e di paura.

Ma una grande paura può inibire qualsiasi impulso, anche i più forti. Quindi, se mutano le condizioni di paura che hanno dato luogo all'equilibrio comportamentale, può mutare la manifestazione dell' impulso materno e ciò sia nel caso di un aumento della paura sociale che può portare alla sua estroversione e quindi all'aggressività nei confronti del figlio (ragazza madre in ambiente repressivo), sia nel caso che la paura sociale diminuisca, nel qual caso la sottomissione, cioè l'accettazione dei vincoli sociali nel processo inconscio di scambio, lascia aperte maggiori aree all'impulso dominativo e alle conseguenti ricerche di ruolo, tipicamente la proiezione nel mondo del lavoro, l'ambizione sociale ecc. determinando una riduzione dell'attaccamento. Anche se gli effetti negativi non sono confrontabili con quelli che scaturiscono dall'aumento della paura, sono tuttavia sufficienti a disturbare la formazione psicologica del bambino.

Anche nel caso dell'impulso paterno vi sono molte persone, specialmente nel campo della psicoanalisi, che pensano che esso nasconda profonde posizioni aggressive nell'inconscio [18]. L'elemento formativo fondamentale dell'impulso è un processo identificativo, di allargamento della sensibilità dell'io ai figli, percepiti come parte del sé. Tale processo è reso possibile dall'assenza della paura, assenza dovuta al fatto di procedere da una condizione di assoluta superiorità nei confronti dei bambini. Esistono anche richiami "infantili" specifici che hanno le stesse caratteristiche dei richiami sessuali con i quali possono anche confondersi anche se normalmente vengono più o meno rapidamente sublimati. Essi determinano comunque l' innamoramento dei propri figli.

L'impulso paterno è però anche piacere derivato dall'esercizio come capo di un dominio, ed è quindi molto importante, per la sua manifestazione, che il padre abbia subito, nella sua prima infanzia, la trasformazione, di cui abbiamo discusso, dell'impulso dominativo in impulso di scambio, di richiesta di affettività, rivolta prima alla madre e poi agli altri membri del gruppo e che tale richiesta abbia portato a condizioni di equilibrio perché ciò può condizionare il modo con cui il padre si relaziona con il bambino.

Altrimenti, cioè in assenza di compensazione della paura ancestrale e quindi in uno stato di permanente inconscia aggressività che inasprisce tutte le relazioni sociali, anche l'impulso paterno può assumere caratteristiche aggressive o ambigue (complesso di Crono) soprattutto nelle prime fasi della vita del bambino, nella forma di una sorta di gelosia per lo spazio affettivo da questi invaso.

In sostanza, le vicissitudini connesse alla discesa dagli alberi hanno portato il nostro antenato a sviluppare la parte sociale della sua psicologia che precedentemente ne costituiva una parte minoritaria, legata ad un ambito familiare assai ristretto, ma la parte più profonda rimane ancora l'io, che deve emergere, quando tutto è perduto, come l'ultima spiaggia, la cui scomparsa coincide con quella della specie. Pertanto, come abbiamo già visto trattando della estroversione della paura, quando questa raggiunge livelli estremi, può modificare qualsiasi impulso. In tali condizioni crolla tutta la incastellatura sociale ed il comportamento scavalca qualsiasi comandamento affettivo, morale o religioso, qualsiasi sentimento di pietà, assumendo aspetti di feroce aggressività.

I greci, che avevano elaborato nell'arte e nel mito le scoperte che noi facciamo più di duemila anni dopo, avevano dato una risposta al problema nel mito di Crono, che temeva di essere ucciso dai figli e pertanto li uccideva, anzi li mangiava. Secondo questo modo interpretativo deve agire una grande paura. Deve far riflettere il fatto che la paura riguarda la possibilità di essere ucciso dai propri figli che richiama il mito di Edipo e la scoperta della "uccisione del padre" di Freud. Deve anche far riflettere il fatto che, nel mito di Crono l'entità più potente dell'Universo è soggetta alla paura, così che in realtà è la paura la più grande potenza del mondo.Il processo può anche essere interpretato come la estroversione di un istinto di morte, quale può divenire la paura nella forma estrema del suo comportamento introverso di default, la fuga [19].

Naturalmente, nelle condizioni reali è impossibile che l'odio verso i figli assuma le condizioni rappresentate nel mito di Crono, è sufficiente però che sussista una paura esistenziale ben più limitata per giustificare una ambiguità nel rapporto, il suo assumere un aspetto schizofrenico.

13.4 – Il linguaggio ludico del corpo.

Il processo di indirizzamento comportamentale si manifesta dunque attraverso un programma di amplificazione della sensibilità, in termini di piacere o di dolore, di determinate zone del corpo che Freud denominò "zone erogene" [9] e interpretò come fasi di sviluppo dell'impulso sessuale. Esso rappresenta invece il processo di formazione di tutti gli impulsi relazionali e la sua limitazione all'impulso sessuale ne fa perdere il senso della sua importantissima funzione di formazione dell'intera struttura psichica.

Esso rappresenta la modulazione di certi elementi di informazione sensoria di tipo tattile che abbiamo già visto in azione nell'impulso di suzione nel bambino e nella sensibilizzazione dei seni nella madre nella prima fase di costituzione dell'impulso di riconoscimento dell'immagine umana. Il piacere tattile indotto dall'impulso di suzione, cioè della sensibilità orale, esorcizza la paura, che, in quanto meccanismo di allarme del dolore, è il "negativo" del piacere.

La reciprocità degli effetti in due partner, che portano ad assegnare una polarità di piacere a determinati comportamenti donatori, permette di considerare questa situazione come una condizione fondamentale per determinare un equilibrio di scambio senza il quale non sarebbero possibili i rapporti di amicizia e di amore. Questo meccanismo opera ovviamente anche nel contesto sessuale e anche nell'età adulta, in cui in particolare persegue l'obiettivo di indirizzamento alla copulazione.

La condizione di equilibrio comporta in ciascuno dei partner lo scambio fra quantità ceduta e acquisita, quantità che devono essere equivalenti per poter dar luogo all' equilibrio. I rapporti di equivalenza sono però determinati da condizioni soggettive, dal rapporto dei bisogni dei partner del rapporto, bisogni che sono quantità variabili fra gli individui. Al raggiungimento di tale equivalenza coopera una condizione psicologica interna, l'illusione, che è ancora una modificazione della sensibilità, non più solamente tattile, la cui dettagliata trattazione sarà svolta nel prossimo capitolo. [6], [7],[8].

L'importanza di questi processi di sensibilizzazione travalica anche la regolamentazione dei rapporti interpersonali per assumere l' aspetto di uno strumento di regolazione dell'intero rapporto col mondo. L'amplificazione della sensibilità, senza inversione, che implica sviluppo di dolore, permette di strutturare una risposta anche in corrispondenza di sollecitazioni che non inducono modifiche alla memoria di stato, che non provocano cioè danno all'organismo e non ne modificano la funzionalità, ma indicano una condizione di pericolo, perché hanno la stessa struttura di quelle che provocano danno o sono con esse associate, strutturando così quelle che vengono chiamate "memorie di allarme" mentre l'azione inversa, di amplificazione dello scarico in corrispondenza di memorie associate con lo scarico effettivo dell'eccitazione, che implica sviluppo di piacere, da luogo alla formazione delle cosiddette "memorie di rassicurazione" [5], [6], [7].

Naturalmente, la modulazione della sensibilità è necessaria perché si determini l'imprinting, ossia la formazione ontologica degli impulsi, ma la sua funzione cessa quando questo imprinting è realizzato. Il periodo in cui si svolge questo processo di imprinting è il periodo "infantile" che va ben oltre il periodo in cui è operante il processo di sensibilizzazione delle zone erogene di Freud. Durante questo periodo la combinazione di input sensori provenienti dalla realtà, contemporaneamente a cicli di carico e scarico delle zone erotiche definisce, oltre alle dette memorie di allarme e rassicurazione, che insieme formano le memorie di riconoscimento, modalità comportamentali memorizzate in memorie di pre-trattamento [5] [6],[7] che costituiscono vincoli alla definizione della risposta effettuata al momento dello stimolo.

Il processo di costruzione dell'insieme degli impulsi derivati è più complesso di quanto appaia dalla descrizione schematica che abbiamo fin qui fatta, e avviene in molti stadi elementari. Infatti, vi è incertezza nel grado di correlazione fra la memoria di allarme genetica (ossia la sensibilità amplificata agente durante il periodo formativo) e la memoria di azione (attivata dalla memoria di stato in corrispondenza di un reale danno all' organismo) e questa incertezza appare chiara anche per motivi intuitivi. La stimolazione di una condizione dolorifica, sulla base di una amplificazione della sensibilità, non implica necessariamente l' esistenza di un pericolo in quanto una certa sollecitazione debole dovuta ad un contatto può non essere niente di più di una carezza che lo stato di particolare sensibilità enfatizza e rende dolorosa ma che non implica necessariamente una minaccia. Di conseguenza, l'associazione fra gli input sensoriali che stimolano la memoria genetica di allarme e gli input sensoriali che possono stimolare la memoria di stato deve essere considerata come possibile, non come certa.

La formazione degli impulsi rientra quindi in quel gruppo di fenomeni, denominati atipici, che si manifestano nell'ambito di una certa variabilità strutturale che determina incertezza nei loro rapporti di causa-effetto con altri fenomeni e il cui trattamento richiede l'utilizzazione della teoria statistica della prova delle ipotesi [20]. Questa teoria è basata sul riconoscimento di determinati modelli sistemici, cioè ripetizioni non giustificabili tramite la sola azione del caso o, in termini di teoria della informazione, "sulla separazione dell'informazione dal rumore,, [21].

Vi è quindi necessità di un controllo, tramite un processo di ripetizione dell'esperienza formativa, del livello di probabilità dell'associazione fra gli input della memoria genetica di allarme e gli input che possono stimolare la memoria di stato prima che abbia luogo la fissazione definitiva ed irreversibile di una memoria di allarme, cosicché la formazione abbia luogo solo se la probabilità di associazione è sufficientemente alta.

La struttura del cervello soddisfa le richieste della teoria matematica. La ripetizione di stimolazioni deboli provenienti dalle memorie genetiche di allarme determina l'aumento della concentrazione dei neurotrasmettitori nelle sinapsi e quindi, quando un determinato livello di concentrazione è raggiunto, la formazione della connessione. Quest'ultima si forma quindi quando un certo numero di ripetizioni delle stimolazioni formative, corrispondenti ad un determinato livello di probabilità dell'associazione, è raggiunta.

Ovviamente, questo numero è variabile in relazione al livello tensionale dello stimolo a cui la quantità di neurotrasmettitori prodotti in ogni esperienza è proporzionale; il processo, in sostanza, è governato dalle due variabili correlate costituite dal livello tensionale dell'energia di stimolo e dal numero delle ripetizioni delle esperienze formative.

Il processo presenta inoltre alcuni aspetti di particolare complessità inerenti al fatto che le zone corporee sensibilizzate variano nel corso del processo di formazione degli impulsi. La variabilità dei programmi di sensibilizzazione ha importanti ovvi riflessi sul carattere, ma è l'esistenza stessa di un programma di sensibilizzazione che investe una molteplicità di zone erotiche (ed altri centri puramente psicologici) che ha importanti conseguenze sul piano della teoria dell' informazione.

Ciò comporta infatti un rilevamento della ridondanza,

ossia della ripetizione significativa, "trasversale,, ad un gran numero di situazioni stimolative differenti. Ciò sembra soddisfare la necessità di assorbire un'esperienza complessa nella formazione degli impulsi, che rende possibile ridurre ulteriormente la probabilità dell'errore connessa all'utilizzazione di informazioni sensorie la cui associazione con la memoria di stato è soltanto probabile.

La dimostrazione analitica di questo aspetto richiederebbe il ricorso ad un certo numero di moderne teorie statistiche e a determinati concetti matematici, quale quello di variabilità di interazione. Riteniamo che l'omissione di tale analisi sia giustificata dal fatto che questo lavoro assumerebbe altrimenti un carattere molto differente da quello progettato, cioè da un'esposizione accessibile ad un vasto pubblico di lettori [20].

Comunque, sembra ragionevolmente chiaro che, se le varie zone del corpo fossero sensibilizzate tutte contemporaneamente e se il processo si sviluppasse in un tempo limitato, la strutturazione degli impulsi avverrebbe secondo un'unica esperienza esistenziale, relativa a quella combinazione dei fattori sia soggettivi, struttura della sensibilizzazione che obiettivi, struttura delle variabili esterne, esistente nel periodo limitato di formazione. Programmando nel tempo e con differenti strutture di sensibilizzazione la strutturazione degli impulsi, si realizza invece la possibilità di assorbire più varie e complesse esperienze sia in termini soggettivi che obiettivi. La realtà, infatti, è esplorata più volte con differenti condizioni esterne e con differenti punti di vista collegati alla sensibilizzazione interna ed è sovrapponendo queste immagini che viene costruita un'immagine complessa della realtà. In breve, la ripetizione conferisce un più alto livello di probabilità all'associazione se è filtrata attraverso diverse condizioni delle variabili del sistema.

13.5–Il ruolo della flessibilità del sistema nella determinazione della variabilità caratteriale.

Introduciamo adesso il concetto di "flessibilità", intesa come una qualità del sistema che determina il rapporto fra le

211

componenti di aggressività e di paura che compongono la risposta istintuale ad uno stimolo esterno. Considerando che la paura rappresenta l'impulso più antico e quindi più profondo nelle stratificazioni psichiche, la flessibilità rappresenta la maggiore o minore tendenza della reazione ad introvertirsi, cioè a raggiungere le stratificazioni più profonde, assumendo connotati di paura. Secondo la teoria psicocibernetica, si tratta del fattore più importante nella determinazione della variabilità caratteriale su cui poggia l'organizzazione sociale umana [22].

Negli individui con bassa flessibilità, la risposta è persistentemente estroversa, non vi è piegamento per la paura; e in questi casi il termine "volontà di potenza" è certamente adatto a descriverne il motore principale del comportamento. Quando il livello tensionale della sollecitazione che viene dalla realtà dei rapporti interpersonali raggiunge determinati valori, la reazione degli individui con alta flessibilità psichica diviene rapidamente introversa, con una maggiore componente di paura ed il comportamento assume l'aspetto di una richiesta di sicurezza o protezione che diviene, ai più alti livelli, tendenza verso la fuga [23].

Il comportamento estroverso può riemergere ai più alti livelli tensionali come manifestazione di quella che viene chiamata "estroversione della paura" ma questo è un comportamento che si verifica in particolari condizioni (in altri casi la paura può avere un effetto paralizzante o può dar luogo a sviluppi paranoici o depressivi).

Quando il livello della tensione è alto, l'ottenimento di protezione e sicurezza può determinare una grande riduzione della tensione che fissa il comportamento di sottomissione, come cedimento plastico definitivo. Ovviamente il rapporto di scambio protezione - sottomissione è determinato dal livello di flessibilità in entrambi i partners, cioè dal rapporto che nei due partners hanno gli impulsi aggressivo e di paura.

Abbiamo già notato che il comportamento di sottomissione non rappresenta un comportamento opposto a quello dominativo quando è inserito in un rapporto di scambio degli impulsi. L'obiettivo dell' impulso è infatti quello di utilizzare l'oggetto dell'impulso per soddisfare esigenze di sopravvivenza e, se realizza questo obiettivo, il comportamento di sottomissione equivale ad un comportamento dominativo, di impossessamento. Contribuisce alla realizzazione dell'equilibrio di scambio l'illusione sulla reale portata dei sentimenti protettivi del partner ma. evidentemente un interesse reale, un'utilità deve sussistere da ambo le parti, salvo nei casi, che afferiscono agli impulsi genitoriali, in cui agiscono con forza processi identificativi.

Non sempre pertanto la sottomissione è sufficiente per determinare la riduzione dell'aggressività del partner e la sua trasformazione in protezione se non vi è utilità da parte del protettore. Se non c'é più una madre che risponda anche al pianto occorre portare dei doni o rimanere soli. *"Io sono forse un fanciullo/ che ha paura dei morti/ ma che la morte chiama/.../ Perché non ha più doni/ e le strade son buie/ e più non c'è nessuno/ che sappia farlo piangere."* (Quasimodo)

Riferimenti
[1]–Prigogine I.: *Self organization in Nonequilibrium Systems*, Wiley & Sons, New York, 1977
[2]- Lorenz K.: *Das sogenannte Böse: Zur Naturgeschichte der Aggression*, Borotha Schoeler Verlag, Wien, 1963
[3]-Hall Calvin S., Lindzey G.: *La teoria dello stimolo-risposta,* in Teorie della personalità, Cap. 11, Boringhieri, Torino, ristampa del 1970
[4]-Firrao S.:*Dynamic Equilibria Generation in Nonequilibrium Systems*, Cybernetics and Systems, 22, 1991
[5]-Firrao S.: *Il processo di associazione stimolo-risposta nelle reti stratificate,* V Meeting di Neuroriabilitazione, Clinica Neurologica della II Facoltà di Medicina, Napoli, 6-7 ottobre 1989
[6]- Rose V.: *Introduzione alla psicocibernetica*, Quaderni di Cibernetica, 1/86, 2/86, 3/87, 4/87, 5/88
[7]- Firrao S.: *Contribution of Complex Systems Theory to Psychology,* in questo volume, capitolo 12
[8]-Firrao S.: *L'illusione* in Il potere e la paura, in questo volume, capitolo 14, paragrafo 14.3
[9]-Freud S.: *Tre saggi sulla teoria della sessualità,* Opere, vol. IV, Boringhieri, Torino, 1970
[10]- Freud S.: *Sui due principi dell'accadere psichico,* Opere, vol. VI, Boringhieri ,Torino, 1974
[11]- Lorenz K.: *L'anello di Re Salomone,* Adelphi, Milano, , 1995

[12]-Mahler M.S.,Pine F.,Bergman A.:*The Psychological Birth of the Human Infant, Symbiosis and Individuation*, Basic Books, New York, 1975

[13]-Wickes F.G.: *Il mondo psichico dell'infanzia,* Astrolabio, Roma, 1948

[14]- Firrao S.: *I disturbi psicotici nella nuova psicocibernetica,* Quaderni di Cibernetica, 6,1989

[15]-Foti C.: *Etica e infanzia*, www.cshg.it/ClaudioFoti/ClaudioFoti.htm

[16]-Blaffer S.H.: *Istinto materno*, Sperling & Kupfer Editori, Milano

[17]-Firrao S.: *Il potere e la paura* in questo volume, capitolo 14

[18]-Fornari F.: *Psicoanalisi della guerra,* Feltrinelli, Milano, 1970

[19]-Rose V.: *Sull'impulso di morte,* Quaderni di Cibernetica, 6, 1989

[20]-Firrao S.: *Controllo Statistico della Qualità*, Corso di Perfezionamento in Industrie Tessili del Politecnico di Milano, 1968

[21]- Shannon C.E.: Weaver W.: *Teoria Matematica della Comunicazione*, Etas Compass,Milano, 1968

[22]-Firrao S.: *La variabilità caratteriale umana,* Quaderni di Cibernetica, 7, 1990

[23]-Jung C.G.: *Tipi psicologici,* Newton Compton Italiana, Roma, 1970

[24]-Girard R.: *Menzogna romantica e verità romanzesca*, Bompiani, Milano, 1961

Capitolo 14

Il potere e la paura

Sommario

Nello studio che segue, la teoria dell'organizzazione si propone di risolvere il problema costituito dall'origine della enorme quantità di irrazionale violenza intraspecifica che affligge oggi l'umanità, problema che non riguarda la dimensione della violenza in senso assoluto, ma le caratteristiche del suo indirizzamento autodistruttivo. Essa cerca cioè di risolvere l'apparente paradosso di una specie che deve la sua sopravvivenza all'adozione di comportamenti razionali e che in una fase ulteriore del suo sviluppo appare abbandonarli, mettendo in atto comportamenti la cui razio sembra giacere esclusivamente in un desiderio di autodistruzione, in un impulso di morte.

A tal fine lo studio descrive la meccanica di formazione della organizzazione sociale umana e ne segue lo sviluppo individuando il momento evolutivo di formazione dell'aggressività interna e della sua estroversione nella guerra ed il quadro delle forze in quel momento agenti, proseguendo quindi nella interpretazione delle metamorfosi che la struttura sociale ha poi seguito in conseguenza dei mutamenti intervenuti in tale quadro.

Lo studio si è soffermato sugli elementi che costituiscono indizi della esistenza di fattori che possono agire in senso inverso, portare cioè ad un alleggerimento delle condizioni di sofferenza del sistema, seguendo tre linee di indagine, peraltro legate da stretti vincoli di interdipendenza.

- I mutamenti che possono realizzarsi nella struttura istintuale dell'uomo, per quella parte costituita dai processi di equilibratura e regolazione che si svolgono nei primi anni della vita e che abbiamo denominato, con termine tratto dalla etologia "imprinting".

- I mutamenti che possono realizzarsi nell' organizzazione interna del sistema, cioè delle forze cui danno luogo le varie componenti del sistema, cioè nell'ambito del controllo del potere.

- I mutamenti che possono realizzarsi nell'ambito dei rapporti con il resto del mondo, cioè nei modi di modificazione della direzione e degli obiettivi della aggressività diretta verso l'esterno del sistema.

215

14.1- Alcune linee della teoria dell' organizzazione.

Il punto di vista da cui parte la teoria dell'organizzazione è che tutto quanto è contenuto nell'universo rientra nell'ambito della fisica, così che ciò che distingue un settore della conoscenza dall'altro è costituito dal numero di variabili e dalla conseguente crescita esponenziale del numero delle forme che possono essere assunte dall'intreccio delle interazioni, potendosi così fare una distinzione fondamentale fra fenomeni semplici, governati da un numero ridottissimo di variabili e fenomeni complessi.

La considerazione però che la interazione elementare che si svolge fra le variabili non può cambiare dall'una all'altra delle due specie di fenomeni implica che i modi di formazione del fenomeno complesso non possono essere completamente liberi, ma devono rispettare anch'essi dei vincoli, cioè delle leggi di organizzazione. Anche se, in linea generale, i vincoli che così si possono definire non possono essere esplicitati in modo tale da definire completamente il fenomeno, essi permettono ciononostante di restringere il campo dei possibili modelli e di facilitare quindi il ritrovamento di un modello euristicamente valido.

Non è nostra intenzione procedere qui ad una esposizione, sia pure estremamente sintetica ed approssimativa, dei risultati finora raggiunti nell'ambito della teoria dell'organizzazione, trattandosi di una scienza che, pur essendo ancora bambina, ha già una certa dimensione. La nostra intenzione è quella di esporre alcuni concetti fondamentali che interverranno frequentemente nella nostra trattazione perché riteniamo che ciò ne facilterà la comprensione, riservandoci anche di esporre ulteriori concetti attraverso note intervallate nel testo, ove ne ravvisassimo la necessità o l'opportunità a fini esplicativi.

La condizione necessaria per lo sviluppo dell'ordine in un insieme disorganizzato è che esso sia sottoposto a campi di forza che determinano le interazioni che si svolgono fra i componenti. L'azione esterna, in combinazione con certe componenti dell'energia interna, determina lo sviluppo di una variabilità configurale (ossia della disposizione dei componenti nello spazio) dell'insieme che comporta ovviamente la variabilità della struttura delle interazioni che intercorrono fra i componenti, struttura che si allontana dalla condizione di equilibrio esistente prima dell'azione esterna. Nelle condizioni più generali tale variabilità assume l'aspetto di una oscillazione che ha una fase iniziale in cui, sotto la spinta dell'azione esterna, la variabilità raggiunge un valore massimo per poi calare, per effetto del conseguimento graduale di condizioni di equilibrio, fino a raggiungere una condizione finale di massimo equilibrio.

Nell' ambito della singola oscillazione, che porta ad annullare il disequilibrio indotto dalla forza esterna, il progresso verso la condizione di equilibrio è caratterizzato da processi di aggregazione e di disgregazione. La variabilità configurale comporta infatti un certo quantitativo di entropia, quindi di scontri distruttivi fra gli aggregati ma, per la maggior frequenza di direzioni di movimento parallele alla linea d'azione della forza esterna, lo sviluppo di fenomeni di aggregazione fra componenti dotati di parallelismo motorio (sinergia) prevale sull'attività distruttiva.

L'aggregazione può comportare o meno l'incollamento (chiamato anche attaccamento). L'incollamento è un concetto che è stato introdotto per la prima volta nell'ambito degli studi cosmologici ed è scaturito dalla considerazione che i processi di aggregazione fra le particelle elementari, capaci di resistere ai successivi scontri, capaci cioè di costituire i nuclei formativi dei corpi celesti, non potevano essere giustificati esclusivamente come effetto delle forze gravitazionali e che occorreva pertanto considerare l'intervento di ulteriori forze, quali le elettromagnetiche.

La reazione chimica di sintesi, attraverso cui atomi di diversi elementi si uniscono per formare una nuova sostanza è una manifestazione tipica del processo di incollamento. L'aspetto più importante di questo processo sta nel fatto che le particelle componenti perdono nella fusione la loro individualità e le qualità che le contraddistinguono, mentre il composto, che nei rapporti con altri composti diviene una unità indivisibile, assume delle qualità non rintracciabili nei componenti, così che l'atto dell'incollamento è un atto creativo.

La teoria dell'organizzazione dei sistemi estende il concetto di incollamento ben oltre le reazioni chimiche, facendone un cardine del processo creativo quale è l'organizzazione. Nelle condizioni che danno luogo all'incollamento, gli elementi fra cui ha luogo l'interazione non solo si accostano, ma danno anche luogo alla connessione o al posizionamento in sintonia delle loro linee di flusso dell'energia interna come avviene nel legame chimico di covalenza dove una linea di flusso è condivisa dagli elettroni di atomi diversi.

Sussistono però anche condizioni in cui, pur in presenza di un prevalente parallelismo motorio, l'interazione cinetica, oppositiva, non è trascurabile e con essa la formazione di forze repulsive che si oppongono all'accostamento dando luogo, con un meccanismo di trasformazione energetica (cinetica - potenziale), all'alternanza di fasi di accostamento e allontanamento che, se riferito a due soli gravi, costituisce il processo oscillatorio di Newton.

Ciò permette che in presenza di un intervento di un terzo grave che "perturba" la traiettoria degli altri due si possa realizzare un equilibrio fra i due gravi che ne indirizza l'energia verso una direzione, diversa da quella di scontro, risultante dalla composizione delle forze agenti. Si produce così una nuova traiettoria che può permanere, con qualche variazione, anche una volta che il terzo grave si sia allontanato, dando in definitiva luogo ad un moto di tipo rotatorio dei due gravi.

Anche in questo caso si verifica un incollamento, che non comporta l'accostamento degli elementi materiali, ma la sola messa in sintonia delle linee di flusso dell'energia che non danno più luogo allo scontro e si fondono nella traiettoria risultante. Si tratta di processi di "equilibrio dinamico" assai importanti ai fini della organizzazione perché implicano il "piegamento" delle energie interne al sistema verso la direzione cui tende la organizzazione.

217

Quantunque le loro caratteristiche fondamentali siano assolutamente generali, questi processi organizzativi,assumono nei sistemi complessi aspetti particolari legati al fatto che tali sistemi hanno caratteristiche di flessibilità stratificata che portano il loro comportamento lontano da quello dei corpi rigidi di Newton. Essi possono per conseguenza portare all'incollamento di due corpi mediante lo sviluppo di interazioni di forma, produrre cedimenti e cambi di forma, effettuare processi di scambio, cioè redirezionamento reciproco dei flussi di energia.

Essi possono raggiungere condizioni di equilibrio dinamico senza la necessità dell'intervento del terzo corpo, come richiesto invece nel caso dei corpi rigidi. Questo per effetto dell'accresciuta sensibilità all'azione dei campi di forza che agiscono su di essi, particolarmente, nel caso degli animali, del campo repulsivo, sensibilità che permette di anticipare la reazione prima dell'urto (memoria di riconoscimento). In molti casi è sufficiente lo sviluppo di una condizione minima di sinergia fra due elementi oppositivi, equivalente al cambio di polarità di un componente della sensibilità, per permettere un equilibrio dinamico.

Se vi è una differenza dimensionale fra due oggetti incollati quello di dimensioni inferiore assume la direzione dei flussi imposta dall'oggetto di maggiori dimensioni; quindi nel caso dell'uomo l'incollamento sociale comporta l'acquisizione degli elementi direzionali della sua attività dalla società. Naturalmente, fra i componenti del sistema sociale, le interazioni sono di tipo psicologico e quindi le canalizzazioni che si pongono in sintonia sono quelle degli impulsi e del pensiero.

E' importante rilevare la conseguenza cui porta nel campo sociale l'osservazione che quando si verifica l'incollamento i componenti non sono più rintracciabili nella monade complessa e la loro presenza non è quindi più avvertibile (principio di relatività). Questo risultato è molto importante per le scienze comportamentali; ciò infatti comporta che un impulso formato dalla fusione della volontà di potenza e della paura, quale può divenire l'impulso sociale, costituisce una unità in cui non sono più riconoscibili i suoi elementi componenti (in psicanalisi si dice che essi divengono inconsci) [1].

14.2 - I fondamenti psicologici dell'organizzazione umana.

Gli animali sono strutture dissipative e per conseguenza la loro organizzazione è indirizzata verso l'acquisizione dell'energia di cui necessitano; è anche indirizzata alla difesa nei confronti degli attacchi esterni; negli animali che si riproducono per via sessuale è anche indirizzata verso la soddisfazione del bisogno sessuale e verso l'accudimento parentale.

Tali indirizzamenti assumono la forma di interazioni con il mondo esterno che si sviluppano da campi di forza interni e prendono il nome psicologico di impulsi o istinti. In particolare l'esistenza negli animali di un impulso aggressivo (caratteristica acquisita dall'elemento attrattivo quando vi è associata una certa quantità di energia cinetica oppositiva nei confronti dell'oggetto), incorporativo, volto a soddisfare la fame, nonché di un impulso di reazione all'aggressione esterna, che si coniuga nelle due forme comportamentali della reazione estroversa, di difesa attiva e di reazione introversa, di fuga, scaturisce dalla semplice osservazione del comportamento di tali animali ed è di tale generalità da costituire un punto di partenza indiscutibile, addirittura banale.

Non vi è dubbio che l'uomo ha gli stessi impulsi fondamentali costituiti dagli impulsi estroversi, fame e sesso e dall'impulso repulsivo, volto alla conservazione, che può avere le caratteristiche sia di reazione estroversa che di reazione introversa. A questi impulsi si devono aggiungere altri impulsi di origine genetica volti a realizzare l'organizzazione sociale sulla cui formazione ci intratterremo nel corso di questo studio.

L'impulso repulsivo può assumere, negli uomini deboli, l'aspetto di un impulso autonomo che innesca direttamente, senza intermediazione razionale, il comportamento introverso di default costituito dalla fuga. Prende allora il nome di paura. Esso può avere anche un comportamento estroverso dovuto ad un processo di "estroversione della paura". L'estroversione della paura è realizzata negli individui deboli ai più alti livelli della paura e consiste nell'assunzione di un comportamento estroverso in specifiche circostanze in cui non vi sia altra alternativa di sopravvivenza, mentre il comportamento estroverso la offre, anche se a livelli molto bassi di probabilità che, sotto l'azione della paura, vengono illusoriamente rialzati.

La reazione estroversa, di contro-aggressione, appare, come risposta prioritaria, a livelli tensionali inferiori a quelli di paura. Noi chiameremo "forte" l'uomo in cui per effetto della sua struttura psichica, la tensione indotta dall'impulso di reazione non può assumere il livello della paura. Ovviamente, l'uomo forte può assumere il comportamento di fuga, ma come scelta razionale, non come una scelta istintiva che precede, anzi blocca, l'intelligenza.

219

Consideriamo adesso gli sviluppi che hanno portato alla formazione di nuovi impulsi che differiscono da quelli fondamentali per la diversità degli oggetti a cui si riferiscono o per la diversità dei modi comportamentali I primi processi, svolti quando ancora non sono definiti gli oggetti su cui operare sono i processi di definizione oggettuale per mezzo dei quali vengono definiti gli oggetti da cercare quando si verifica una certa condizione tensionale interna. Come risultato di uno di tali processi di definizione oggettuale, si ottiene un impulso fondamentale, operante nell'ambito delle relazioni interpersonali, derivato dall'impulso della fame di cui conserva le caratteristiche di aggressività e che, per una tradizione filosofica inaugurata da Schopenauer, prese il nome di volontà o desiderio di potenza, ma che chiameremo anche impulso dominativo sociale, che ha come oggetto la figura umana [1].

Durante il processo di formazione, la "struttura comportamentale" di questo impulso cambia da aggressività incorporativa ad aggressività dominativa, che si manifesta nella soddisfazione di possedere e controllare, infine di "usare" l'oggetto.

Allo stesso modo, partendo da un sensorio "sessuale" anziché da un sensorio "nutrizionale" si sviluppa un impulso aggressivo diretto verso l'oggetto sessuale che subisce le stesse modificazioni comportamentali dando così in definitiva luogo ad un impulso dominativo sessuale. Al momento non siamo interessati ad approfondire le differenze cui danno luogo i due impulsi e chiameremo pertanto semplicemente impulso dominativo il prodotto dell'aggressività nel sociale, quale che siano le origini sensorie da cui l'aggressività si diparte.

A questo stadio del discorso noi siamo particolarmente interessati ad altri impulsi nella formazione dei quali gioca un ruolo chiave l'impulso di reazione al pericolo esterno che in termini della teoria psicocibernetica si dice provenire da una memoria di stato e dalle connesse memorie di allarme.

Noi descriveremo la loro prima formazione genetica, relativa ad una situazione evolutiva in cui i nostri progenitori si trovarono di fronte ad un pericolo di estrema gravità che pose a rischio la sopravvivenza della specie, formazione che deve essere durata molte migliaia di anni. Mostreremo però come il processo formativo viene ripetuto sul piano ontologico in cui la presenza della paura del pericolo esterno viene sostituita da una "ansia esistenziale" indotta nel gene dall'antichissimo primordiale episodio formativo e che non ha evidentemente alcuna giustificazione sul piano ontologico attuale. E' anche presente sul piano ontologico, un impulso di derivazione genetica che ha la funzione di rafforzare la tendenza all'aggregazione nei confronti degli individui appartenenti all'intorno sociale, allo stesso modo di come l'impulso sessuale rafforza la tendenza all'aggregazione nei confronti degli individui del sesso opposto. Esso sostituisce, sul piano ontologico la formazione di "empatia" determinata da un processo associativo fra la percezione del pericolo esterno e la contemporanea percezione dells paura del partner, che produsse una memoria di allarme nella situazione ancestrale ma non più ripetibile sul piano ontologico.

Torniamo quindi alla prima formazione ancestrale degli impulsi sociali derivati dall'impulso di reazione. Questi impulsi sono di due tipi, che semplifichiamo riferendoli all'interazione fra due singoli individui. Il primo è determinato dalla sollecitazione, in entrambi gli individui, dell'impulso di reazione dovuto ad uno stesso pericolo esterno, senza coinvolgere la interazione dominativa fra i due individui e che porta a una sinergia nel comportamento di reazione al pericolo esterno. L'altro è sempre determinato dalla presenza di un comune pericolo esterno, ma in presenza di una opposizione fra gli impulsi dominativo e di reazione fra i due individui, opposizione che determina un equilibrio di scambio da cui emerge di nuovo un comportamento sinergico diretto verso l'oggetto esterno.

Il primo tipo da luogo ad impulsi che in termini di teoria dell'organizzazione sono chiamati di sinergia, mentre nel campo della psicologia sono chiamati di empatia; essi danno luogo ad aggregazione. Il secondo tipo da luogo ad impulsi che in termini di teoria dell'organizzazione sono chiamati dialettici, mentre nel campo della psicologia sono impulsi di dipendenza; essi danno luogo alla struttura gerarchica del gruppo. Insieme, i due impulsi costituiscono l'impulso di dipendenza sociale.

L'empatia è una attrazione fra gli uomini priva di contenuti aggressivi in base alla quale gli esseri umani condividono le stesse emozioni e si danno reciproco aiuto, è alla base dei processi di identificazione nonché dei sentimenti di compassione e di pietà. La sua formazione negli uomini e soprattutto la sua presenza nei primati è stata oggetto di ampio dibattito il cui stato attuale è acquisibile da un lavoro di de Waal [2]. Alla base dell'empatia vi sarebbe un meccanismo di percezione-azione PAM (perception-action mechanism) che permetterebbe il contagio emotivo per il quale un soggetto prova lo stesso tipo d'emozione che osserva espressa da un altro individuo e risponde con un comportamento coordinato.

Le cose non stanno precisamente in questo modo secondo la psicocibernetica, che rappresenta l'applicazione psicologica della fisica dei sistemi complessi. Se esiste nella psiche una stato di sollecitazione di un impulso dovuto a certe informazioni sensorie, le ulteriori informazioni sensorie legate alle prime da una condizione di contiguità spaziale e/o temporale acquistano la capacità autonoma di sollecitare l'impulso (memorie associative di allarme) [3]. Se quindi fra due uomini esiste un parallelismo situazionale dovuto ad un pericolo comune, la presenza in ciascuno di essi della sollecitazione di un impulso di reazione e della concomitante rappresentazione della analoga sollecitazione nell'altro, determina un' associazione in base alla quale la percezione dell'allarme dell'altro stimola il proprio allarme. La forza dell'associazione cresce con il livello della tensione dovuta alla sollecitazione dell'impulso, quindi l'associazione diviene una importante connessione quando la sollecitazione raggiunge il livello della paura.

L'assenza della interazione dominativa e quindi del rigetto reciproco dovuto alla paura è quindi dovuto al fatto che il processo formativo dell'empatia si svolge integralmente nell' ambito di ogni individuo, come associazione fra proprie informazioni sensorie, prima dello sviluppo di ogni interazione con l'altro che non sia la semplice visione della sua sofferenza. Il partner riceve quindi l'aiuto come una "donazione" che è l'opposto della aggressione predatoria tipica dell'impulso dominativo e ciò distrugge la possibilità di paura reciproca che è un impulso di reazione all'aggressione *(Amor che a nullo amato amar perdona)*.

Ciò ovviamente non determina di per sé un mutamento della risposta comportamentale di default alla paura che consiste nella fuga. Il parallelismo direzionale, che è comunanza di obiettivi, pur essendo una condizione assolutamente necessaria per lo sviluppo di una sinergia, e potendo quindi dare luogo a processi di identificazione e alla conseguente formazione di empatia, non è infatti una condizione sufficiente perché tale empatia evolva in un incollamento di dimensioni tali da imporre un coordinamento funzionale e quindi un mutamento comportamentale che imponga di bloccare la paura e portare aiuto ad un altro membro della specie.

Dobbiamo quindi necessariamente ritenere che inizialmente un simile fenomeno sia stato molto raro ed abbia subìto quindi un rafforzamento per effetto selettivo, in virtù dell'aumento di efficienza che esso determinava nella lotta per la sopravvivenza. E' ragionevole anche pensare che, prima di raggiungere la dimensione critica capace, in alcune persone, di bloccare la paura, il graduale rafforzamento dell'impulso empatico abbia portato ad una molteplicità di benefici e quindi alla sua emergenza selettiva. E' cioè ragionevole pensare che l'esser insieme abbia comportato maggiore efficienza nella fuga, negli avvistamenti, nei ripari, nell'uso di difese naturali, nelle comunicazioni, e che tale maggiore efficienza sia stata accompagnata da importanti correlati cambiamenti fisici, come quelli relativi all'uso della parola. Ciò comporta ovviamente che il processo di sviluppo della socialità, essendo legata a processi evolutivi, sia stato molto lungo, dell'ordine di migliaia di anni.

Tale impulso dunque, come l'impulso dominativo, è legato ad una certa informazione sensoria riconoscitiva, ma si distingue perché anziché sollecitare una memoria di azione (aggressività), sollecita una memoria di rassicurazione (scarico) cioè una attrazione priva di contenuti cinetici oppositivi.

Tale impulso di "amicizia" non richiede quegli elementi comportamentali di contatto che caratterizzano l'impulso sessuale e che permetterebbero di definirlo, se si svolge fra individui dello stesso sesso, "omosessuale". Noi pensiamo che sia solo una questione di intensità dell'impulso, perché tutti gli impulsi originano attraverso un linguaggio comunicativo di contatto, che viene arbitrariamente generalizzato come sessuale, anche se successivamente vengano, in misura maggiore o minore, sublimati [1].

Tuttavia, è importante che l'aspetto di gratificazione di contatto, che per comodità continueremo anche noi a chiamare sessuale, non sia prevalente; l'impulso sessuale infatti, avendo un importante aspetto di richiesta, potrebbe ostacolare l' approfondimento dell'impulso empatico che richiede l'assenza di reciproca aggressività. Nella omosessualità "non prioritaria" questa richiesta di prestazioni carnali e di possesso assume una più bassa intensità e spesso evolve verso una sublimazione che lascia un forte impulso di amicizia in cui l'aggressività è assente.

Peraltro, un minimo di coordinazione e quindi di componenti dialettiche è necessario per l'efficienza della lotta verso l'esterno. Come mostreremo in seguito, quando tratteremo dell' "innamoramento", la miscela più efficiente è quella in cui la sessualità è accompagnata da un certo rapporto fra gli impulsi empatici e quelli dialettici, rapporto che vede una grande dimensione delle componenti empatiche. Questa condizione è spesso realizzata nella omosessualità non prioritaria che è, per conseguenza, l'amplificatrice massima degli impulsi empatici da cui, molto probabilmente, proviene evolutivamente.

E' importante rilevare come l'empatia si sia sviluppata già nell'ambito delle scimmie antropomorfe, cosicché, come ha mostrato de Waal, vi è continuità tra la psicologia animale e quella umana. E' anche importante rilevare come il comportamento altruistico sia un fenomeno multidimensionale. Tra le sue dimensioni vi è *l'intensità*, cioè il grado con cui il soggetto risponde al dolore degli altri, *la gamma*, cioè la classe di situazioni in cui il soggetto risponde altruisticamente e *l'estensione*, cioè la classe di individui che il soggetto è disposto a scegliere come beneficiari del suo comportamento altruistico.

Secondo Philip Kitcher [2], le scimmie antropomorfe

manifestano forme d'altruismo di limitata intensità, gamma ed estensione, ma anche negli esseri umani il comportamento altruistico, o meglio identificativo, non solo è assai limitato, ma è anche estremamente variabile da individuo a individuo a seconda di come si compongono gli impulsi della paura del pericolo e dell'amicizia. Ciò è ai nostri fini assai importante, perché, come vedremo, è nei limiti in cui questi rapporti identificativi, che sono alla base dei rapporti familiari, possono essere estesi, una delle cause della crisi dell'orda primigenia.

Questi ristretti limiti entro cui possono dimensionarsi gli impulsi empatici sono espressione di un lungo processo evolutivo, quale certamente fu quello che portò alla formazione della struttura istintuale dell'orda primigenia, Il risultato fu una macchina perfetta in cui gli impulsi fondamentali, aggressività, paura ed empatia erano in una proporzione che non poteva essere cambiata senza perdita di efficienza nella lotta per la sopravvivenza.

La limitazione degli impulsi empatici fu infatti necessaria perché essi rientrano in quella classe di fenomeni che, se riferiti a pochi elementi sono utili al sistema, ma che divengono nocivi se coprono una parte troppo grande dell'insieme, se cioè essi divengono, con termine statistico "tipici". La presenza di un certo numero di individui che si sacrificano per il bene del gruppo comporta ovviamente vantaggi significativi ai fini della sopravvivenza, ma quando tutti gli individui si sacrificano per il gruppo, non vi è alcuno che possa ricavare un beneficio da questo comportamento che diviene chiaramente suicida per il gruppo nel suo insieme.

Ciò è vero anche se il comportamento altruistico non porti ad un reale sacrificio totale; come vedremo in seguito, oltre un certo valore ogni incremento degli impulsi empatici comporta la riduzione degli impulsi dialettici, aggressione e paura, che hanno un ruolo fondamentale nel determinare la efficienza funzionale del gruppo. Vedremo anche come gli impulsi empatici possono determinare la formazione di nuclei di movimenti rivoluzionari e quindi, se in eccesso, possono divenire elementi di instabilità dell'organizzazione. Come vedremo in seguito, il comportamento altruistico è amplificato dalla illusione, ma quest'ultima è molto più flessibile degli impulsi empatici, condizione che ridimensiona il pericolo di sollecitare un comportamento auto-distruttivo..

Passiamo quindi ad esaminare il secondo tipo di impulsi derivati, gli impulsi dialettici che danno luogo alla formazione della gerarchia. L'impulso dominativo derivato dal primordiale impulso volto ad uccidere e mangiare la preda, è sollecitato, come l'attrazione gravitazionale, dalla presenza di un oggetto dell'indirizzamento e assume la forma di impulso ad impossessarsene per soddisfare nel tempo i propri bisogni. La paura invece, è un impulso di risposta che, come la reazione cinetica all'urto, costituisce una "reazione" repulsiva all'azione dominativa esercitata da un oggetto esterno. Si tratta per conseguenza di un impulso di dimensioni crescenti con la dimensione dell'azione dominativa subita e che scompare con la scomparsa dell'azione esterna.

Naturalmente si tratta di campi di forza virtuali, che cioè si realizzano nell'ambito della rete costituita dalle comunicazioni interpersonali di cui il cervello di ogni individuo è punto nodale, ma sono comunque stimolati e regolati dai rapporti differenziali di forza che si realizzano nella realtà, nel senso che la presenza di un differenziale positivo di forza stimola la volontà di potenza e dà luogo ad un rapporto dominativo mentre la presenza di un differenziale di forza negativo stimola la paura e dà luogo ad un rapporto di sottomissione. Gli elementi obiettivi di forza sono distribuiti in modo non omogeneo nella specie umana, ma anche i due campi di forza virtuali hanno una struttura non omogenea, cioè il rapporto con cui i due impulsi si presentano nella psiche, a fronte di uno stesso quadro obiettivo dei rapporti di forza, varia da individuo a individuo [4].

Esiste una possibilità di scambio fra i due impulsi, scambio che si realizza nell'ambito del meccanismo tensionale piacere-dolore che sottostà alla formazione ontologica degli impulsi, nel senso che il piacere connesso alla soddisfazione dell'uno compensa il dolore connesso alla frustrazione dell'altro e viceversa. Ciò trova la sua giustificazione, nell'ambito della teoria psicocibernetica, nel fatto che, mentre i serbatoi di energia che alimentano gli impulsi principali, che forniscono energia allo stimolo, possono essere chiusi solo dalla soddisfazione dello stimolo specifico, ad esempio quello della fame dall' alimentazione, gli impulsi derivati sono invece alimentati da serbatoi secondari comunicanti, cosicché gli stati di soddisfazione e di frustrazione dei relativi impulsi possono compensarsi [1].

In questa fase del nostro discorso non interessa entrare nel dettaglio di tutte le sfaccettature che può assumere lo scambio a seconda dei valori assunti dalle variabili costituite dalla forza fisica e dalla forza psichica, con questo termine intendendo una entità legata alle dimensioni dell'aggressività e della sensibilità alla paura. Ci interessa invece esaminare il rapporto che ciascun componente di un gruppo sociale stabilisce con il più forte, con il capo, che costituisce il baricentro del gruppo e che quindi equivale al rapporto con il gruppo nel suo insieme.

Nel concedere la sua protezione al componente del gruppo il capo rinunzia ad una certa quota dominativa in cambio della maggior forza così acquisita nella lotta contro il nemico esterno per effetto della sottomissione del componente. Si tratta quindi di uno scambio di elementi di forza estremamente vantaggioso per lui e per l'intero sistema, cosicché può essere realizzato su basi puramente razionali. Tuttavia, alcune considerazioni sulla sequenza temporale con cui le facoltà umane si sono sviluppate, che vedono l'istinto precedere l'intelligenza nella determinazione dei comportamenti fondamentali, come l' organizzazione in orda, ci porta a credere che tale comportamento sia stato inizialmente raggiunto dal processo evolutivo in termini istintuali.

Vi è quindi, nel comportamento del capo, la presenza di un impulso di tipo particolare, detto genitoriale, che costituisce una identificazione da una posizione che gli anglosassoni definiscono "one up", cioè di superiorità, e non vi è quindi un gioco effettuato dalla paura. Questo impulso è la forma particolare presa dall'empatia nel capo ed è rafforzata dalla sessualità.

L'impulso genitoriale, di ovvia antica origine genetica, è attivato inizialmente sul piano ontologico come risposta a certi stimoli simili a quelli sessuali che sono chiamati "richiami infantili" e che hanno una grande forza, cosicché essi si manifestano, quantunque con minore intensità, anche a livello interspecifico, sviluppando un senso protettivo anche nei confronto di cuccioli di altre specie. L'impulso ha inizialmente anche componenti del piacere di contatto e sviluppa rapidamente una condizione nota come "identificazione introiettiva" principalmente donatoria, che limita gli aspetti dominativi.

Il carattere dispendioso dell' impulso, che implica l' investimento di energia sottratta alla propria difesa, implica anche che esso abbia limiti ben precisi, oltre i quali l'effetto diverrebbe negativo, indebolendo la capacità difensiva del gruppo. E' quindi un impulso che ha una dimensione limitata alla dimensione dell'orda, ottenuta dall'allargamento dell'impulso genitoriale esistente nella famiglia del nostro progenitore australopiteco. Esso, come elemento di difesa dell'intero gruppo scompare quando, dopo le rivoluzione metallurgica ed agricola, la dimensione del gruppo si allontana significativamente da quella dell'orda. In queste condizioni il comportamento del capo è determinato esclusivamente dal desiderio di potenza e da considerazioni razionali dei benefici acquisiti con lo scambio.

Esaminiamo invece il rapporto dal punto di vista del componente del gruppo che si sottomette all'autorità del capo. Supponiamo che nell'ambito del rapporto si realizzi inizialmente uno scambio fra un aumento del livello della sottomissione accettata dal dominato e una riduzione del livello della violenza esercitata dal dominante e quindi della paura nel dominato.

Supponiamo dunque che tale scambio proceda per elementi infinitesimi. Indicando con dd il dolore marginale dovuto all' aumento della sottomissione e con dp il piacere marginale dovuto alla riduzione della paura, finché sarà dd<dp lo scambio proseguirà, in quanto vi sarà una prevalenza del piacere. Lo scambio si arresterà quando sarà dd=dp che rappresenterà il valore di scambio fra sottomissione e riduzione della paura. Dunque, come l'empatia, fintanto che rimane entro determinati limiti, è vantaggiosa per la sopravvivenza del gruppo, così il comportamento cessionario, del dare, se non supera determinati limiti, può essere vantaggioso nell'ambito di un processo di scambio, per il raggiungimento, da parte dell'individuo, del suo

obiettivo di rassicurazione.

Fin qui i risultati della teoria dello scambio di Jevons, Menger e Walras [5] che però non implicano la instaurazione di una condizione di incollamento. E' chiaro infatti che l'accettazione della sottomissione, il "cedimento" può comportare una riduzione della violenza subita, condizione sufficiente al suo instaurarsi, ma ciò non toglie che essa venga vissuta come una sofferenza che comporta il permanere di un alto livello tensionale.

Se però la riduzione complessiva della paura raggiunge un certo valore critico, si determina la integrazione delle componenti dello scambio in un nuovo impulso in cui la loro presenza, come componenti formative, capaci di dar luogo ad autonomi comportamenti, scompare dalla coscienza. Vi è cioè un certo rapporto fra il dare e avere col gruppo in cui la sofferenza del gregario dovuta alla sottomissione scompare del tutto e la fusione delle due componenti da luogo ad un impulso unitario la cui soddisfazione da luogo allo sviluppo di piacere. Vi è un processo di identificazione così profondo che le costrizioni imposte dal sistema divengono imposizioni proprie (il super-io di Freud, l'imperativo categorico di Kant, la condizione di felicità di Platone) e le realizzazioni del gruppo sono realizzazione proprie. Ciò per l'effetto di coordinamento degli impulsi che si realizza nella condizione di contemporaneità dello scarico tensionale per l'eliminazione di un pericolo esterno comune in completa assenza di paura reciproca, di cui abbiamo estesamente trattato nel capitolo precedente (teoria mimetica del desiderio) [1]. L'incollamento qui raggiunge il livello massimo in cui l'identità dell'uomo scompare al di fuori del suo ruolo nel gruppo, della sua identità sociale.

Allontanandosi da questo valore del rapporto lo scambio continua a realizzarsi, ma entrambe le componenti risultano insoddisfatte: il bisogno di protezione perchè la quantità offerta è inferiore alle richieste imposte dalla dimensione della paura e il desiderio di potere perchè la sottomissione è troppo forte per essere vissuta in termini identificativi. Le due cose sono in realtà coincidenti perchè l'alto livello protettivo implica un grande livello di importanza cioè di potere.

La condizione di frustrazione dell'impulso continua quindi a sussistere come una energia potenziale ingabbiata nell'equilibrio di scambio che però si attiva tutte le volte che ciò è possibile senza incorrere nella costrizione indotta dalla sottomissione, quindi particolarmente nel rapporto con gli altri membri del gruppo più deboli che diviene più aspro. Oltre un certo livello la condizione di frustrazione irrompe nella coscienza.

E' di enorme aiuto, ai fini del raggiungimento del massimo livello di sintesi dell'impulso sociale, che la protezione ricevuta sia vissuta come il risultato di un dominio esercitato sulla volontà dell'altro, un essere nell'anima, nel qual caso vi sarebbe uno scambio di elementi dominativi e non solo cedimento della componente dominativa alla paura. Ha molta influenza su questo sbocco l'esistenza di reali elementi di scambio, quali sono quelli sessuali, ma anche la capacità di illusione che modifica la sensazione soggettiva della dimensione dello scambio. Si possono così realizzare legami molto forti con livelli di paura più bassi di quelli necessari senza questa illusione di "amore".

14.3. I pilastri della costruzione sociale: incollamento, illusione e giustizia.
-L'incollamento.
Il primo ad introdurre il concetto di incollamento (ovviamente con altro nome) fu Leibnitz, nella teoria delle monadi. Secondo questa teoria, le monadi possono combinarsi dando luogo a monadi complesse in cui le monadi elementari componenti perdono la loro individualità, costituendo un singolo organismo le cui qualità non sono rintracciabili nelle monadi componenti. Al limite, le monadi elementari che costituiscono la realtà sono vuote ed è la interazione fra di esse che determina lo spazio-tempo e gli oggetti in esso contenuti, con le loro qualità. E' una visione straordinaria che anticipa gli elementi del processo dialettico di Hegel in cui la determinazione, quindi la qualità, nasce dal nulla deterministico ed anticipa anche elementi fondamentali della teoria della relatività.

Nella scienza il processo di incollamento è implicito nelle

basi della chimica, che è nata un secolo dopo Leibnitz con Lavoisier. Nella reazione chimica di sintesi opera il processo di incollamento, cosicché, per esempio, l'acqua è composta da ossigeno ed idrogeno, ma non conserva niente delle qualità delle parti. La visione chimica ha portato a significativi contributi alla conoscenza del processo di incollamento, legato all'azione di campi di forza e al coordinamento di certe linee di flusso dell'energia fra gli atomi che formano la molecola.

Il concetto di incollamento (o attaccamento) prese questo nome nell'ambito degli studi cosmologici. Si trovò che la semplice aggregazione fra le particelle elementari, dovuta alle forze gravitazionali, non era un elemento sufficiente a giustificare la sopravvivenza degli aggregati agli urti a cui erano sottoposti da parte delle altre particelle nel gas primordiale, così che si dovesse necessariamente considerare l'esistenza di forze aggreganti più forti di quelle gravitazionali, capaci di dare agli aggregati una maggiore resistenza agli urti specialmete nella fase iniziale di crescita. Questo elemento accrescitivo fu localizzato, come è noto, nelle forze elettromagnetiche.

Ma in tutti i casi elencati, eccetto che nella visione di Leibnitz, l'azione dell'incollamento non era mai stata generalizzata come necessario e fondamentale processo in tutti i processi organizzativi che sono invece sempre processi di incollamento. E' solo nella teoria dei sistemi complessi che ciò accade. Si riconosce il necessario intervento, nel processo di incollamento formativo di un sistema, di campi di forza di particolare intensità confrontati con quelli operanti nel contesto in cui il sistema deve operare come unità indivisibile e la necessità del coordinamento delle linee di flusso dell'energia degli elementi che si fondono insieme.

Per quanto riguarda il processo di organizzazione sociale umana, è facile vedere che gli impulsi ereditati geneticamente non possono definire il comportamento umano nei dettagli perché la sopravvivenza della specie dipende da fattori esterni al sistema che variano più rapidamente degli adattamenti istintuali evolutivamente possibili, cosicché certe componenti degli impulsi devono essere realizzate attraverso un confronto con la realtà ontologica. L'uomo non dispone di un'arma capace di assicurare la sua sopravvivenza anche sotto condizioni ambientali largamente variabili. La sopravvivenza umana è legata alla formazione di gruppi la cui arma principale è la capacità di organizzarsi che permette l'adattamento a realtà mutevoli. Ciò implica la formazione di uno speciale impulso genetico esprimibile come un bisogno di raggruppamento e di altri strettamente connessi, ma richiede anche una variabilità della struttura organizzativa che deve essere sincronizzata alla variabilità delle condizioni ambientali.

Ciò significa che in aggiunta ai cambiamenti istintuali evolutivi che si verificano in tempi di migliaia di anni, occorrono anche cambiamenti istintuali realizzabili in tempi molto più brevi di quelli evolutivi. Tali cambiamenti richiedono l'esecuzione di processi organizzativi, con i soliti stadi di sinergia e dialettica, sui flussi energetici sviluppati dai basilari impulsi genetici per effetto della stimolazione indotta dalla realtà ontologica, flussi che sono evidentemente funzioni della forma assunta dalla struttura delle forze agenti in quel momento.

Tali processi organizzativi sono indirizzati verso obiettivi sociali dalla presenza, fra gli impulsi di derivazione genetica, del bisogno sociale la cui frustrazione determina la grande paura dell'abbandono e della solitudine che, non essendo di derivazione ontologica, abbiamo denominato "esistenziale". Esso si manifesta come necessità di attaccamento ad altri individui della specie che, oltre ad essere oggetto diretto dell'attrazione sociale svolgono anche la fondamentale funzione di indirizzamento istintuale, determinando sia gli oggetti che le modalità comportamentali del loro trattamento, svolgono cioè la funzione di "mediatori" sia del desiderio che del rifiuto [24].

In tale opera di indirizzamento l'impulso sociale è coadiuvato, oltre che da impulsi genetici che rinforzano selettivamente l'attrazione esercitata da particolari mediatori, quali quelli sessuali ed alcuni impulsi empatici che possono essere di particolare intensità anche se distribuiti in maniera disuniforme fra la popolazione, da particolari condizioni di modificazione della sensibilità. Tali modificazioni operano sia sul piano della memoria di stato (le zone erogene di Freud), sia sul piano della memoria di riconoscimento (allarme e rassicurazione), ove si manifesta nell' attenzione spasmodica, imitativa, delle modalità comportamentali e motivazionali del mediatore, oggetto diretto dell'attaccamento. Operano infine nell'amplificazione selettiva di alcune componenti della interazione reciproca, interazione che è esprimibile in termini di scambio (l'illusione). Tali modificazioni trovano la loro origine ultima in modificazioni del meccanismo dolore-piacere che rendono piacevoli o spiacevoli determinate componenti del processo di scambio.

Tali processi vengono condotti nell' infanzia attraverso il meccanismo che abbiamo denominato, con termine, preso a prestito da Lorenz "imprinting" su cui torneremo più volte. La fase finale di questi processi è quella dell' incollamento, ossia sintesi, da cui nascono gli impulsi derivati consistenti con le richieste organizzative imposte dalle condizioni ambientali esistenti. Le interazioni sociali ordinarie si svolgono attraverso l'interagire dialettico degli impulsi così determinati

Come parte di questo processo di formazione ontologica degli impulsi, viene anche trasmessa, attraverso canali comunicazionali ontologici, ossia da padre a figlio, dalla società all'individuo, una eredità culturale. La acquisizione ontologica di una certa quantità di "valori" nella formazione iniziale infantile, costituisce la realizzazione del bisogno di unificazione del gruppo sociale. Essa quindi non sostituisce la successiva diretta influenza della società, specialmente del leader, nella loro determinazione. Questa influenza, legata ad una alta sollecitazione emotiva, si sovrappone quindi a quella originale, acquisita nell' infanzia, permettendone, in maggiore o minore misura, la modificazione. Come vedremo, anche un alto livello di frustrazione degli impulsi fondamentali può determinare la modifica della dipendenza (transfert) e quindi dei valori da essa indotti.

Una volta formatosi il gruppo per il soddisfacimento delle necessità di sopravvivenza, per graduale effetto evolutivo il legame di interdipendenza si rafforzò fino al punto in cui il gruppo divenne una struttura unitaria, compatta, di alta efficienza. L'aumento delle forze unificanti si manifesta come una estrema necessità di integrazione, coinvolgimento, attaccamento nonché attraverso la enorme dimensione della paura, dell'angoscia, che la sola idea dell'abbandono solleva negli strati più deboli della società. L'uomo è così divenuto, come disse Aristotele, un "animale sociale" che non può vivere solo.

Non possiamo fare a meno di rilevare come questo problema dell'angoscia che appare priva di qualsiasi giustificazione, questa paura che si sviluppa anche nei confronti di chi questa paura non dovrebbe risvegliare, è stato uno dei problemi più dibattuti nel campo della filosofia (Kierkegaard, Sartre, Heidegger), della psicologia (Freud), della letteratura (Kafka) dell'ultimo secolo senza trovare alcuna soluzione, mentre appare come condizione ovvia, addirittura necessaria per la formazione di una struttura sociale nell'ambito della teoria dell'organizzaqzione.

Ecco come Heidegger fa il punto della situazione: *Con il termine angoscia noi intendiamo quell'ansietà assai frequente che è come un senso di paura e che insorge facilmente. Ma l'angoscia è fondamentalmente diversa dalla paura. Noi abbiamo paura sempre di questo o di quell'ente determinato, che in questo o in quel determinato contesto ci minaccia. La paura è sempre paura per qualcosa di determinato. Nell'angoscia, invece, noi diciamo che uno è spaesato. Ma dinanzi a che cosa v'è lo spaesamento? Non possiamo dire dinanzi a che cosa uno è spaesato, perché lo è dinanzi all'insieme. Tutte le cose e noi stessi affondiamo in una sorta di allontanamento, ma nel loro allontanarsi le cose si rivolgono a noi e questo allontanarsi dell'ente nella sua totalità, ci assedia, ci opprime, ci angoscia. Non rimane nessun sostegno. Nel dileguarsi dell'ente, rimane soltanto e ci soprassale questo nessuno. L'angoscia rivela il niente..... . In effetti il niente stesso, in quanto tale, era presente"* [47].

Ed è questa paura, accompagnata da un disperato bisogno di protezione, divenuto un importante impulso genetico, che crea la dipendenza degli strati più deboli e numerosi della società, dipendenza che tende a concentrarsi, come in tutti gli animali di branco, su un singolo individuo, e crea a sua volta il potere assoluto, gli fornisce i mezzi per l'esercizio della tirannia e della sopraffazione. Ma così realizza lo scopo evolutivo della concentrazione e del coordinamento delle energie disponibili, strutturando un potente mezzo di intervento sulla realtà esterna al sistema che ne assicura la sopravvivenza.

La totale dipendenza della massa dal contesto sociale si pone in contraddizione con la supposta indipendenza dell' individuo che è alla base della ideologia liberale borghese. Il lettore che avesse letto i primi capitoli di questo volume saprebbe che questa questione, la possibilità dello sviluppo organizzativo in un insieme i cui componenti siano privi di qualsiasi vincolo di interdipendenza ha occupato per più di un secolo la ricerca nel campo della fisica statistica, ossia la fisica dei sistemi complessi, ma allo stato attuale non sussiste più alcun dubbio dell' impossibilità di tale sviluppo. <u>L'organizzazione, anzi, è incollamento e l'incollamento è interdipendenza.</u> Tale risultato è assolutamente generale, <u>quale che sia il campo in cui l'organizzazione si debba sviluppare.</u> La dipendenza nel campo sociale è certamente molto forte e si verifica sia sul piano istintuale che in quello intellettivo.

Malgrado centinaia di milioni di uomini mandati a morire in guerra, senza ragione, nell'ultimo secolo, non abbiano sorpreso nessuno, ha invece causato sensazione il caso del predicatore americano Jim Jones, fondatore della comunità religiosa "Tempio del Popolo", che era divenuta un raggruppamento sociale compatto di cui Jones era il capo. Egli ordinò il suicidio di massa dei membri della sua congregazione, che comprendeva molti bambini e fu obbedito da 911 membri su un totale di 1033. Il massacro avvenne a Jonestown in Guyana, dove la comunità si era spostata per sfuggire il possibile e paventato intervento delle autorità degli Stati Uniti.

Levi Strauss riferisce di casi, attestati in parecchie regioni del mondo, di morte per scongiuro o sortilegio [8]: un individuo cosciente di essere oggetto di un maleficio, è intimamente persuaso di essere condannato; parenti e amici condividono tale certezza. Da quel momento in poi la comunità si ritrae, tutti si allontanano dal maledetto, si comportano nei suoi confronti come se fosse, non solo già morto, ma fonte di pericolo per quelli che lo

235

circondano; in ogni occasione e con tutti i suoi comportamenti, il corpo sociale suggerisce la morte alla sventurata vittima che non pretende più di sfuggire a quel che considera come suo ineluttabile destino. Brutalmente reciso da tutti isuoi legami familiari e sociali, escluso da tutte le funzioni ed attività attraverso cui l'individuo acquista coscienza di se stesso, ritrovando poi quelle forze congiurate solo per bandirlo dal mondo dei viventi, lo stregato cede all'azione combinata del terrore intenso che prova, dell'improvviso e totale ritrarsi dei molteplici sistemi di riferimento formiti dalla convivenza e più tardi della loro decisiva inversione. Tutti questi fattori, da vivo che era, soggetto di diritti e di obblighi, lo proclamano morto, oggetto di timori, di riti e di proibizioni. A questo punto l'integrità fisica non resiste più alla dissoluzione della personalità sociale.

Il fenomeno ha suscitato molta sorpresa e curiosità sopratutto circa i meccanismi psicosomatici attraverso cui il terrore possa condurre alla morte. Però, ben prima che questi fenomeni venissero portati all'attenzione degli studiosi, in uno stupendo racconto (La metamorfosi), Kafka aveva già immaginato la condizione di un uomo che viene improvvisamente respinto, disprezzato, addirittura schifato dal suo intorno sociale e ne muore, senza per nulla occuparsi della questione se ciò sia possibile. Qui la magia della grande arte riesce a sollecitare in profondità la nostra sensibilità e così a convincerci senza che sia necessario capire.

Come risulta ben chiaro nel racconto di Kafka e anche in quello di Levi-Strauss, lo sbocco autodistruttivo richiede un accettazione profonda, una introversione del giudizio negativo dell'intorno sociale, che è ancora una manifestazione di dipendenza. Ma noi abbiamo anche visto che la paura può anche estrovertersi, e si concreta allora in un odio feroce verso il mondo che distrugge l'inibizione ad uccidere il compagno, inibizione che sottostà al contratto sociale. Così, come nel film "un giorno di ordinaria follia" e come è avvenuto in diverse parti del mondo, un uomo, un giorno, diviene una belva feroce e fa una strage. Ma sono tutte manifestazioni di dipendenza.

Dunque, come nella teoria di Leibniz le monadi elementari

costituenti la monade complessa perdono la loro individualità, così la psiche dell'uomo esiste solo in quanto ingranaggio nella struttura del gruppo, nodo di una rete di interazioni cerebrali; lontano dal gruppo svanisce; è qualcosa di più della dipendenza, è una condizione esistenziale.

L'importanza fondamentale che il processo di incollamento riveste nell'ambito del nostro discorso richiede che ci soffermi su alcuni dei suoi aspetti e dei suoi effetti più importanti.

1 - Il primo riconoscimento dell'esistenza di una condizione di interazione, quindi di una interdipendenza fra gli uomini, è dovuto a Freud, sia pure realizzata nell'ambito della cura psicoanalitica, come dipendenza del paziente dall'analista. Il nome dato al processo di instaurazione di questa dipendenza, "transfert", suggerisce che non già della creazione di una nuova situazione si tratta, ma del trasferimento di una condizione già esistente con un altro uomo, quindi di una condizione "universale". E già Jung l'aveva considerato il contributo di gran lunga più importante della psicanalisi alle scienze comportamentali.

La interdipendenza funzionale delle relazioni fra le parti, necessarie perché un insieme informe si strutturi in sistema, trova riscontro nella teoria mimetica del desiderio di Girard. L'individuo che viene imitato, il mediatore del desiderio, è una persona che riveste una particolare importanza per il ricevente.

L'analisi di Girard non svela il ruolo giocato dall'ansia esistenziale nella formazione di questa dipendenza; cionondimeno essa svela un meccanismo importantissimo, il meccanismo mimetico, che precede la parola (che anzi contribuisce a formare), di trasmissione dei comandi in cui si concretizza la subordinazione sistemica, che non può esaurirsi nel ruolo giocato dalla dinamica aggressività – paura e nel linguaggio ludico del corpo (cioé nel meccanismo piacere-dolore che governa le zone erogene) ma richiede un mezzo fisico di comunicazione più dettagliato, che ha trovato infatti riscontro nella scoperta dei neuroni-specchio.

Girard mostra come la meccanica di interdipendenza dei desideri sia ben intuita da importanti scrittori e ne costituisca il fondamento dell' opera a cui debbono la loro fortuna. Ciò particolarmente nell'opera di Cervantes che avrebbe preceduto tutti nel descrivere questa dipendenza dell'"essere" dall' "altro", ma poi anche Flaubert, Proust, Stendhal, Dostoevskij. Nei romanzi di questi scrittori è descritta la struttura delle interdipendenze nei rapporti individuali ma è nell'opera di Kafka che viene realizzata la descrizione della più complessa dipendenza dell'individuo dalla massa che investe più profondamente l'oggetto del nostro discorso.

Per Girard il mediatore del desiderio può essere esterno al sistema (ed in particolare metafisico, come nelle religioni) o può essere interno. Usando i termini di Dupuy, per Freud il capo della folla costituisce un *"punto fisso esogeno"*, ossia produttore ed organizzatore della folla. Secondo Girard, invece, egli è un elemento endogeno *"prodotto dalla folla, mentre questa immagina di essere prodotta da lui* "[12].

Secondo la teoria dell'organizzazione, invece, il capo è un mediatore esterno, pur essendo prodotto dalla folla ma che agisce sulla folla, così che entrambe le asserzioni sono parzialmente corrette in quanto il meccanismo che è in gioco è un meccanismo dialettico di interazione reciproca, o feedback, che è tipico dei sistemi complessi.

Il capo è un catalizzatore dei bisogni della folla, nel senso che li fa emergere dallo stato potenziale indicando la direzione di sfogo e, come tale, è un prodotto dei bisogni della folla. Al momento in cui la folla giunge alla identificazione del capo si verifica una diminuzione della paura dovuto al senso di protezione e di maggior forza che dà la partecipazione ad un gruppo. Si ha cioé un mutamento nella struttura psicologica della folla in cui l'aggressività subisce una amplificazione per effetto della diminuzione della paura. Il capo avverte il mutamento della folla, la sua maggiore volontà di potenza, il suo consenso e ne è eccitato, subendo a sua volta una amplificazione della propria volontà di potenza.

Perché un gruppo di uomini possa agire come una unità, vi deve essere una necessità comune da soddisfare, condizione che li pone in uno stato di sinergia che incrementa la forza dei singoli componenti. Se la necessità comune è determinata da un pericolo esterno, ciò porta, come sappiamo, non solo alla possibilità di affrontarlo in termini si aggressione invece che di paura, ma anche ad un grande incremento nella capacità di eliminarlo.

Ma quando il bisogno comune è costituito dall' eliminazione di un pericolo interno, da una ostilità che permea le relazioni interpersonali all'interno del gruppo, la sinergia non può trasformarsi in azione in quanto, come sappiamo, essa richiede non solo la eguaglianza soggettiva dei bisogni, ma anche l'eguaglianza dell'oggetto, una comune direzione dell'azione.

Ora, noi sappiamo dalla psicologia individuale che, quando una sollecitazione priva della conoscenza aprioristica della fonte di tale sollecitazione non trova scarico si determina un cambiamento dell'oggetto dell'azione, che costituisce un momento elementare di una attività di ricerca dello strumento capace di eliminare la sollecitazione.

Quando la sollecitazione è costituita da una asprezza della vita sociale essa è priva (al di là degli episodi individuali di odio che possono determinarsi) della conoscenza razionale di uno specifico oggetto cui deve essere diretta e nel gruppo è il capo che indica l'oggetto, che deve essere ovviamente comune, quindi esterno al sistema. E' in questo senso quindi che si realizza la estroversione della aggressività su un oggetto esterno al gruppo, estroversione che definiamo paranoica, in quanto appare ad un individuo esterno assolutamente priva di razionalità, allo stesso modo come appare priva di razionalità la chiusura del paranoico nella illusione.

A parte la considerazione del fatto che le sofferenze indotte dalla guerra possono essere assai gravi, si potrebbe infatti anche pensare che il problema non sia realmente risolto, perchè l'anniemtamento di un oggetto esterno non sembra capace di eliminare le cause della inimicizia interna, ma ciò non è vero. Dobbiamo riconoscere invece che la guerra esterna riduce i conflitti interni, sia pure fintanto che la inimicizia, dopo la guerra, non si riforma. Infatti, noi abbiamo già mostrato, con riferimento al processo oscillatorio di Newton, che questo è un basilare meccanismo fisico. Esso implica che se due corpi procedono verso lo scontro e si verifica la necessità di dirottare verso l'esterno una parte dell'energia dei due corpi, ciò non solo evita lo scontro, ma crea la condizione per la formazione di un equilibrio fra di loro che, sotto certe condizioni, può arrivare fino al loro incollamento. Lo schema è estrapolabile ad un insieme statistico sottoposto ad una azione esterna, come mostrato da Prigogine.

Naturalmente, può essere anche scelto un membro del gruppo su cui concentrare l'aggressività degli altri, la vittima sacrificale, ma in questo caso la vittima deve essere legata fortemente sul piano emozionale con tutti i membri del gruppo, cosa difficile nei grandi raggruppamenti sociali, dove la principale via di sfogo è nella guerra, anche se la uccisione del re, o del capo o, come dice Freud, del padre, è stato uno sport ampiamente praticato nella nostra civiltà.

2– Vi è una grande differenza fra l'incollamento cui danno luogo gli impulsi empatici e quello cui danno luogo gli impulsi di scambio. Sul piano fisico noi sappiamo che l'equilibrio dialettico, comportando un certo quantitativo di energia cinetica che impone l'allontanamento, limita la "compenetrazione" dei corpi e quindi la possibilità dello sviluppo dell' incollamento che è principalmente dovuto a interazioni di breve distanza, quali sono le interazioni di forma, prevalentemente elettromagnetiche. Tuttavia nei sistemi complessi una limitata dimensione di equilibrio dialettico è necessaria, malgrado riduca la dimensione dell'incollamento, perché funziona come struttura di coordinamento e regolazione dei flussi di energia.

Questa condizione comporta infati l'esistenza di una limitata dimensione della paura del capo, perché la severità nel richiedere l'ubbidienza ai comandi del capo viene chiaramente attribuita alla necessità di superare il pericolo esterno a cui è legata la sopravvivenza, mentre vi è un alto livello di protezione e garanzia degli strati più deboli della società. In questi casi, la componente dominativa del gregario, cioè il desiderio di dominare la volontà del leader, può apparire illusoriamente soddisfatta e la protezione vissuta come un dono volontario del leader, il conferimento di "importanza" come un atto di amore. La illusione può trasformare una relazione dialettica in una "quasi" empatica. Questa è la più perfetta forma possibile di incollamento che dà luogo ad un impulso sociale in cui il conseguente comportamento arreca piacere.

E' chiaro invece che, se la relazione iniziale fra il capo ed il gregario implica una grande paura "interna", la presenza di una paura più grande indotta da un pericolo esterno porta a scambiare la sottomissione del più debole con la protezione del più forte. La protezione permette, per dirla in termini psicoanalitici, la rimozione della paura interna che viene trasferita nell'inconscio, ma non eliminata. In realtà la possibilità dell'esercizio della violenza, il potere del più forte, rimane. Similmente, la protezione elimina la paura esterna, ma non la paura della fine della protezione, la paura dell'abbandono, che può essere rimossa ma non eliminata. In realtà la possibilità dell'abbandono rimane.

In un altro lavoro [6], abbiamo mostrato come la traiettoria di un moto circolare può essere interpretata come l'inviluppo di oscillazioni che hanno luogo su dimensioni spazio-temporali infinitesime di ordine superiore rispetto alle dimensioni spazio-temporali percettibili. Noi riteniamo che tutte le traiettorie di equilibrio dinamico possono essere interpretate in questa maniera e che quindi la condizione di equilibrio tra gli impulsi di paura e di dominio ha, dietro di esso, un processo similare. In questo processo quindi la paura non è vista come formativa dell'impulso di sintesi perché è impedita dall'essere percepita da una paura che si sviluppa, quando il comportamento tende a deviare dalla linea di sottomissione stabilita, in intervalli spazio-temporali infinitesimi di ordine superiore rispetto a quelli percepibili

.

Quindi, la non percezione della paura si riflette nell'esistenza di una "paura di provare paura" che ha luogo, come tutte le attività regolatorie, per quantità infinitesime di ordine superiore rispetto alle quantità elementari da regolare, quindi non percepibili (in psicanalisi si direbbe "subliminali"). Il comportamento quindi si svolge lungo linee che non sollecitino due forme di paura: paura di incorrere nella ira del capo e paura dell'abbandono. La persona debole cioè rifugge da tutto ciò che potrebbe causare paura e ciò ovviamente implica la cieca obbedienza agli ordini e ai precetti comportamentali del capo, ma porta anche a sfuggire il capo da cui può derivare la paura ed il cui approccio ha sempre, nelle strutture psicologiche deboli, un alto contenuto emozionale.

La relazione con il capo e più generalmente con il potere ha quindi un contenuto oppositivo, di rifiuto, anche se nascosto da due opposte paure, paura del potere e paura dell'abbandono che si equilibrano. Ciò rende ambigua la figura del capo, simultaneamente terrificante e protettiva. Fintanto che le forze che supportano l'equilibrio si mantengono invariate l'aggressività nei confronti del potere è come inesistente, paralizzata nella condizione di energia solo potenziale, ma è tuttavia esistente cosicché nell'eventualità di modifiche nel quadro delle forze agenti non compensabili dalle regolazioni subliminali, che portino a condizioni di disequilibrio, può entrare in condizioni di sinergia con altre forze e svolgere un importante ruolo rivoluzionario.

Ciò spiega perché, quando il leader perde il potere, il debole sviluppi una violenta reazione estroversa alla frustrazione sofferta dal suo impulso dominativo, che è sentita, a posteriori, come una aggressione. Infatti, mentre la paura, che è un impulso di reazione, scompare con la scomparsa dell'aggressione, la sottomissione emerge come una ferita permanente dell'io.

Pertanto, più è grande l'oppressione esercitata dall'uomo forte e quindi la paura da lui sviluppata, più difficoltosa diviene la realizzazione dello scambio e specialmente l' incollamento. Ciò non perché lo scambio perda la sua utilità, ma perché mancano le necessarie premesse comunicazionali come risultato della condizione di reciproco rifiuto. Inizialmente quindi l'aggregazione passa per gli impulsi empatici che permettono l'accostamento e quindi, in un tempo successivo, per gli impulsi di scambio.

Una volta che il gruppo sia stato formato le relazioni di scambio possono invece esistere anche in presenza di un alto livello di subordinazione, determinato da un alto livello di paura, perché mantengono la loro utilità. Tuttavia, la presenza di un alto livello di aggressività potenziale non può essere ignorata come avviene nell'incollamento che è legato al verificarsi di precisi e delicati rapporti di forze; essa determina un aumento della violenza che si manifesta nei rapporti interpersonali e costituisce come una bomba che può esplodere con il mutare del quadro delle forze agenti.

3 - L'impulso che si forma in conseguenza del processo di scambio comporta l'accettazione da parte del debole di un certo livello di sottomissione e quindi ovviamente di diseguaglianza. Nondimeno, ciò che il gregario chiede in cambio è un certo livello di protezione e di liberazione dalla paura, che definisce un certo livello di integrazione nel sistema, soddisfatto il quale il rapporto con il capo non viene messo in crisi dalla dimensione che la diseguaglianza possa poi assumere indipendentemente dal rapporto con il gregario. La disuguaglianza può porre in crisi il rapporto solo se lede la condizione di importanza del gregario, condizione a cui è legata la sua libertà dalla paura, cioè se manca il ritorno di protezione e l'abbandono dimostra, oltre ogni possibilità di illusione, la scomparsa degli obiettivi comuni e dei comuni destini che erano stati all'origine del patto sociale, ossia dello scambio.

Il generale soddisfacimento delle basilari necessità vitali e di un alto livello della qualità della vita, quale si è determinato nei paesi altamente industrializzati nel periodo post bellico, ha comportato, in un gran numero di individui, l'incollamento, facilitato dalla illusione. Ma questa viene distrutta da un deterioramento nella situazione del dominato a cui non corrisponde un deterioramento di quella del dominante, ma anzi un suo miglioramento, perché ciò rivela la diversità di interessi, l'assenza di una utilità, sia pure diseguale, ma codirezionale, sinergica, su cui è basato lo scambio. L'individuo che appartiene agli strati più deboli della società diviene cosciente che la sottomissione non riceve alcun ritorno di protezione e garanzia, ma che sussiste invece una condizione di sfruttamento e rapina.

Il deterioramento delle condizioni dei settori più deboli della società con una contemporanea crescita della ricchezza dei più ricchi è quindi un elemento di innesco dello scontento e conseguentemente dell'incremento della quantità di violenza e di tensione all'interno della società. In assenza di alternative di raggruppamento, se il deterioramento raggiunge certi livelli, la paura può estrovertersi e trasformarsi in odio.

4 L'elemento che determina il livello di sottomissione è costituito dal differenziale della paura conseguente allo scambio. Ne consegue che, se il livello iniziale della paura è molto alto e l'intervento del capo ne determina un adeguato abbattimento, si può anche avere l'accettazione di un alto livello di sottomissione.

Il livello della paura cresce esponenzialmente con la dimensione o la prossimità (spaziale o temporale) della sua causa (vedi il diagramma del gradiente all'avvicinamento dell' impulso di rifiuto di Dollard e Miller [9]-[10]) cosicché, quando si hanno alti livelli della paura, anche una piccola riduzione dell' oppressione può dar luogo ad una grande riduzione della paura e alla conseguente accettazione della sottomissione.

La paura ha anche l'effetto di modificare la percezione della realtà, è cioè l'origine dell'illusione. Gli alti livelli della paura possono dare quindi luogo a fenomeni di introversione della sottomissione, cioè di incollamento, se accompagnati da un alto livello dell'illusione

Sia che l'illusione intervenga o meno, si realizza comunque una stabilità del rapporto, ma vi è una grande differenza fra la stabilità raggiunta attraverso l'introiezione dello scambio dovuta all'illusione, che dà cioè luogo all'incollamento e la stabilità mantenuta da una grande paura di ritrovare la iniziale condizione di sofferenza, paura che è subliminale.

Nel primo caso la protezione ricevuta è addebitata ad un potere esercitato sull'anima del protettore, cioè all'amore. L'impulso risultante, che forza il comportamento, dà luogo ad un grande piacere, legato alla rassicurazione, ma anche al soddisfacimento della volontà di potenza. La introversione paranoica, basata sulla illusione di amore, determina quindi un incollamento profondo. Qualsiasi tentativo di convincere l'individuo che si trovi in tale stato a lasciare lo stato di piacere, sia pure completamente illusorio, a cui lo ha portato la introversione, provoca lo sviluppo di azioni difensive in cui confluisce tutta la forza del sistema psichico.

Il secondo caso invece, comporta l'esistenza, sia pure nascosta alla coscienza, di una grande quantità di sofferenza per la repressione della volontà di potenza connessa alla paura. Possiamo definire questa condizione come "impotenza" determinata dalla paura. In teoria, il verificarsi di sinergie dovrebbe permettere il superamento di quest'ultima paura. Tuttavia, il livello dimensionale della sinergia deve essere tanto più alto quanto più elevata è la paura di ricostituire le iniziali condizioni oppressive. Tale paura comporta infatti la diffidenza nei confronti dei partners e per conseguenza blocca le possibilità comunicazionali da cui scaturisce la sinergia operativa.

La relazione omosessuale di amicizia, che implica la eliminazione della paura reciproca, può realizzare il necessario livello di sinergia ed è quindi estremamente pericolosa per il potere costituito, ragione questa della feroce repressione di cui essa è stata oggetto dopo la crisi dell'orda.

5 - Conformemente a quanto accade sul piano fisico, in cui la singola particella perde la sua individualità e le sue linee di flusso dell'energia si sintonizzano a quelle dell'aggregato, quando si verifica l'incollamento le linee di flusso delle strutture istintuali e di pensiero dell'individuo si sintonizzano a quelle del gruppo, e in particolare del capo, condizione d'altra parte necessaria, per realizzare quella unità di comando che si trasforma in azione coordinata e determina l'efficienza operativa. Ciò comporta una dipendenza psicologica, una possibilità di plagio da parte del gruppo e del suo capo, estrema, inattaccabile dall'intelligenza.

Non si tratta semplicemente di manifestazione dell' obbedienza connessa alla sottomissione: si tratta del fatto che all'impulso sociale genetico, al bisogno di attaccamento si accompagna l'assunzione, per via imitativa, degli impulsi della fonte di attrazione, sia per quanto riguarda gli oggetti che per quanto riguarda la modalità comportamentale, così che gli atteggiamenti fondamentali, nei confronti del mondo circostante sono pre-razionali. Girard chiama la fonte dell'attrazione "mediatore del desiderio". Quando la fonte dell'attrazione è la massa, ne viene così assorbita la cultura e la religione.

Attraverso il meccanismo del transfert, il mediatore del desiderio può anche essere una figura illusoria, nel qual caso prende il nome di mediatore metafisico che è sempre un mediatore esterno e la dipendenza assume allora la conformazione psicanalitica della paranoia. La mediazione del desiderio si diffonde come un virus, ma è la mediazione metafisica che ha, secondo Girard, la massima potenza diffusiva. Egli mostra come ciò fosse ben chiaro a Cervantes che racconta come i concittadini di Don Chisciotte, al fine di guarire costui dalla sua pazzia, si fingano a loro volta affetti dalla stessa pazzia e ne vengano invece coinvolti.

Tutta una serie di valori che comprendono la morale, la religione, la repressione di determinati impulsi, il rafforzamento di altri, sono determinati dunque dal gruppo attraverso una azione di imprinting legata a meccanismi di sensibilizzazione guidata delle memorie di stato (Freud) e di riconoscimento delle informazioni provenienti dalla primordiali fonti di attrazione-rifiuto (Girard), oltre che, ovviamente, dalla paura esistenziale.

Si tratta in sostanza di una "registrazione" del meccanismo che viene sintonizzato con le condizioni esistenti nella realtà, specialmente interne al gruppo. I valori così acquisiti possono subire importanti, per quanto parziali, cambiamenti nel corso della vita, in seguito all'influenza del gruppo e/o del capo (che è il centro di gravità dell'aggregato). Ciò è dovuto al trasferimento della dipendenza psicologica da un certo contesto di aggregazione ad un altro che in psicoanalisi viene chiamato "transfert"[11].

Il transfert richiede che la nuova fonte di sicurezza appaia particolarmente forte e credibile, che l'organizzazione alternativa abbia cioè una certa dimensione, ed è una operazione difficile, che può essere aiutata da una condizione di disillusione conseguente alla perdita di potere del precedente referente.

Dalla necessità che il gruppo operi come una unità segue la necessità che anche le strutture di pensiero siano coordinate e quindi sia molto raro un pensiero libero da vincoli, capace di criticare la cultura dominante. L'estensione, oltre un certo limite, del libero pensiero, ipotizzando che fosse possibile, avrebbe un effetto distruttivo, perché potrebbe seguire solo dalla distruzione dell'impulso sociale nella sua componente di obbedienza. La distruzione conseguente delle linee gerarchiche (che non potrebbero reggere sulla sola coercizione fisica) e quindi dell'organizzazione risulterebbe, in definitiva, nella distruzione del sistema (legge della massima entropia, applicabile a sistemi privi di vincoli interni non baricentrici, cioè non simmetrici).

6 – L'incollamento è realizzato direttamente con il capo, senza alcuna mediazione della gerarchia, malgrado, in certe organizzazioni successive all'orda, non vi fossero canali di comunicazione diretta con il capo. L'incollamento non da luogo ad una dipendenza con il diretto superiore che a sua volta dipende dal suo superiore, ossia non procede dal basso lungo la gerarchia. Al contrario, la dipendenza gerarchica costituisce delegazione di potere assolutamente provvisoria e legata all'assenza fisica del capo. *"Ubi est maior, minor cessat"*. Questa è una proprietà molto importante che rafforza grandemente la posizione del leader che sarebbe altrimenti esposto ai golpe da parte degli uomini forti del gruppo, potenziali leaders, privi di paura e con una forte volontà di potenza. In termini fisici diremmo che, sotto questo aspetto, il capo è il baricentro del sistema.
Quando una persona è stata identificata come leader, non vi è ragionamento che possa influire sulla condizione di cieca obbedienza che si determina nella massa.

7 – Risposta a una domanda antica. Odi et amo. Quare id faciam?
Tu mi guardi e non mi vedi e la mia anima muore. Perché nei tuoi occhi è racchiuso il mio mondo, la mia misura. Puoi farmi piccolo fino a farmi svanire e puoi darmi con te la grandezza del mondo. Perciò devo impormiti, con l'amore o con l'odio, nella realtà o nel sogno o anche solo nella speranza.

– L'illusione.
-Il punto di vista individuale
Secondo l'antica saggezza religiosa indiana, conservata nei versi dei Veda, che sono fra gli scritti più antichi che ci siano

pervenuti, la dea Maya, dopo la creazione della terra, la coprì di un velo che impedisce agli uomini di conoscere la vera natura della realtà.

"Maya è il velo dell'illusione, che ottenebra le pupille dei mortali e fa loro vedere un mondo di cui non si può dire né che esista né che non esista; il mondo infatti é simile al sogno, allo scintillio della luce solare sulla sabbia che il viaggiatore scambia da lontano per acqua, oppure ad una corda buttata per terra ch'egli prende per un serpente"

Evidentemente se, come è nella tradizione induista, quello di Maya fu un atto di pietà, perché altrimenti non sarebbe stata possibile la vita, il velo non può limitarsi a nascondere la realtà, ma la deve rendere più vivibile, più coerente alle necessità del soggetto, la deve cioè modificare aggiungendovi contenuti che costituiscono una "soggettivazione" dell'oggetto.

Il meccanismo dolore-piacere è una struttura selettiva di indirizzamento dell'energia psichica verso gli oggetti in termini di attrazione-rifiuto, struttura il cui baricentro costituisce l'Io individuale che è quindi amore di sè stesso, narcisismo. Nel precedente capitolo abbiamo mostrato come la formazione del più importante impulso derivato dagli impulsi principali, l'impulso di dipendenza sociale, richiede la formazione di certi equilibri fra il dare e l'avere fra l'uomo ed il gruppo, in cui l'illusione sull'avere gioca un ruolo fondamentale e permette la formazione della gerarchia. L'Io individuale viene quindi trasformato dalle interazioni sociali in un Io sociale la cui soddisfazione richiede una certa quantità di avere.

La frustrazione del bisogno sociale viene perciò avvertita come una offesa insanabile all'Io e ciò determina necessariamente, nelle strutture psicologiche più deboli, in cui più alta è la paura dell'abbandono sociale, un aumento della modifica illusoria della realtà che la renda compatibile con le esigenze del soggetto.

La considerazione dell'illusione come di un fondamentale meccanismo di difesa dell' Io è d'altra parte condivisa dalla psicologia moderna, difesa che si manifesta nella sua foma estrema, nella paranoia, legata allo sviluppo di un alto, intollerabile, livello di paura. Da essa non è possibile guarire, perché il meccanismo funziona ed il "malato" vi trova la sua pace, anche se diviene irrecuperabile ai fini sociali. E ne viene riconosciuta la enorme forza, che sovrasta quella del raziocinio, talché la paranoia, come ha mostrato Freud [13], può coesistere anche con una notevole intelligenza. Essa è cioè una "stupidità parziale" che nega la realtà limitatamente ad alcuni suoi aspetti, nell'ambito dei quali il flusso del pensiero viene coartato dalla forza degli impulsi senza che di ciò se ne possa avere alcuna coscienza.

Al limite, la realtà viene completamente ignorata ed il velo di Maya trasformato in uno specchio che riflette il soggetto, come vuole il mito di Narciso che, nella sua "autosessualità" mostra quale profonda commistione sussista fra i valori sociali e i valori sessuali.

L'illusione mantiene la sua estrema forza anche in coloro in cui non determina tali effetti estremi, condizione quest'ultima in cui evidentemente contribuiscono condizioni particolari di frustrazione da parte della realtà e di fragilità del sistema psichico e in tutti, pur con diverse gradazioni, mostra la sua suprema indifferenza all'attacco della intelligenza. Non sarebbe altrimenti comprensibile come miliardi di persone credano ciecamente alle cose trasmesse dalla cultura popolare e particolarmente nelle cose di cui sono intrise le religioni, fra l'altro, come rilevò Locke [14] vicendevolmente contraddittorie passando da una religione all'altra. E non sarebbe altrimenti comprensibile come, secondo una inchiesta citata da Odifreddi, il 40% degli scienziati ed il 20% dei Nobel credano in simili cose [15]. Le lenti deformanti che costituiscono il velo di Maya alloggiano dunque in meccanismi istintuali che precedono l'intelligenza.

Il velo di Maya, che ci separa dal deserto del reale, è, nella visione indiana, indispensabile perché senza di esso saremmo esposti all'orrore del reale e non potremmo vivere. Per questo motivo non può essere perforato; se sembra squarciarsi in un punto si riforma in un altro ed agisce comunque sempre, anche se non ce ne accorgiamo.

Schopenauer, per sfuggire al tormento della realtà, predica l'ascesi, quindi la frustrazione degli impulsi, il cui effetto, predicato nel buddismo, dovrebbe condurre al Nirvana, vale a dire alla liberazione dalle costrizioni degli impulsi e quindi all'annullamento delle illusioni che ne costituiscono soddisfazione autoctona. E' una visione per molti versi assurda in quanto, pur essendovi nel cervello meccanismi di regolazione dell'ampiezza di determinati impulsi, e pur potendo sussistere diversità nella loro forza da individuo a individuo, gli impulsi costituiscono una impalcatura fondamentale e incoercibile dell'essere.

Il velo di Maya delle illusioni non può essere quindi squarciato annullando gli impulsi che in quelle illusioni trovano sfogo. Vi è un parziale riconoscimento di ciò anche nella religione buddista, ove l'ascesi si accompagna con l'isolamento, l'allontanamento dal mondo negli eremi, giacchè un modo per tenere a freno gli impulsi è quello di non sollecitarli (anche nella preghiera cristiana è detto: *"Padre nostro....non ci indurre in tentazione"*).

Nietzsche, che eredita la pessimistica visione del mondo di Schopenauer, offre invece una soluzione differente in cui anziché annullarli gli impulsi vengono cavalcati, ma scegliendo fra di essi quelli che, secondo la visione ereditata da Schopenauer derivano direttamente dal mondo che sottostà al velo di Maya delle apparenze, cioè quelli che si riallacciano alla volontà di potenza, dimenticando o ignorando che la paura è un impulso che non può essere annullato perchè è fondamentale per la conservazione della specie. *Il coraggio,* dice don Abbondio, *chi non lo ha, non se lo può dare.*

Egli ipotizza lo sviluppo evolutivo di una speciale categoria di uomo, il superuomo, che avrebbe una struttura istintuale diversa da quella dell'uomo moderno. Ma la teoria dell'organizzazione mostra che una società di superuomini è fuori di qualsiasi possibilità di formazione evolutiva in quanto non permetterebbe la formazione di alcuna organizzazione sociale. Oggi noi sappiamo che, perchè un insieme sia trasformato in un sistema, occorre che si formino linee di flusso dell'energia di rigidità variabile (la gerarchia) che trasportino informazioni di azione e di retroazione (o consenso) e che si formino certi delicati equilibri fra di esse. Sappiamo in sostanza che un sistema sociale composto di soli superuomini imploderebbe prima ancora di giungere alla sua formazione.

La proposta più saggia, dal punto di vista dell'individuo che vive in un ambiente statico, in cui la quantità di dolore non supera determinati limiti, è quella antica che scaturisce dai Veda, di lasciar vivere i nostri impulsi e sopratutto di non contraddire le nostre illusioni, le nostre fedi, che sono la nostra difesa paranoica dalla disperazione, accettandola anzi come il dono prezioso della Dea.

Certamente, ciò comporta l'assunzione di una certa quantità di dolore, ognivolta che l'illusione si scontra con la realtà e, per chi ha avuto in sorte un destino ingrato, il saldo del conto può essere negativo, ma per la maggioranza degli uomini vivere con l'illusione è certamente meglio che vivere senza di essa. Essa almeno consente quell'attimo di cui disse il poeta: *"fermati, sei bello!"*. La religione, in questo contesto, vi ha un posto speciale perché è una illusione che schiva lo scontro con la realtà.

Un attimo di felicità, un attimo breve, come di una stella cadente, l'illusione d'amore. O un attimo lungo, come di una vita, l'illusione di Dio.

-Il punto di vista sistemico

Ma le cose non stanno in questi termini secondo la teoria dell'organizzazione che considera il fenomeno dell'illusione dal punto di vista della dinamica dell'intero sistema.

Non è certamente la sola antica saggezza dei Veda e il suo incontro con la filosofia degli epigoni di Kant, che aveva già effettuato una divisione fra il mondo della realtà in sé ed il mondo del fenomeno, che richiama nella sua insormontabilità la corrispondente impenetrabilità del velo di Maya, che è il fondamento su cui poggia l'accettazione della vitale necessità dell'illusione per la vita della specie umana. Essa può anche essere dedotta dalla necessità evolutiva, per la sopravvivenza della specie, di una struttura collaborativa umana altamente organizzata.

La struttura degli impulsi introietta in ogni individuo certi obiettivi che portano a realizzare un risultato dell'intero sistema, ossia determina relazioni sociali, sinergia operativa, stratificazione gerarchica, in breve l'organizzazione, risultato essenziale e indispensabile per la sopravvivenza del gruppo. Tutti i sistemi incorporano meccanismi di regolazione che modificano le condizioni interne a secondo dei cambiamenti che intervengono sia internamente che esternamente al sistema. L'illusione è un meccanismo per regolare la forza degli impulsi creando un loro parziale soddisfacimento autoctono.

Vi è, nella teoria dell' organizzazione, un principio fondamentale che regge l'attività di regolazione in base al quale le regolazioni devono essere effettuate per infinitesimi di ordine superiore rispetto alle variazioni elementari da regolare. Ciò comporta, a livello di sistema, che l'entità complessiva delle forze regolative, sia in intensità che in estensione, non deve superare un certo livello critico, oltre il quale divengono autodistruttive.

L' illusione segue questo principio: essa modifica la percezione, così creando una verità "soggettiva" interna al sistema, opposta alla verità "obiettiva" esterna al sistema, così raggiungendo lo scopo di facilitare il piegamento delle forze interne al sistema realizzato dagli istinti per formare una unità operativa, ma distorce la percezione della realtà cosicché se dovesse investire l'intero sistema, questo sarebbe condannato, nello scontro con la realtà, a sicura fine.

Essa deve essere pertanto limitata nella sua estensione ad una parte del sistema e deve esistere una altra parte, che governa i rapporti con il mondo esterno, che deve essere esente dalla distorsione del giudizio indotta dall'illusione. Vedremo infatti come l'illusione collettiva, combinandosi con il transfert, sia all'origine della guerra. Ma essa deve essere anche limitata nella sua intensità, fino ad un certo limite contribuisce all' equilibrio psichico di tutti i componenti del gruppo sociale, ma oltre una certa intensità, impedendo la corretta valutazione del rapporto dare/avere con il gruppo, essa si fa strumento della sopraffazione e della schiavitù. Finalmente, oltre un ulteriore limite, può portare alle psicosi, ossia alla completa alienazione dell'individuo dal gruppo.

Come abbiamo già visto, simili limitazioni esistono anche per gli impulsi che portano ad un comportamento altruistico, ossia

252

per gli impulsi empatici che, in effetti, in relazione alla loro funzione nella struttura dell' intero sistema, possono essere considerati come strumenti di regolazione delle relazioni di scambio degli impulsi di potere e di paura, ma in maniera più rigida dell'illusione, condizione che restringe maggiormente la loro dimensione.

L' illusione, amplificando gli elementi dell' avere, che includono sicurezza e potere, nell'ambito di una relazione di scambio, rende possibile l'amplificazione dei corrispondenti reali elementi del dare, così raggiungendo uno stato illusorio di equilibrio anche in una effettiva situazione di nonequilibrio. Gli elementi del "dare" che sono così amplificati coprono tutta quella serie di comandi che riflettono la disciplina imposta al sistema per assicurare il suo funzionamento coordinato e diretto verso un obiettivo. Questi elementi vengono introdotti attraverso il processo ontologico di imprinting che ha luogo nell'infanzia e di cui abbiamo già discusso.

Come il lettore potrà ricordare, la condizione soggettiva di equilibrio permette la fusione dei due elementi del "dare" e dell' "avere" creando un unico impulso il cui soddisfacimento, con la corrispondente sensazione di piacere, è quindi determinato dal dare in virtù della rigida connessione così stabilitasi con gli elementi dell'avere. Ciò malgrado questi ultimi abbiano in generale un contenuto parzialmente illusorio che quindi rimane incorporato nell'impulso, assumendo così la sua rigidità.

L'articolazione dei comandi contenuti nel dare rappresenta il trasferimento da generazione a generazione della cultura di un popolo, che deve essere ovviamente consistente con le necessità della organizzazione realizzata per la sopravvivenza. Questa cultura conteneva certamente, fin dall'inizio dello sviluppo della organizzazione umana, una componente religiosa, ma in una forma semplice, come risposta illusoria a certe paure, quale quella della morte o della malattia, che la presenza del capo non era capace di esorcizzare.

Fintanto che l'incollamento giocava pienamente il suo ruolo, trasformando il gruppo in un corpo unitario, compatto, questa componente, tuttavia, era di piccola importanza nei riguardi della organizzazione complessiva del gruppo. Ma fu quando il rapporto di incollamento al leader iniziò a subire dei cedimenti che la necessità di protezione frustrata trovò la sua soddisfazione illusoria in Dio e il "protocollo comportamentale" prese la forma della religione. La religione è quindi la forma presa dai vincoli di sottomissione relativi al contratto sociale, trasformati dall' incollamento in incontrollabile impulso, quando la soddisfazione di questo impulso richiese una componente illusoria non più esauribile nella relazione con il capo.

Ne segue che, fintanto che il rapporto di incollamento con il capo rimase molto forte, come accadeva nell'orda cacciatrice primigenia, lo spazio psichico occupato dalla religione rimase minimo, mentre quando il rapporto si allentò, esso incorporò e coincise con la struttura dei vincoli comportamentali che costituivano la cultura del popolo. Si formò così una, sia pure minima, dicotomia nella gestione del potere che vide emergere la figura dello stregone o dello sciamano accanto a quella del capo in quasi tutte le realtà tribali.

La relazione di dipendenza psicologica ed intellettuale dell'individuo dal capo (centro di gravità del gruppo), creando un impulso che combina i due più grandi elementi motori dell'esistenza, la necessità di protezione dal mondo (paura) e la necessità di dominio del mondo (aggressività), per una sicurezza totale irragiungibile, prese, nel corso della evoluzione, una dimensione enorme, irreprimibile.

Essa interessò la intera struttura psichica della massa malgrado contenesse componenti illusorie che vi erano incorporate, condizione che permette di definirla paranoide. Questa relazione di dipendenza quando, in seguito all'evoluzione della struttura organizzativa, la figura del capo perse alcune delle sue proprietà protettive, si trasferì a Dio e alla religione e il trasferimento, ovviamente, comprese i caratteri di costrizione, di inassalibilità dall'intelligenza

Il comportamento donatorio, del dare, richiesto dalla religione è molto più vasto di quello richiesto dagli impulsi empatici; è diretto ad un maggior numero di persone comprese in un più vasto campo di situazioni e relazioni, ma ha una intensità molto più bassa ed è più suscettibile di essere influenzato della paura. La religione tuttavia potrebbe essere in teoria (perché in pratica è sempre governata da uomini di potere) uno strumento più flessibile, regolabile nel suo contenuto, che permette una adattamento della struttura organizzativa del sistema alle necessità del momento evolutivo della sua vita.

In definitiva, nel determinare l'illusione, l'elemento più importante è la paura e la conseguente necessità di protezione che porta all'associazione con un altro uomo. Questa associazione porta in se stessa la rassicurazione; l'illusione è un componente addizionale di rassicurazione "endogeno" che permette cioè l'accettazione di sfavorevoli condizioni di scambio senza sofferenza.

La illusione quindi, sia riferita direttamente alle relazioni interpersonali, sia mediata dalla religione, è solo un importante lubrificante del processo di organizzazione sociale. E' chiaro che, oltre una certa dimensione, diviene complice dell'oppressione e della schiavitù, riducendo il loro peso.

La religione, quindi, come espressione della civiltà e della cultura, cioè del modo di vivere di un popolo in cui la necessità del padre-padrone sia stata trasferita su un piano puramente illusorio, o spirituale se preferite, è una lista di istruzioni, studiata per creare una struttura organizzativa, ossia per regolare le relazioni interpersonali dei membri del gruppo. Evidentemente è necessario, al fine di realizzare l'unità comportamentale, che il "protocollo comportamentale" impostato dalla religione sia seguito da tutti i membri del gruppo, da cui il primo comandamento "*Non avrai altro Dio oltre che me*".

Di qui la centralità e priorità della religione ai fini sistemici, come elemento unificante e quindi organizzativo, contro la dispersione e il disordine che seguirebbe se tutti gli uomini operassero seguendo la propria mente senza alcun elemento di coordinamento. Ma ciò mostra anche la sua estrema importanza ai fini dell'individuo perché, essendo la religione soddisfazione dell'impulso sociale, la sua scomparsa farebbe riemergere l'ansia da abbandono e la depressione profonda relativa alla frustrazione del desiderio di potenza.

Di qui la estrema dimensione della fede, cioè la forza con cui la religione è difesa, che è espressione della estroversione della paura della disillusione, un meccanismo che noi abbiamo già indicato come paranoia di cui la religione è la forma più generalmente accettata, perché largamente condivisa.

La religione non è semplicemente il soddisfacimento illusorio di alcuni bisogni, dipendenti dall'impulso fondamentale (dell'avere), ma è anche un sostegno alla inibizione di certi altri impulsi, inibizione originata da processi di riequilibratura imposti da eventi esterni al sistema (dare).

Anche secondo Freud, quando gli obiettivi da raggiungere hanno la forma di impulsi, ossia desideri, non vi è necessità di imporli come comandi. Questa necessità sorge quando i comandi sono contrari ai desideri e devono quindi essere sostenuti da forze di egual peso che sono rappresentate dalla fede nelle ricompense promesse dalla religione nel futuro e dalla soddisfazione illusoria della necessità di protezione e di stato, cioè dalla libertà dalla paura, nella vita reale.

Quando una organizzazione particolare contiene aspetti che contrastano nettamente con le passioni delle masse senza che questi aspetti siano sostenuti da una fede negli elementi di contrasto, essa è sempre fragile. Questo è il punto più delicato dell'organizzazione dei sistemi democratici, dove la divisione dei poteri, per esempio, conrtrasta con la tendenza all'innamoramento dell'uomo forte che è tipico delle masse. Gli elementi centrali del sistema devono essere quindi difesi dalle masse, non lasciati alla loro decisione. Piuttosto, occorrerebbe inserirli nei precetti religiosi, cosi da potere essere difesi dalla irremovibilità e dalla forza della fede.

Nelle prime forme di organizzazione, la struttura culturale aveva un punto focale nel capo che aveva la capacità di determinare grandi cambiamenti di questa struttura, ma nelle organizzazioni successive alla crisi della orda primigenia, che diedero luogo alle religioni, questa capacità decrebbe alquanto. Tuttavia ancora oggi, per una larga parte dell'umanità, quando si sia ristabilita una relazione forte con un leader carismatico, la massa subisce una trasformazione psicologica che può comprendere tutti i suoi valori, compresi quelli della religione. Ciò avviene anche quando un uomo è inserito in una folla. Freud interpretò questa situazione come la sostituzione, da parte della folla, del super-io individuale [11] che, nei nostri termini, è la sostituzione del contenuto organizzativo dell'istinto sociale con quello della folla.

In definitiva, non è liberando l'individuo dall' oscurantismo della religione, nel più ampio senso di liberazione dal meccanismo di dipendenza psicologica dal potere, come riterrebbero certi pensatori, che si possa raggiungere una più alta civiltà della nostra coesistenza. Ciò perché sono questi meccanismi che determinano l'indirizzamento dell'insieme verso l'organizzazione. Senza di essi la realtà sociale non potrebbe esistere. Per organizzare gli scambi fra gli uomini sono necessari il bisogno di incollamento, l'azione catalitica degli impulsi empatici e l'azione regolativa dell'illusione.

La condizione può essere rappresentata, sul piano fisico, dall'obiettivo di raggiungere uno stato di ordine in un gas ideale dove le forze gravitazionali ed elettromagnetiche siano assenti o trascurabili e le molecole siamo mosse esclusivamente dalla loro energia cinetica la cui direzione possa essere cambiata solo dall'urto con altre molecole. Anche con un flusso di energia proveniente dall'esterno, tutto quello che può accadere è l'assunzione di una direzione comune di movimento, cioè una sinergia comportamentale, ma è impossibile che si sviluppino più complesse forme di ordine che richiedono l'esistenza di forze agenti sull'intero sistema, quali sono le forze gravitazionali nonché forze di breve distanza agenti fra particelle contigue quali sono le forze elettromagnetiche.

Similmente, il raggiungimento di uno stato di ordine complesso in un insieme di individui in cui le forze di interazione sistemiche, sia di lunga che di breve distanza, sono assenti o trascurabili e gli individui sono motivati solo dal proprio interesse, è impossibile. Anche in presenza di una azione selettiva proveniente dall'esterno, le perdite indotte dalla savana per esempio, tutto ciò che può realizzarsi è l'assunzione di una comune direzione comportamentale, cioè una sinergia comportamentale, ma è impossibile che si realizzino forme più complesse di organizzazione per le quali è necessario l'intervento di forze istintuali che impongano la dipendenza dal gruppo e forze istintuali che agiscano a livello più ristretto, fra singoli individui, quali sono le forze che danno luogo all'incollamento, di cui l'illusione è un importante elemento regolatore.

E' invece necessario usare le forze di cui disponiamo in

modo da avere un maggior controllo sul potere, assumendo una maggiore consapevolezza dei nostri impulsi e usando una maggiore razionalità nel raggiungere gli obiettivi di aggregazione che dovrebbero continuare ad esistere. La strada sembra indicata dal fatto, che abbiamo menzionato nello studio delle proprietà dell'incollamento, che l'insieme delle regole organizzative non è produzione esclusiva del potere ma è il risultato di una interazione fra potere e corpo sociale. Andrebbero identificati quali siano i punti chiave da cui può partire e diffondersi la nuova cultura.

– Il principio del piacere e l'illusione.

L'illusione è la manifestazione dello stesso meccanismo basilare che presiede alla formazione dell'Io, che comporta l'amplificazione dell'aspetto positivo degli elementi che vengono introiettati nell'Io e dell'aspetto negativo di quelli che vengono proiettati fuori, (per Platone infatti la coscienza è una illusione). La scelta fra gli uni e gli altri è in definitiva attribuibile all'azione del meccanismo piacere - dolore, in psicanalisi chiamato "principio del piacere", che è appunto un meccanismo per la creazione della soggettività e quindi dell'illusione.

Questo meccanismo di introiezione-proiezione, in base al quale il male è sempre fuori della propria sfera, il crimine al margine della società, il criminale fuori della propria famiglia, funziona sempre, evitando a ciascuno di vedere l'orrore che si nasconde dietro il velo di Maya.

Ciò porta anche all'inganno (perchè l'illusione è un inganno) sui propri sentimenti, per adattarli al sentire collettivo e indurre quindi un bilancio positivo (se consideriamo positivo il piacere e negativo il dolore) nella somma di piacere e dolore. Come disse Aristotele, l'uomo è un animale sociale anche con se stesso, cosicché è lui stesso il primo ad essere ingannato.

Un crimine minore può nascondere il desiderio di un crimine maggiore: "Così parlò il giudice rosso: Perché questo criminale uccise? Egli voleva rubare, non uccidere. - Ma io vi dico: la sua anima voleva il sangue, non la rapina: egli ambiva alla gioia del coltello! Ma il suo debole intelletto non comprese questa pazzia e lo convinse: cosa ti importa del sangue? gli disse; non è meglio commettere un furto, vendicarsi? - Ed egli ascoltò il suo debole intelletto: le sue parole pesarono su di lui come piombo - e così egli rubò quando uccise. <u>Egli non voleva vergognarsi della sua pazzia</u>" [17]. Dopo Nietzsche, il meccanismo dell'auto inganno fu ulteriormente elaborato da Freud che lo chiamò "razionalizzazione secondaria". Ancora Nietzsche mostra come esso operi nell'ambito delle ragioni della guerra così svelando il suo aspetto paranoico, che non esiste giustificazione che non sia l'estroversione dell' aggressività che preme dall'interno del sistema. "Voi dite che una buona causa santifica anche la guerra? Io vi dico: una buona guerra santifica ogni causa" [16]. Così, per molti uomini, l'esistenza di una "buona causa" può nascondere che, per essi, la guerra è piena di fascino.

Se noi aggiungiamo, a queste forme di ipocrisia inconscia, l'ipocrisia cosciente, le ragioni di ciò che avviene fra gli uomini divengono molto difficili da discernere, specialmente se aggiungiamo i cambiamenti che si verificano nella struttura istintuale del gruppo in dipendenza di come si articola la sollecitazione degli impulsi fondamentali di aggressione e paura, talché un paese molto pacifico può divenire un paese di feroci guerrafondai.

Infine, sarebbe in ogni caso in errore chi considerasse che, contro la forza del ragionamento rigoroso, non vi sia inganno che tenga. Il meccanismo piacere-dolore può essere più forte di ogni rigore nel ragionamento che è esso stesso un meccanismo piacere-dolore di un certo livello di forza, cioè di convincimento.

Aristotele fu il primo, se non mi inganno, a credere che il pensiero sia una sorta di sensazione, anzi di movimento fra contenuti sensori [18], ma Hume fu il primo a rilevare l'elemento di forza, o grado di convinzione che vi è associato: *"any reasoning is only a sort of sensation; if I am convinced of a principle, this means nothing other than that there is an idea which strikes more upon me"* [19].

Ma questo fattore, la "forza" del convincimento, che è qualcosa di differente dal rigore del ragionamento, appare più chiaramente e più analiticamente nella più recente visione scientifica del pensiero come flusso di energia lungo un circuito neurale che ha un punto di carico ed un punto di scarico secondo il modello dolore-piacere [20].

Il livello di convincimento è in relazione al livello di scarico raggiunto nel nodo finale: perché si abbia un convincimento non labile devono convergere nel nodo di scarico una molteplicità di

259

circuiti cosicché venga raggiunto un livello critico dello scarico, cioè che vi siano pregiudizi coerenti dove il termine "pregiudizio" non ha significato negativo, ma esprime ciò che per Kant è il giudizio *a priori*, per McKay la "conditional readiness" del sistema [21], o, nella psicocibernetica, la condizione di presaturazione del fluido sinaptico nelle connessioni neurali. Ad ogni modo, in assenza di queste condizioni, il rigore del ragionamento "non convince" (sarà, ma non ci credo) e il risultato non viene fissato mnemonicamente, così che viene ignorato nella seguente vita psichica.

La bellezza, tuttavia, convince senza necessità di ragionamento, perché stimola direttamente i centri del piacere. Le illusioni sono relative a tutti gli elementi della realtà su cui è organizzato un istinto, un desiderio. La semplice apparizione di questi elementi, che chiaramente hanno giocato un importante ruolo per la sopravvivenza della specie, causa uno scarico illusorio (memorie di rassicurazione). Essi quindi comprendono la vista del mare, dei boschi, del sole, la percezione di suoni, ritmi, colori, e di ogni cosa il termine "bellezza" può comprendere, specialmente l'oggetto del desiderio sessuale.

La bellezza non esiste nelle cose del mondo. E' una fragile creazione dell'anima, è la misura, nata dal dolore, dell'amabilità delle cose che permisero, in un tempo lontano, il fluire della vita.
E' il desiderio che le cose si muovano verso la lontana spiaggia di una irraggiungibile sicurezza dove, come salmone alla fonte, l'anima possa riposarsi e morire.
E' il desiderio dell'amore delle cose, una fame antica che non può essere saziata dalle cose immobili, né dagli uomini fermi, tutti in attesa dell'amore altrui.
Tributo di morte alla vita della nostra specie. Gran fuoco di mezza estate dove la bellezza è nella fiamma ardente e noi siamo i tizzoni e veniamo consunti da quest'ansia assurda che ci alberga nel cuore.

– La Giustizia.

E' opportuno ricordare, a questo punto, che il principio di relatività sottende la considerazione che sono le interazioni a determinare la qualità dell'oggetto e non viceversa, condizione che richiama la teoria di Leibnitz secondo cui le monadi, componenti ultime della realtà sono vuote, ed è la loro interazione che determina gli oggetti. Dunque l'oggetto è determinato dalle interazioni in essere indipendentemente da quale possa essere stata l'evoluzione delle interazioni che le ha portate a quello stadio.

Ne consegue che bisogna correggere la impostazione psicologica secondo cui l'Io, baricentrico della costruzione psichica, nasce a livello individuale e si confronta con il contesto sociale (Rousseau); al contrario, l'Io nasce dalla interazione sociale (l'uomo è un animale sociale per Aristotele) indipendentemente da quali siano state le vicende evolutive che hanno portato a quella struttura di interazioni. Ciò comporta che la mancata integrazione nel sistema, la frustrazione del bisogno sociale, implica la distruzione dell'Io anche quando sono soddisfatte le necessità di alimentazione e di sicurezza che furono all'origine della formazione dell'impulso.

Abbiamo visto che il raggiungimento di un equilibrio introiettato richiede una contropartita alla sottomissione. Ciò in termini di una funzione che può assumere differenti valori in corrispondenza dei vari caratteri, permettendo così la formazione della struttura gerarchica. Abbiamo stabilito che la funzione di contropartita può essere definita in termini di necessità di importanza, dove la variabile di classificazione gerarchica è rappresentata dal livello di questa importanza, potendosi così parlare di necessità di protezione, integrazione, affetto, amore, ecc. Il range dei livelli compatibile con l'incollamento delle varie categorie caratteriali si è strutturato evolutivamente sulla base della piccola dimensione dell'orda, cosicchè la sua amplificazione nel numero dei livelli, oltre che nella variazione del rapporto di scambio in ogni livello, determinatosi con la rivoluzione agricola, ha reso impossibile la realizzazione di una condizione di giustizia collettiva, coincidente con l'incollamento profondo al gruppo di tutti i suoi componenti. La necessità di importanza, cioè l'impulso sociale come si manifesta nella maggioranza degli uomini implica anche un certo grado di soddisfazione del desiderio di potenza ed è quindi un impulso complesso, ossia un impulso di sintesi, la cui frustrazione può portare a quegli stati che la teoria psicoanalitica considera patologici.

In sostanza, l'equilibrio introiettato comporta il senso di "giustizia" che non è un concetto semplice, come può sembrare alla massa che ne ha una comprensione intuitiva. E' sufficiente, per dimostrare ciò, ricordare quanta parte della Repubblica di Platone è dedicata al tentativo di chiarire questo concetto [22]. Nella nostra analisi esso ha un ruolo chiave poiché implica che, a fronte di uno stato di protezione e di garanzia, esso comporta una accettazione di regole e gerarchie "introiettate" e questa condizione è percepita come "giusta" poiché l'equilibrio porta ad una abbattimento dell'ansia esistenziale, della paura del mondo..

Il ruolo fondamentale assunto dalla necessità di importanza non è stato, fin oggi, ben compreso. Partendo dalla idea ingenua che la soddisfazione dei bisogni fondamentali degli uomini avrebbe comportato una completa pace sociale e la liberazione dall'incubo della violenza fra gli uomini, fu sviluppato, particolarmente a partire dal "Social Security Act" del 1935 in USA e dal rapporto Beveridge in Inghilterra del 1942, la politica del "welfare state". Essa portò in alcuni paesi all'assunzione diretta da parte dello Stato dell'assistenza sanitaria, dell'assistenza pensionistica, dell'educazione, del finanziamento dell'edilizia sociale, della rete di sicurezza sociale in condizioni di disoccupazione, infine di contributi ai più poveri per garantire a tutti un dignitoso livello di vita.

Per certi versi la politica del welfare state è stata un fallimento e non solo per i suoi aspetti finanziari, essendosi rivelata un meccanismo inefficiente e di costo troppo elevato, in quanto crescente esponenzialmente con l'aumento nell'aspettativa di vita della popolazione, ma sopratutto perchè non ha raggiunto gli obiettivi prefissati, la eliminazione delle sacche di povertà e della criminalità.

La considerazione che molte persone, malgrado i sussidi dello Stato, abbiano continuato a vivere in condizioni deteriorate, in stato di disoccupazione, rifiutando il lavoro considerato servile o poco pagato, usando droghe e che il crimine non sia diminuito, ma anzi aumentato e raggiunto i più alti livelli di potenza, portò

262

alla conclusione che il welfare state, almeno con riferimento alla riduzione della povertà, non è utile ma anzi dannoso in quanto supporta e facilita queste forme degradate di vita e che occorra ritornare ad una politica di crescente repressione.

Sottende a questa conclusione una valutazione delle fasce più degradate del sottoproletariato urbano di tipo razzistico, come di individui strutturalmente inferiori perché poco intelligenti, quindi incapaci di alcun lavoro, fannulloni, immorali, terreno di coltura a cui attinge la criminalità, nei cui confronti l'unica politica concepibile è quella della repressione violenta.

Sulla base di quanto abbiamo avuto modo di esporre, l'ingenuità di questo modo di approccio consiste nel ritenere che la condizione di frustrazione di certe fasce della popolazione fosse dovuta alla condizione di insoddisfazione di bisogni primari, laddove questo fattore agisce solo in quanto relativo al fallimento della integrazione nel sistema.

Nel corso della sua storia plurimillenaria l'orda ha affrontato periodi di estrema insoddisfazione dei bisogni primari senza che ciò abbia comportato alcun cedimento, ma ha anzi costituito un importantissimo fattore di consolidamento del gruppo, che deve a tale consolidamento la sua sopravvivenza. Al contrario, fu la condizione di sovrabbondanza alimentare dovuta al progresso tecnologico, che ruppe la indispensabilità di tutti nella produzione della sopravvivenza, condizione che era il cuore del contratto sociale. Questa condizione di abbondanza si voltò in perdita di importanza dei più deboli, che erano divenuti inutili o quanto meno fungibili per la presenza di una massa di lavoratori che costituiva una riserva la cui concorrenza portò a forte riduzione del valore di scambio. La grande diseguaglianza nella distribuzione mise in evidenza questa situazione perché parallela alla perdita di importanza dei più deboli. Ciò determinò uno stato di frustrazione dei gruppi sociali più deboli, esposti alla violenza dei più forti.

Quindi, non è la diseguaglianza distribuzionale in se stessa a determinare la frustrazione, ma la perdita di importanza di una parte della società che essa implica. Il problema quindi non è fare della carità, come propose la politica del welfare o come propone

263

la moderna teoria del "capitalismo compassionevole", ma rimuovere l'esclusione, venire incontro alle necessità di importanza (che può essere interpretata come una minima richiesta di affetto) e senso di partecipazione come un ingranaggio avente una specifica funzione nella macchina costituita dal sistema, con possibilità di aspirare al miglioramento nella condizione sociale che rientri nelle cose fatte secondo "giustizia", problema più complesso, che richiede cambi strutturali molto profondi nella società.

In definitiva, definiamo "giusto" il valore di scambio che comporta il raggiungimento di una riduzione tensionale che porti alla formazione di un impulso sociale di sintesi, di incollamento. La dimensione della protezione necessaria a tal fine è un elemento soggetivo, dipendente dalla dimensione dei bisogni, cioè dal livello raggiunto dalla paura in ogni individuo. Ne segue che la "giusta" relazione di scambio, che implica un "giusto" livello di sottomissione, è influenzato dalla dimensione raggiunta dalla paura e ha quindi una variabilità interna all'individuo. Come risultato della grande variabilità esterna, cioè fra gli individui, dei campi di forza virtuali, il corretto rapporto di scambio, quindi il valore della sottomissione in termini di protezione, ha anche una grande variabilità fra gli individui, il che rende possibile l'instaurarsi di una gerarchia nel gruppo.

Quindi l'impulso sociale, di cui gli impulsi dominativo e di paura sono gli elementi formativi, prende la forma di un bisogno di partecipazione al gruppo e di realizzazione in esso di una certa collocazione gerarchica che involve quindi sia la realizzazione di un certo livello di importanza che l'accettazione di un certo livello di sottomissione nonché l'accettazione delle linee guida del comportamento entro cui deve aver luogo la competizione sociale.

Si noti la corrispondenza con l'idea platonica di "giustizia" relativa ad una certa posizione sociale e che, secondo Platone, dovrebbe determinare la felicità dell'individuo eccetto che, cosa molto importante per le sue conseguenze, tale condizione non determina, come pensava Platone, la utopica scomparsa della competizione fra gli individui, la lotta per il potere, ma in un sistema perfetto, di minima entropia, la sua subordinazione agli scopi del gruppo sociale [22].

Secondo gli sviluppi raggiunti, non molto tempo fa, dalla termodinamica, che rappresenta un modo di approccio ai sistemi complessi, in un sistema che dovrebbe produrre lavoro all'esterno, come il sistema sociale che deve interagire con lo habitat per produrre la sua sopravvivenza, la formazione di uno stato di disequilibrio interno, relativo alla competitività, dovrebbe portare alla riduzione del lavoro eseguibile all'esterno (seconda legge della termodinamica). Vi è una interessante coincidenza con il pensiero di Platone, espresso duemila anni prima che la seconda legge venisse formulata.

Lo sviluppo della fisica dei sistemi complessi, tuttavia, ha mostrato che ciò non è vero quando il disequilibrio interno segue la direzione del lavoro da eseguire all'esterno (ossia la direzione opposta alla direzione della forza esterna da vincere) e che anzi in ciò consiste il processo organizzativo, che è un processo di concentrazione delle forze sull' obiettivo esterno. Questo è il risultato del piegamento delle energie nella direzione dell'interesse sociale che è l'effetto della interazione dei due impulsi, dominativo e di paura, che sfocia nell'impulso sociale.

14.4.-La formazione dell'orda primigenia

Sembra certo che l'evoluzione dell'uomo non abbia avuto un percorso lineare, volto a migliorare sempre di più certe caratteristiche capaci di assicurargli la sopravvivenza, ma che, almeno nell'ultimo milione di anni, sia il frutto di cambiamenti radicali verificatisi nello habitat, tali da portare un animale già ben strutturato, del tipo delle attuali scimmie, che assicurava la sua alimentazione prevalentemente attraverso la raccolta e la sua sicurezza attraverso la estrema mobilità sugli alberi, a divenire un animale cacciatore di branco, come i lupi, ma senza disporre delle armi naturali di cui questi ultimi dispongono per effetto di un processo evolutivo lineare.

E' del tutto logico supporre che il progenitore da cui è cominciata la svolta evolutiva si sia trovato in una condizione in cui la foresta non ne garantiva più la sussistenza, ed abbia dovuto per conseguenza affrontare la vita della savana che richiede strutture ben diverse da quelle dei primati. Sono state fatte diverse ipotesi su quali potrebbero essere stati gli avvenimenti che abbiano determinato un tale stato di cose e fra queste trova ampio credito quella di un avvenimento orogenico che abbia portato alla formazione di montagne e alla conseguente separazione, in Africa, della foresta dalla savana.

E' chiaro che un animale che assomigli all'attuale scimpanzé non avrebbe alcuna possibilità di sopravvivenza in un ambiente quale quello della savana africana; nessuna arma, scarsa velocità, doti fisiche modeste, strumenti di attacco e di difesa insignificanti nei confronti delle strutture potenti dei predatori africani.

Per poter ipotizzare una sopravvivenza del nostro progenitore occorre dunque supporre che la scomparsa della foresta sia avvenuta in maniera graduale, cosicché il rifugio sugli alberi abbia potuto rappresentare un elemento tale da garantire una sia pur minima sopravvivenza. La necessità alimentare avrebbe comunque obbligato questa scimmia a scendere spesso dall' albero per ricercare nutrimento entro un certo ambito territoriale. Molte scimmie si sarebbero così sacrificate, ma il rifugio arboreo avrebbe consentito la sopravvivenza di un numero di individui sufficiente ad impedire l'estinzione.

E' evidente che l'allargamento dell'ambito territoriale entro cui ricercare il cibo costituì un' esigenza essenziale per accrescere le possibilità di sopravvivenza che andavano decrescendo con la riduzione progressiva della foresta e tale allargamento fu reso possibile dall'acquisizione dell'andatura eretta, che consentiva di ampliare i limiti visivi superando l'altezza degli arbusti della savana e l'angolo visivo attraverso la rotazione della testa, così consentendo di anticipare la scoperta di un eventuale pericolo. Fu inoltre reso possibile dall'aumento della velocità. Naturalmente, ciò non consentiva certamente di potersi aggirare liberamente per la savana competendo con predatori, simili al ghepardo, capaci di raggiungere e superare la velocità di 100 chilometri orari. Si trattò semplicemente di aumentare la distanza di allontanamento che consentisse al primate di rifugiarsi sull'albero prima di essere raggiunto.

Che l'evoluzione abbia assunto inizialmente queste direzioni di sviluppo, che hanno garantito la sopravvivenza, non sembra che vi possano essere dubbi. E' però altrettanto certo che, se lo sviluppo evolutivo si fosse limitato a questi passi, il destino di estinzione della specie sarebbe stato comunque segnato. Con il proseguire della pressione selettiva connessa alla riduzione della foresta il nostro progenitore sarebbe rimasto alla mercé di forze troppo più grandi.

Le caratteristiche capaci di bloccare il deterioramento del tasso di sopravvivenza ed anzi di accrescerlo progressivamente furono la trasformazione del nostro progenitore in animale di branco e lo sviluppo della capacità di costruire delle armi. Malgrado il livello di intelligenza del primate, che aveva una dimensione del cervello di circa 500 grammi, consentisse di costruire dei rozzi aggeggi, l'aggregazione in branco, o meglio in orda, come si dice quando ci si riferisce all' uomo, ebbe un'importanza prioritaria, costituì l'avvenimento centrale e decisivo nella storia evolutiva della nostra specie.

Dunque, nel processo che portò alla formazione dell'orda primigenia, la forza esterna selettiva che innescò lo sviluppo dell'organizzazione fu costituita dalla difficoltà di sopravvivere in condizioni di estremo pericolo, condizione che aveva portato allo sviluppo della paura nei confronti di tale pericolo, paura che definiamo "esterna" alla specie.

La comunanza del pericolo esterno diede luogo allo sviluppo di empatia ed amicizia e quindi ad un impulso aggregativo fra i componenti della specie. L'aggregazione di componenti differenti in termini di forza sia fisica che psichica, costituì una struttura stratificata nei livelli di forza, quindi un sistema potenziale che, appunto per questa caratteristica, si distingue da un insieme disorganizzato.

Le condizioni di scontro con le grandi sfide imposte dallo habitat implicò una sollecitazione estesa a tutti i membri del gruppo che determinò lo sviluppo di interazioni reciproche, regolate nella loro intensità dal campo di forza costituito dalla struttura stratificata, cioè attivò il sistema. Queste interazioni possono essere espresse in termini di desiderio di utilizzazione, quindi di comando, al fine di regolare lo sforzo comune. Dallo scontro fra i contrastanti desideri di dominio sorse la paura dell'altro, che chiamiamo paura interna per distinguerla da quella che abbiamo chiamato paura esterna, rivolta al pericolo esterno al gruppo.

La condizione di permanenza di un alto livello di pericolo esterno diede luogo ad uno scambio fra i componenti del gruppo fra protezione e sottomissione, scambio che comportava in ogni componente uno stato di equilibrio fra le variazioni marginali dei due fondamentali impulsi, sofferenza dovuta alla sottomissione e soddisfazione dovuta alla riduzione della paura.

Questa situazione nel tempo portò alla trasformazione dell'impulso di dominio-paura nei confronti del capo in impulso di dipendenza in cui le condizioni di equilibrio erano introiettate, come conseguenza dell'inversione di polarità, da dolore a piacere, di una componente della sensibilità dovuta al piacere dello scarico della paura come risultato delle vittorie esterne nella lotta per la sopravvivenza ottenute dall'orda. Ciò quindi portò, in dipendenza della variabilità caratteriale dei componenti, quindi della struttura stratificata delle linee di forza, alla formazione della gerarchia.

Nacque così l'orda primigenia di Darwin e di Freud [23], con una struttura degli impulsi che ha subito recentemente (in termini evolutivi) modificazioni marginali permesse sul piano ontologico, ma che, nei suoi aspetti fondamentali, è ancora oggi la stessa.

Il processo di sviluppo dell' organizzazione dovette essere lunghissimo, considerato che il solo sviluppo della parola ha richiesto trasformazioni somatiche delicate, e così anche lo sviluppo intellettivo. Si ritiene che dall'australopiteco a noi siano intercorsi più di un milione di anni e, come gli studi sul DNA mitocondriale hanno mostrato, solo recentemente, da circa 25.000 anni, l' avanzamento tecnologico ha raggiunto un livello di perfezione tale da determinare lo sviluppo esplosivo nel mondo della nostra specie.

La teoria dell' organizzazione non permette di determinare con precisione quale potrebbe essere stata la dimensione raggiunta dall'orda prima dell'inizio della sua crisi, né quanti potrebbero essere stati i livelli gerarchici. La considerazione, tuttavia, che doveva essere consentita un'ampia presenza di impulsi empatici, di tipo familiare, di cui conosciamo le limitazioni, che i membri del gruppo dovevano vivere costantemente in vista l'uno dall'altro, che la vita del gruppo doveva svolgersi sotto la diretta supervisione del capo, ci porta a ritenere che la dimensione fosse molto piccola, dell'ordine di un centinaio di persone al massimo. Il numero dei livelli gerarchici, malgrado la estrema variabilità del carattere umano doveva essere minimo, piuttosto doveva sussistere una condizione di carisma, fascino, attrazione esercitata dagli uomini che più contribuivano al successo della caccia. La dipendenza era quasi esclusivamente focalizzata sul leader che esercitava un potere assoluto.

Come avremo modo di mostrare più in dettaglio, le stratificazioni gerarchiche andarono crescendo e mostrando un più alto gradiente di oppressione nel passaggio dall'una all'altra fin dall'inizio della crisi dell'orda, raggiungendo infine un grande sviluppo, con la divisione della società in classi e l'istituzione della schiavitù, quando si verificò l'esplosione della civiltà agricola. Ma fintanto che rimase entro certi limiti, lo sviluppo della stratificazione sociale non impedì la introiezione dell' equilibrio di scambio, la formazione dell'impulso sociale gerarchico.

L'esistenza di una stratificazione gerarchica implicava per ogni componente un differente livello di importanza dato dal gruppo, il che significa che, a seconda del livello gerarchico, vi era nell'orda una differente relazione di scambio fra l'individuo e il gruppo. Ma ciò non portava a disequilibri interni che avrebbero compromesso l'efficienza produttiva del sistema. Questa condizione non esclude la formazione dell'equilibrio di scambio in quanto una piccola dimensione di importanza può avere un valore molto più grande per l'individuo che, per la sua debolezza, ossia per la prevalenza della paura, ha una più grande necessità di protezione dal pericolo esterno ed è più facilmente intimidito dall'aggressione interna.

Ciò tenendo anche conto che l'equilibrio è pesantemente influenzato da soddisfazioni illusorie che impediscono una obiettiva valutazione della reale relazione di scambio. Si realizzano cioè equilibri in cui gli elementi "ricevuti" o dello

269

"avere" vengono amplificati nella sensibilità del ricevente. La componente istintuale dell'avere può variare dalla soddisfazione del "bisogno di importanza" alla soddisfazione del "bisogno di amore" secondo la dimensione assunta dalla paura e dall'illusione, mentre l'elemento del "dare" costituisce la subordinazione psicologica, che implica cieca obbedienza, una fede a priori nel gruppo e nei valori religiosi e morali da esso generati.

Quindi noi possiamo dire che l'elemento centrale nello sciluppo di un'alta capacità di sopravvivenza fu l'ampliamento degli impulsi familiari, su cui poggiò la formazione dell'orda e la contemporanea formazione di una variabilità caratteriale su cui poggiò la struttura gerarchica dell'orda. E possiamo anche dire che tale variabilità caratteriale non potè essere omogenea, cioè i vari caratteri non poterono avere la stessa frequenza, perché nel branco il capo è, e deve essere, uno solo, mentre il resto del branco deve obbedire. Quindi gli individui con la tipologia del leader dovevano essere una percentuale assai ridotta dei componenti del gruppo.

Il primo ostacolo che l'orda in formazione dovette superare fu certamente costituito dalla paura del pericolo esterno, che costituiva il più importante impulso del nostro progenitore e ne aveva in effetti garantito fino ad allora la sopravvivenza. Un branco composto di individui dominati dalla paura, pronti alla fuga, non ha in effetti molte probabilità di costituire una struttura efficiente nella competizione con gli altri animali.

Noi abbiamo già discusso sulla necessità di un particolare impulso attrattivo che rinforza il semplice sviluppo di empatia, al fine di realizzare un incollamento di tali dimensioni da vincere la paura, ma certe considerazioni ci hanno portato a ritenere che questo meccanismo esiste, nella forza necessaria, solo in un limitato numero di strutture psichiche ed è rivolto ad un limitato numero di persone dell'intorno sociale degli individui in cui esiste. Noi dobbiamo quindi ritenere che il processo selettivo abbia premiato il sorgere di strutture in cui la mancanza di disciplina e entusiasmo nell'operatività in battaglia veniva punita in maniera sempre più feroce.

Dobbiamo anche considerare che, nei primi tempi successivi

alla formazione dell'orda, anche l'uomo più pauroso dovette comprendere che non esisteva possibilità di sopravvivenza al di fuori dell'orda e che quindi la fuga, che lo poneva fuori dell'orda automaticamente, per il mancato rispetto dell' accordo di solidarietà, era equivalente al suicidio.

Da qui la nascita dell' ansia di abbandono, che nel tempo è diventata un fondamentale impulso genetico, il bisogno di attaccamento, che sostituisce la primordiale paura ancestrale nei processi di regolazione ontologica degli impulsi e che, per tal motivo, si manifesta in modo spasmodico nei bambini. L'impulso ha così assunto l'aspetto di paura della disobbedienza, come diretta manifestazione della paura esistenziale e ciò ha permesso la sua introiezione prioritaria, senza impedire la creazione di una relazione emotiva positiva con il capo fintanto che sussisteva una adeguata contropartita protettiva.

In assenza di una possibilità di fuga, l'oppressione del gruppo costringeva perciò i suoi membri ad estrovertire l'impulso della paura, sia interno che esterno, in impulso di aggressione verso l'esterno. Come abbiamo già avuto occasione di accennare, l'estroversione della paura è un concetto introdotto dalla psicocibernetica secondo cui, una volta che si sia instaurato un alto livello di paura, che è un impulso introverso, nel senso di Jung, se viene impedita la fuga, che è l'opzione comportamentale di "default", la paura può "estrovertirsi", cioè trasformarsi in impulso aggressivo. La caratteristica dell'impulso aggressivo ottenuto per estroversione della paura è costituita dal fatto che la dimensione della reazione perde qualsiasi rapporto di proporzionalità nei confronti dell'offesa e di razionalità nella utilizzazione delle energie. La estroversione della paura, che si manifesta particolarmente in tempo di guerra, comporta la mobilitazione di tutte le energie e lo scavalcamento di qualsiasi condizionamento istintuale, quindi una ferocia distruttiva e una crudeltà estreme, anche se inutili per il raggiungimento dell'obiettivo.

Può sembrare paradossale che la prima utilizzazione della capacità di plagio nel gruppo, resa possibile dalla paura, sia stata diretta verso la soppressione della paura stessa, almeno quella

271

diretta verso il pericolo esterno, attraverso la manifestazione di disprezzo verso la "codardia" e l'esaltazione del coraggio e del sacrificio. E' stata infatti comune pratica fin oggi nelle forze armate dove la rigida disciplina tende a indurre la paura, anzi il terrore, della disobbedienza e della fuga, punibile con la morte, esaltare invece il coraggio e l'eroismo nella lotta al nemico esterno. Il paradosso è solo apparente; l'attività di plagio tende a rafforzare l'estroversione della paura, estroversione che non è granitica. Se il leader vacilla, se la battaglia è persa, l'estroversione può scomparire e riapparire il comportameto di fuga.

All' interno dell'orda era quindi potenzialmente molto alta la paura nei confronti del leader. Tuttavia, la paura non era localizzata nell'individuo, nel leader, ma in un comportamento, nella disobbedienza ai comandi del leader, cosa che trasferì la responsabilità della punizione ai membri dell'orda, svincolandola dalla pura volontà sopraffatrice del capo. La paura interna fu perciò cancellata dalla introiezione della sottomissione che divenne quindi un impulso autonomo, che rimpiazzò la coecizione esterna con la coercizione interna.

Il secondo ostacolo che l'orda in formazione dovette affrontare fu certamente la competitività interna dovuta all' impulso aggressivo che tende a scaricarsi sugli elementi più deboli del gruppo e subisce una amplificazione estrema quando riguarda l'oggetto sessuale.

Ancora una volta gli impulsi empatici forti, quelli dell' amicizia, svolsero un ruolo positivo, portando alla formazione di nuclei di difesa contro l'aggressione esterna ai nuclei stessi, ma l'elemento decisivo, che fermò l'aggressione fu certamente l'intervento del capo.

Abbiamo già avuto occasione di mostrare come la protezione offerta dal capo nei confronti della violenza interna abbia costituito un importante elemento di induzione all' incollamento e sappiamo anche che essa ha una giustificazione evolutiva nella perdita di efficienza dell'intero gruppo nella lotta per la sopravvivenza che seguirebbe certamente allo sviluppo di disequilibri interni.

Secondo la teoria dell'organizzazione, vi è un solo modo che può essere stato seguito dal processo evolutivo per ridurre la competitività interna: concentrare tutte le energie sulla guerra esterna al sistema, rendendo la soddisfazione degli impulsi dominativi nel sociale, rappresentata dal livello di importanza in generale e dalla soddisfazione sessuale in particolare, un premio ai risultati raggiunti nella lotta esterna.

Alla abilità mostrata nella caccia doveva quindi corrispondere un aumento di importanza che si manifestava con l'acquisizione del premio più ambito, la soddisfazione sessuale. Il desiderio sessuale doveva pertanto essere necessariamente e costantemente stimolato da nuovi oggetti, specialmente se essi erano desiderati dagli altri (per il terzismo mimetico del desiderio) [24], [40]. Ciò per determinare la sua strutturale perenne insoddisfazione che preservava la funzione di stimolare l'attività produttiva. Corrispondentemente la forma assunta dall'impulso sessuale femminile doveva concorrere a realizzare questi obiettivi. Nelle femmine infatti l'impulso sessuale confluì integralmente in quello sociale, così che l'uomo di successo nella caccia, e quindi sopratutto il capo, divenne l'oggetto privilegiato del desiderio femminile. L'amicizia, infine, facilitava le condizioni di aggregazione del gruppo, ammorbidendo come un lubrificante, all'interno della stessa stratificazione gerarchica, le condizioni di competitività sessuale.

Quindi nell'ambito dell'orda doveva sussistere una estrema mobilità dei rapporti sessuali che manteneva viva una intensa competitività che per i maschi era mediata dalla caccia mentre per le femmine era mediata da un'attività seduttiva, volta alla conquista del vincitore di turno. Tale condizione, pur realizzando l'obiettivo della massima efficienza produttiva del branco, non doveva però portare a modificazioni del livello di importanza tale da ledere la condizione di incollamento dei soccombenti.

Occorreva cioè necessariamente che, pur essendo sentite appassionatamente dai membri dell'orda, le variazioni dei livelli di importanza conseguenti alla competitività mediata non potessero risvegliare l'angoscia esistenziale che trovava sfogo nel rapporto sociale. La fine di un rapporto sessuale non determinava dunque la fine di una affettività sociale che sovrastava ed era più stabile del rapporto sessuale. Qualcosa del genere accade anche oggi con alcuni sport che vengono seguiti appassionatamente dalle masse che traggono dalle vittorie della propria squadra una sensazione di superiorità che non trova riscontro in alcun mutamento effettivo dello status sociale.

In definitiva, lo scarico dell'ansia esistenziale non era messo in gioco, se non marginalmente, dalle accadenze sul piano sessuale, come invece accade oggi per molti individui per cui l'angoscia esistenziale trova il suo scarico in un rapporto individuale e rinasce quindi violentemente alla sua rottura. Succede così che un rapporto obsoleto sul piano sessuale viene mantenuto in piedi per la sua capacità di esorcizzare l'angoscia della solitudine.

E' molto importante la funzione che, in questo contesto, veniva svolta dal capo. L'aspetto più importante della sessualità esercitata dal capo è rappresentato dal fatto che essa si sviluppava da una condizione "one up" in cui la dimensione di importanza era già aprioristicamente determinata e non messa in gioco dalla relazione. Quest'ultima non aveva quindi il significato selettivo, di conferimento di importanza. Non sussisteva per lui il bisogno dell'altro che è mediato dalla donna.

Quindi, pur nell' ambito di una indubbia prevalenza possessoria di tutte le femmine dell'orda, era assente nel capo la richiesta di esclusività e la gelosia per la formazione di legami delle femmine con altri membri del gruppo, ma anzi il governo di tali rapporti rappresentava un esercizio di potere da cui traeva soddisfazione e che poteva venire esercitato in termini di stimolo dell'impegno di tutti i componenti dell'orda nell'attività di caccia.

L'introiezione dell'impulso sociale era influenzato, come sappiamo, dal fatto che l'esercizio del potere comportava non solo la protezione nei confronti del pericolo esterno, ma anche contro la sopraffazione interna. Tale azione regolatoria si manifestava anche nell'ambito sessuale in virtù del fatto che il capo era la fonte di attrazione massima non solo per le femmine, ma anche per i maschi, anche se, ovviamente, sul piano dominante dell' incollamento sociale. Egli era perciò, con i termini di Girard, il mediatore ultimo del desiderio.

L'azione regolativa della violenza interna da parte del capo aveva un substrato istintuale; nelle limitate dimensioni dell'orda, sussisteva infatti nel leader un particolare impulso identificativo e protettivo, l'impulso genitoriale, che abbiamo già introdotto quando abbiamo discusso sui fondamenti psicologici dell'organizzazione sociale umana. Tale impulso si differenzia dagli altri impulsi empatici in quanto è compatibile con una condizione di superiorità, ma ne condivide la limitata estensione.

Come sappiamo, un comportamento di sottomissione può sussistere per il solo effetto della paura, senza la introiezione di tale comportamento. In questo caso, sia che la condizione di sottomissione involva una riduzione della paura senza eliminarla del tutto, sia che consista in un puro cedimento alla violenza senza compensazione, la persistenza di uno stato di "tensione" (cioè di assenza di scarico) ridurrebbe l'efficienza funzionale del sistema e renderebbe il suo equilibrio più fragile. Data la alta efficienza raggiunta come macchina da guerra, l'orda primitiva era certamente una struttura in cui le relazioni gerarchiche delle persone deboli erano tutte completamente introiettate.

I motivi sono semplici: i membri forti, non soggetti all'incollamento e quindi all'introiezione della sottomissione, si trovavano in una condizione coercitiva che ne impediva ogni azione non consistente con la volontà del leader. Per effetto della concentrazione diretta sul leader di tutti i poteri connessi all'incollamento, essi si rendevano conto che il potere del capo nei loro confronti era enorme, un suo semplice cenno sarebbe stato sufficiente per determinare la loro fine ed ogni loro diretta azione contro il capo avrebbe avuto la stessa conseguenza..

Tuttavia, la presenza nell'orda di un certo numero di uomini forti, potenziali leaders, costituiva una garanzia contro gli eccessi nell'esercizio del potere da parte del capo. Come mostreremo in maggior dettaglio quando tratteremo della crisi dell'orda, il superamento di certi limiti nell'oppressione portava ad un indebolimento della introiezione della sottomissione e quindi a facilità di trasferimento della condizione di dipendenza su leaders alternativi che potevano così acquisire la forza necessaria ad eliminare il capo.

Nell'orda, infine, le azioni criminali erano impedite in conseguenza del completo controllo sociale di tutti i componenti, condizione durata molte migliaia di anni durante i quali i membri dell'orda si tennero costantemente uniti, ognuno in vista dell'altro, giacché l'allontanamento dall'orda significava quasi certamente la morte.

Questa struttura organizzativa dell'orda durò certamente per un tempo molto lungo, parecchie centinaia di migliaia di anni e acquisì per conseguenza una straordinaria rigidità, rappresentata da istinti rigidi, non modificabili nel tempo breve, di cui siamo ancora portatori. In particolare, la necessità di appartenere al gruppo e di realizzarvi una certa collocazione gerarchica, cioè l'impulso sociale, è divenuto il più importante impulso umano.

14.5.- La rivoluzione metallurgica e la crisi dell'orda

L'elemento che portò alla crisi dell'orda fu l'avanzamento tecnologico, ossia la rivoluzione metallurgica che portò ad un grande perfezionamento delle armi. La maggiore facilità di produzione dei beni comportò la introversione di quelle cariche energetiche precedentemente usate per la realizzazione della sopravvivenza, portando quindi ad una aumento della condizione di violenza e di sopraffazione all'interno dell'orda.

Il deterioramento del rapporto tra il dare e l'avere con il gruppo, nelle iniziali condizioni di abbondanza divuta al progresso tecnologico, non poteva essere evidenziato da differenze nella divisione del cibo, che era immediata e totale all'uccisione della preda. Le differenze esistevano principalmente nella soddisfazione sessuale, data la preferenza concessa ai più forti e, più generalmente, nella frustrazione del bisogno di importanza e nella necessità di dover subire il dominio dei più forti che colpiva la parte più debole dell' orda, non più protetta dalla sua necessità per la produzione alimentare, che dava valore alla sua sottomissione nella relazione di scambio.

L'azione protettiva svolta dall'impulso genitoriale, di cui

abbiamo già evidenziato la dimensione limitata, poté ancora sussistere fintanto che la tribù, cui diede luogo la crisi dell'orda, conservò una dimensione simile a quella dell'orda, ma andò decrescendo sia per l'aumento della popolazione, sia per il cambiamento delle caratteristiche del capo conseguente alla variazione nei fattori che determinavano la gerarchia. La perdita di importanza nella produzione del cibo modificò i modi di formazione della gerarchia dalla capacità di produrre il cibo alla diretta competizione interna. Ci soffermeremo in seguito su questo importante argomento relativo ai mutamenti intervenuti nella caratteriologia del capo.

In assenza dei paletti di contenimento costituiti dalla utilità nella produzione del reddito e dall'impulso genitoriale, l'orda diveniva una struttura feroce nei confronti dei più deboli e ciò semplicemente perché la soddisfazione del desiderio di potenza mantiene in molti uomini una componente sadica, di pura aggressività. Questa ferocia può essere ancora oggi sperimentata nei piccoli gruppi di giovani ove non vi è divertimento a meno che non vi sia una vittima da torturare, specialmente se sono presenti donne che sono attratte dal più forte, dal leader che emerge dalla capacità di torturare. O nei gruppi in cui sussiste una lotta per il potere ma non lo sviluppo di un adeguato livello di empatia, specialmente quando non vi è ancora alcun elemento regolatore, un leader riconosciuto che inibisca la sopraffazione del debole, ruolo che, nell'orda, era giocato dal capo.

Il deterioramento del rapporto di scambio porta, nei caratteri deboli, alla introversione delle cariche istintuali, cioè allo sviluppo di paura dovuto alla perdita della protezione, condizione che in termini psicologici è chiamata depressione e che porta, in casi estremi, a stati psicotici. In condizioni depressive gli individui deboli rimangono aperti ad alternative di raggruppamento (transfert) per consentire un migliore equilibrio degli impulsi, ossia si pongono in condizioni pre-rivoluzionarie così che il primo effetto dello scontento è quello di ledere l'interna unità, partecipativa, del gruppo.

Per inciso, il transfert è stato giudicato, da uomini del calibro di Jung, come la più importante scoperta della psicanalisi, laddove esso è l'elemento primo, fondamentale, che caratterizza non solo il sistema psichico, ma addirittura qualsiasi sistema. Secondo la teoria dell'organizzazione, infatti, quando una forza esterna incide su un sistema, si determina una rottura di certi equilibri e si sviluppa una variabilità configurale che corrisponde ad una successione di transfert che si annulla al raggiungimento di una nuova condizione di equilibrio. E non diverse sono determinate impostazioni psicologiche, quali quelle della teoria dello stimolo-risposta e della teoria psicocibernetica. In esse infatti lo stimolo da luogo ad una successione di risposte, che corrispondono alla variazione dell'oggetto dell'impulso, cioè dello strumento adoperato per il raggiungimento della condizione di rassicurazione ottenuta la quale la variabilità si arresta, l'impulso cioè si scarica. La meraviglia suscitata dal vedere verificato questo meccanismo elementare nel campo delle più importanti scelte sociali è quindi una conseguenza del principio di relatività, secondo il quale i fattori in equilibrio che sottendono ad una condizione di omeostasi di un sistema non sono percepibili dal suo interno. La superiorità della teoria dell'organizzazione dei sistemi nell'affrontare questi argomenti è dovuta al fatto che essa considera altri sistemi, in cui non esiste il coinvolgimento umano, e ne trae quindi una teoria generale, che poi applica al sistema uomo ed al sistema sociale. Le condizioni sottostanti all'equilibrio appaiono allora evidenti. Risulta anche evidente la maggiore dimensione della forza che deve essere impegnata nella realizzazione del transfert, perchè si tratta di modificare componenti della struttura istintuale che hanno un notevole livello di rigidità.

La sottomissione partecipativa, fideistica, vissuta come un atto di amore o almeno come uno scambio protettivo, diviene una partecipazione sofferta, vissuta come un atto di violenza, di sopraffazione. E, se vi è una alternativa, lo spostamento nel nuovo gruppo avviene anche prima che esso abbia preso un reale potere, mentre è ancora allo stato nascente, di movimento, perchè la partecipazione ad un movimento permette scarichi illusori che sfuggono all'azione distruttiva della realtà in quanto la verifica è posposta a quando la potenza sarà stata raggiunta (vedi il ruolo della speranza come consenso all'innamoramento, che è un transfert, in Stendhal [25]).

Questa situazione trova la sua soluzione nei casi in cui qualche linea di confluenza degli impulsi, rafforzata da una dimensione estrema di connessioni illusorie, riesce a strutturarsi. La soluzione differisce dallo sbocco puramente paranoico in quanto lo scarico degli impulsi, sia pure limitato, non è realizzato in linee di scarico prodotte esclusivamente sotto la pressione della tensione in connessioni illusorie ma sovraccarica linee di flusso già strutturate nel sistema che hanno connessione con la realtà.

La soluzione comporta la formazione di una condizione di dipendenza da una persona o da una porzione del gruppo cui viene associato un certo livello di scarico degli impulsi sociali (transfert). L'aspetto paranoico è individuabile in una illusione sulla dimensione del rapporto di scambio che però sussiste in una certa misura anche nella condizione normale di dipendenza dall'orda cosicché in realtà tale aspetto è di difficile giudizio.

Nelle condizioni di scontento determinate dall'avanzamento tecnologico lo spostamento da parte di un'ampia quota di componenti del gruppo dell'impulso sociale sui potenziali capi conferì a questi ultimi la forza necessaria alla sostituzione traumatica dei detentori del potere cui seguì peraltro subito dopo, ricostituitasi la condizione di carenza di ostacoli all'esercizio degli impulsi dominativi dei nuovi capi, una cocente disillusione nelle stratificazioni deboli del gruppo.

Che si siano verificati simili avvenimenti è ipotizzato in "Totem e Tabù" di Freud [23], sia pure senza una spiegazione completamente soddisfacente dei motivi che li possano aver determinati, attraverso l'interpretazione di usi, riti, simboli totemici e tabù. Invero la spiegazione avanzata, secondo cui tali avvenimenti sarebbero semplicemente la manifestazione di una conflittualità interna al gruppo, "strutturale", non episodica, legata al rapporto padre - figlio, che si trasferisce al rapporto capo - gregario, non può essere accettata se questa condizione significa che il conflitto dava luogo periodicamente a conflitti reali, con l'uccisione del capo, come avvenimenti ordinari, ripetitivi, senza che occorresse ulteriore spiegazione che non sia il periodico avvicendamento alla gestione del potere.

Ciò è in contraddizione con la fisica, in base alla quale una simile condizione di conflittualità interna permanente non avrebbe consentito un efficiente funzionamento dell'orda (seconda legge della termodinamica). Una condizione di conflittualità interna continua, che dia luogo periodicamente ad un bagno di sangue, non può essere la conseguenza di un processo evolutivo durato un milione di anni in condizioni di staticità delle condizioni esterne, processo che deve necessariamente aver portato ad una condizione di ordine interno.

E' quindi dal mutamento delle condizioni esterne che derivò l'effettivo manifestarsi della conflittualità interna in episodi rivoluzionari. L'interpretazione freudiana fu dunque dovuta alla mancata considerazione della connessione fra le condizioni di sollecitazione degli impulsi e le condizioni di sfruttamento della nicchia che consente una precisa collocazione temporale di simili avvenimenti (alla rivoluzione metallurgica) anziché farne un archetipo, una necessità psicologica atemporale.

Ciò non significa affatto negare l'esistenza di una ambiguità nel rapporto fra il capo e la massa che esplose in occasione della crisi dell'orda; significa riconoscere che le contraddizioni insite nel rapporto erano state certamente composte in un equilibrio stabile durante tutta la vita dell'orda e che solo l'avanzamento tecnologico, rivoluzionando i valori interni, le fece emergere.

La variabilità configurale indotta dall'aumento dell'energia interna consistette quindi in questa condizione di distruzione e ricostruzione di gruppi. Come abbiamo avuto modo di illustrare, quando i cambiamenti estroversi, cioè le modificazioni dell'oggetto non accompagnate da aumento della tensione, falliscono il loro obiettivo, si verifica un aumento della tensione che porta ad un approfondimento del vettore modificativo, il che in linguaggio psicologico vuol dire che si sviluppa una condizione di paura che determina lo sviluppo di elementi del dare, cioè modificazioni istintuali coerenti con le richieste della controparte che in questo caso è costituito dai capi, cioè dalla struttura di potere.

Il riequilibrio degli impulsi, su cui ci attarderemo nel prossimo capitolo, costituì quindi un importante mezzo di pacificazione interna nell'ambito dell'organizzazione tribale che fece seguito alla crisi dell'orda. Esso fu accompagnato da una riorganizzazione delle strutture del potere, vale a dire nei rapporti fra le stratificazioni sociali, sia pure nei limiti possibili nella limitata dimensione della tribù, e dallo sviluppo della guerra con le tribù vicine che rappresentò una estroversione della violenza interna parzialmente sostitutiva di quella precedentemente assorbita dalla caccia.

Consideriamo ciò che avviene in un sistema dissipativo se si verifica una riduzione del flusso di energia uscente, cosa che implica un aumento dell'energia interna. Gli effetti saranno ovviamente differenti a seconda della dimensione dell'aumento dell'energia interna e della rigidità dei legami fra i componenti del sistema. Considerando temperature crescenti, cresce con la temperatura il livello di rigidità necessario per la sopravvivenza. Oltre un certo livello della energia di scontro, non vi è struttura organizzativa che possa resistere.

Tenendo conto che lo schema fisico da cui partiamo dovrà essere assimilabile alla condizione dell'orda, consideriamo che il sistema sia composto da componenti elementari che possano stabilire legami aggregativi fra di loro. Dobbiamo considerare un livello dell'energia interna che determini la rottura delle connessioni più fragili, portando ad una frammentazione del sistema che risulta quindi composto da una molteplicità di frazioni fra le quali si stabilisce una certa frequenza di collisioni, condizione che noi chiamiamo introduzione di un certo quantitativo di entropia.

Assumiamo ancora che le frazioni siano composte da un mix di componenti rigidi e di una maggioranza di componenti flessibili che si distinguono per la loro tendenza all'incollamento sui componenti rigidi e sulle frazioni di maggior massa. Assumiamo che gli scontri diano luogo alla distruzione di alcune delle frazioni cui fa seguito la riaggregazione attorno ai nuclei rigidi residui, cosicchè in definitiva si realizza un processo continuo di distruzioni dovute alle collisioni e di successive riaggregazioni dovute alla convergenza dei componenti flessibili sui componenti rigidi. E' così realizzata una variabilità configurale del sistema, costituita dalla successione delle differenti configurazioni acquisite dal sistema in conseguenza di come le aggregazioni si realizzano, in termini di dimensioni e localizzazione spaziale delle frazioni.

Ovviamente alla variabilità configurale così determinata corrisponde una variabilità della struttura dei campi di forza e l'obiettivo di rappresentare un quadro delle interazioni assimilabile a quello esistente nell'ambito dell'orda porta a considerare campi di forza attrazione-rifiuto in cui, almeno finchè le frazioni sono piccole, una forte attrazione verso un centro di gravità non esiste. Le forze attrattive agenti sui componenti sono quelle di breve distanza, cioè la tendenza dei componenti flessibili ad incollarsi sui nuclei rigidi, nonché forti interazioni cinetiche, che possono essere associate al comportamento aggressivo, che si svolgono fra le frazioni rigide.

Supponiamo ancora che tali processi si svolgano nell' ambito di volumi così ampi da limitare la interdipendenza statistica degli stati e consentire ampi gradi di libertà al movimento delle frazioni per effetto delle reciproche interazioni individuali, condizione equivalente all'assunzione di un certo livello di indipendenza statistica degli stati. E' allora possibile immaginare che, nell' ambito della variabilità configurale così determinata, si verifichino condizioni di parallelismo motorio fra frazioni rigide che comportano l'assenza di interazione cinetica e danno luogo a condizioni di sinergia.

Nel trasferire queste considerazioni all'organizzazione sociale umana, dobbiamo aggiungere l' importante elemento costituito dalla maggiore sensibilità degli uomini che permette di individuare l'avvicinarsi di una collisione prima che essa avvenga (memoria di allarme) e quindi provvedere in anticipo, attraverso l'intelligenza, al rafforzamento della capacità di difesa attraverso alleanze (sinergie). Dobbiamo cioè considerare la maggiore complessità dovuta all' introduzione della informazione nel sistema, cosa che induce una non linearità nei fenomeni esaminati. La condizione sinergica, prodroma alla ricostituzione della intera organizzazione, assume così una probabilità di accadenza molto più alta.

La sinergia fra due frazioni può essere una sinergia in atto, in cui le due frazioni hanno direzioni di moto parallele, oppure una sinergia potenziale, nel senso che, pur avendo opposte direzioni di moto, il campo di forze agente determina la modificazione della direzionalità motoria delle due frazioni in senso sinergico, avendosi così un rapporto dialettico che esprime una sinergia parziale. Le frazioni fra cui si determina la sinergia potrebbero assumere allora rigidità e massa capaci di determinare la convergenza in essi di tutta la massa del sistema. Sarebbe così ricostituita l'unità del sistema ma con la incorporazione in esso di una maggiore quantità di energia che sarebbe assorbita da nuovi equilibri interni.

Le forme assunte dal sistema a conclusione del processo di rielaborazione delle connessioni possono essere di due tipi una chiamata ottimizzazione lineare, in cui l'energia cinetica supplementare rinforza la tensione fra gli strati gerachici contigui e l'altra, che chiameremo ottimizzazione non lineare, in cui l'energia addizionale è assorbita dagli equilibri dinamici fra grandi frazioni poste a una più grande distanza.

L'impulso fondamentale che governa l'attività dell'uomo è l'impulso dominativo che tende a realizzare il massimo potere possibile E' quindi impensabile che il potere possa essere limitato da coloro che già lo posseggono, così che le condizioni di equilibrio non lineare, che comportano una limitazione del potere, dovrebbero partire dal basso, da coloro che hanno paura e che sono dipendenti dai potenti, incollati ai capi. E' comprensibile quindi quanto difficile sia l'imbrigliamento del potere che questa organizzazione potrebbe comportare.

Ciò sarebbe ancora possibile se sussistessero due sole classi, quelle dei ricchi e quella dei poveri, nell'ambito delle quali esistessero condizioni egualitarie di forza. Ciò naturalmente comporta che sussistano anche le condizioni di auto-organizzazione, che implicano la riduzione della paura, argomento su cui avremo occasione di fermarci. Ma la suddivisione in classi ha portato la diseguaglianza ad essere ripartita nell'ambito dell'intero sistema sociale, creando così interessi contrastanti fra le classi che ne impedisce la sinergia operativa. Ciò ha portato le classi intermedie, per proteggere il loro privilegio, a difendere il sistema e a divenire così una enorme forza difensiva del grande privilegio.

Naturalmente, è possibile immaginare condizioni di sensibilità in cui il dolore o il piacere degli altri è sentito come proprio, che potrebbero spingere gli uomini verso la realizzazione di una condizione ottimale del gruppo anche se riduttiva della propria. Questo meccanisno peraltro esiste e si riflette nella tendenza all' incollamento, con le sue componenti, empatiche e di scambio e con l'intervento dell'illusione, tutti elementi che si esprimono attraverso l'azione sul meccanismo dolore-piacere che è la particolare forma assunta dai campi di forza attrazione-rifiuto che governano tutta la realtà. Abbiamo visto però come questi impulsi abbiano una estensione proporzionata allo sviluppo dell'orda e non hanno quindi possibilità di intervenire in maniera significativa nello sviluppo delle organizzazioni sociali più ampie e conflittuali quali si sono determinate con la crisi dell'orda.

Dunque, nel sistema così ricostituito nella sua unità, la maggiore quantità di energia interna viene assorbita nell'ambito delle linee di connessione. Vi sono ovviamente dei limiti nella capacità di assorbimento della energia addizionale in entrambi i tipi, anche se nel caso della ottimizzazione non lineare l'assorbimento limite è maggiore (e la dimensione del sistema può essere più grande) per il maggior scarico di energia cinetica nei flussi energetici di scambio.

Tornando agli avvenimenti che fecero seguito alla crisi dell'orda, rileviamo che la quantità di violenza esistente nel sistema rimase elevata pur dopo la riduzione dovuta alla modificazione degli impulsi. Ciò perché questo processo fu realizzato attraverso un processo di equilibratura che non distrusse, malgrado il contributo dell' illusione abbia permesso di estendere il campo dell'incollamento, la violenza ma la bloccò attraverso la contrapposizione con altre forze, la cui origine ultima è nella paura. Essa rimase quindi come energia potenziale che poteva esplodere se si realizzavano condizioni di sinergia nella folla (che è una massa in cui si realizzano ampie condizioni di comunicabilità) o di riduzione della paura. Essa determinava inoltre una asprezza nei rapporti sociali che era fonte di frustrazione e conseguentemente di incremento della violenza immagazzinata che poteva quindi esplodere anche per effetto cumulativo. In tal caso l'unica alternativa alla conflittualità interna giaceva nella estroversione paranoica della energia interna in eccesso nella guerra alle tribù vicine.

Nella continuazione del nostro studio, considereremo dunque:
1 – I cambiamenti nella struttura degli impulsi dovuti alla crisi dell'orda,
2 - I cambiamenti, sia lineari che non lineari, che si sono verificati nelle strutture di potere
3 - I miglioramenti che possono essere introdotti in queste strutture per il raggiungimento di un maggiore scarico tensionale (la rete globale delle interazioni sociali)
4 - Le nuove possibilità di scarico offerte dalla civiltà industriale attraverso le alternative di raggruppamento
5 - La possibilità di riduzione della repressione istintuale e l'introduzione di una nuova cultura che involva un differente modo di formazione della personalità
6 - La possibilità di aprire scarichi esterni dell'energia interna alternativi alla guerra

Trascuriamo, per la sua ovvietà, il fatto che vi sono alcune componenti del flusso entrante, come quella connessa alla fame, che vengono automaticamente ridotte per retroazione negativa, quando la riduzione del flusso uscente è dovuto ad una maggiore facilità di reperimento del cibo.

14.6-La riequilibratura degli impulsi

Il processo di disegnatura dei nuovi equilibri relazionali seguì le seguenti linee:

a) Frustrare tutti gli impulsi empatici, puramente sinergici, che comportano una reciproca identificazione fra gli uomini, impulsi che sono chiavi necessarie per la conclusione di accordi. Noi sappiamo, infatti, che la presenza di questi impulsi costituisce un elemento prioritario di mediazione per la costruzione di qualsiasi organizzazione sociale, quindi anche di qualsiasi organizzazione rivoluzionaria.

b) Sviluppare invece gli impulsi dialettici nella loro componente oppositiva, di rifiuto che, se estesa oltre certi limiti, impedisce la sintesi, cioè l'incollamento. Ciò aumentando la dimensione degli squilibri, cioè della sopraffazione e della paura, associati con ogni gradino della stratificazione gerarchica. La dialettica riduce le forze aggregative di breve distanza e così implica la prevenzione della comunicazione fra stratificazioni adiacenti, che costituisce, nella costruzione di una organizzazione rivoluzionaria, un importante passaggio.

Sappiamo infatti che la formazione del nucleo organizzativo rivoluzionario richiede la presenza fra i congiurati di una eterogeneità caratteriale che, per semplicità indichiamo come diversità negli elementi di forza. Poiché nella cultura ordale, la formazione della gerarchia si basava sulla eterogeneità degli elementi di forza, la formazione del nucleo rivoluzionario richiedeva per conseguenza la partecipazione di elementi provenienti da stratificazioni sociali differenti che lo sviluppo degli elementi oppositivi fra le stratificazioni impediva.Ciò quindi costringeva le stratificazioni più deboli all'accettazione di un alto livello di sottomissione per eludere la paura esistenziale, il bisogno genetico sociale, ma il rapporto di scambio così stabilito riduceva la presenza o la profondità dell'incollamento.

In breve, furono poste le premesse per la divisione della società in classi, condizione che sarà realizzata nella successiva civiltà agricola. Una divisione vera e propria in classi non si realizza ancora nella tribù ove il rapporto fra le persone è ancora troppo intimo e vi è troppa diretta collaborazione fra tutti i membri per l'approvvigionamento del cibo. Si tratta semplicemente di un rafforzamento dell'elemento oppositivo nella dialettica fra gli uomini che indebolisce o. oltre certi limiti, impedisce del tutto la realizzazione della sintesi, sostituendola con un esercizio di violenza sopraffatoria che viene subita per l'assenza di alternative.

Viene però così creata una condizione tensionale, una scontentezza, fra le stratificazioni che la sola differenza di carattere istituisce fra i componenti del gruppo, scontentezza che permane, come potenziale rivoluzionario, malgrado la stessa condizione tensionale impedisca, attraverso la frattura delle connessioni, che la potenzialità si traduca in azione. Nella condizione tribale questa condizione di frattura è realizzata più attraverso modificazioni istintuali, cioè attraverso la regolamentazione inbitoria dei rapporti relazionali (genitoriali, omosessuali, eterosessuali aperti, eterosessuali chiusi, ecc) che attraverso il diretto esercizio di violenza come accadrà invece nella civiltà agricola ove la frattura assumerà la forma definitiva di divisione in classi.

c) Impedire qualsiasi raggruppamento alternativo indotto dagli impulsi relazionali in una maniera che appare seguire il fondamentale principio fisico che ogni organizzazione (e quindi anche l'organizzazione rivoluzionaria) deve raggiungere una certa dimensione critica perché possa estendersi autonomamente divenendo quindi fonte di attrazione (principio di organizzazione di Prigogine). Quindi, per evitare ciò occorre sradicare i raggruppamenti prima che raggiungano questa dimensione, limitando anzi la partecipazione ad essi al numero più piccolo possibile di individui.

Tali vincoli investirono l'impulso dominativo in tutte le sue componenti oggettuali, che abbiamo definito impulsi relazionali; in particolare l'impulso sessuale. La necessità di concentrare tutte le energie disponibili nella lotta per la sopravvivenza in una situazione di estremo pericolo aveva spinto il processo evolutivo a sviluppare nell'orda un alto livello di sinergia fra le diverse componenti oggettuali dell'impulso dominativo, rendendo la soddisfazione sessuale del maschio, sotto una corrispondente sensibilizzazione dell'impulso femminile, un premio per il successo nella caccia, a cui corrispondeva anche una maggiore importanza sociale, divenendo per conseguenza il successo con le femmine del branco uno "status simbol". La svalutazione dell'attività produttiva aveva rotto questa mediazione produttiva della competitività sessuale che era divenuta diretta, così accrescendo la quantità di energia introvertita nel sistema.

Vediamo dunque più in dettaglio quali siano stati i cambiamenti nella struttura degli impulsi che hanno portato al rafforzamento delle strutture di potere. Simili processi si verificano quasi automaticamente, per l'emergenza selettiva di certe configurazioni del sistema che sembrano apparire quasi casualmente ma a cui invece il sistema converge gradualmente attraverso passaggi elementari di crescente equilibrio e stabilità.

Lo studio delle organizzazioni sociali delle tribù primitive condotto da Margaret Mead [26] ha mostrato che possono essere date risposte molto differenti alla necessità di regolamentazione degli impulsi. Sono prevalenti le società patriarcali, ma sono state anche trovate società matriarcali ed anche una società fondata sull'impulso omosessuale.

La nascita della famiglia monogamica indissolubile.

Nel nostro caso, della civiltà giudaico-cristiana, la strada può essere indicata, ad esempio, da un importante fenomeno sociale costituito dall'innamoramento che, secondo Alberoni, costituisce lo sbocco paranoico, cioè illusorio, della introversione delle cariche istintuali, cioè della condizione depressiva, nell'ambito di un rapporto sessuale individuale [27]. E' l'espressione estrema, relativa al più piccolo nucleo possibile, dell'instaurazione del rapporto di dipendenza (transfert) che, come abbiamo già avuto modo di accennare, è risolutivo dello stato di sofferenza.

L'innamoramento prende particolare forza dall'utilizzazione di importanti linee di scarico istintuale che hanno la capacità di trascinare nello scarico le tensioni indotte dal bisogno di importanza, scarico accresciuto dalla strutturazione di una mole imponente di connessioni illusorie. Lo scarico per trascinamento è dovuto al fatto che l'apparato cerebrale è una rete nei cui nodi gli

287

impulsi confluiscono, così che un impulso può subire scarico per trascinamento da un altro impulso in quel momento più forte. Chiaramente, ove l'impulso provenga da centri esterni alla rete psichica, come è nel caso della fame, esso non può essere soddisfatto per trascinamento da un altro impulso, che non può evitare che i centri esterni alla rete continuino ad essere sollecitati in assenza di una soddisfazione specifica del bisogno alimentare, ma nel campo degli impulsi relazionali il trascinamento può verificarsi ampiamente.

Nel caso dell'impulso sessuale, peraltro, l'associazione con le altre componenti dell'impulso sociale, con il desiderio di importanza, è assai profonda e sostanziale così che il trascinamento di quest'ultimo da parte del primo non è un fatto episodico ma, per molti versi, strutturale. Abbiamo infatti mostrato come l'impulso sessuale del maschio fosse asservito alle necessità della sopravvivenza e quindi l'efficienza nell'attività di caccia fosse premiata da un aumento di importanza che si manifestava attraverso la soddisfazione sessuale, così che i due aspetti erano praticamente coincidenti. Abbiamo visto che il desiderio era indirizzato socialmente nel senso che era incrementato dal desiderio degli altri membri del gruppo e corrispondentemente il possesso della femmina desiderata dagli altri si traduceva in soddisfazione sociale, in importanza. Analoghi processi, simmetrici, si verificavano nella femmina che era attratta dall'uomo di successo, dall'uomo forte.

Nell'innamoramento viene attribuita illusoriamente al partner un'importanza sociale superiore a quella effettiva, connessa al reale apprezzamento del gruppo. La condizione donataria, in termini di importanza riconosciuta al partner, è favorita perché, data la condizione di scambio, in tal modo si rialza automaticamente il proprio livello di importanza nei confronti del gruppo (più tu sei importante, più lo sono io che tu ami, cioè consideri importante). Tale processo fu descritto per la prima volta da Stendhal [25], che lo chiamò cristallizzazione per illustrarne il modo di accrescimento graduale, simile al modo di formazione di certi cristalli di sale, tale che ad ogni aumento, pur piccolo, dell'importanza del partner fa seguito uno proprio che poi a sua volta ne genera uno del partner ecc (ciclo a retroazione positiva). Esso porta all'acquisizione illusoria di una condizione di importanza di ciascun partner nei confronti del gruppo ben superiore a quella che potrebbe determinarsi separatamente in ciascuno dei partners con meccanismi puramente paranoici, cioè illusori, perché si appoggia ad una molteplicità di scarichi reali degli impulsi.

L'innamoramento rimane comunque un avvenimento transitorio non tanto per la fragilità che è propria delle connessioni illusorie quanto per la natura dell'impulso sessuale quale si era andato determinando durante la vita plurimillenaria dell'orda. E' chiaro che se l'esistenza di un desiderio insoddisfatto era una condizione indispensabile per aversi un'alta efficienza nell'attività di caccia, era anche necessario che, una volta che il desiderio fosse stato soddisfatto, tale condizione di soddisfazione durasse poco, che si riformasse un desiderio insoddisfatto, onde mantenere la tensione dell'attività di caccia. Quindi, anche se l' innamoramento era una condizione particolare, in cui la soddisfazione sessuale risultava inflazionata dal confluire in essa della soddisfazione di un impulso sociale particolarmente insoddisfatto, così da incrementarne la forza e la durata, non poteva comunque essere esente dall'andamento ciclico che è proprio dell'impulso sessuale.

Ma la condizione che rende l'innamoramento un fenomeno estremamente importante dal punto di vista sociale è costituita dal fatto che, finché sussiste, esso comporta una "equilibratura" del bisogno di importanza ridimensionando così la partecipazione acritica ed istintiva a qualsiasi movimento rivoluzionario e permette all'impulso di indirizzarsi in senso competitivo senza le amplificazioni e distorsioni maniacali dovute all'aumento della tensione interna.

Esso inoltre dà luogo, per un periodo molto più lungo di quanto accadesse nell'orda, per effetto della concentrazione maniacale delle energie istintuali sul partner e per la necessità di esclusivismo connessa al significato selettivo, di conferimento di importanza, assegnato alla scelta esclusiva del partner, all' annullamento dell'impulso eterosessuale aperto che comporta la possibilità di avere più relazioni e all'indebolimento degli altri impulsi relazionali, in particolare dell'impulso dell'amicizia, realizzando così la limitazione del raggruppamento sociale elementare, la coppia eterosessuale chiusa, ad una dimensione minima assai inferiore a quella critica da cui può partire il movimento rivoluzionario.

E' possibile quindi che, nelle condizioni determinatesi dopo ripetuti episodi rivoluzionari, la constatazione che gli individui innamorati divenivano nuclei di pacificazione e stabilità sociale abbia portato ad una risposta collettiva consistita nello sforzo di prolungare e generalizzare la condizione di innamoramento. Ciò innanzi tutto intervenendo con tutta la forza possibile del gruppo nell'imporre la permanenza per tutta la vita della chiusura della coppia e ciò sia attraverso privilegi agli ubbidienti, sia attraverso feroci punizioni, quali la lapidazione dell'adultera, ai disobbedienti. In secondo luogo rafforzando con imposizioni sociali le repressioni istintuali cui l' innamoramento da luogo, in particolar modo le repressioni di quegli impulsi che più potrebbero nuocere all'esclusività del rapporto, l'impulso genitori-figli, l'impulso sessuale aperto e l'impulso omosessuale. Infine creando vincoli patrimoniali ed economici, aumentando gli apporti di potere connessi alla formazione della coppia monogamica chiusa, determinando attraverso diretti apporti di disprezzo, equivalenti a riduzioni di importanza, l'entrata in fase depressiva alla sua rottura, così privandola di alternative.

Il matrimonio rappresenta l'atto con cui il gruppo sociale interviene nel rapporto fra due membri facendosi garante della sua stabilità ed imponendo i vincoli repressivi. Le imposizioni del gruppo, accompagnate da minacce di terribili punizioni per i trasgressori, non vengono avvertite come violenza, ma anzi accettate con gioia dagli innamorati perché coincidono con il loro desiderio del momento. Nella condizione di esaltazione paranoica in cui si trovano, gli innamorati non hanno la sensazione della provvisorietà della loro relazione, ritengono di desiderare la sua continuazione fino alla morte, come avviene alla fine delle favole, in cui gli innamorati vivono "felici e contenti" per tutta la vita. L'obbligo di inscindibilità del matrimonio appare come l'obbligo di realizzazione di un loro sogno, così da venire accolto con gioia, mentre le punizioni connesse alla rottura del contratto li fanno sorridere, perché non pensano che li possano riguardare. E' solo quando le condizioni di sollecitazione istintuale cambiano che gli innamorati si rendono conto della camicia di forza in cui si sono infilati. Cionondimeno, il risultato è egualmente raggiunto, perché se l'oggetto dell'impulso sessuale che ha effettuato il trascinamento è precario, non così è per l'oggetto dell'impulso sociale trascinato che rimane strettamente connesso alla famiglia monogamica chiusa, che rimane il luogo di sfogo, sia pure parziale, della paura della solitudine e del conseguente bisogno di importanza, in tale ruolo inchiodato dall'intervento diretto impositivo della società, che lo priva di alternative. La famiglia monogamica dà inoltre ad ogni uomo un microcosmo in cui può esercitare un completo dominio, anche sul piano sessuale, così che in esso si realizzano comunque importanti scarichi istintuali e conseguenti equilibri.

Ma vi è un altro fattore, molto importante, che chiarisce maggiormente la natura delle repressioni connesse con l'organizzazione centrata sulla coppia monogamica chiusa. In un sistema in cui vi sia abbondanza di beni per tutti, come accadeva nei primi tempi successivi alla rivoluzione metallurgica e alla successiva rivoluzione agricola, il rapporto sessuale ha un maggior contenuto di realtà del generico bisogno sociale che è soddisfacibile nell'ambito di connessioni illusorie fintanto che, in gruppi ancora di limitate dimensioni, il dispiegamento residuo degli impulsi dominativi può essere in qualche modo controllato dal capo. Le condizioni di raffronto che danno luogo al superamento dei limiti di sopportazione della nuova realtà, al crollo delle connessioni illusorie e ai fenomeni di destabilizzazione si sviluppavano quindi prevalentemente, nelle tribù primitive, nell'ambito dei rapporti sessuali che consentono il manifestarsi di preferenze e di controllare concretamente il proprio livello di importanza.

I rapporti sessuali sono cioè linee preferenziali di flusso della competitività interna; in ciò gioca un ruolo non secondario l'estrema sensibilità dell'impulso sessuale femminile agli elementi di forza e di potenza che lo rende estremamente mutevole con i rapporti di forza all'interno del gruppo e lo trasforma in un amplificatore della perdita di importanza degli elementi più deboli.

Ciò deve aver comportato la semplice ed apparentemente evidente constatazione, confermata dalla stabilità del rapporto esclusivo di innamoramento, che la destabilizzazione avesse origine nei rapporti multipli di amore e, più precisamente, nella libertà di scelta, o quanto meno di preferenza, che in essi necessariamente sussisteva e attraverso la quale si determinava la possibilità di raffronto e di disillusione. Ciò portò ad una regolamentazione dei rapporti sessuali volta a limitare la libertà di scelta della femmina, che rimase spogliata della libertà di gestire la propria sessualità attraverso l' instaurazione di un rapporto di possesso definitivo ed esclusivo da parte del maschio, protetto dall'organizzazione sociale.

Dunque, nella civiltà giudaico cristiana il passaggio attraverso l'innamoramento obbliga al rapporto monogamico e al mantenimento di un certo livello di importanza alla donna, connesso alla sua scelta iniziale o anche solo come oggetto del desiderio, perché nell'ambito della coppia possa essere esercitata la funzione selettiva di conferimento reciproco di importanza, sia pure con un intervento estremo, paranoide, dell'illusione. Ciò non esclude però l'abbassamento di ruolo connesso alla realizzazione di una condizione di schiavitù, di possesso esclusivo della donna da parte del maschio sostenuto da una violenta coercizione sociale che rappresenta un aspetto che si può ritenere quasi generalizzato.

Il modo feroce come si è intervenuti in quasi tutte le culture non solo sul piano penale, dove spesso l'adulterio femminile veniva punito con la morte, ma anche con il tentativo di distruggere completamente la sessualità femminile, a volte addirittura sul piano fisico, si pensi alla resezione del clitoride in uso in certi contesti sociali, ma comunque sul piano psicologico, dimostra certamente, che la sessualità femminile non svolgeva nell'orda una funzione puramente passiva, di trofeo del vincitore, ma svolgeva un ruolo attivo di attizzamento della competitività in quanto mediatrice non solo del desiderio, ma anche del rifiuto. La donna ha perduto così una parte della sua anima, assimilandosi ad una bambola senza vita, cosa di cui ha certamente sofferto anche la sessualità maschile, che si è trovata di fronte ad una diffusa condizione di frigidità femminile.

Ciò ha avuto effetti devastanti, perché il ritorno del desiderio è fondamentale per la scomparsa dell'angoscia. Abbiamo avuto modo di rilevarlo nel capitolo precedente, quando abbiamo trattato dei meccanismi di instaurazione del rapporto con la madre. Il bambino non è sufficientemente rassicurato dal cedimento nutrizionale della madre, ma desidera essere nell'anima, essere cioè oggetto del desiderio e ciò si ripete nel rapporto con il padre ove il bambino non è rassicurato dal cedimento protettivo del padre, desidera essere nell'anima, oggetto del desiderio. Se si realizza tale connessione fra le due memorie di rassicurazione può realizzarsi il coordinamento degli impulsi, può attivarsi la funzione mimetica e, soprattutto, può scomparire l'angoscia. Ciò si ripete infine nel rapporto sessuale in cui non è sufficiente il cedimento della controparte, ma occorre anche il suo desiderio, pena il permanere di una condizione di insoddisfazione che comporta la formazione di una aggressività, sia pure inconscia, e l'assunzione, da parte del rapporto, di una componente sadica. Il trasferimento del ritorno affettivo sul piano sociale, di un amore "sublimato", non riesce a compensare completamente l'insoddisfazione del rapporto sessuale, ha componenti illusorie e di ipocrisia e rende ambiguo il rapporto di coppia, con componenti aggressive più o meno manifeste.

Ora, noi sappiamo che gli uomini hanno subito nel corso della storia condizioni di sopraffazione estrema in cui sia gli uomini che le donne costituivano proprietà privata dei dominatori, che disponevano a loro piacimento della loro vita e della loro morte. Può sembrare perciò strano che nella condizione realizzata con la crisi dell'orda non fosse possibile por fine alla sanguinosa conflittualità interna se non ricorrendo ad una generale castrazione che bloccò alcune importanti componenti di tale conflittualità.

Il fatto è che nella dimensione ristretta dell'orda, di grande famiglia, non si disponeva ancora dei mezzi di sopraffazione di massa che risultarono poi disponibili nella civiltà agricola. La introversione della violenza che fece seguito al miglioramento delle condizioni di approvvigionamento del cibo, determinò, come ormai sappiamo, una condizione di scontentezza delle fasce più deboli dell'organizzazione, riducendone la condizione di incollamento, ma non portò allo sviluppo di alcuna reazione fintanto che l'insorgere della conflittualità fra gli uomini forti dell'orda non permise la realizzazione di condizioni di transfert nell'ambito dei deboli.

Dunque, la conflittualità partiva dagli uomini forti nell'ambito dei quali lo sviluppo di rapporti stabili era impedito dalla esistenza di una variabilità del desiderio femminile i cui effetti venivano amplificati dal meccanismo della mediazione "interna" del desiderio, le cui modalità di azione, spesso complesse, sono state così bene illustrate da Girard attraverso l'analisi di alcuni capolavori della letteratura [24].

Le modalità con cui gli obiettivi di pacificazione interna furono raggiunti variano in modo notevole a seconda del quadro delle forze agenti nella situazione di crisi, pur nell'ambito di alcune linee costanti di fondo. Diverso è infatti lo sviluppo realizzato nella organizzazione tribale che sostituì l'orda a seconda della dimensione del miglioramento raggiunto nella attività di caccia, o nell' allevamento del bestiame, o nella introduzione dell'agricoltura. A seconda inoltre delle condizioni di isolamento che permettevano o meno lo sviluppo della guerra alle tribù vicine per il controllo del territorio o delle condizioni psicologiche che dettero luogo alla formazione della religione.

E' interessante rilevare, a convalida del discorso che andiamo conducendo, come nelle tribù primitive non fosse tanto impedito il rapporto eterosessuale aperto in senso assoluto quanto il trascinamento che esso comporta delle variazioni del senso di importanza che si manifesta attraverso la preferenza. Ne è chiara dimostrazione l'usanza, in alcune tribù, di permettere, in certe rare occasioni, il soddisfacimento dell'impulso eterosessuale aperto in condizioni in cui è impossibile il riconoscimento del partner e quindi l'esercizio di una preferenza, ad esempio in grotte molto buie, usanza che richiama quella del mascheramento nel più moderno carnevale dell' epoca d'oro di Venezia [28].

La repressione dell'impulso omosessuale

E' facile allora comprendere che, se alla istituzionalizzazione di una condizione dominativa del maschio non si accompagna anche la inibizione delle aperture a terzi di iniziativa maschile (che dipendendo dalla decisione del maschio non ne contraddice il ruolo dominativo e possessorio), queste possono verificarsi per l'esistenza di impulsi omosessuali, di cui lo scambio delle femmine rappresenta una modalità indiretta di soddisfazione, rafforzata dalla possibilità, attraverso tale scambio, di soddisfare l'impulso eterosessuale aperto.

L'emersione dell'impulso omosessuale può verificarsi per l'affievolirsi dell'azione inibitrice dell'innamoramento e si possono così verificare fenomeni di aggregazione che possono portare la dimensione della famiglia a livelli prossimi a quelli critici ai fini dello sviluppo di possibilità di rivolta.

Naturalmente è sempre possibile agire sui gruppi appena formati, giacché il raggiungimento di una dimensione pericolosa avviene per gradi, ma è assai più efficiente il cercare di impedire del tutto la nascita di quelli che potrebbero essere nuclei di cristallizzazione di organizzazioni di più ampie dimensioni. Di qui prende origine la repressione feroce dell'impulso omosessuale, repressione che costituisce, almeno nell'ambito della civiltà giudaico-cristiana, un cardine dell'azione stabilizzatrice.

Vi sono peraltro individui in cui l'impulso omosessuale è così importante da rendere impossibile la sua repressione, ma tale impulso omosessuale incoercibile è assai meno dannoso, ai fini della stabilità sociale, dell'impulso omosessuale a caratteristiche "non prioritarie" che conviva con un impulso eterosessuale a caratteristiche "prioritarie" perché è in tale ultima condizione che si manifesta maggiormente la sua capacità di indurre a rapporti multipli. La ferocia repressiva ed il disprezzo verso gli omosessuali ha più finalità intimidatrici dell'impulso debole che finalità di eliminazione dell'impulso forte.

L'importanza della repressione dell'impulso omosessuale può essere considerata in termini più generali. Abbiamo visto (trasferendo in via analogica il principio di organizzazione di Prigogine) che la formazione ribelle deve partire da un nucleo che contenga già una gerarchia, quindi anche caratteri forti, potenziali capi, senza i quali la ribellione è impossibile.

Ciò non significa che gli individui deboli si aggreghino direttamente agli individui forti, già riconosciuti come tali, perché tale accostamento è impedito dalle condizioni di aggressività e di paura di cui è fatto il rapporto gerarchico, se questo non viene mediato inizialmente da un rapporto omosessuale in cui non vi è scambio di impulsi dominativi, ma piuttosto vi è identificazione e aggregazione. E' in un secondo momento, nell'ambito dell'attività operativa, che emergono gli elementi di forza e si sviluppano le richieste reciproche che modificano il rapporto.

L'impulso omosessuale è quindi il collante fondamentale per cui passano gli accordi di potere, che solo in un secondo momento si strutturano in termini gerarchici. La sua completa eliminazione renderebbe impossibile la formazione di strutture potenzialmente rivoluzionarie. Essa condurrebbe inoltre all' eliminazione di possibilità di scambio fra le linee gerarchiche le quali sarebbero esclusivamente veicoli di impulsi dominativi, condizione che porta alla divisione in classi e all' utilizzazione di una classe per la sopraffazione di un'altra, fino allo schiacciamento delle minoranze, completamente isolate dalle strutture di potere. Sotto molti aspetti quindi la repressione dell'impulso omosessuale si rivela essere un cardine delle modificazioni istintuali indotte ai fini di salvaguardare la integrità sociale.

Naturalmente è possibile osservare che ciò che viene inibito è l'impulso omosessuale, non l'impulso di amicizia, che può egualmente indurre all'aggregazione, così come può condurre allo scambio delle femmine. In realtà il diverso nome dato alla stessa cosa tende a mascherare la repressione che è così forte, si appoggia su comunicazioni subliminali così profonde, che la maggior parte degli uomini ignora l' esistenza di questo impulso a livello di coscienza. La paura di potersi scoprire omosessuale inibisce inconsciamente il rapporto di avvicinamento che potrebbe in realtà concretizzarsi in una amicizia anche molto intensa ma priva delle componenti del contatto carnale.

La proibizione dell'incesto

La creazione della famiglia come entità chiusa determina, con l'ampliamento conseguente alla nascita dei figli, la formazione di una cellula nell'ambito della quale i rapporti relazionali potrebbero essere più facili che nel resto della società e che per conseguenza potrebbe porsi obiettivamente come elemento destabilizzante, ricostruttivo delle condizioni dell'orda, di dimensioni progressivamente crescenti. Di qui la proibizione dell'incesto, che impedisce alla famiglia di racchiudersi in se stessa e che rappresenta un fondamentale pilastro repressivo delle organizzazioni successive all'orda..

La proibizione rientra peraltro nell'ambito di una regolamentazione del rapporto fra genitori e figli che ha una dimensione più estesa e che ha in sostanza l'obiettivo di ostacolare i rapporti di amicizia, allo stesso modo della proibizione della omosessualità fuori della famiglia. Tale modificazione del rapporto opera fin dalla prima infanzia limitando i rapporti di tipo sessuale fra genitori e bambini.

L'impulso genitoriale, per la sua natura di impulso identificativo, quindi produttore di tenerezza e di compassione, ha capacità di auto-regolazione che esclude la possibilità di violenza o danno per cui l'attività sessuale si svolgerebbe entro linee adatte alle richieste o alle possibilità del bambino.

La proibizione dei rapporti, nella forma estrema con cui è sancita, raggiunge lo stesso obiettivo che, nella più grande società, è raggiunto dall'aumento della sopraffazione in ogni gradino della scala gerarchica, condizione che rende più difficoltoso il mutamento della condizione oppositiva dialettica nella condizione di sintesi sinergica.

Essa, per associazione, disturba ogni relazione fra il genitore e il bambino. Attraverso la paura del contatto, facendo cioè mancare la connessa struttura di comunicazione, importante elemento di trasformazione del rapporto da scismatico (cioè oppositivo) a complementare (cioè sinergico) implica la formazione di una struttura rigida, soffocante dei ruoli familiari nell'ambito dei quali si scarica una importante quota di impulsi dominativi dei genitori (vissuti come impulsi di amore, gratificati dall'approvazione sociale che ne fa strumenti di condizionamento culturale) e la liberazione dai quali richiede nei figli processi complessi quali quelli implicati nel complesso di Edipo e successivamente nell' innamoramento giovanile. Le condizioni di ruolo costituiscono cioè una carica esplosiva posta all'interno della famiglia che la obbliga a frantumarsi in una molteplicità di piccoli nuclei.

Ma la limitazione dei rapporti fra genitori e figli ha una importanza molto maggiore di quanto possa apparire dalle considerazioni appena fatte. Secondo Freud, l'impulso sessuale si sviluppa attraverso fasi successive che iniziano immediatamente dopo la nascita e continuano per parecchi anni, caratterizzate dalla sensibilizzazione di certe aree del corpo che egli chiamò "zone erogene".

La psico-cibernetica non condivide completamente la caratterizzazione iniziale data a questo processo dalla psicoanalisi, cioè l'idea che esso implichi la sola formazione dell'impulso sessuale e lo considera invece un processo di regolazione che attiene a tutti gli impulsi derivati dai fondamentali impulsi genetici. Questi impulsi derivati richiedono una messa in sintonia con le necessità di breve termine della realtà che può avvenire solo a livello ontologico. Anche la psicoanalisi successivamente comprese la enorme importanza di questo processo per la strutturazione del carattere; si vedano gli importanti studi su questo argomento di Abraham. In questo processo rientra quindi certamente, come componente fondamentale, la strutturazione delle relazioni organizzative, che possono essere di sinergia o di opposizione o di sintesi, fra l'impulso sessuale e gli altri impulsi relazionali.

In ogni modo, vi è accordo che la sensibilizzazione di queste zone erogene usi il meccanismo piacere-dolore, che quindi costituisce un linguaggio fondamentale, per indurre certi comportamenti attraverso il "gioco" che permette di realizzare con l'ambiente circostante e particolarmente con i genitori. Attraverso la inibizione di queste relazioni ludiche genitori-figli viene a mancare la strutturazione di certi tipi di relazioni di scambio di tipo empatico e l'impulso sessuale rimane nella sua forma elementare aggressiva.

L'effetto del comportamento socialmente imposto ai genitori non è limitato alla mancanza di un'azione di sviluppo di certi comportamenti per cui esiste una predisposizione genetica, ma ha anche una diretta azione inibitoria di ogni apertura di tipo sessuale all'intorno sociale. Nella valutazione degli effetti di queste carenze del processo formativo, la psicoanalisi, che è l'unica teoria che si è addentrata in questo tipo di indagine, non ha tenuto in adeguata considerazione la sensibilizzazione estrema alla paura del bambino, operante simultaneamente a quella delle zone erogene.

La paura è stata nel passato una componente chiave del processo educativo, basti pensare agli spaventosi racconti popolari per i bambini che sono stati raccolti, i più comuni, dai fratelli Grimm (Pollicino, Hans and Gretel, etc.). L'individuazione di un pericolo esterno, realizzato in queste favole, dà concretezza alla angoscia esistenziale; il pericolo è sentito poi, ovviamente, come condiviso dal narratore. Ciò permette, come abbiamo mostrato nel processo di formazione dell'empatia, la connessione delle relative memorie di allarme e per conseguenza il coordinamento dei relativi impulsi, cioè in pratica consente di indirizzare il processo educativo (o processo mimetico di Girard)..

I genitori, per mezzo della paura, inibiscono tutte le situazioni che possono portare a una condizione di eccitazione, aiutati dalla separazione dei maschi dalle femmine, da vestiti che coprono il corpo estensivamente, dall'imposizione di tabù, dalla proibizione dell' autoerotismo, dalla imposizione di ruoli e comportamenti, dalla completa ignoranza della esistenza della sessualità in cui i bambini sono tenuti, ecc. Il risultato è una estesa inibizione degli aspetti sociali della sessualità ripristinata esclusivamente nel quadro molto limitato della coppia monogamica indissolubile. La sessualità femminile è quella che ha subito i maggiori danni; come aveva intuito Wilhelm Reich, la inibizione psicologica determina, per effetto psico-somatico, la perdita di funzionalità degli organi. Viene raggiunto in pratica lo stesso effetto che in altre civiltà viene ottenuto dalla resezione del clitoride.

14.7.- La rivoluzione agricola.

Con la rivoluzione agricola la produttività subì un enorme incremento; con il lavoro di una diecina di uomini se ne potevano mantenere centinaia e gli alimenti potevano essere conservati per lunghi periodi; la popolazione subì per conseguenza un incremento notevole. Il nuovo metodo di produzione e conservazione dei beni comportò la disponibilità da parte del potere di enormi quantità di beni da distribuire e per conseguenza le differenze distributive, attraverso cui ogni componente "testa" la sua collocazione sociale, divennero enormi e ciò comportò il riaccendersi della lotta interna.

Inoltre, mentre nella condizione pre-agricola la caccia rappresentava ancora una rappresentazione corale del gruppo, in cui la gerarchia coincideva con la bravura nella produzione dei beni, nella nuova condizione agricola la produzione divenne un'attività fungibile, che poteva essere svolta da chiunque e che venne quindi affidata alla parte più debole della società che assunse la condizione servile.

Abbiamo già mostrato come la modifica della condizione della donna, che fa parte delle variazioni organizzativi che seguirono la crisi dell'orda, può legarsi alla considerazione della libertà di scelta della donna, che sollecitava la competitività fra i maschi ed era stata pertanto utile nella condizione dell'orda, come un elemento divenuto dannoso alla stabilità del sistema quando si verificò la crisi. Apparve quindi necessaria l'eliminazione della libertà di scelta della donna. Tale eliminazione comportò che la donna non potesse scegliere la persona con cui unirsi o cambiarla dopo averla scelta e ciò comportò il conferimento al maschio di un potere dominativo. In quanto coadiuvato da tutta una feroce legislazione di supporto sociale, questo dominio divenne così una "proprietà privata". Ma l'appoggio più grosso fu apportato dall'introiezione del nuovo ordine da parte delle donne.

Origini analoghe a questa primitiva e più longeva schiavitù hanno tutte le altre forme di schiavitù. Quando la rivoluzione agricola mise a disposizione del potere una massa ingente di risorse e quindi di mezzi di costrizione, la produzione di questi beni non poteva essere lasciata alla cura di una popolazione di contadini privi di un diretto controllo perché ciò avrebbe comportato l'assunzione di mezzi di organizzazione, di scelta e di un importante ruolo politico da parte dei produttori.

Pertanto, se si voleva evitare che questa parte della società si autorganizzasse oppure, con la sua spasmodica ricerca di protezione migrasse da un potente all'altro, così destabilizzando il sistema, occorreva privarla della possibilità di scelta, e ciò nei seguenti modi:

–rialzando il gradiente di dominazione fra le stratificazioni sociali così impedendo la comunicazione fra di esse, processo già iniziato dopo la crisi dell'orda attraverso la repressione degli impulsi empatici, in sostanza dividendo il corpo sociale in classi non comunicanti.

–Sviluppando una solidarietà di classe nell'ambito della classe dominante, così evitando i conflitti ad essa interni.

Quest'ultimo fu certamente l'evento più importante e fu una scelta obbligata. Se noi ipotizziamo che con lo sviluppo dell'agricoltura fossero ripresi i periodici massacri, forse anche più frequenti, dobbiamo anche ritenere che non dovette passare molto tempo perché gli appartenenti alla stratificazione dei forti si rendessero conto che l'acquisizione del potere totale fosse equivalente ad una sentenza di morte. La condivisione di tale situazione determinò quindi certamente uno stato di sinergia che permise loro di comprendere che, insieme, gli uomini forti avrebbero potuto dominare la "bestia" popolare.

Una volta realizzata la solidarietà nell'ambito della classe dominante, che impediva lo sfruttamento delle divisioni di questa classe da parte delle classi inferiori, era dunque necessario impedire, per la completa stabilizzazione del sistema, che le classi inferiori si auto-organizzassero e, per raggiungere questo obiettivo, fu sufficiente dividerle in piccoli gruppi, dandoli in "proprietà privata" ai dominanti, come era stato fatto per le femmine quando si era verificata la crisi dell'orda.

Non fu necessario, nei casi in cui questo tipo di sopraffazione si sviluppò gradualmente, che venisse istituita la condizione giuridica di "schiavo". Bastò a tal fine suddividere fra la gerarchia la proprietà "privata", quindi frammentata, dei terreni e delle produzioni conseguenti, per ottenere lo stesso scopo, perché ciò ovviamente implicò il disporre del lavoro e della libertà dei lavoratori della terra, che assunsero la condizione servile pur senza essere classificati come schiavi.

Un ruolo importante ebbe la introiezione della condizione di sottomissione, come era accaduto per le donne in corrispondenza della crisi dell'orda. Sappiamo dalla teoria dello scambio che quando non sussiste più utilità nello scambio, esso si arresta. Ciononondimeno, nella massa degli uomini deboli, la dimensione del bisogno sociale, che richiede aggregazione, importanza, protezione, amore, è così forte che questo punto di arresto non esiste e vengono subiti anche alti livelli di sopraffazione, a volte anche parzialmente introiettati. Al limite, di fronte a condizioni di sopraffazione estrema, gli strumenti di regolazione di cui il sistema dispone, come l'illusione, debordano e il sistema "impazzisce", assume cioè un comportamento paranoico.

L'aumento della sopraffazione induce però un aumento della aggressività immagazzinata negli equilibri nella forma di energia potenziale e ciò comporta un inasprimento dei rapporti interpersonali, oltre che nei comportamenti, nei modi con cui i rapporti vengono "sentiti" e interpretati e nelle reazioni interne che producono. Ma tale energia potenziale costituisce anche una entità fisica che interagisce con le forze agenti sul sistema e con i loro mutamenti. Pertanto se esistono i necessari rapporti comunicazionali gli individui nelle stesse condizioni di frustrazione possono sviluppare una sinergia che ne amplifica la potenza.

Naturalmente, le condizioni più feroci di schiavitù, cioè di dichiarata proprietà privata delle persone, con il conseguente appoggio di tutta una feroce legislazione repressiva, furono realizzate in occasione degli scontri interni o esterni che precedentemente terminavano con lo sterminio dei perdenti. Allo stesso modo in cui i cacciatori di bufali trovarono più conveniente limitare le uccisioni ed allevare un certo numero di animali onde disporre in permanenza di latte e di carne, i vincitori di tali scontri trovarono più conveniente limitare il massacro salvando un certo numero di individui da adibire al lavoro dei campi. I sopravvissuti della fazione perdente furono perciò dati in proprietà privata ai vincitori, furono cioè distribuiti fra di essi allo stesso modo di come fu distribuita la terra.

E' chiaro che tutto ciò comportò importanti variazioni nel modo di organizzarsi della società; il frazionamento degli schiavi nelle terre e nelle famiglie dei vincitori impedì loro di organizzarsi e quindi di svolgere un ruolo politico rafforzando l'uno o l'altro dei contendenti nella lotta per il potere, mentre la necessità di controllare un gran numero di schiavi obbligò all'unità la classe dominante che dovette dismettere i suoi conflitti interni e ciò portò spesso a forme di governo di tipo assembleare. Tutti questi elementi contribuirono a stabilizzare il sistema e a eliminare qualsiasi possibilità di ribellione pur nella nuova più feroce condizione di sopraffazione delle stratificazioni più deboli.

E' chiaro che le innovazioni organizzative conseguenti alla rivoluzione agricola e alla formazione della proprietà privata dei mezzi di produzione furono notevolissime. Come parte necessaria del patto di solidarietà della classe dominante, la proprietà veniva lasciata in eredità e ciò modificò il modo di formazione della gerarchia che nell'orda aveva una origine esclusivamente meritocratica; la difficoltà di distribuire fisicamente una gran mole di beni comportò poi la creazione di "buoni di prelievo" da distribuire al posto dei beni, cioè della moneta, cosa che determinò una nuova forma "liquida" della ricchezza e permise l'inizio delle attività commerciali.

Nelle dimensioni ancora di poco differenti da quelle iniziali e nelle condizioni di semplicità delle interazioni sia esterne che interne, quali si determinarono all'uscita dalle condizioni di crisi, la struttura del villaggio agricolo non poté in definitiva che comportare la sua divisione in due parti: la parte dominante con il nuovo compito dominativo che assorbiva parte dell'energia non più necessaria per la caccia, e una parte dominata, di dimensioni maggiori, ma frammentata e disorganizzata, che provvedeva a tempo pieno alla produzione dei beni.

La realizzazione di un patto di solidarietà all'interno della classe dominante non imponeva necessariamente la forma assembleare del potere. Cionondimeno noi pensiamo che, come nella formazione dell'orda vi fu uno stadio preliminare empatico, di sinergia, che precedette la formazione della gerarchia, anche nella formazione del villaggio agricolo vi sia stata una fase di sinergia dei governanti che abbia preceduto la ripresa del governo monocratico.

D'altra parte, di ciò che avvenne qualche centinaio di anni dopo la fondazione delle città stato, cui dettero luogo i villaggi agricoli, noi abbiamo una estesa documentazione storica. Essa mostra come il governo assembleare ha avuto in alcuni importanti casi una lunga durata, ad esempio in Atene, dove naturalmente il termine democrazia per descrivere queste forme di governo, tramandato dalle cronache del tempo, non è corretto perché il governo rimase sempre strettamente nelle mani di una classe dominante.

In definitiva, il sistema assorbì l'aumento di violenza attraverso il rafforzamento delle strutture coercitive reso possibile, fondamentalmente, dal patto di solidarietà fra i membri della classe dominante, dalla introduzione della proprietà privata di terreni e di persone, dalla divisione in classi e dall'aumento della popolazione.

La pacificazione interna era legata al raggiungimento di un delicato equilibrio, in quanto la condizione di sopraffazione interna, a seconda dell'esistenza o meno della possibilità di scelta, vale a dire di "transfert", poteva dar luogo a comportamenti completamente opposti, ad un bagno di sangue o a una accettazione, a volte anche introiettata, della sottomissione. La variabilità del carattere umano non permette di dare a questo tipo di organizzazione prodotto dalla rivoluzione agricola, lo stesso livello di stabilità dell'orda, come diverrà chiaro con la rivoluzione industriale che permetterà la concentrazione delle masse e conseguentemente la possibilità della loro organizzazione.

Naturalmente, le stratificazioni sociali più sofferenti dovettero necessariamente prospettarsi la soluzione più ovvia, la fuga, che rappresenta il comportamento di "default" prodotto dalla paura e noi pensiamo che le grandi migrazioni che iniziarono circa 25.000 anni fa e che portarono alla colonizzazione del mondo, siano l'espressione di una grande paura, un tentativo di sfuggire alla schiavitù.

14.8- La condivisione del potere
-Considerazioni preliminari

Abbiamo esaminato le vicissitudini che hanno portato i nostri avi ad organizzare l'orda, quindi la tribù e quindi il villaggio agricolo. Il mantenimento di una organizzazione fu possibile attraverso l'assorbimento dell'energia lasciata libera da nuove condizioni di interazione con lo habitat in parte attraverso la repressione istintuale, in parte attraverso il rafforzamento e il potenziamento delle linee di flusso del potere costituito, ossia l'aumento del disequilibrio connesso allo scambio gerarchico, in parte attraverso i conflitti interni che si manifestano nelle ordinarie relazioni interpersonali, in parte attraverso la guerra con le società limitrofe,

Abbiamo visto come la capacità di ricostituire l'unità del sistema era legata al raggiungimento di sinergie capaci di determinare la resistenza degli aggregati ai successivi impatti e di esercitare un adeguato livello di attrazione sui componenti dotati dell'impulso di incollamento. Abbiamo anche visto come il requisito di unità del sistema può anche essere ottenuto in un modo, che abbiamo chiamato non lineare, in cui si formano gruppi differenti che si pongono in uno stato di equilibrio dinamico, condizione a cui, sul piano sociologico, corrisponde la separazione dei poteri. Ad essa corrisponde una significativa riduzione dell'energia interna. Come sappiamo, infatti, la volontà di potenza è inibita da condizioni della realtà che impediscono la sua manifestazione sociale, forzandola a rimanere nello stato di energia potenziale in ogni individuo. Con la formazione di molti centri di potere si realizza nel sistema una realtà capace di una simile limitazione all'esercizio della volontà di potenza.

Ora, noi sappiamo che i campi di forza, quale quello dell'incollamento, decrescono rapidamente con la distanza.

Tuttavia in un piccolo sistema, dove tutti i componenti sono a picole distanze l'uno dall'altro, l'attrazione esercitata dai componenti adiacenti è superata da quella di un gruppo di grande massa e quindi l'unità può essere ottenuta solo in maniera lineare. In un sistema molto grande, invece, l'attrazione verso un gruppo vicino può essere più grande di quella esercitata da un gruppo molto lontano anche se di massa molto più grande e quindi l'unità può essere realizzata in modo non lineare.

In linea di principio, la condizione di ottimizzazione non lineare potrebbe essere facilmente realizzata dall'uomo se solo fosse vera l'illusione illuministica del possibile avvento di un'età della ragione, in cui cioè la ragione, guidata verso il bene collettivo, avesse una sua forza, fosse cioè capace di imporsi sugli impulsi degli uomini anziché esserne schiava. Ma le cose non sono affatto in questi termini. La storia consiste in una serie di massacri, intramezzati da brevi periodo di pace, dove la razionalità è inesistente e i risultati sono misurati in morti, distruzioni e sofferenze.

Noi possiamo essere d'accordo con Nietzsche che il desiderio di uccidere, estrema manifestazione dell'impulso di potenza, esiste in molti uomini, quantunque, essendo in opposizione ai valori prevalenti nella società, è spesso nascosto dietro un differente impulso [16]. Noi possiamo riconoscere che il desiderio di potenza è il più importante impulso umano, inibito solo dalla paura e impedito a divenire violenza dagli ostacoli creati dalla realtà. Possiamo riconoscere che in certe condizioni, dovute alla capacità di trascinamento del leader, in cui il desiderio di potenza assume la sua massima espressione, l'impulso è trasmesso alla massa in cui emerge già autonomamente per effetto della riduzione della paura che segue l'incollamento al capo. Possiamo riconoscere che esso innesca una retroazione positiva perché il capo "sente" l'eccitamento della massa e ne vien a sua volta eccitato. Possiamo riconoscere che molti uomini amano la lotta, considerano la guerra un'avventura affascinante, traggono il massimo piacere dal dominio. *Voi dovreste amare la pace come un mezzo per nuove guerre. E la pace breve più di quella lunga*"[16].

Ciononostante, la estrema tendenza al conflitto, sia esso interno o esterno al sistema, al di la di ogni ragione, con il risultato di centinaia di milioni di morti non necessari e indicibili sofferenze, qualche problema lo pone. Ci si può ben domandare come l'orda avrebbe potuto sopravvivere adottando un comportamento che non potrebbe funzionare neanche per un branco di lupi e quindi certamente a fortiori non dovrebbe funzionare per un animale senza armi naturali quali erano i nostri avi ed in competizione con animali con mezzi molto più potenti.

E' lecito domandarsi che senso abbia avuto la formazione dell'intelligenza se non come mezzo per la valutazione dei rischi e delle probabilità di successo, dei costi e dei benefici di ogni operazione condotta dall'orda, in definitiva come mezzo di ricerca del comportamento ottimale ai fini della sopravvivenza. In sostanza, per un comportamento che è l'opposto dell'irrazionale buttarsi nella mischia, del "cupio dissolvi" che ora sembra governare la nostra cosiddetta civiltà. Non è pensabile che i nostri avi, al limite della estinzione, se ne andassero per la savana a caccia di leoni, per il piacere di fare la guerra.

Per questi motivi, nella trattazione che abbiamo svolto nei precedenti capitoli, noi abbiamo dato una data precisa all'inizio di questo comportamento, al tempo in cui, per effetto dello sviluppo tecnologico, vennero meno le ragioni che avevano portato al patto sociale, mentre rimaneva ancora nella massa la estrema necessità di integrazione, ereditata geneticamente.

Abbiamo quindi ricondotto lo sviluppo della guerra fra i gruppi sociali alla necessità di estrovertire la crescente violenza interna indotta da questi eventi, violenza che trovava ostacoli a manifestarsi internamente, sia individualmente che fra piccoli gruppi, in una grande paura. La condivisione di questa situazione nella massa, creando condizioni di sinergia che abbatterono la paura, permise l'indirizzamento di questa violenza contro un oggetto che doveva ovviamente essere esterno alla massa stessa. Ciò comportò, ai fini della coesistenza di questo comportamento con le strutture intellettive tendenti a razionalizzare il comportamento, l'amplificazione illusoria delle ragioni del conflitto con gruppi esterni (la razionalizzazione secondaria di

Freud) e della probabilità di successo del conflitto, comportamento che viene detto paranoico e che può assumere diversi gradi di intensità, fino alla completa negazione della realtà.

Ciò comportò il cambio sostanziale della figura del capo che non esprimeva più la necessità di risolvere i problemi indotti dalla relazione con il resto del mondo, ma piuttosto la necessità della soluzione di problemi interni, di realizzare cioè la sinergia della violenza compressa negli individui, consentendo in tal modo la sua manifestazione paranoica nella guerra. Il capo divenne così un uomo in cui la estroversione paranoica della violenza raggiunge i massimi livelli.Sotto certe condizioni, dipendenti dalla capacità di trasacinamento del leader, l'impulso è trasmesso alle masse dove già sorge indipendentemente per la riduzione della paura che segue l'incollamento collettivo al leader.

In queste condizioni, in cui il desiderio di potenza dei leaders è esagerato, la creazione di una struttura organizzativa che preveda la separazione dei poteri, quindi la loro riduzione, può incontrare l'approvazione degli uomini al potere solo se coincide con i loro vitali interessi, ma in maniera incontrovertibile ed immediata, perché l'impulso dominativo influenza troppo profondamente il giudizio dei potenti portandoli alla competizione ed al confronto.

La rivoluzione organizzativa, per essere onnicomprensiva, che non rappresenti cioè un accordo di potere all'interno della classe dominante, deve partire quindi dal basso, dagli strati deboli, ma non dovrebbe portare al conflitto, ma piuttosto ad un confronto così strutturato da imporre l'equilibrio.

Io penso che ciò sia possibile, che cioè le stratificazioni deboli possano trovare le giuste sinergie che le pongano nelle condizioni adeguate ad imporre l'accordo, perchè condivido l'opinione di Platone e di Madison che l'aumento e la diffusione della conoscenza e della cultura può rendere l'uomo più libero dai vincoli istintuali, anche se non è possibile quantificare la dimensione e l'efficacia di questo contributo, cioè condividere la cieca fede dell' illuminismo nella potenza della ragione.

Non penso ad una condizione in cui la dipendenza delle masse, il bisogno sociale scompaia, perché mi rendo conto che se un oggetto è ottenuto incollando vari pezzi e si elimina la colla si distrugge l'oggetto. Penso ad una condizione in cui l'uomo conservi il suo amore, ma intelligentemente e consapevolmente impari a gestirlo, lasciandosi alcune aree di libertà.

- Possibilità di un governo democratico

"Se esistesse un popolo di Dei, il suo governo sarebbe democratico, ma un governo così perfetto non si addice agli uomini." (Rousseau, Social Contract)

Non vi è dubbio che l'uomo è un animale di branco, che si raggruppa in orde, e quindi l'impulso che lo spinge a tale comportamento, l'impulso sociale, sia l'impulso più forte, capace quindi di piegare gli altri impulsi alle sue necessità.

La formazione dell'orda ha richiesto lo sviluppo di una variabilità caratteriale, perché le caratteristiche di capi devono essere necessariamente differenti da quelle del resto dell'orda, differenziazione che noi semplifichiamo nella divisione fra stratificazioni sociali forti, da cui emergono i leaders, e stratificazioni sociali deboli, del resto dell'orda. Le ultime sono necessariamente composte di un numero molto più grande di individui, perché è nella struttura di tutti i branchi organizzati, come i lupi, che il capo sia uno solo e i componenti siano molti.

Nell'ambito delle stratificazioni sociali deboli i legami di dipendenza dell'individuo dall'intorno sociale e dal capo investono la totalità della struttura psichica in termini di coordinamento degli altri impulsi, cioé rafforzamento o repressione. Comportano la determinazione di ciò che deve essere creduto, di ciò che deve essere pensato, di ciò che deve essere amato o di ciò che deve essere odiato. Involvono infine obbedienza cieca ed assoluta al capo.

Una condizione di democrazia diretta, che non sia ovviamente puramente formale, non può quindi esistere, in quanto gli elementi decisionali sarebbero sempre dettati dalla gerarchia che si formerebbe automaticamente attorno agli elementi carismatici che la struttura istintuale umana imporrebbe. L'incollamento genererebbe quindi una molteplicità di centri di indirizzamento, una situazione simile a quella dei partiti nella democrazia rappresentativa.

Quanto abbiamo esposto in questo paragrafo trova una formulazione matematica nell'ambito della statistica metodologica, ove si dimostra che i sistemi complessi, che sono quelli costituiti da una molteplicità di elementi variazionali, tendono alla massima entropia compatibile con i vincoli cui il sistema è sottoposto, cioè con quelli che sono vincoli rigidi apriori non contraddicibili. Per conseguenza, i soli vincoli esterni, quali può essere la presenza di un pericolo, non sono capaci di abbattere, in assenza di vincoli interni, quali sono quelli gerarchici, la quantità di entropia dei processi decisionali, a meno, naturalmente, che i vincoli esterni siano in numero tale da rendere il problema semplice, a soluzione univoca [29], [30].

Ma può anche accadere che l'incollamento si indirizzi verso un unico baricentro, quando un centro raggiunge una dimensione critica di gran lunga prevalente, particolarmente se è dotato di potere, condizione che provoca una attrazione irrazionale irresistibile in tutto il sistema ed in tal caso questo centro assumerebbe un potere tale da trasformarsi in una dittatura.

Questa legge generale, dell'accrescimento dell'organizzazione fino a divenire totalizzante una volta raggiunta una certa dimensione critica, si riscontra in una molteplicità di processi in natura, dai buchi neri ai tumori. In fisica statistica essa è la conseguenza a cui portano i due principi di organizzazione di Prigogine (necessità di una certa dimensione dell' organizzazione perché permanga autonomamente, senza il supporto di una forza esterna) e di Boltzmann (crescita della organizzazione, ovvero tendenza al minimo dell'energia libera, quando il rapporto fra la dimensione dei vincoli indotti dai campi di forza e la dimensione dell'energia cinetica assume un certo valore critico).

Anche l'introduzione del voto come elemento decisionale per la formazione delle strutture di potere, come avviene nella democrazia rappresentativa, non sembra, a prima vista, modificare la situazione, giacché, che il consenso si manifesti in un modo o nell'altro, non sembra che faccia molta differenza, in particolare per quanto riguarda la tendenza acritica verso forme totalizzanti del potere, verso l'uomo forte.

Tuttavia, noi riteniamo che la democrazia rappresentativa abbia un senso, ma in connessione con la realizzazione di una divisione ed equilibratura dinamica dei poteri, che costituisce invece l'elemento fondamentale, la spina dorsale portante di un mutamento organizzativo che può portare ad un reale e sostanziale miglioramento delle condizioni di vita, di cui il suffragio universale è un importante accessorio, un ingranaggio necessario in una più ampia catena cinematica.

La realizzazione e la permanenza della separazione di poteri, cioè la realizzazione di una stabile organizzazione non lineare, dialettica, delle strutture del potere, che viene definita, nell'ambito della teoria dei sistemi, organizzazione complessa, costituisce una condizione necessaria per ottimizzare le condizioni della nostra convivenza. Essa richiede istituti che sono ben più importanti del voto e che anzi vanno difesi dalla predisposizione della massa a soluzioni lineari, che si esprime appunto attraverso il voto.

Avremo modo di vedere come non tutte le organizzazioni complesse sono equivalenti ai fini della riduzione della violenza interna al sistema. Solo se l'organizzazione esprime in adeguati componenti strutturali tutte le interazioni che possono svolgersi fra gli esseri umani, se sono stabiliti in un certo modo i limiti di ciascun potere e i modi di esercizio dei reciproci controlli, nonché se è predisposta la difesa dalla reciproca aggressività, solo in tal caso la organizzazione potrà raggiungere i suoi obiettivi di pacificazione e potrà dirsi che non contenga i germi della sua auto-distruzione.

Se queste condizioni non sono realizzate è proprio nel voto popolare che può annidarsi la distruzione della democrazia. E' chiaro che come la organizzazione complessa deve contenere le strutture di difesa dal debordare di tutti i poteri, così deve anche contenere le strutture di difesa dal potere del voto popolare, oltre che dalla possibilità di una facile modificazione della struttura del sistema da parte degli eletti dal popolo. Se però le condizioni sopradette sono realizzate, si determina un incollamento trasversale ai raggruppamenti, cioè al sistema nella sua unità e allora il pericolo connesso al ricorso al voto popolare, con la sua carica di istintività, sfuma e anzi il periodico ricorso al voto popolare può costituire un fondamentale supporto della organizzazione complessa e garantirne la sua permanenza.

Innanzi tutto la breve durata della delega ed i limiti posti alla sua rinnovabilità negli alti posti di comando, connessi al periodico riesame della delega che è del voto, impedisce che l'incollamento ad un centro di potere assuma una tale dimensione da sovrastare l'incollamento al sistema nella sua unità fino al punto da consentire lo scontro. In secondo luogo, la rigidità della separazione dei poteri obbliga la lotta per il potere a svolgersi nell'ambito di ciascun potere e quindi seguendo le regole imposte dal sistema, che escludono lo scontro fisico e riconducono lo scontro alla cattura del voto. Ciò costituisce già di per sé una riduzione della violenza esistente nel sistema e da la possibilità alle masse di sviluppare il potere potenziale che in esse sussiste, per la possibilità di comunicazione e di organizzazione

Infine, permette l'amplificazione delle condizioni di interazione fra il potere la massa. Sappiamo che la dipendenza connessa all'incollamento è variabile in relazione alla variabilità caratteriale degli individui. La massa dunque segue i valori sociali ma, evidentemente, vi devono essere individui che tali valori pongono e non sono esclusivamente gli uomini di potere che svolgono questo ruolo. Anche fra gli uomini che sono schiavi della paura, vi sono quelli che quando sono lontani dalla fonte di intimidazione che blocca il pensiero, mostrano capacità di un pensiero libero da vincoli. Nelle organizzazioni monocratiche l'influenza di questi uomini, ai fini della regolazione del potere, è trascurabile.

La condizione democratica e di divisione dei poteri permette di amplificare l'influenza di questi settori, meno schiavi dell'incollamento. Se infatti negli elettori di un determinato potere (perché nella logica del sistema non devono esistere poteri che non siano legittimati dalla loro derivazione popolare) esistono due opposti raggruppamenti il cui incollamento è di carattere istintuale, l'intervento di un terzo gruppo razionale, che è sempre estremamente minoritario, può determinare la vittoria dell'uno o dell'altro, modificando così lievemente la risposta al potere che ne viene corrispondentemente modificato. Perché si abbia una condizione di regolazione del potere occorre quindi che alla divisione dei poteri corrisponda una divisione degli elettori di ogni singolo potere giacchè è evidente che se la massa egli elettori è unitaria il potere non può essere condizionato.

In sostanza, non è l'utilizzazione del voto per l'elezione dei potenti che produce una sostanziale modificazione della condizione sopraffatoria e della violenza interna al sistema se essa non è accompagnata da una certa organizzazione delle strutture di potere che, pur dando voce attraverso questi poteri a tutte le componenti sociali, determini poi nelle masse, accanto ad una unità nell'accettazione del sistema, una condizione dialettica nella scelta degli uomini di potere.

–Sviluppo della dialettica fra gruppi organizzati.

Abbiamo visto come i processi rivoluzionari terminino con la ricostruzione e l'irrigidimento della struttura, cosicché un problema preliminare è quello di stabilire come, pur essendosi il sistema irrigidito in modo da sembrare inattaccabile alle esplosioni interne, queste poi si verificano egualmente anche quando non siano rilevabili mutamenti apprezzabili nelle relazioni con l'ambiente esterno, in maniera talvolta assolutamente imprevedibile.

In realtà esse sono sempre dovute a mutate condizioni di interazione con l'ambiente che provocano una introversione di energia che porta oltre il limite di rottura le tensioni interne. Il fatto è che non esistono nell'universo condizioni di stabilità definitive, ma vi è un elemento motore delle trasformazioni nella variazione seconda delle coordinate del continuo spazio temporale, come ha mostrato Einstein e come è implicito nella teoria delle catastrofi. Le dimensioni spazio temporali in cui le trasformazioni si realizzano possono essere immense, ma alla fine si realizzano e distruggono l'ordine già realizzato, così che nulla nel mondo è eterno.

Vi sono dei processi di interazione con l'ambiente che operano assai lentamente nel tempo e determinano un mutamento nei rapporti di forza fra le stratificazioni sociali, ad esempio l'incremento della forza economica di una classe di cittadini, quali quelli che, con il rinascimento, hanno portato alla formazione della borghesia o quelli che con la rivoluzione industriale hanno

313

portato alla nascita del capitalismo e della classe operaia. Un altro elemento di deterioramento è la crescita della dimensione del sistema che rende la struttura organizzativa più fragile; i campi di forza si indeboliscono rapidamente con la distanza mentre le organizzazioni periferiche divengono più forti.

L'effetto di questi processi viene poi amplificato dal fatto che l'operazione di irrigidimento della struttura determinando un aumento della coercizione interna, lascia delle condizioni che sono di mancata integrazione psicologica sia nel senso di una mancata introiezione della sottomissione e quindi di frustrazione dell'impulso sociale, sia di labilità del meccanismo di introiezione, cioè di facilità di transfert. Tale tensione interna costituisce un potenziale rivoluzionario che attende solo l'occasione per esplodere, dando l'impressione di un avvenimento improvviso, inaspettato.

All'interno della classe dominante, poi, vi sono elementi che godono di una certa libertà e forza ed hanno la possibilità di organizzarsi, potendo così dare sfogo alla loro volontà di potenza mantenendo in vita una continua lotta per il potere e che possono divenire punti di riferimento di un eventuale processo rivoluzionario allorché se ne determinano le condizioni. Per gli amanti del potere la sottomissione non è mai completamente introiettata, è sempre sofferta.

L'ereditarietà dei beni, infine, conseguenza della istituzione della proprietà privata e pietra angolare del patto di solidarietà di cui assicura la continuità, ha comportato la formazione di gerarchie non corrispondenti alla meritocrazia, con la conseguente formazione di una condizione di frustrazione degli elementi forti che nascono nelle classi inferiori e non riuscono a scalare la gerarchia, a entrare nel Castello, per dirla alla Kafka; i leaders nascono in tutte le classi e, se non sono predisposte linee di flusso che consentano a ciascuno di raggiungere il posto adeguato nella scala sociale, tendono a divenire ribelli e a strutturare un sistema di potere nel loro intorno. Di qui la necessità, già sostenuta da Pareto, che sussista una circolazione di individui fra le classi.

Noi siamo interessati ad approfondire le possibilità di una situazione organizzativa complessa che implica la formazione di processi dialettici fra le stratificazioni sociali e che, attraverso fenomeni di assestamento, permette la realizzazione di una struttura più stabile del sistema, pur raggiungendo, anzi perché raggiunge, un minor livello di coercizione fra le stratificazioni, quindi un minor livello tensionale complessivo del sistema.

La particolarità di questi speciali processi dialettici consiste nel fatto che essi si svolgono fra controparti organizzate in cui l'individuo debole non è lasciato solo di fronte al gruppo, permettendo così che la maggior parte degli impulsi siano soddisfatti all'interno di un sottogruppo che costituisce una struttura capace di soddisfare le sue fondamentali necessità di protezione. Come vedremo in seguito, vi sono certe condizioni che impediscono che il transfert nel sottogruppo degeneri in sanguinosa rivolta, come in corrispondenza della crisi dell'orda, ma dia piuttosto luogo ad una relazione di scambio che può essere introiettata.

Intendiamo mostrare come vi siano delle condizioni in cui si formano molti poli di potere interni che non danno luogo allo scontro, ma realizzano condizioni di equilibrio dinamico. Simile evoluzione richiede la presenza di un sicuro e serio pericolo pendente sui contendenti e che solo un accordo può scongiurare oppure l'esistenza di una situazione più complessa che richiede la formazione di sinergie per scongiurare la sconfitta. Essa richiede anche una intelligenza non influenzata dall' amplificazione paranoica del desiderio di potenza o dalla estroversione della paura.

Abbiamo visto che nella realizzazione della sopraffazione degli strati più deboli della società ha giocato un ruolo chiave lo sforzo nel prevenire la loro organizzazione e abbiamo già avuto occasione di sottolineare la ovvia contro-deduzione che la auto-organizzazione di questi è una condizione necessaria per raggiungere qualsiasi risultato di modificazione delle relazioni di potere.

La divisione dei poteri che assicura la più grande libertà è il tipo di suddivisione interclassista, in cui il sottogruppo ribelle è riconosciuto come un potere separato, il che significa che ha piena sovranità, ossia indipendenza, per l'esercizio di una varietà di poteri al suo interno, ma legato alla società per l'esercizio di altre attività su cui influiscono altri poteri, esercizio che è regolato da relazioni di interdipendenza che seguono un preciso protocollo.

Naturalmente, è necessario che la sopraffazione non sia ricostituita dagli altri poteri o all'interno del gruppo separato, ma è precisamente il fatto che il confronto non termini in uno scontro sanguinoso, ma che risulti in una organizzazione permanente del gruppo ribelle in condizioni di equilibrio dinamico con gli altri poteri, ad impedire che ciò accada.

Ciò fu così ben compreso dagli estensori della costituzione inglese, da far rivivere l'organizzazione sconfitta per essere in grado di raggiungere questo stato di equilibrio dinamico, e quindi prevenire lo sviluppo di un centro di potere interno al proprio gruppo, la cui maggiore onerosità avevano sperimentato con Cromwell.

Infatti, occorre considerare che il potere separato è istituzionalizzato, esiste cioè come organizzazione indipendente che rimane come una minaccia nei confronti della possibilità di mancato rispetto degli accordi, in quanto in grado di ricostituire le condizioni di scontro. Ciò implica un' altra condizione fondamentale per la permanenza dell'equilibrio, ossia che le parti antitetiche abbiano approssimativamente la stessa forza, cosicché il pericolo connesso alla riapertura delle ostilità sia realmente molto serio.

Con riferimento alla possibilità della formazione di un potere sopraffatorio all'interno del gruppo ribelle, si consideri che questo gruppo non può permettersi conflitti interni perché deve mantenere la sua unità per rimanere in antitesi dialettica nell'equilibrio dinamico con i gruppi esterni; esso è condannato all'unità. Il leader del gruppo ribelle deve mantenere ben incollati i suoi seguaci perché è da essi che deriva la sua forza e la sua sicurezza.

La possibilità di un tradimento del capo costituisce tuttavia un problema serio. I romani che, a mia conoscenza, sono l'unico popolo che ha realizzato un accordo interclassista, optarono per un governo oligarchico dell'organizzazione ribelle, che raggiunse i dieci elementi, chiamati tribuni del popolo. La carica era inoltre elettiva ed era rinnovata frequentemente, condizione che permette di indirizzare l'incollamento più all'organizzazione che al capo.

14.9 – Le realizzazioni storiche della divisione dei poteri.
-La condivisione del potere nella Grecia antica.

Come abbiamo mostrato, nel villaggio agricolo la cognizione che la ripetizione costante del conflitto interno rendeva provvisoria ogni vittoria e poneva anzi in serio pericolo il vincitore, portò ad un accordo di solidarietà, ossia ad una condivisione del potere fra gli uomini forti del gruppo. Nel villaggio agricolo quindi, un gruppo minoritario di individui forti, armati ed organizzati, tenevano sottomessi un numero molto maggiore di uomini vulnerabili, disarmati e disorganizzati, in ciò aiutati dalla tendenza ad aggregarsi o anche ad incollarsi di questi ultimi, una volta privati della loro libertà di scelta.

Con il consolidamento della struttura del potere della classe dominante non si richiese più il mantenimento di una condizione di non belligeranza interna alla classe e ciò permise la riapertura della lotta per il potere ed il ritorno al governo monocratico nelle città-stato che succedettero ai villaggi agricoli.

Ciononodimeno, il panorama delle trasformazioni nel governo del sistema fu assai variegato, in relazione a quelle che erano le condizioni peculiari delle diverse realtà sociali, così che differenti furono le condizioni realizzate nelle città stato di Atene, Sparta o Roma, tutte provenienti dall'allargamento dei villaggi agricoli.

Nella antica città-stato di Atene si conservò il governo assembleare per tempi molto più lunghi che in altre realtà sociali, così che di essa abbiamo estesa documentazione storica. Dobbiamo perciò ritenere che i motivi che avevano determinato la nascita del governo assembleare nei villaggi agricoli, avessero una maggior forza in Atene, così da non risultare vanificati dall'ingrandimento del sistema e dal conseguente sviluppo delle capacità repressive a disposizione del potere.

Dobbiamo cioè ritenere che fu l'esistenza di un enorme numero di schiavi, nonché la necessità di mantenere il controllo di un impero da cui provenivano tributi che contribuivano alla ricchezza del paese che impose, in relazione alla modesta dimensione della classe dominante, il mantenimento di una condizione continua di unità di tale classe. Nel periodo del suo massimo splendore, infatti, su una popolazione complessiva di Atene valutata intorno alle 300.000 persone, 50.000 erano stranieri residenti, 200.000 erano schiavi e solo 50.000 erano cittadini ateniesi. Il rapporto fra i dominanti e i dominati era dunque di 1 a 4.

E' facile vedere che, nell'eventualità di un indebolimento del potere connesso ad uno scontro interno alla classe dominante, la grande quantità di schiavi avrebbe riacquistato libertà di scelta e sarebbe potuta diventare una forza rivoluzionaria, pericolo che imponeva una condizione sinergica fra i contendenti, cosa che gli ateniesi compresero bene. Si affermò così la democrazia diretta ateniese, del potere assembleare.

E' chiaro che la condivisione del potere comportò, all'interno della classe dominante, una condizione di libertà e di eguaglianza, non completa perché in realtà le differenze fra ricchi e poveri sussistevano. Ma non possiamo non rilevare come un patto condotto ai fini del mantenimento di un regime di schiavitù, sia stato invece esaltato da pensatori del secolo dei "lumi" (nonché da rivoluzionari come Robespierre e Saint Just) come un faro di civiltà, esempio di come si possa coniugare la libertà e la eguaglianza, ignorando che entrambe erano limitate ad una elite e che gli elementi trainanti fondamentali erano la presenza di una massa enorme di schiavi, l'assenza di una sufficiente forza impositiva da parte di ciascuno dei membri dell'assemblea, la necessità di mantenere l'unità dello stato per i contributi vitali che la presenza dell'impero dava alla sicurezza e al benessere di tutti i componenti dell'assemblea.

Il potere rimase esposto al mutamento di umore dell' assemblea, e richiedeva, da parte di coloro che cercavano di indirizzarne la politica, argomentazioni che, più che rispondere alla razionalità, rispondessero alla necessità di plagio della maggioranza dell'assemblea, di cui occorreva saper sollecitare la componente irrazionale, saper dialogare, saper fare oratoria, saper

318

fare demagogia, cercando di convogliare la volontà di potenza diffusa nei componenti dell'assemblea verso determinati obiettivi esterni.

Nondimeno, occorre riconoscere che si trattò di un primo caso, storicamente documentato, in cui si cercò di porre limiti al potere illimitato di una persona o di un piccolo gruppo e che l'esigenza di unità, profondamente introiettata in tutti i componenti della classe politica, permise di svolgere la lotta per il potere attraverso la ricerca del voto anziché attraverso la spada. Aristotele, che riteneva che gli uomini nascessero o liberi o schiavi, ritenendo questi ultimi esseri inferiori, giudicava favorevolmente l'organizzazione ateniese; osservò solo che il sistema avrebbe potuto essere migliorato introducendo elementi di rappresentatività nella democrazia diretta [31].

- La separazione dei poteri nell'antica Roma

Quando il rapporto di dipendenza, anziché svilupparsi fra un uomo e un gruppo si sviluppa fra due sotto-gruppi, il singolo individuo, se ben integrato nel suo sotto-gruppo che gli garantisce la soddisfazione del suo bisogno sociale e la liberazione dalla paura, è protetto nell'articolazione dei rapporti con l'altro gruppo dalla delega che ha dato al suo capo che, disponendo della forza complessiva del sottogruppo, realizzerà dei rapporti di scambio in cui la condizione gerarchica è più equilibrata, più governata dai reali rapporti di forza complessiva dei sotto-gruppi e ciò comporterà che il sistema nel suo complesso diverrà più integrato, quindi più forte in quanto privo di quelle tensioni interne che lo rendono più fragile. Tutto sta, naturalmente, a che i capi vogliano accordarsi, condizione ben difficile e che richiede che i due gruppi siano di fronte ad un pericolo di tale gravità, evidenza ed immediatezza da imporsi anche al più spericolato dei capi.

Noi pensiamo che una condizione del genere si sia determinata nella storia di Roma in un modo che non è stato mai più eguagliato nella storia del mondo, in quanto contiene gli elementi di un accordo basilare in merito ai rapporti fra i ricchi e i poveri che ha costituito, a partire dalla fine dell'orda, il principale elemento di crisi dell'organizzazione sociale.

La situazione della Roma del V secolo A.C. era ben differente da quella di Atene in quanto non sussisteva la condizione di schiavitù di una parte notevole della popolazione, pur in presenza di una differenza notevole nella ripartizione della ricchezza. Vi era un organo dotato di potere sovrano costituito dal Senato espressione della classe dominante ed esisteva un potere esecutivo costituito dai consoli, di nomina senatoriale. I plebei erano cittadini romani a tutti gli effetti e come tali partecipavano alle guerre, anzi venivano costituite delle legioni composte unicamente da plebei, il che ne permise la organizzazione e la conseguente possibilità di colloquio con il Senato.

E' in questa Roma, con l'istituzione dei Tribuni della Plebe, che si realizzò la prima reale separazione di poteri contrapposti che diede luogo ad un equilibrio "introiettato" che permise l'integrazione di tutte le componenti del popolo romano. L'istituzione, sia pure divenuta puramente simbolica durante l'impero, durò fino alla dissoluzione di Roma.

I contrasti fra patrizi e plebei si svolsero in un periodo della storia romana di continue e sanguinose lotte contro popoli vicini nei confronti dei quali non sussisteva una netta superiorità, così che i contrasti interni ponevano in serio e grave pericolo la sussistenza stessa dello stato. Malgrado l'esistenza di queste condizioni di estremo pericolo, i contrasti non venivano risolti attraverso gli impegni presi dai patrizi in prossimità del pericolo perché questi impegni venivano sistematicamente disattesi non appena il pericolo si allontanava.

Non è il caso di riandare nel dettaglio agli avvenimenti di quel periodo cruciale della storia romana che supponiamo siano noti ai nostri lettori e di come furono disattesi gli impegni presi in due occasioni di grave pericolo dal console Servilio e poi dal console Valerio. Finchè i plebei, al comando di Licinio, in una nuova occasione di grave pericolo mostrarono di non volersi accontentare dei soliti impegni.

Si mostrò perciò necessario giungere all'istituzione di una struttura di potere permanente, i Tribuni della Plebe, eletti dal popolo, che mantenesse il continuo comando della plebe, che costituisse cioè un nucleo organizzativo capace di mobilitare militarmente la plebe.e di costituire così una minaccia permanente, a garanzia del rispetto degli accordi.

Gli aspetti giurisdizionali degli accordi ebbero una importanza fondamentale nella considerazione che il disporre del potere giudiziario, privo di controllo da parte della controparte, avrebbe potuto nullificare qualsiasi accordo, considerazione su cui ci intratterremo più diffusamente in seguito.

I tribuni godevano in questo senso di importanti privilegi: principalmente il diritto di veto sospensivo su ogni sentenza di magistrati patrizi riguardanti un plebeo, (che anticipa la successiva introduzione anglosassone dell' Habeas Corpus), la personale inviolabilità per la durata della carica che li rendeva immuni da qualsiasi atto coercitivo compiuto contro di loro da magistrati patrizi (che anticipa la successiva introduzione anglosassone della imunità parlamentare) e protetti da qualsiasi aggressione. Per chi non rispettava l'inviolabilità dei tribuni veniva comminata la pena della sacertà che implicava che l'attentatore poteva essere ucciso da qualsiasi cittadino. Infine, i tribuni potevano intervenire su tutta la politica dello stato attraverso il diritto di veto su ogni legge proposta dal senato romano.

L'accordo si mostrò così utile alla integrazione del sistema e alla conseguente potenza dello stato, che l'idea di sconfessarlo non venne mai neanche minimamente prospettata. Ecco come ne parla Machiavelli, nei "Discorsi sopra la prima decade di Tito Livio": *"La disunione della plebe e del senato romano fece libera e potente quella repubblica. E se i tumulti furono cagione della creazione dei Tribuni, meritano somma laude, perché oltre al dare la parte sua all'amministrazione popolare, furono costituiti per guardia della libertà romana."*

- La suddivisione dei poteri nell'epoca moderna

Nel periodo storico che segna la fine del medioevo, la fase del processo evolutivo dell'organizzazione, costituita dalla creazione di una rete di interdipendenze che portino a certi equilibri dinamici fra le strutture del potere, ha avuto i primi vagiti negli avvenimenti che precedettero di tre secoli la nascita della costituzione inglese. Il primo motore di questi avvenimenti fu lo sviluppo di associazionismo nell'ambito di stratificazioni intermedie del corpo sociale e la contemporanea esistenza di una condizione di particolare debolezza del potere centrale..

Ci riferiamo a ciò che avvenne in Inghilterra nel 1215 fra il detentore del massimo potere, il re Giovanni Senza Terra e una alleanza di nobili che portò alla promulgazione della *Magna Charta Libertatum*, prima forma di trattato costituzionale e alla istituzione di un organo che potesse assumere la figura di interlocutore permanente del re, primo nucleo del moderno parlamentarismo. La situazione si ripeté, ma in una condizione di maggiore superiorità delle forze parlamentari, che avevano vinto una guerra civile, in occasione della promulgazione del "Bill of Rights" nel 1689.

Vi è una importante differenza con la situazione ateniese costituita dal ruolo giocato dall'esercito che aveva portato alla dittatura di Cromwell e aveva fatto subire ai membri della assemblea una sopraffazione superiore a quella esercitata dalla corona. Queste esperienze avevano portato a rafforzare nella assemblea il convincimento della inutilità della creazione di una gerarchia tratta dal suo seno che avrebbe portato sempre alla ricostituzione della condizione di sopraffazione e che le condizioni di massima libertà e potere dei componenti dell'assemblea si sarebbero potute ottenere mantenendo stabilmente una situazione dialettica, nei confronti del potere del re, condizione che permetteva al parlamento di mantenersi unito e di controllare il potere del re attraverso la minaccia implicita di ripresa della condizione di belligeranza.

Per tali motivi, una volta rientrati nella pienezza del loro potere con la morte del figlio di Cromwell, i rappresentanti dei Comuni e dei Lords offrirono la corona ad un Orange, condizionandola ovviamente all'accettazione di tutti i vincoli contenuti nel Bill of Rights..

Vi erano alcune condizioni basilari identiche a quelle della situazione ateniese. In entrambi i casi occorreva che i componenti dell'assemblea non si fondessero in un unico gruppo così costituendo fra di loro una dipendenza gerarchica che avrebbe reso inutile l'assemblea. Fra i componenti dell'assemblea non dovevano cioè sussistere alti livelli delle forze aggreganti pur sussistendo una condizione di parallelismo motivazionale che comportava comunque un certo livello di sinergia. Occorreva infine che i componenti dell'assemblea fossero numerosi oltre che di egual forza così che la competizione interna apparisse priva di sbocco. In queste condizioni, la modificazione dei rapporti fra parlamento e corona, connessa alla formazione dell'equilibrio. costituì dunque un accordo che sostituì la possibilità di scontro sulla base della presa d'atto del mutamento dei rapporti di forza.

Il problema che occorreva allora risolvere era quello di addivenire ad una divisione dei poteri dello Stato e alla loro gestione controllata, in modo da impedire che essi venissero posti al servizio di una fazione e così consentire di modificare l'equilibrio dei poteri. La prima operazione fu quella di divisione del potere nelle tre forme con cui esso concretamente si esercita nei confronti del cittadino: legislativo, esecutivo e giudiziario.

Come è noto, la teoria della divisione dei poteri è stata studiata da Montesquieu. Sulla base di quelli che sono i principi della fisica, noi condividiamo quello che costituisce il nucleo del pensiero di Montesquieu, secondo cui un potere può essere limitato solo da un altro potere, ma nel senso fisico che una forza può essere fermata solo da un'altra forza. Non è perciò sufficiente creare degli organi istituzionali separati, formalmente dotati di un certo potere, perché essi funzionino realmente: occorre che vi siano delle forze reali che li sostengano e difendano.

La funzionalità del sistema non dipende unicamente dalla separazione dei poteri, ma anche e soprattutto dal modo con cui sono realizzate le relative interdipendenze, giacché l'obiettivo non è quello di ottenere tre poteri assoluti, che tenderebbero inevitabilmente allo scontro, ma al contrario di far sì che ogni potere possa limitare l'esercizio degli altri. La determinazione della forza delle connessioni fra i componenti della struttura, sia in direzione orizzontale (funzionale) che in direzione verticale (gerarchica) costituisce un problema delicato perché può portare alla rottura anziché ad un funzionamento più articolato del sistema.

Ci basta al momento rilevare che deve esiste una gerarchia fra i poteri, altrimenti il sistema potrebbe essere paralizzato dai veti incrociati, (come avvenne nell'antica Roma, in un certo momento della sua storia). Nelle organizzazioni democratiche moderne, tale gerarchia vede la supremazia del potere legislativo. L'azione di regolazione svolta dagli altri poteri sul potere legislativo può manifestarsi sia in termini propositivi, cioè nel diritto di sottoporre all'assemblea legislativa un progetto di legge, sia in termini di veto "condizionale" sulla deliberazione già presa dall'assemblea. In quest'ultimo caso l'assenza di blocco è resa possibile dalla struttura assembleare del potere legislativo, perché il veto determina l'incremento del numero di voti, del "quorum", con cui l'assemblea può reiterare la sua decisione. Come si vede, la caratteristica assembleare del potere sovrano costituisce una condizione importante perché si possano strutturare delle interdipendenze dialettiche che non comportino il blocco del sistema purché, ovviamente, l'assemblea non sia espressione di interessi particolari.

Naturalmente, vi sono altri modi con cui può manifestarsi la interdipendenza dei poteri, come il potere di "impeachment", la nomina che un potere fa di parte degli organi direttivi di un altro, la definizione di strutture di giurisdizione per la risoluzione dei conflitti di attribuzione, ecc.

- La separazione dei poteri legislativo ed esecutivo.

La prima e fondamentale condivisione del potere, storicamente nota, nasce in Grecia con il potere assembleare, dove si manifesta come diritto al voto egualitario di ogni componente per tutte le decisioni sulla gestione dello Stato, ed ha come conseguenza la separazione fisica, funzionale, fra potere legislativo e potere esecutivo, quest'ultimo come organo che possa eseguire le deliberazioni dell'assemblea e svolgere tutte le funzioni amministrative, fra cui quelle fiscale, di polizia e giudiziaria, la cui parcellizzazione a livello dei singoli cittadini fa si che non possano essere condotte direttamente dall'assemblea.

I greci si resero conto del grande potere che veniva così a disporre l'organo esecutivo a cui non intesero affidare alcuna indipendenza e si preoccuparono perciò soprattutto che la assemblea ne potesse avere uno stretto controllo a livello collettivo, cioè senza affidare l'incarico ad un singolo componente che avrebbe disposto di eccessivo potere; ne disposero quindi la costituzione mediante sorteggio e per la durata di un solo anno. Lo resero anche pletorico, costituendolo di ben 500 unità (il consiglio dei 500) il che ne rendeva più difficile il controllo da parte di una fazione e disposero inoltre che tutti i magistrati venissero eletti alla carica per sorteggio e per breve tempo, sia pure nell'ambito di una lista di volontari.

A Roma il tribunale della plebe costituì un organo rappresentativo della plebe che interveniva nella gestione dello stato in termini di condivisione del potere legislativo attraverso il diritto di veto su ogni decisione del Senato e in termini di separazione per quanto riguarda i poteri giurisdizionali, che costituivano una parte importante del potere esecutivo. L'esperienza romana, precedente agli accordi definitivi del Monte Sacro, aveva infatti mostrato che, finché il potere giurisdizionale rimaneva nelle mani di una delle parti, qualsiasi accordo era privo di senso.

La separazione vera e propria fra potere legislativo e potere esecutivo avvenne in Inghilterra, ma non rappresentò, come era avvenuto a Roma, un accordo interclassista per la condivisione del potere, ma piuttosto un accordo per la spartizione del potere nell'ambito di una stessa classe dominante, di cui faceva ormai parte la borghesia. Tale accordo, codificato nel "Bill of Rights", venne poi imitato da altri Stati, ma la separazione non è stata mai intesa come completa indipendenza, ovviamente insostenibile, ma come una interdipendenza nell'ambito della quale l'ultima parola spettava sempre all'assemblea, sia pure nell'ambito di regole che si traducevano in possibilità di influenza del potere esecutivo nei confronti del potere dell'assemblea. E' infatti nella struttura delle interdipendenze che si manifesta il confronto dialettico che limita la libertà del potere e dà invece libertà al sistema.

Questa prima divisione fra potere legislativo e potere

esecutivo è fondamentale, determinando un frazionamento della linea di comando e rendendola così più flessibile, limitandone la possibilità di diventare autoreferenziale e maniacale. Scrisse Montesquieu *"Quando nella stessa persona o nello stesso corpo di magistratura il potere legislativo è unito al potere esecutivo, non vi è libertà, poiché si può temere che lo stesso monarca, o lo stesso senato, facciano leggi tiranniche per eseguirle tirannicamente"* [32].

Come abbiamo già detto, l'equilibrio raggiunto rappresentò una operazione interna al potere che non interessò gli strati più deboli della società, come gli accordi ateniesi non avevano interessato gli schiavi. Apparve invece verosimile che i poteri dello Stato, il potere militare, il potere giudiziario, la polizia, potessero essere usati dal potere esecutivo per modificare la divisione del potere. Le restrizioni imposte al potere esecutivo non furono quindi giustificate da una ricerca del consenso delle masse, ma dalla necessità di *spuntare le armi* che il potere esecutivo avrebbe potuto avere a disposizione per allargare la sua area di azione a spese dei poteri del parlamento. Ma esse si tradussero automaticamente in un miglioramento delle condizioni di libertà dei cittadini.

Noi però non possiamo non rilevare, per inciso e riferendoci a condizioni più attuali, in cui il consenso delle masse ha assunto una importanza fondamentale, che la subordinazione della divisione dei poteri al consenso delle masse, sia pure mediata dal parlamento, costituisce una condizione che può essere estremamente pericolosa. Ciò per effetto della grande possibilità di plagio della massa e della sua autonoma tendenza a intensi incollamenti che la portano a raggruppamenti in forma di orda al seguito di un capo, incollamenti nei quali il ragionamento non trova posto, governati da intensi impulsi di amore e odio che sono di origine ancestrale.

Noi sappiamo che la forza aggregante dell'orda è massima nell'intorno fisico e culturale degli individui, talché la sua incapacità ad estendersi a tutti i componenti con l'aumento della popolazione fu all'origine della crisi dell'orda. Ciò significa che la condizione normale delle masse è quella della suddivisione in orde separate, in guerra. Ma sappiamo anche che la forza attrattiva dipende anche dalla dimensione dell'organizzazione, misurabile in termini di potenza e pertanto, oltre un certo livello critico, diviene totalizzante (la funzione mimetica è additiva).

Ora, abbiamo avuto modo di acquisire il risultato fondamentale che una più elevata civiltà della nostra convivenza è legata alla costruzione di una complessa struttura reticolare di interazioni fra i poteri e riconosciamo anche che essa è tutto il contrario di quanto la massa inconsciamente vuole e che guida il suo comportamento cosciente e contro la quale occorrerebbe quindi difenderla.

Se, come è scritto nell' Ecclesiaste, *"infinito è il numero degli sciocchi"*, non possiamo lasciare il nostro destino nelle loro mani e di aspettarci di raggiungere la felicità. Ciò anche se riteniamo che la stupidità è dovuta a vincoli incapsulati nell'istinto e che si riferiscono al sociale, vincoli a cui l'intelligenza è soggetta, quantunque possa essere assai elevata in piani diversi, per esempio in termini di rapporto con le cose. Solo sul piano della scienza l'intelligenza è completamente libera, il metodo realizza ciò che invocava Carducci *"getta i tuoi vincoli o uman pensiero"*. .

La divisione dei poteri deve essere perciò "blindata" e tale blindatura è assai più importante della manifestazione del consenso, sia esso o meno espresso attraverso il voto, come avviene nelle moderne democrazie. La necessità di difesa del vero pilastro dell'organizzazione democratica, consistente in una effettiva divisione reticolare dei poteri, con meccanismi di controllo reciproco, non sussiste solamente nei confronti delle masse, la cui formazione istintuale, plagiata in milioni di anni di vita dell'orda e poi della tribù, contrasta con la nuova complessità richiesta alla vita sociale. Da quando, per effetto dell'introduzione del suffragio universale, le assemblee legislative sono diventate il campo di scontro di opposte fazioni, il desiderio di potere delle minoranze, specialmente se frustrato da lungo tempo, può portare alla ricerca di sinergie con poteri esterni alle assemblee e ciò può avere un effetto distruttivo sulla reale persistenza di una struttura democratica.

Ciò significa che la struttura delle interazioni fra i poteri, che ne definisce sia i livelli di indipendenza che i livelli di interdipendenza, nonché le garanzie poste a salvaguardia della separazione, devono costituire, sia pure solo nelle loro linee fondamentali, realtà immodificabili anche qualora la modifica venga richiesta con un voto plebiscitario. Vi sono infatti delle condizioni pregiudiziali che devono essere necessariamente incontradicibili per la fondazione di una civiltà più matura. Allo stesso modo di come lo fu il precetto "non uccidere" per fondare il primo raggruppamento sociale umano. .

Ciò perché la condizione di equilibrio dialettico possa esercitare la sua funzione di cancellazione del potere assoluto, di riduzione della arroganza degli "alti scranni". La istituzione della Costituzione come legge fondamentale dello Stato, modificabile solo con un alto quorum di voti del parlamento o degli elettori non raggiunge sicuramente l'obiettivo. La condizione di controllo del potere deve essere immodificabile.

Tornando agli avvenimenti che portarono alla Costituzione inglese del XVII secolo, sottolineiamo dunque che l'equilibrio dei poteri non fece che riflettere l'equilibrio di potenziali forze militari in campo in presenza di fortissimi interessi comuni e non fu frutto di un avanzamento di civiltà. Difatti, al mutare dei rapporti di forze la separazione dei due poteri è praticamente scomparsa anche nel paese in cui essa fu introdotta, la Gran Bretagna, in cui il potere del re è divenuto quasi solo formale ed il potere esecutivo, il governo, è di nomina parlamentare.

E' chiaro che, dove il governo è di nomina parlamentare, la divisione dei poteri non si realizza; una volta che un partito abbia raggiunto la maggioranza nel parlamento, non vi è modo di contrastare la sua arroganza totalitaria. E la separazione non si verifica in tutte le costituzioni dei paesi a cosiddetta democrazia parlamentare, in cui il governo è appunto di nomina parlamentare. L'introduzione di organi quali una presidenza della repubblica o una suprema corte, con soli compiti di garanzia del rispetto della Costituzione, contraddice il concetto fondamentale che è alla base della separazione dei poteri, secondo il quale l'esercizio di poteri che possono essere fondamentali in determinate circostanze che richiedessero il loro intervento non può essere lasciato all'arbitrio di uno o di pochi uomini. Le democrazie parlamentari non corrispondono, in questo senso alle idee che furono alla base del pensiero di Montesquieu né a quelle che scaturiscono dall' applicazione al sociale della teoria dell'organizzazione.

Non è così nella costituzione degli Stati Uniti d'America e, nelle costituzioni cosiddette di tipo presidenziale. I costituenti americani furono i primi ad allargare il diritto di voto per la nomina dei rappresentanti ad una ampia platea e ad introdurre addirittura il suffragio universale nei primi anni del secolo XIX. Ciò si innesta in una concezione, esplicitata particolarmente nei lavori preparatori di Madison alla costituzione americana [39], che la provvisorietà del potere determinata dalla periodicità del voto, nonché la variabilità nella tipologia delle elezioni ai vari centri di potere, connessa ad una frammentazione estesa del potere, cui contribuiva l'organizzazione federale dello stato e la vastità del territorio, si realizzasse la massima stabilità del sistema, argomento che svilupperemo quando ci occuperemo del problema del consolidamento della divisione dei poteri.

L' organizzazione degli USA costituisce il massimo avanzamento sul piano della realizzazione di una rete di interconnesioni fra una pluralità di poteri anche se, come avremo occasione di rilevare più in dettaglio, mancano adeguate strutture di regolazione del potere economico, come d'altra parte si verifica in tutti i paesi ad organizzazione capitalistica.

Il sistema bicamerale, previsto dalla Costituzione americana rappresenta un elemento assai importante di garanzia, perché interprete di una dialettica fra poteri diversi, entrambi sovrani, che è comunque limitazione della arroganza del potere politico nel suo complesso. E' a tal fine vitale che le due camere non siano espressione di una stessa manifestazione sociale ma che, entro determinati limiti, siano espressione di modalità diverse di aggregazione del corpo sociale, e quindi di interessi diversi che debbano essere conciliati.

Nella elezione del parlamento americano si rispecchia la composizione dell'elettorato, nel senso che tutte le minoranze vi possono trovare espressione, mentre nella elezione del capo dell'esecutivo il voto è obbligato a concentrarsi su di un'unica persona, I due poteri hanno così autonoma e separata legittimazione popolare così che si pongono naturalmente in una condizione dialettica.

L'elezione separata del capo dell'esecutivo non significa che debba essere necessariamente eletto direttamente dal popolo, procedura che faciliterebbe il processo di identificazione nel capo, di incollamento, che può conferirgli troppo potere. Abbiamo visto infatti che l'incollamento è rappresentabile come un'attrazione verso un potente, che tende a diventare totalitaria quando raggiunge un certo livello critico.

Anche in questo caso la costituzione americana appare avanzata prevedendo una apposita assemblea di grandi elettori, differente dalle assemblee legislative (altrimenti si stabilirebbe una dipendenza del potere esecutivo da quello legislativo), che può mediare il rapporto fra il popolo ed il capo e così limitare al campo locale il meccanismo dell'incollamento, nell'ipotesi che esso operi in misura minore nell'ambito dei delegati.

Questa diffidenza dei costituenti americani per la democrazia diretta, che appare ben ragionevole alla luce della teoria dell'organizzazione, è stata però vanificata dall'intervento unificante dei partiti (che può porre in crisi l'intera suddivisione dei poteri) e l'elezione del capo dell'esecutivo è diventata in pratica diretta. Tuttavia, la presenza di due grandi partiti in continua competizione, profondamente radicati, "incollati" in un territorio vastissimo, impedisce egualmente la concentrazione del consenso che è prodroma alla perdita della libertà.

– Il controllo del potere giudiziario.

Il potere giudiziario che faceva parte, prima dell'introduzione della divisione dei poteri, del potere esecutivo, può essere uno strumento di straordinaria potenza ai fini dello scardinamento degli altri poteri.

La legittimazione ad agire su chiunque, necessariamente nella fase investigativa in segretezza e sulla base puramente soggettiva del mero sospetto, quindi di giudicare sull'esistenza del reato e di imporre la pena senza dover rendere conto a nessun'altra autorità, lo pone nella posizione di potere attaccare chiunque impunemente. In sostanza, la maniera con cui opera, su singole persone e sotto la copertura della punizione di un reato, di cui è a priori difficoltoso o impossibile conoscere la vera esistenza, dà al potere giudiziario una forza straordinaria.

Il mantenimento del potere giudiziario nell'ambito di uno dei poteri separati, quale quello esecutivo, gli conferisce una tale forza da rendere priva di senso ogni formale divisione dei poteri. Ma la separazione del giudiziario dagli altri poteri lo rende estremamente pericoloso per questi ultimi, considerando anche la forza di impatto che ha nella coscienza popolare che interpreta come privilegio le garanzie giurisdizionali degli altri poteri.

Nel corso della rivoluzione francese la Convenzione, che costituiva l'assemblea legislativa sovrana, decise di istituire un tribunale del popolo con lo scopo di scovare ed eliminare i nemici della rivoluzione e ne affidò la presidenza a Robespierre che sembrava essere il più puro sostenitore della rivoluzione. Tale tribunale era completamente indipendente, privo di qualsiasi controllo da parte dell'assemblea. Il tribunale entrò in funzione e, secondo il resoconto che ne hanno fatto gli storici, diede lavoro alla ghigliottina a ritmi incredibili.

I deputati della Convenzione si resero conto che Robespierre stava procedendo all'eliminazione di tutti i suoi avversari politici, ma quando ciò avvenne era ormai troppo tardi, si era diffuso il terrore che bloccò qualsiasi possibilità di reazione. Bisognò attendere che Robespierre facesse il passo falso di annunziare la prossima condanna di un gruppo di deputati senza darne il nome perchè coloro che pensarono di far parte della lista trovassero il coraggio di unirsi e presentare alla Convenzione una mozione di censura nei confronti di Robespierre, mozione che ne determinò la caduta.

Certamente, se i deputati della Convenzione avessero introdotto l'istituto della immunità parlamentare avrebbero evitato la eliminazione fisica della quasi totalità dei leaders della rivoluzione ed avrebbero evitato di perdere il controllo della giurisdizione che è un'arma tremenda in mano ad una fazione.

331

Si può ricondurre tale comportamento all'ignoranza dei deputati della Convenzione, giacché la assoluta necessità di controllare la giurisdizione era risultata evidente già cinque secoli prima di Cristo, negli accordi che portarono alla pacificazione fra ricchi e poveri nella antica Roma e costituiva parte fondamentale degli accordi che solo due secoli prima avevano chiuso la glorious revolution inglese nonché della più recente Costituzione degli Stati Uniti di America. Ma si può anche pensare che la istituzione del tribunale del popolo da parte della Convenzione francese come organo indipendente nascondesse, in coloro che la avevano proposta, l'obiettivo di eliminare una opposta fazione e l'arma sia poi sfuggita loro di mano.

Una situazione analoga si è infatti verificata recentemente in Italia ove nei primi anni novanta il parlamento abolì il precetto costituzionale della immunità parlamentare. Non mancavano certo negli schieramenti da cui partì la proposta gli esperti che comprendessero il vulnus che così si arrecava alla costruzione costituzionale, ma sembrò evidentemente un male minore rispetto alla possibilità di dovere altrimenti subire il dominio di una forza politica che sembrava indistruttibile da troppi anni e che non seppe difendersi.

Il potere economico è nelle democrazie, un potere dominante. Il possesso del denaro comporta la creazione, nel proprio intorno, di una condizione di soddisfazione degli impulsi di dominio che non può essere raggiunta attraverso il potere politico.
In una organizzazione democratica, se basata su una reale condivisione del potere, i poteri istituzionali non dispongono di molte risorse per sviluppare il consenso degli individui in posizione chiave dell'organizzazione. Essi non hanno, in uno stato di diritto, la possibilità di usare la forza, e quindi l'intimidazione, ad eccezione del potere giudiziario che dispone della libertà degli individui ed ispira terrore, ma che ha problemi a rendere questa forza qualcosa di più del piacere del suo esercizio, quando sussistono idonee garanzie giurisdizionali a salvaguardia del potere politico
I poteri istituzionali, è vero, possono ottenere consenso attraverso l'attrazione cui dà luogo un avanzamento nella carriera, ma il potere economico può rappresentare in termini di potere in un certo intorno sociale, molto di più..
Non si tratta semplicemente di corruzione o di finanziamento di un partito o della creazione di una organizzazione o della possibilità di strutturare una rete operativa trasversale ai vari partiti politici. La dimensione dell'attrazione può

portare, come sappiamo, ad un meccanismo di incollamento che lo trasforma in un impulso. Non molto differenti sono i meccanismi di formazione delle grandi organizzazioni criminali che richiedono più della sola intimidazione, importanti risorse economiche.

Il potere economico, cui spesso ci si riferisce come "poteri forti", dove il plurale mostra la difficoltà di riferirlo ad un singolo leader, lavora in definitva agendo sull'individuo e quindi silenziosamente, risultando in "correnti sotterranee di potere" di cui noi vediamo solo gli effetti.

Quindi il sistema democratico ha in se stesso una falla, costituita dalla possibilità di una azione potente, determinante, del potere economico. L'eliminazione delle salvaguardie legali apre ad una molteplicità di centri di potere indipendenti della magistratura la possibilità di esercitare un'azione politica e dove questa azione sia sinergica a quella del potere economico, di fornire a quest'ultimo anche l'arma della intimidazione.

Tali possibilità del potere giudiziario costituirono una preoccupazione fondamentale degli estensori delle Costituzioni inglese e americana che volevano stabilire le condizioni di convivenza del potere legislativo e del potere esecutivo. Tale preoccupazione era dunque motivata innanzi tutto dalla possibilità che il potere esecutivo, utilizzando un potere legittimo, quale è quello di perseguire i reati, potesse aggredire singoli membri del parlamento e per tal via, con azioni mirate, eroderne il potere. Di qui la nascita dell'istituto della immunità parlamentare o del principio di una giurisdizione separata per i legislatori per proteggerli dall'abuso degli altri poteri, entrambi derivati dall'esperienza romana.

In secondo luogo tale preoccupazione era motivata dalla possibilità che il potere giudiziario venisse esercitato in termini intimidatori al di fuori del parlamento, così influendo sulle organizzazioni che supportavano l'autorità dei membri del parlamento. Da ciò derivò dapprima in Inghilterra e fu poi ripresa da altre costituzioni, la necessità di una separazione del potere giudiziario dagli altri poteri, nonché la definizione di un giudice predeterminato per ogni cittadino, così come era stato fatto per i legislatori con la giurisdizione separata, giudice dotato del potere di chiedere la consegna del cittadino arrestato da qualsiasi altra autorità, diritto detto dello "habeas corpus", anch'esso derivato dall'esperienza romana. Tale diritto ebbe il compito di controllare in particolare gli abusi della magistratura inquirente che continuò, almeno in Inghilterra, a far parte del potere esecutivo.

Negli USA la componente inquirente del potere giudiziario è da questo separata ed assume l'aspetto di un organo elettivo indipendente a carattere locale, allo stesso modo del sindaco. Anche per questo verso la Costituzione americana appare la più avanzata, giacché la semplice imputazione, indipendentemente dall'esito successivo del processo, può costituire elemento di intimidazione e di interferenza politica.

Questi strumenti di controllo dell'equilibrio dei poteri si riflettono nelle condizioni di libertà del cittadino e portano ad una riduzione della situazione tensionale complessiva del sistema, perché il senso di eguaglianza nei confronti della legge e la certezza del diritto costituiscono fra i più importanti collanti sociali, esprimono una condizione minima di importanza necessaria per l'incollamento. Montesquieu: *"Non vi è libertà se il potere giudiziario non è separato dal potere legislativo e dall'esecutivo. Se fosse unito al potere legislativo, il potere sulla vita e la libertà dei cittadini sarebbe arbitrario: infatti il giudice sarebbe legislatore. Se fosse unito al potere esecutivo, il giudice potrebbe avere la forza di un oppressore"* [33].

Le garanzie introdotte per garantire l'equilibrio dei poteri, ma che garantiscono anche il cittadino dall'oppressione del potere non si fermano qui, almeno nella legislazione anglosassone. La individuazione di un giudice predeterminato per ogni cittadino non impedisce infatti ai giudici di esercitare un potere politico se essi nel loro complesso costituiscono un'organizzazione indipendente. Diversa era la situazione a Roma, dove la giurisdizione non era affidata ad un organismo terzo, ma ciascun potere, la plebe in particolare, aveva i suoi giudici interni.

Sorse cioè la preoccupazione di non creare, attraverso la separazione dal potere esecutivo e dal potere legislativo, un potere giudiziario molto forte, con proprie linee interne di coordinamento, capace di imporre la propria volontà agli altri poteri e di entrare di autorità nel gioco politico sostenendo l'una o l'altra corrente.

Sorse così l'idea di una completa eliminazione del potere giudiziario come struttura capace di interferire con il potere politico e anche questa introduzione costituì una ulteriore garanzia di libertà del cittadino. L'obiettivo fu infatti raggiunto stabilendo che il tribunale fosse costituito da giurati tratti dal popolo, con il compito di giudicare l'esistenza del reato, mentre i giudici togati, di carriera, avrebbero avuto il solo compito di presiedere il processo e di irrorare la pena.

"Il potere giudiziario non deve essere affidato ad un senato permanente, ma deve essere esercitato da persone tratte dal grosso del popolo, in dati tempi dell'anno, nella maniera prescritta dalla legge, per formare un tribunale che duri soltanto quanto lo richiede la necessità. In tal modo il potere giudiziario, così terribile fra gli uomini, non essendo legato né a un certo stato, né ad una certa professione, diventa, per così dire, **invisibile e nullo***. Non si hanno continuamente dei giudici davanti agli occhi e si teme la magistratura e non i magistrati. Bisogna inoltre che nelle accuse gravi il colpevole, d'accordo con la legge, si scelga i giudici; o per lo meno che possa rifiutarne un numero tale che quelli che rimangono siano reputati essere di sua scelta"* [34].

Sono le basi della Common Law anglosassone, dove il giudizio sul fatto è di competenza di una giuria mentre il giudice togato diviene, in linea teorica, un semplice, automatico dispensatore della pena che la legge prevede. Non esiste quindi un potere giudiziario che possa interferire con gli altri poteri ed è chiaro che la struttura giudiziaria anglosassone permette al cittadino di sentirsi garantito dalla sopraffazione del potere, in quanto giudicato da suoi pari, scelti a sorte e fra i quali può anche effettuare una scelta mediante la ricusazione a sua maggior garanzia di non essere sottoposto ad un giudizio prevenuto, aprioristicamente ostile.

Questa organizzazione del tribunale risolve anche importanti problemi connessi all'esistenza di una giurisdizione separata, quindi interna ad un limitato numero di legislatori, legati da interessi condivisi e opportunità di scambio. Ciò si presta ad abusi, cosicché è prevalsa l'idea di una immunità provvisoria per l'intero periodo dell'ufficio alla fine del quale la persona investigata torna ad essere sottoposta al tribunale ordinario per il processo sull'accusa che l'immunità ha bloccato. Ma possono in tal caso persistere condizioni di intimidazione che, scegliendo i giurati dal popolo per l'occasione, possono essere invece escluse.

Ciò non comporta che il giudizio così istituito non presenti le sue problematiche. A fronte della libertà dalla costrizione politica vi sono vincoli che rendono aleatorio il giudizio così espresso, così che una completa fiducia in esso non appare ragionevole. Attendersi un giudizio di verità, sia pure non scientifico, ma quanto meno frutto di *"adaequatio speculativa mentis et rei"*, da un gruppo di dodici cittadini scelti a caso è come attendersi di vincere un terno a lotto; è possibile, ma improbabile.

Tale valutazione non è da confondersi con quella di pensatori, quali Cartesio, Pascal, Einstein, Hubbard, Huxley, Pitkin, Pontiggia, Wilde, ecc. che ritenevano stupida la maggioranza degli uomini. Essa si basa sulla semplice constatazione che operano nella psiche dei giurati la massa dei pregiudizi, delle convenzioni, il carattere, l'ignoranza, la diversità di sensibilità, l'incapacità di affrontare questo tipo di problemi, la plagiabilità, non solo da parte degli avvocati sia dell'accusa che della difesa, ma anche della personalità più forte fra i giurati. Ma la procedura della Common Law ha comunque il vantaggio, in termini di tranquillità sociale, di impedire che il potere giudiziario sia utilizzato o sentito come strumento di sopraffazione sociale.

In altri paesi, il cui ordinamento giudiziario rientra nel tipo chiamato di "Civil Law", il giudice togato entra a far parte della giuria e così necessariamente ne diviene l'organo coordinatore e, come è ovvio, l' elemento determinante la decisione, per la sua autorevolezza, per la sua competenza, per le decisioni sull'ammissibilità e la rilevanza degli elementi di prova, per la conoscenza della giurisprudenza, per la sua maggior pratica dei procedimenti giudiziari. .

La magistratura inquirente non è in Italia separata dalla magistratura giudicante ed è priva di legittimazione popolare. Anche procedure che in qualche modo si riallacciano a quelle anglosassone, perdono molto del loro significato e della loro efficienza per effetto dell'appartenenza allo stesso corpo della magistratura inquirente e della magistratura giudicante. La separazione delle funzioni non risolve infatti il problema. Come osservò Montesquieu con riferimento all'ordinamento allora vigente in Venezia "*Il male è che questi diversi tribunali sono formati da magistrati dello stesso corpo, il che viene a formare un medesimo potere*" [34].

Esiste un organo di autogoverno della magistratura, il Consiglio Superiore della Magistratura, composto dagli stessi magistrati addirittura per due terzi, quindi privo di qualsiasi controllo che non sia la sua presidenza da parte del Presidente della Repubblica e che nelle intenzioni dei costituenti doveva costituire un semplice organo di autogoverno amministrativo e si è invece trasformato in un organo di coordinamento di una corporazione attraverso il quale è possibile esercitare un dominio sull'intero ordine giudiziario, a tutti i livelli, e di intervento sul piano politico, senza che i controlli predisposti si siano mostrati adeguati.

– Il controllo del potere militare

In nessuna costituzione quello militare è un potere autonomo. Tuttavia esso è forse lo strumento più importante di scardinamento della separazione dei poteri e si ristabilimento del potere assoluto.

L'organizzazione militare ha in sé tutti i fattori predisponenti alla formazione dei legami psicologici tipici dell'orda, dipendenza da un capo, gerarchia, disciplina che comporta l'obbligo di ubbidienza cieca, paura "interna". E soprattutto, dispone della forza necessaria per imporsi. Qualsiasi norma relativa all'equilibrio dei poteri è priva di senso se non ha dietro di sé, credibile, la forza necessaria ad imporsi e ciò è difficile quando a ribellarsi è l'esercito in cui si concentra la forza di un paese.

Il problema, ovviamente, non è sfuggito ai costituenti inglesi che pensarono di risolvere il problema allo stesso modo di come avevano risolto quello del potere giudiziario, facendo si che esso fosse "*invisibile e nullo*". Nel "Bill of Right" si prevedeva che "*riunire e mantenere nel regno in tempo di pace un esercito* *stabile, se non vi è il consenso del Parlamento, è contro la legg*e"

. Sulla linea dei costituenti inglesi è la soluzione proposta da Montesquieu, che ricorda che nei primi tempi della repubblica romana (come d'altra parte anche in Atene) non esisteva un esercito separato ma erano gli stessi cittadini che all'occorrenza impugnavano le armi per poi tornare alle loro occupazioni una volta cessato il pericolo.. La sintesi della sua trattazione è in queste righe. *"Affinché chi esegue non possa opprimere, bisogna che gli eserciti che gli si affidano vengano dal popolo e abbiano lo stesso spirito del popolo, come fu a Roma fino ai tempi di Mario.....che siano arruolati soltanto per un anno, come si faceva a Roma; oppure, se c'è un corpo di truppa permanente in cui per di più i soldati siano una delle parti più basse della nazione, bisogna che il potere legislativo possa scioglierlo quando vuole; che i soldati abitino con i cittadini, e che non vi siano né accampamenti separati, né caserme, né piazze d'armi."*

La risposta di Montesquieu a questo problema, richiama elementi fondamentali della visione di Madison, nonché della teoria dell'organizzazione. Madison credeva che la struttura sociale involvesse sempre il consenso, più o meno esplicito, della società. Conseguentemente, se le forze armate sono fortemente integrate nel paese, la presa del potere da parte dei militari richiede un forte consenso sociale.

Gli uomini di potere hanno ovviamente una conoscenza intuitiva di questi meccanismi, essi infatti hanno sempre provato a separare l'organizzazione militare dal resto della popolazione, costruendo una classe privilegiata, ma con una forte disciplina interna spinta fino al terrore che, come abbiamo già rilevato nel caso della rivoluzione francese, blocca le comunicazioni eversive, per usarla a supporto del loro potere contro la popolazione.

La realizzazione di un alto turnover è senz'altro una raccomandazione valida specialmente per gli alti comandi. L'assunzione della figura di capo del branco, cioè del carisma, richiede un certo tempo e specialmente che vi siano iniziali vittorie e grandi benefici che possano essere legati alla persona, permettendo lo scarico sul capo della tendenza all'incollamento.

Ma in definitiva noi crediamo che, come mostreremo in

maggir dettaglio nel prossimo paragrafo, una complessa struttura del potere quale è quella realizzata negli USA, renderebbe impossibile la vita ad un governo militare. Vi sarebbero difficoltà obiettive nel realizzare un piano sovversivo, la mappa del potere estremamente estesa renderebbe più difficile la sua occupazione e più facile l'insorgenza di importanti forze reattive se il progetto eversivo non fosse supportato da un ampio consenso popolare.

– Il consolidamento della divisione dei poteri

I problemi che affliggono il mondo potrebbero trovare soluzioni pacifiche, se un irrazionale impulso di dominio, che risponde solo a se stesso, non richiedesse un periodico contributo di sangue e, anche in tempo di pace, non caratterizzasse tutte le relazioni internazionali, fatte di ricatti, intimidazioni e minacce.

La stessa situazione sussiste ovviamente nel contesto delle relazioni interne ad un paese; sarebbe irragionevole ipotizzare che vi siano aree in cui il desiderio di potere, si auto-limiti e che sia sufficiente la delimitazione di confini ai vari poteri dello Stato perché essi siano rispettati volontariamente.

Il cambiamento di questa condizione richiede una distribuzione di forze che costituiscono il potere che è differente da quella prodotta dai meccanismi di auto-organizzazione, in particolare richiede la formazione e la conservazione di accordi sulla divisione ed il controllo reciproco dei poteri che governano il sistema sociale.

E' quindi utopica l'idea che simili risultati possano essere ottenuti come conseguenza della loro ragionevolezza per il bene comune, in assenza di forze che li impongano. Ma anche quando i casi della storia portano ad una struttura delle forze che obblighi il sistema ad assumere una forma particolare, con una distribuzione dei poteri che implichi un più alto livello di libertà dalla oppressione, rimane il problema della persistenza di questa forma.

Le condizioni per il mantenimento di una certa struttura delle forze di assemblaggio del sistema furono realizzate nell'orda dal processo evolutivo ed in questo senso può dirsi che l'organizzazione era perfetta, essendo sopravvissuta per molti millenni. Essa richiede, per tale persistenza, che rimangano immutate le forze prodotte dal sistema e le forze esterne al sistema che esse debbano bilanciare per la sopravvivenza.

Nell'orda vi erano un certo numero di uomini forti che aspiravano alla posizione di comando fra i quali poteva esserci l'uomo capace di sopraffare il leader e, certamente, questa capacità era posseduta dall'insieme degli uomini forti del gruppo. Tuttavia, tale evento era reso impossibile dalla condizione di incollamento della massa che, come abbiamo avuto occasione di mostrare, era concentrato direttamente sul capo di cui aumentava la forza rendendolo così intoccabile. Ma questa situazione era anche un elemento di garanzia per i più deboli del gruppo. Infatti, quando la condizione di sopraffazione dei componenti più deboli del gruppo superava il livello massimo che consente l'incollamento, si verificavano fenomeni di trasferimento dell'attaccamento ad altri membri (transfert) così determinando la fine della protezione garantita al leader. Ciò implicava che il capo, a sua volta, fosse il protettore dei membri deboli della società a cui doveva la sua forza e questo atteggiamento, come sappiamo, era rinforzato da altri fattori che l'evoluzione aveva fissato geneticamente, quale l'estensione al leader dell'orda dell'impulso genitoriale.

Ciò porta a pensare, per un sistema più grande, quale quelli sorti dopo la rivoluzione agricola, alla formazione di un numero di centri di potere, tali che la forza di ognuno di essi sia trascurabile in raffronto a quella di un potere centrale, ma che insieme possano controllarlo, se l'esercizio di questo potere eccede certi limiti.

Ogni centro deve essere costituito da un gruppo di individui nel quale si scarichino le più forti forze associative, quelle dell'incollamento, cosicché le sezioni più deboli della società abbiano il loro separato gruppo che può esercitare una forza molto superiore a quella individuale, come avvenne con gli accordi del Monte Sacro.

Ogni gruppo può essere connesso a molti altri con più linee di potere o ogni individuo può appartenere a differenti gruppi in differenti reti, ognuna caratterizzata dal tipo di potere che fluisce in essa. Il sistema assume l'apparenza di una rete complessa, sovrapposizione di più reti, stratificata secondo i livelli di potere, o forza esercitabile.

In questo sistema le interazioni hanno luogo sia dall'alto verso il basso, ossia dal più alto al più basso livello gerarchico, sia dal basso verso l'alto, ossia il sistema è la sovrapposizione di una serie di circuiti di retroazione. E' chiaro che esso assumerebbe la forma tipica del sistema complesso che può essere sempre rappresentato in questa maniera, per quanto con maggiore o minore grado di complessità. Il sistema più complesso che sia conosciuto è costituito dal cervello umano, ma l'intero universo può essere forse rappresentato come la sovrapposizione di reti stratificate di flussi di energia [35].

E' importante chiarire sin dall'inizio che la struttura reticolare deve coinvolgere tutto il sistema, quindi tutti gli strati sociali, altrimenti coloro che sono esclusi dalla rete sono esclusi anche dal sistema e diventano un semplice oggetto del desiderio di potere degli strati che sono inclusi nella rete e che quindi diventano la classe dominante .

Gli accordi devono includere tutti gli elementi delle relazioni di scambio, in cui può manifestarsi un potere, perché il verificarsi di un conflitto distruggerebbe ogni divisione del potere precedentemente realizzato quale che sia l'origine del conflitto. L'essere eguali nei confronti della giustizia penale non risolve il problema quando vi è una differenza nella distribuzione della ricchezza che turba il senso di giustizia e rende gli uomini alieni l'uno all'altro.

Ma vi è una più profonda ragione, che è sottolineata dalla teoria dell'organizzazione: se l'equilibrio soddisfa determinate condizioni mettendo sulla stessa lunghezza d'onda le linee di flusso di tutti i sottogruppi, cioè gli interessi istintuali (la domanda di giustizia), si verifica lo sviluppo di un incollamento trasversale ai sottogruppi, ricostituendo l'unità e la potenza dell'intero sistema. Citando Aristotele, *"l'insieme diviene più grande della somma delle parti"*. E lo stesso significato ha il simbolo romano del fascio ed il motto che vi è associato *"stretti insieme siamo potenti"*.

Naturalmente, i criteri di conduzione del sottogruppo formato dagli strati deboli sono estremamente importanti. Nella

341

Roma antica, la posizione di tribuno della plebe era ricercata da tutti i politici. Anche Cesare Augusto, che divenne il primo imperatore, durante la sua carriera politica, servì in questo ufficio. La conduzione era di tipo assembleare; i tribuni erano inizialmente due, che era già una condizione limitante l'arbitrarietà, ma andarono crescendo di numero, divenendo infine dieci. E' importante, naturalmente, la frequente rotazione nell'ufficio che rende difficoltoso l'incollamento al leader, mentre rafforza l'attaccamento al sottogruppo.

Notiamo ancora, anche se può sembrare una osservazione banale, che quando un comportamento sinergico fra due stratificazioni sociali determina un grande beneficio ad entrambi i partners, i livelli di scambio che soddisfano il senso di giustizia vengono raggiunti immediatamente. In questo caso il patto di solidarietà è implicito e non è necessario creare una struttura organizzativa che lo supporti. E' quando gli interessi divergono, ma le parti devono vivere nella stessa nicchia, che il rapporto diviene competitivo e la creazione di una struttura di potere che assicuri un legame di solidarietà diviene la sola alternativa al confronto o allo stabilirsi di un alto livello di sopraffazione e di rottura nel sistema.

La osservazione si riferisce al fatto che noi mostreremo come la costituzione degli Stati Uniti sia quella che incontra meglio i criteri della teoria dell'organizzazione attraverso una complessa rete di interazioni che legano una varietà di corpi istituzionali anche senza un accordo del tipo di quello del Monte Sacro fra ricchi e poveri. Nelle condizioni in cui fu emanata la costituzione degli Stati Uniti, infatti, vi era un vasto territorio da sfruttare che implicò un alto livello di sviluppo economico di tutta la popolazione cosicché la mancanza di regolazione delle relazioni economiche fra le classi non recò alcun danno.

Con tutta evidenza, la struttura federale della nazione, in cui la attribuzione dei poteri ai singoli stati era molto grande, creando una potente barriera al superamento di certi limiti predeterminati al governo centrale, ha molti degli aspetti del controllo dal basso che è alla base della applicazione sociale della teoria dell' organizzazione. Ma la convergenza della rete di interazioni della costituzione degli Stati Uniti con le leggi della teoria dell'organizzazione è molto maggiore e su alcuni punti di particolare importanza desideriamo soffermarci.

Un problema preliminare è costituito dalla definizione della natura delle forze che si contrappongono nell'equilibrio. E' chiaro che nell'orda le forze che si opponevano o si associavano erano costituite dalla forza fisica e dal coraggio degli individui, laddove negli stadi successivi, nelle sempre più ampie organizzazioni che rimpiazzarono l'orda, le forze erano rappresentate dalla capacità di dar luogo ad una reazione di tipo militare.

Le cose non sono più in questi termini negli stati moderni per le proprietà prese dal potere militare che non consente una sua veloce preparazione quando il suo intervento risulti necessario, ma è diventato un separato centro di potere permanente. Tuttavia, considerando una presa del potere "illegittima", cioè priva di adeguato consenso, da parte di una minoranza violenta, l'opposizione ad essa può manifestarsi, in un paese moderno, in molti modi, alternativi alla opposizione militare, partendo da una molteplicità di centri di potere e rendendo così la presa e la conservazione del potere impossibile.

Bisogna a tal fine che il potere dello stato sia frantumato in una molteplicità di rivoli che renderebbe estremamente difficoltosa la sua occupazione totale, frantumazione realizzata attraverso una divisione non solo orizzontale o funzionale, come è quella fra i tre poteri tradizionali esecutivo, legislativo e giudiziario, ma anche verticale o gerarchica, quale è quella connessa alla struttura federale dello stato, in modo da avere una molteplicità di poteri che sarebbero annullati o ridimensionati dalla presa del potere a livello centrale e che sarebbero pertanto motivati ad effettuare una dura opposizione alla usurpazione del potere.

La struttura che la teoria dell'organizzazione potrebbe a tal fine delineare, coincide per molti aspetti con la soluzione data al problema da Madison, secondo cui è la vastità dello stato e la sua struttura federale costituita da una moltèplicità di stati membri, con una vita politica svolta prevalentemente al livello locale, con la partecipazione alla vita politica federale mediata da poteri locali, con una molteplicità di linee di flusso del consenso elettorale per la creazione dei poteri federali, con una molteplicità di linee di interesse che legano i vari stati federati, che costituisce protezione contro la violazione dei patti.

L'incollamento opera infatti come un campo di forza che raggiunge la massima forza nell'intorno più immediato dell' individuo, così che le concentrazione dell'agone politico negli elementi periferici di un vasto territorio, toglie forza alle possibilità totalizzanti ed ulteriore forza viene tolta dal filtro costituito dai poteri locali interposti fra il cittadino ed il potere federale. Come sappiamo infatti, le stratificazioni intermedie della società, in quanto dotate di una certa quota di potere, sono meno soggette al fenomeno dell'incollamento, cosicché divengono il principale sostegno della autonomia locale e della divisione dei poteri che vi è strettamente connessa.

Gli estensori della Costituzione americana furono i primi a comprendere l'importanza del voto periodico per supportare la divisione dei poteri e ciò non solo per l'ostacolo che la breve durata costituisce per il radicamento del potere. La molteplicità delle linee di formazione dei poteri federali, attraverso una articolazione differenziata del voto che da luogo ad una rappresentanza proporzionale nella Camera dei Rappresentanti, che tiene conto della dimensione degli stati nel Senato, che è obbligata a concentrarsi per l'elezione del Presidente, svolgentisi in tempi diversi, dà legittimità autonoma ai vari poteri e così li pone automaticamente in una posizione dialettica.

Infine la presenza di interessi comuni all'unione da parte dei vati stati, quali l'aumento di potenza nella scena internazionale, le interconnessioni economiche, commerciali e finanziarie, ecc. costituiscono impedimento a che la separazione si trasformi addirittura in secessione. .

Sono dunque valide le considerazioni di Madison, secondo cui in un grande paese, la separazione verticale, lungo le linee gerarchiche, cioè l'organizzazione federale dello Stato, il governo legislativo assembleare dei singoli Stati e dell'Unione, la separazione orizzontale fra potere legislativo e potere esecutivo in ogni stadio, particolarmente l'elezione separata del presidente dell'Unione, capo dell'esecutivo, rende più difficile l'occupazione del potere e più facile l'insorgere di ingenti forze di reazione..

E' possibile però osservare che il partito politico costituisce uno strumento di aggregazione che, imponendosi al di fuori dei poteri istituzionali e raccogliendo il consenso su tutte le linee elettorali, può determinare di fatto l'unificazione dei poteri.. Come abbiamo già osservato a proposito dell'elezione diretta del presidente, negli USA la presenza di due grandi partiti politici, scarsamente differenziati sul piano ideologico, ma centri rigidi di incollamento profondamente radicati nel territorio, con diversa concentrazione nei vari stati e quindi nei relativi centri di potere, costituisce la maggiore garanzia del mantenimento di una condizione dialettica nella vita politica del paese.

Tuttavia, anche assumendo che non vi sia una separazione di interessi fra le classi o che vi sia anche una divisione istituzionale dei poteri, tutto ciò può essere superato dall'emergenza di potenti forze istintuali quando il sistema attraversi condizioni acute di crisi.

Se infatti in un paese che sta vivendo una seria crisi, si determina una forte riduzione della condizione sociale di sofferenza attribuibile all'azione di un leader, questi diviene l'oggetto di un incollamento che può travolgere qualsiasi profonda divisione dei poteri. Questo meccanismo è fondamentale per la creazione del potere assoluto.

Ricordiamo che (adottando le parole di JP Dupuy) per Freud il capo della folla è un *punto fisso esogeno,* ossia produttore ed organizzatore della folla. Al contrario, secondo Girard, l'autore della teoria mimetica del desiderio (ma la dipendenza del desiderio è la manifestazione della dipendenza psicologica delle masse), egli è un elemento *"endogeno, prodotto dalla folla, anche se questa immagina di essere prodotta da lui".* Secondo la teoria dell'organizzazione e come è già implicito nella reciproca protezione del capo e della massa, entrambe le affermazioni sono corrette in quanto il meccanismo che è all'opera è un meccanismo ciclico di reciproca interazione, o retroazione, che è tipico dei sistemi complessi.

Nel momento in cui la folla procede all'identificazione del

capo si verifica una riduzione della paura che fa emergere il desiderio di potenza, si verifica cioè un mutamento nella struttura della folla alla stessa maniera di come per il principio di indeterminazione di Heisenberg, l'osservazione modifica l'oggetto. Ma anche il capo sente il mutamento della folla, la sua tendenza verso una maggiore volontà di potenza, il suo consenso e ne è eccitato, soggiacendo ad una amplificazione della propria volontà di potenza. Ciò determina un ciclo vizioso nella relazione fra il leader e la folla le cui possibili tragiche conseguenze ben conosciamo.

Così nella creazione di un potere assoluto vi è sempre una profonda complicità della folla, come d'altra parte era stato ben compreso da Madison relativamente al problema più generale della diseguaglianza *"se una maggioranza di nullatenenti avesse veramente minacciato una minoranza di possidenti, ci si sarebbe trovati di fronte a un pericolo tale da non poterlo affrontare..."* [36] e lo stesso può essere quindi detto per ogni diseguaglianza che non ecceda il senso di giustizia che tuttavia, come sappiamo, assume valori che variano grandemente a seconda della condizione di sofferenza in cui il soggetto senziente si trova. In particolare, in condizioni di difficoltà del sistema, diviene giusto il potere assoluto dato ad un uomo forte.

E' quindi necessario che non si sviluppi il culto della personalità, l'assunzione da parte del capo di aspetti demiurgici e ciò richiede che siano posti limiti a ciò che la massa può produrre per l'azione del bambino che, secondo Socrate, è in ciascuno di noi. Ciò richiede che vi siano molti centri di potere e sia molto forte l'attaccamento a questi centri così da superare il fascino del potere assoluto centrale e che siano realizzati tutti i collegamenti fra questi centri, cosicché non sussista alcuna falla nella rete delle connessioni che possa rendere inutili tutte le altre connessioni. Ciò mostra che vi sono altre forme di razzismo che devono essere superate, altre barriere abbattute oltre a quelle che dividono il ricco dal povero, quali quelle che tengono lontani dalle strutture di potere, malgrado l'apparente rispetto, sesso, cultura e vecchiaia.

14.10 – Il potere economico.

Abbiamo già introdotto l'argomento della funzione sociale della ricchezza quando, trattando delle conseguenze della rivoluzione agricola, abbiamo parlato della introduzione della proprietà privata dei mezzi di produzione e della moneta.

Si tratta di una parcellizzazione di una parte importante del potere che comporta la gestione della produzione dei beni e che nacque inizialmente parallelamente e in dipendenza dello sviluppo del potere politico, come distribuzione di questo particolare potere ai membri della gerarchia del villaggio agricolo. Se ne staccò però successivamente, per effetto della ereditarietà consentita per la ricchezza, come potere "privato", esercitabile in un certo ambito limitato ma costituendo comunque, l'insieme dei ricchi, una casta legata da meccanismi di solidarietà dal cui seno provenivano i detentori del potere politico.

Abbiamo visto infatti che, come parte del pacchetto di misure prese per assicurare la stabilità del sistema, fu di importanza cruciale il patto di solidarietà nella classe dominante, patto che richiese la continuità del dominio realizzato attraverso la ereditarietà della proprietà privata, difesa quindi sinergicamente dall'intera classe. Ciò non impedì lo svolgersi delle lotte per l'acquisizione delle posizioni di comando all'interno della classe dominante, ma realizzò comunque la permanenza dello scenario di fondo che vedeva il dominio di una classe, di cui l'attributo della ricchezza era il più ovvio ed importante.

La classe dei ricchi rimase quindi sempre in stretti vincoli associativi con il potere politico. Le due linee di potere costituite dalla ricchezza, cioè proprietà dei mezzi di produzione e dal potere politico, cioè dal monopolio nell'uso della forza, potevano essere dunque divise formalmente, ma costituivano in realtà un'unica classe dominante, di cui il potere politico era come il potere esecutivo.

Nella civiltà agricola, il potere politico era sempre occupato dai ricchi, come conseguenza di una lotta interna alla classe dominante che selezionava un gruppo dirigente più ristretto che esercitava il massimo potere. Ciò sia pure nell'ambito di certi equilibri complessivi che, come abbiamo visto, in certe condizioni

347

che imponevano il prevalere dell'interesse comune rispetto alla competizione interna, sono stati all'origine delle democrazie assembleari che sarebbe quindi meglio chiamare aristocrazie assembleari. E' solo nell'epoca feudale che le due linee di potere coincisero completamente; il feudatario era sia proprietario dei mezzi di produzione che detentore per delega del potere politico.

Con l'avvento della borghesia questa unità delle linee di potere si ruppe nuovamente e la divisione divenne più profonda. Le innovazioni introdotte nei metodi di lavorazione e l' allargamento dei mercati, localizzarono in segmenti sociali prima depressi la capacità di produrre la ricchezza, con particolare riguardo alla sua forma monetaria. A questo punto anche la borghesia si candidò alla gestione del potere politico.

La borghesia (nonché il capitalismo che da essa è nato) ha particolari caratteristiche. Nell'ambito della ricchezza legata alla proprietà terriera, rimaneva una coincidenza obiettiva di interessi fra il proprietario e il contadino che dava luogo ad una sinergia comportamentale. Il reddito del proprietario non era infatti legato al raggiungimento di alti livelli di produttività del contadino, perchè la fonte del reddito non poteva essere sostituita e la sua esistenza non era perciò minacciata dalla concorrenza, ma garantita da una domanda che assicurava un completo piazzamento del prodotto e dalla grande estensione del latifondo.

Con la borghesia la produzione della ricchezza divenne un fatto intensivo mentre la coincidenza di interessi, già ridotta rispetto alle condizioni dell'orda per la sostituibilità del lavoro e la presenza di un numero esuberante di occupati (giacchè l' agricoltura assorbiva tutta la manodopera disponibile), fu largamente superata dal costituirsi di interessi contrastanti. Ciò fu dovuto al fatto che, nella produzione industriale, il reddito di imprenditori e lavoratori non erano più, come nella produzione agricola, variabili praticamente indipendenti, ma erano legati da relazioni di interdipendenza. Le imprese, infatti, introdussero il concetto della massimizzazione del profitto attraverso la competizione nella capacità di produrre a minor costo e di acquisire così più ampie quote di mercato. Ciò implicò una guerra interna a tutte la aziende per ridurre i costi dei fattori della produzione, compreso, naturalmente, il costo del lavoro, in questa maniera aumentando lo sfruttamento delle classi più deboli della società e conseguentemente attivando la lotta di classe.

La singola impresa non può quindi limitare questa lotta verso l'ottenimento del minimo costo, perché ne va la sua permanenza nel mercato, ne è pensabile che il capitalismo nel suo insieme possa autolimitarsi, perché abbiamo mostrato molte volte come il potere non può limitare se stesso, cosa che equivarrebbe a limitare la sua volontà di potenza. La limitazione deve necessariamente provenire dall'esterno, ossia dal potere politico che può dare limitazioni che, comprendendo l'intera classe capitalistica, non distrugge la competitività interna. Ma il potere politico era, come abbiamo visto, una emanazione del potere economico. Ciò, malgrado le imprese non siano soggette ad impulsi di aggregazione e non abbiano quindi una gerarchia, implica l'esercizio di una forza sinergica sulla politica, che ha le sue punte operative in alcune grandi compagnie.

In questi casi, in cui una gerarchia che indirizzi l'azione comune di un gruppo verso l'esterno non può formarsi per effetto di vincoli interni, da parte dei più forti vengono prodotte "correnti" che operano indipendentemente da un consenso preventivo del gruppo, ma sono quindi seguiti dal gruppo, di cui sentono il consenso.

La condizione di autonomia e competizione fra i due poteri, economico e politico, cominciò ad apparire più reale quando, con la realizzazione del suffragio universale e la creazione di strumenti per la raccolta del consenso e l'organizzazione delle masse, quali sono i partiti politici, le posizioni del potere politico hanno cessato di essere prerogativa esclusiva della ricchezza.

Il legame, tuttavia, è ancora forte. Ciò per il potere che ha il mondo imprenditoriale di diffondere la ricchezza, per la grande capacità di attrazione e plagio esercitato dalla ricchezza, per la possibilità di mobilitare enormi forze finanziarie che possono trasformarsi in forza politica o sostenere forze militari, per la capacità di corruzione (che è stata sempre una costante della società umana), nonché di occupare gangli vitali della organizzazione dello stato. Infine per la possibilità, offerta ai raggruppamenti che in qualche modo si pongano nell'alveo del flusso di denaro che sgorga da esso, di organizzarsi e raggiungere quella dimensione minima che è necessaria per potere esercitare una attrazione sociale, ma il cui raggiungimento richiede il supporto di una forza esterna. In definitiva, il denaro è per la politica quello che l'aria è per l'uomo; nessuna organizzazione politica può sopravvivere se non è alimentata da un adeguato flusso di cassa.

14.11 – Il suffragio universale.

Abbiamo visto, nel corso di questo studio, come lo svolgimento delle azioni rivoluzionarie, richiedendo la formazione di una gerarchia all'interno delle formazioni ribelli, si concludeva sempre, dopo la vittoria, con la ricostituzione di una condizione di sopraffazione da parte della gerarchia stessa e ciò anche quando essa emergeva dal seno stesso delle fasce più sacrificate della società.

Abbiamo anche visto come questo ciclo perverso si rompe quando lo scontro non si conclude con la vittoria dell'una o dell'altra fazione ma termina in una condizione di equilibrio che porti alla convivenza dialettica di diverse canalizzazioni del potere. Abbiamo visto come ciò comporti una limitazione del potere nel suo complesso che cessa di essere autoreferenziale e come le limitazioni che un potere pone all'altro si riflettano anche un aumento della libertà del cittadino,

Se noi trascuriamo gli avvenimenti che portarono in Roma alla istituzione del Tribunale della Plebe, che per molti versi rappresentano un caso unico nella storia, fino a tempi recenti le condizioni di equilibrio si sono svolte nell'ambito delle più alte sfere di potere e non hanno determinato una modificazione sostanziale delle condizioni delle fasce più diseredate della società quanto a distribuzione della ricchezza o del reddito, pur realizzando un quadro "costituzionale" di maggiore libertà, soprattutto sul piano della sopraffazione giudiziaria e della protezione della integrità fisica e patrimoniale del cittadino.

L' emergere del proletariato come nuova fonte di

organizzazione, capace di autofinanziamento, ha significato l'introduzione nell'agone politico di un nuovo potere reale, allo stesso modo di come lo è sempre stata la ricchezza, ed il tendere di questo potere al duplice obiettivo di acquisire un maggior peso nella distribuzione dei beni e nel potere politico. Ciò ha determinato lo svilupparsi di una lotta di classe che ha dato luogo ad episodi insurrezionali successivi alla rivoluzione francese, nella quale già il proletariato delle fabbriche parigine aveva avuto un suo ruolo. L'episodio di ribellione di Parigi del 1870 fu, prima della rivoluzione russa, il più importante e terminò, come è noto, con la feroce repressione di Mac Mahon.

Ma anche quando la rivoluzione proletaria ebbe successo, come in Russia, essa sfociò nuovamente, secondo il solito canovaccio, nella ricostituzione di una gerarchia oppressiva. Come sappiamo, la differenza fra il vincere e il perdere una battaglia "interna" al sistema consiste infatti per le masse solo nell'identità dei padroni [37].

La constatazione che, in assenza di condizioni di particolare debolezza del potere dello Stato, l'azione rivoluzionaria era destinata all'insuccesso spinse la lotta dei movimenti politici di ispirazione socialista nell' Europa occidentale ad indirizzarsi verso l'obiettivo dell'ottenimento del suffragio universale che avrebbe consentito l'ingresso dei rappresentanti della classe operaia nell'ambito del potere legislativo. Tale obiettivo era stato indicato da Marx come prioritario, in quanto, nella ipotesi che le forze rappresentate fossero maggioranza, ciò avrebbe consentito, secondo questa discutibile valutazione, la presa del potere e resa più difficile una eventuale reazione delle forze conservatrici.

Secondo la teoria dell'organizzazione, lo stato minoritario era ovvio in considerazione della ideologia egualitaria che formava la base del programma di questi movimenti. Ciò perchè la sua praticabilità era contrastante con il fondamentale impulso umano dominativo, tendente alla sopraffazione, cioè alla diseguaglianza, tendente in definitivo all'emergenza sociale del proprio Io.

La tendenza verso l'eguaglianza è quindi concepibile solo in coloro che soffrono di una sopraffazione più alta di quella che potrebbe essere vissuta come "giustizia", ma, anche in questo caso, non distrugge il desiderio di potenza. Abbiamo visto infatti che questa condizione è raggiunta, nella moderna civiltà, solo da una minoranza della popolazione, ma anche se tale condizione fosse maggioritaria, come avveniva nelle città-stato di Atene e Sparta, la realizzazione della eguaglianza porterebbe alla cessazione della paura e al riemergere conseguente del desiderio di dominare. Il desiderio egualitario sarebbe provvisorio, perché la sua soddisfazione coinciderebbe con il suo annullamento.

Essenzialmente, la condizione egualitaria non sorride a coloro che hanno una quantità, per quanto piccola, di dominio, cioè di ricchezza, a cui dovrebbe rinunciare, cioè a tutti quelli che si trovano in posizione mediana nel corpo sociale, condizione raggiunta da una struttura gerarchica, che si distribuisce nel corpo sociale con parecchi gradini, riducendo la condizione di estrema marginalizzazione a una minoranza.

Infatti, al controllo della realtà, l'idea di essere maggioranza, di cui le organizzazioni rivoluzionarie sarebbero state le avanguardie, vissuta con l'arroganza fanatica di una fede, si rivelò assolutamente errata. L'idea era sostenuta anche dall'immagine di una rivolta corale del popolo intero che aveva dato la rivoluzione francese, ma fu proprio il suffragio universale, tanto temuto dalle classi conservatrici a dimostrare il contrario e, in particolare, che proprio il suffragio universale era il miglior baluardo della conservazione.

Le organizzazioni popolari, d'altra parte, si accorsero ben presto di non essere maggioritarie. Lo shock si ebbe quando, dopo la cacciata di Luigi Filippo, fu fondata la seconda repubblica francese ed il governo provvisorio popolare, imposto dai rivoltosi, indisse le prime elezioni a suffragio universale tenutesi in Europa. Nelle elezioni del 23 aprile 1848 su 900 eletti solo 26 erano di estrazione popolare. La sconfitta dei rivoluzionari fu netta, inequivocabile. Ma questa sconfitta non fece cambiare loro opinione; furono infatti i comunisti a indire le elezioni a suffragio universale per un parlamento costituente in Russia, elezioni svoltesi il 25 dicembre del 1917. I risultati diedero una maggioranza schiacciante ai socialdemocratici di Kerenski e relegarono i comunisti ad una minoranza. Come noto Lenin, allora capo del governo provvisorio rivoluzionario, che disponeva quindi della forza militare, non riconobbe l'assemblea e al suo posto riconobbe come organo legislativo i soviet, i consigli di fabbrica.

Ad ogni modo, dopo molte resistenze, si affermò il suffragio universale, sia pure nell'ambito di leggi elettorali, quale la uninominale maggioritaria che rendeva difficile l'emergere delle minoranze e particolarmente dei rappresentanti della classe operaia che comunque risultò essere ben lungi dalla maggioranza in tutti i paesi dell'Europa occidentale.

D'altra parte, le nuove condizioni tecnologiche di produzione dei beni, che imposero la concentrazione di masse di operai nelle fabbriche e nei distretti industriali, coniugate con il clima di maggiore libertà dovuto alla separazione dei poteri, avevano ridato mobilità all'incollamento, introducendo così di fatto le masse nel gioco politico, così che l'acquisizione del suffragio universale non costituì che una presa d'atto di una situazione già in essere.

Gli eventi rivoluzionari iniziati dalla rivoluzione francese, e proseguiti con la rivolta della Comune di Parigi, col diffuso disagio delle classi lavoratrici europee della fine del XIX secolo, con la rivoluzione russa e continuati dopo la fine della prima guerra mondiale nella forma di sommosse, tumulti popolari, scioperi, disordini sociali, specialmente nei paesi che erano arrivati più esausti alla fine della guerra, diffuse uno stato di paura all'interno della classe dominante.

La condizione di pericolo in cui si trovava la classe dominante portò automaticamente alla ripetizione dei modi di reazione che avevano portato al patto di solidarietà all'interno della classe dominante nel villaggio rurale, ossia a sostenere la formazione di un governo amico che potesse mobilitare in sua difesa i poteri dello stato.

Abbiamo anche visto come il richiamo ad una politica di potenza nelle relazioni internazionali rappresenti un mezzo ovvio, che funziona anch'esso in modo automatico, per la sollecitazione di istinti primordiali, per realizzare l'incollamento delle masse e giustificare una rigorosa "disciplina" nei rapporti gerarchici e le limitazioni nelle condizioni di libertà.

Ma l'aspetto straordinario degli eventi che si svolsero in Europa, prima in Italia e quindi in Germania, fu che l'incollamento al sistema delle classi subordinate, nel villaggio agricolo ottenuto attraverso la eliminazione di ogni alternativa, fu ottenuto e superato, in questi paesi, dalla grande riduzione delle condizioni tensionali che seguì l'assunzione al potere degli uomini forti, potere che nei primi stadi fu supportato da una minoranza e divenne quindi dilagante.

La presa del potere fu infatti seguita da un profondo miglioramento del clima sociale dovuto alla ripresa economica e, almeno in Italia, dalla creazione di un impero coloniale. Il cambiamento più grande avvenne in Germania passata in pochi anni da un livello di profonda crisi al livello di uno dei più potenti e ricchi paesi del mondo.

In Germania vi era infatti un enorme potenziale industriale in condizioni di parziale inattività e disorganizzazione. La corsa al riarmo imposta da Hitler dopo la sua assunzione al potere costituì la domanda addizionale che portò al pieno impiego e alla riorganizzazione del sistema. Naturalmente la domanda addizionale non deve necessariamente avere ad oggetto le armi. Negli Stati Uniti, la domanda addizionale necessaria per superare le condizioni di crisi fu costituita da un piano di opere pubbliche, dal New Deal di Roosevelt, ma certamente la corsa agli armamenti di Hitler fu particolarmente rapida ed efficace.

In Italia il potenziale industriale era molto più ridotto che in Germania e concentrato in una piccola parte del paese prevalentemente agricolo, ma anche in questo caso le misure di politica economica che furono adottate, nel trattamento del debito pubblico, nella riorganizzazione del sistema bancario con la divisione in banche commerciali e banche di investimento, nella proibizione delle partecipazioni delle banche, nella introduzione della riserva obbligatoria delle banche, nella riorganizzazione dell'industria e la creazione dell'IRI, in cui furono accentrate le partecipazioni azionarie dello Stato, nell'avvio di grandi opere di bonifica, ecc., furono le più appropriate.

Ciò mostra la estrema importanza che ha la politica

economica nella moderna civiltà industriale non solo ai fini della pacificazione interna ma anche ai fini del verificarsi della guerra che infatti ha seguito l'insediamento delle dittature e che si sarebbe forse potuta evitare se i poteri economici, invece di farsi prendere dal panico, avessero richiesto l'adozione di corrette misure di politica economica.

Abbiamo visto, infatti, che l'assunzione della struttura monocratica dell' orda, con un elevato incollamento al capo, determina lo sviluppo della aggressività latente nel sistema in conseguenza del meccanismo di interazione capo-branco, aggressività che tende a scaricarsi nella guerra. La creazione di un nemico esterno permette di rendere totale, dell'intero sistema, l'incollamento al capo e ad impedire che l'aggressività venga scaricata nella competitività interna.

Tutto ciò porta a far considerare come qualsiasi organizzazione democratica non potrà sentirsi sicura fintanto che l'antagonismo capitale - lavoro non avrà trovato le sue forme di equilibrio con la compartecipazione delle masse lavoratrici alla gestione della cosa pubblica, come fu realizzato dai romani con la costituzione del Tribunale della Plebe che risolse in modo permanente il conflitto fra i patrizi e i plebei e conferì enorme forza al sistema.

14.12 - La realizzazione della giustizia

Abbiamo visto che l'elemento fondamentale che permette una nuova struttura dei rapporti interni al sistema, non è costituito dalla semplice separazione dei poteri e dalla loro contrapposizione, ma dal fatto che sia imposta una condizione di equilibrio attraverso la definizione dei limiti imposti a ciascun potere e delle modalità con cui la contrapposizione dialettica si debba svolgere, definibili in termini di reciproco controllo. Ciò è chiaramente vero per i rapporti fra i tre poteri costituzionali, il legislativo, l'esecutivo ed il giurisdizionale, ma sarebbe molto più importante se ciò fosse fatto anche per assicurare la formazione di un equilibrio stabile fra capitale e lavoro.

L'organizzazione del proletariato, sia nei sindacati che nei partiti socialisti, quando non portò ad azioni rivoluzionarie, costituì una forza che si inserì nell'equilibrio delle forze agenti nella società, portando a un miglioramento del tenore di vita di un'ampia stratificazione sociale. Ciononostante, questo equilibrio non è stato irrigidito in strutture istituzionali, con la determinazione rigida dei limiti di ciascun potere e dei modi di interazione e controllo, come avvenuto per i rapporti fra i tre poteri tradizionali.

Ma, cosa ancora più importante, l'alleggerimento dello stato tensionale del sistema fu dovuto principalmente al fatto che nelle democrazie realizzate nei paesi più ricchi l'area del benessere si è allargata a tal punto da rendere assai ampia l'area del consenso e quindi delle stratificazioni sociali interessate al mantenimento dello statu quo. L'aumento di produzione ha assunto un andamento esplosivo e ha determinato un arricchimento complessivo della società che dopo un certo tempo ha raggiunto, nei paesi altamente industrializzati e malgrado le forti disuguaglianze distributive, anche le stratificazioni più deboli, il che ha portato a ridurre l'asprezza della lotta di classe.

Soprattutto, un elemento decisivo è stato il fatto che la produzione ha saturato le possibilità di consumo corrispondenti ad un certo reddito complessivo. Si è cioè verificata una sovrapproduzione che ha richiesto l'allargamento dell'area del consumo attraverso un aumento delle capacità di acquisto, cioè del reddito, ivi compreso quindi anche quello dei lavoratori che hanno assunto, oltre al ruolo di fattori della produzione anche quello di consumatori. Si è cioè passati dal mercato del produttore al mercato del consumatore.

Ma l'equilibrio raggiunto conserva forti elementi di fragilità. Sono assai estese le stratificazioni sociali nelle quali l'arresto dello sviluppo, che implica una riduzione delle attese di miglioramento, e ancor più la riduzione del reddito complessivo, possono determinare l'uscita dall'area del consenso e l'incollamento ad aree di ribellione così riaccendendo la lotta di classe, soprattutto in presenza di un aumento dei disequilibri nella distribuzione della ricchezza che diventa allora intollerabile.

La globalizzazione ha ricostituito quell'esercito operaio di riserva dei disoccupati e dei sottopagati di cui parla Marx che permette di calmierare la retribuzione dei lavoratori. Essa ha inoltre allargato la dimensione del mercato, che è stato così ricondotto alla condizione di mercato del produttore. Essa ha in definitiva riacceso la lotta di classe, e può condurre, se il processo non viene in qualche modo governato ad un innalzamento notevole della tensione interna del sistema, con conseguenze che non possono essere facilmente prevedibili ma possono essere assai gravi.

Come già aveva ritenuto Madison, nei rapporti sociali non sussiste una richiesta di eguaglianza che distruggerebbe la volontà di potenza. La esistenza della gerarchia è anzi una condizione sentita come "giusta" nel senso che a questa parola ha dato Platone nella Repubblica, e che la teoria dell'organizzazione riconduce all' interazione fra i fondamentali campi di forza potere-paura che governano la psiche umana.

Ciò che viene chiesto è una integrazione nel sistema, un certo livello di importanza e quindi di protezione che la diseguaglianza distributiva può distruggere solo se dimostra l'abbandono del patto sociale di scambio. Non è la riduzione del reddito come tale a produrre la reazione, se essa è condivisa dal ricco, così mostrando che, malgrado la persistenza di una diseguaglianza della distribuzione, è l'intero sistema che reagisce a condizioni di difficoltà. La sensibilità all'ingiustizia viene invece esasperata se alla mancanza del minimo vitale di alcuni corrisponde l'aumento del superfluo di altri. Ciò non permette più di coltivare l'illusione di essere una parte, sia pure di importanza minima, di un sistema.

Nell'organizzazione tribale, dove la produzione dei beni era frutto di una cooperazione di tutti i componenti, la produttività differenziale degli individui veniva premiata ed incentivata addirittura con il culto degli eroi. Il problema della diseguaglianza distributiva emerse quando essa non fu più il premio ad una maggiore efficienza produttiva a vantaggio di tutti i membri del gruppo, ma semplice manifestazione e strumento di sopraffazione e di estorsione.

Ciò accade anche quando il rapporto, anziché fra individui, si istituisce fra poteri; esso comporta certamente la definizione di vincoli da ambo le parti ma non esclude la presenza di una diseguaglianza distributiva se questa è coerente con la massimizzazione del profitto collettivo.

D'altra parte simili considerazioni non sono nuove; se è vero quanto racconta Tito Livio (Ab Urbe Condita II, 32), l'apologo con cui Menenio Agrippa convinse i plebei romani all'accordo esprime appunto questa necessità di integrazione delle parti di ogni organismo pur in presenza di una differenziazione gerarchica e funzionale che comporta, anche una differenziazione distributiva. Il conflitto si risolse con la realizzazione di istituzioni che realizzavano una divisione del potere, quale il Tribunale della Plebe. Naturalmente, la teoria dell'organizzazione pone in evidenza il ruolo decisivo nel produrre l'accordo che anche in questa circostanza fu giocato dalla presenza di un pericolo grave, costituito dall'avvicinamento a Roma di truppe nemiche.

Come abbiamo già ricordato, secondo Machiavelli, la "disunione" così raggiunta fra patrizi e plebei fu all'origine della potenza di Roma (si noti: non "l'*unione*", ma la "*disunione*" il che fa pensare che già Machiavelli comprendesse l'importanza della divisione del potere pur essendo nato 220 anni prima di Montesquieu e della emanazione del Bill of Rights)...

Ora, si potrebbe affermare che tali idee coincidono con quelle di statisti, quali Aldo Moro ed Enrico Berlinguer, convinti che occorresse associare gradualmente le masse proletarie alla gestione della cosa pubblica, ma non è così. L'inserimento graduale di rappresentanti della classe operaia nei posti di governo può essere visto da parte della classe dominante come una avanzata di un nemico prodroma ad ulteriori avanzamenti e suscitare panico e preoccupazione, laddove la definizione complessiva di tutta l'area dei rapporti e delle interdipendenze, nonché dei limiti posti ad entrambe le parti con strutture istituzionali di garanzia e controllo reciproco irrigidisce entro un alveo ben definito la struttura e fa scomparire la paura reciproca, dando così luogo ad un incollamento nell'ambito di una condizione non repressiva, libertaria.

La soluzione adottata dai romani è l'unica che possa garantire il raggiungimento del livello minimo di tensione nel sistema e quindi la sua completa integrazione. Nelle condizioni attuali la soluzione richiede la rappresentanza del lavoro in una struttura istituzionale di potere appositamente creata capace di imporre, entro certi limiti, soluzioni complesse ai problemi.

L'organo rappresentativo delle minoranze interverrebbe in contrapposizione dialettica alla "classe" politica nel governo dell'economia. Tale governo dell'economia sarebbe sottoposto ad una serie di vincoli e limiti alle variazioni che possono essere apportate alle variabili economiche e a controlli incrociati sul rispetto delle regole.

In particolare sarebbe importante l'intervento di tale organo nell'ambito della regolamentazione del commercio internazionale. Abbiamo già avuto occasione di rilevare come la globalizzazione introduce variabili esterne nel sistema ed allarghi la dimensione della popolazione entro cui devono essere realizzati gli equilibri, ricostituendo quell'esercito operaio di riserva dei disoccupati e dei sottopagati di cui parla Marx e che permette di calmierare la retribuzione dei lavoratori e riaccendere la lotta di classe.

In questo contesto, la difesa del lavoro consiste nella determinazione dei limiti entro cui la concorrenza internazionale addebitabile esclusivamente alla retribuzione del lavoro può essere consentita, pervenendo alla determinazione di quei livelli di protezione necessari a compensare una differenza che porterebbe altrimenti a sconvolgimenti eccessivi del sistema economico. Consiste anche nella determinazione dei limiti entro cui il capitale possa circolare fuori dell'area economica che definisce il sistema e che è stata all'origine della sua formazione.

Non si tratta ovviamente di impedire il processo di avanzamento dei paesi emergenti, cosa d'altra parte impossibile. Secondo la teoria dell'organizzazione, una volta che l'organizzazione abbia raggiunto una certa dimensione critica, l'avanzamento prosegue autonomamente, senza necessità di un apporto esterno e sembra ormai indubitabile che la Cina e forse anche l'India abbiano raggiunto questo livello. Si tratta più semplicemente di graduare l'impatto che tale avanzamento ha sulle masse lavoratrici dei paesi ricchi e sopratutto di impedire l'effetto dirompente che avrebbe sulla integrazione del sistema l'allargamento della forbice distributiva fra le fasce ricche e quelle povere della società.

14.13 –Il governo della moneta.

In questo contesto assume un enorme importanza un altro organo, anzi un altro potere, quello del governo della moneta, che deve interagire con gli organi di governo dell'economia. E' possibile infatti che possano determinarsi certe condizioni di carenza monetaria nel ciclo produzione-consumi che portino ad una riduzione dei consumi. Questa condizione, per un effetto moltiplicatore, da luogo ad una forte riduzione del flusso di moneta che perviene alle imprese nel loro complesso con conseguente riduzione della produzione e impoverimento della società.

Queste condizioni di crisi, assai pericolose per la stabilità sociale del sistema, richiedono quindi un governo della quantità di moneta inserita nella od eliminata dalla circolazione monetaria.

Il reddito complessivo prodotto dalle imprese subisce una trasformazione al livello del consumatore secondo la relazione: $Y = A + L$ dove Y costituisce il reddito complessivo prodotto dalle imprese, A la sua utilizzazione come acquisti di beni ed L è la liquidità stagnante, intesa come l'eccedenza del reddito sugli acquisti. A comprende dunque, in questa impostazione, tutti gli acquisti sia di beni di consumo che di beni di investimento, siano questi ultimi fatti direttamente dall'acquirente o siano il frutto di una intermediazione bancaria, L è invece quella parte del reddito che non viene investito in consumi né in investimenti, che abbiamo chiamato liquidità stagnante..

Secondo le dottrine economiche vigenti l'eccedenza del reddito sul consumo, cioè il risparmio, è sempre oggetto di una negoziazione sia quando viene investito in un titolo finanziario, sia quando il possessore ritiene di conservarlo in forma liquida (in vista del fatto che è uso generale depositarlo in banca che provvede a prestarlo agli investitori), negoziazione che porta ad un equilibrio di scambio, così che viene ad essere sempre trasformato in investimento. In questo senso e in condizioni normali l'addendo L della precedente relazione dovrebbe essere sempre nullo.

Se le cose fossero in questi termini in un sistema chiuso o in un sistema aperto in cui siano in equilibrio il dare e avere con l'estero, non sarebbe possibile alcuna recessione, ma la crisi del 1929 è stata la dimostrazione lampante che le cose non stanno in tal modo e che nel sistema si verifica la scomparsa di un certo quantitativo di moneta dal circuito produzione- consumo in cui la moneta circolante costituisce l'elemento regolatore della attività degli impianti produttivi, così portando questi ultimi ad un più basso livello di attività.

Che la soluzione della condizione di crisi passi necessariamente attraverso il pompaggio di moneta nel circuito produttivo onde sostituire quella mancante è cosa ovvia; i problemi riguardano la dimensione dell'intervento, la fonte monetaria da cui attingere e le modalità di immissione della moneta addizionale nel circuito produttivo. Per risolvere tali questioni è necessario definire quale sia la causa della scomparsa di moneta dal circuito perché se, come supposto da Keynes [38], la causa consiste nella formazione nelle mani del consumatore di un ristagno monetario nell'ambito del cash flow corrente, si può incentivare quest'ultimo ad investire; se invece la causa consiste in una riduzione dell'intero valore della massa dei finanziamenti già effettuati dal consumatore perché parzialmente perduto nei meandri del mercato finanziario, questa strada non è percorribile.

Keynes ha posto come causa principale di formazione della riduzione della domanda il ristagno dell'utilizzazione del risparmio dovuto ad un basso valore della produttività marginale del capitale che non consente di raggiungere il livello minimo necessario a remunerare i prestiti. In sostanza il risparmio rimarrebbe non utilizzato per la inesistenza di possibilità di utilizzazione. In tal caso il risparmio, anche se detenuto in banca, non troverebbe utilizzazione ed uscirebbe fuori dal ciclo produttivo, inducendo una riduzione della domanda. In questo caso il ristagno si può considerare detenuto dal consumatore per la riduzione delle possibilità di impiego. Una riduzione della produttività del capitale così bassa da interdire la costruzione di nuovi impianti e indurre una riduzione della domanda può verificarsi in condizioni di piena occupazione, in cui le condizioni di saturazione dei fattori della produzione impediscono la progettazione di nuovi impianti.

Per l'approvvigionamento della moneta necessaria a supplire a quella tesorizzata, occorrerebbe allora, secondo Keynes, emettere titoli di Stato ad un tasso di interesse capace di risvegliare l'interesse dei risparmiatori, così trasferendo allo Stato il serbatoio di moneta inutilizzata per essere poi immessa in circolo. Solo apparentemente questo modo di procedere costituirebbe una alternativa all'utilizzo di moneta di nuova emissione perché una volta superata la crisi la moneta presa in prestito andrebbe comunque restituita e in quella occasione la necessità di emettere nuova moneta si ripresenterebbe. Ciò a meno di impostare un programma speciale di tassazione volto alla restituzione o che si voglia mantenere in piedi indefinitamente il debito dello Stato, cosa possibile anche nell'ipotesi di intervento con nuova moneta, realizzando la copertura in titoli "a posteriori".

Ma il quadro delle cause della crisi è più complesso di quello delineato da Keynes. In una condizione di crisi della produttività marginale del capitale non solo si determina il blocco di nuovi investimenti, ma quelli finanziati non producono il necessario ritorno, il che si traduce in una perdita non solo di redditività ma anche patrimoniale per il risparmiatore – investitore per la riduzione del valore del titolo di credito. L'effetto è amplificato dalla diffusione del panico che può seguire alla riduzione generalizzata dei valori di borsa che ad esso si accompagna.. Ma il massimo effetto amplificatorio è determinato dalle falle esistenti al livello del collegamento risparmio - investimento per effetto del fenomeno della "moltiplicazione finanziaria" permesso dalla mancanza di regolazione del mercato finanziario, falle costituite dall'affievolimento del legame dei titoli venduti dal sistema finanziario con l'investimento produttivo, condizione che porta a trasferire una ingentissima massa monetaria a banche ed istituti finanziari e a lasciare una quantità di carta straccia nelle mani degli investitori. La struttura del mercato finanziario così determinato comporta una maggiore sensibilità ad eventuali insolvenze perché si comunicano ad una massa di titoli diversi su cui un credito può essere stato spalmato ed il panico si sparge quindi più facilmente.

È evidente che simili considerazioni spostano l'origine della crisi a condizioni alquanto differenti da quelle previste da Keynes introducendo altre variabili, costituite dal calo di redditività del sistema produttivo e dalla instabilità dell'equilibrio del mercato finanziario che si aggiungono al calo delle possibilità di investimento.

Il calo di redditività del sistema produttivo può infatti avere altre cause oltre al mancato ritorno di un certo numero di investimenti, interrotti dalla realizzazione di una condizione generale di pieno impiego dei fattori della produzione; è sufficiente la saturazione di un importante segmento di mercato che interrompa gli investimenti in corso e renda addirittura superflui un certo numero di impianti. Basta pensare a come il programma si investimento nelle acciaierie in svolgimento in Italia sia stato bruscamente interrotto da una caduta della domanda nel settore.

Un calo nelle condizioni di redditività del sistema produttivo deve essere necessariamente a monte della attuale crisi, in cui la incapacità di far fronte alla rata del mutuo immobiliare da parte di un notevolissimo numero di mutuati ha messo in crisi un mercato che pure si era mostrato negli anni precedenti un fondamentale elemento motore dell'economia. L'insolvenza generalizzata dei mutui immobiliari, nella dimensione massiccia con cui si è determinata, è stata cioè in sostanza la conseguenza di una diminuzione del reddito di estese stratificazioni sociali, probabilmente dovuta all'azione di dumping svolta dai paesi in via di sviluppo e resa possibile dalla liberalizzazione sfrenata che ha fatto seguito alla caduta del muro di Berlino. Il rinculo della redditività del sistema produttivo innesca la una crisi del sistema finanziario che retroagisce a sua volta sul sistema produttivo.

In questo caso il sistema giunge allo stato di crisi dopo aver sopportato, per un periodo più o meno lungo, condizioni di esaurimento della sua capacità di resistenza e gli effetti possono essere, quindi, di dimensione assai più ampie di quanto possa conseguire da una semplice astensione del risparmiatore da nuovi impieghi che lasci inalterata la sua capacità potenziale di investimento, parcheggiata presso le banche. Oltre alle perdite subite dalle imprese, costrette a lavorare in situazioni di domanda calante, la conseguente crisi del mercato finanziario comporta, ovviamente, l'insolvenza delle banche, la restrizione del credito alle aziende, la evidenziazione di perdite patrimoniali delle aziende detentrici di titoli, la riduzione della domanda degli investitori non solo di investimento ma anche di consumi, ovvia conseguenza della condizione di impoverimento. L'effetto è di enormi dimensioni, perché enorme é la dimensione dell'investimento finanziario nel mondo. A ciò deve aggiungersi l'effetto di retroazione, cioè la riduzione supplementare dei consumi dovuta al mancato reddito dei fattori della produzione divenuti eccedenti per la iniziale riduzione dei consumi. L'intervento risanatore non consiste quindi semplicemente nel sopperire ad una riduzione degli investimenti, ma richiede pesanti interventi nella struttura bancaria e industriale del paese.

In questo quadro l'idea che possa sussistere un serbatoio di liquidità a livello del risparmiatore pronto ad essere investito nei titoli di Stato, e capace di riportare, se immesso nel circuito produttivo, al superamento della crisi, è alquanto illusoria. Questo non significa che i titoli non vengano sottoscritti, ma che siano sottoscritti, sia pure in forma oscura e anonima, da grandi centrali del capitalismo che possono così trovare modi di speculazione e di ricatto, specialmente nei confronti di quegli stati che sono già afflitti da una grande dimensione del debito "sovrano".

L'idea che il ricorso ad una emissione di titoli di Stato possa determinare una raccolta capace, una volta forzata nel sistema, di riattivare i settori in difficoltà, nasce, in ogni modo, da: a) non giusta valutazione della dimensione dello scardinamento del mercato finanziario da cui tale raccolta dovrebbe provenire, b) non giusta valutazione della dimensione della riduzione della domanda cui porta l'interagire di molti fattori trascurati nella teoria keynesiana, c) eccessiva valutazione degli effetti degli investimenti realizzati con questa raccolta, che sarebbero soggetti ad un meccanismo di amplificazione secondo la teoria del moltiplicatore degli investimenti di Khan e Keynes.

Nel sistema economico esistono due componenti costituite dalla produzione e dal consumo fra i quali circola un flusso di beni nella direzione che va dalla produzione al consumo ed un flusso monetario di regolazione che va dal consumo alla produzione (che nella teoria dei sistemi prende il nome di retroazione). Il processo è ciclico nel senso che, al momento in cui la moneta è in loro possesso, i consumatori la impiegano per l'acquisto dei beni dai produttori i quali, a loro volta, la impiegano per pagare i fattori della produzione i quali ancora, in possesso della moneta, divengono consumatori e la impiegano per l'acquisto dei beni dai produttori e così indefinitamente.

E' chiaro dunque che la moneta circolante è sempre la stessa che passa continuamente tra i due poli produzione-consumo e sarebbe quindi un errore banale sommare la moneta circolante in un ciclo a quella circolante nel ciclo precedente portando così ad un raddoppio del reddito per unità di tempo che *tenderebbe così rapidamente all'infinito*. La moneta che circola in un ciclo e la stessa che circola nel ciclo precedente e non può in nessun caso essere considerata moneta aggiuntiva che incrementa il reddito prodotto per unità di tempo.

Possiamo ovviamente scrivere [38]: $\Delta Y = k\ \Delta I$ dove ΔY è un aumento del reddito e ΔI l'aumento dell'investimento cui tale aumento del reddito da luogo dopo averne utilizzata una parte per consumi (sulla base della "propensione marginale a consumare"), k é l'inverso della propensione marginale ad investire (residuo all'unità della propensione marginale a consumare). Da tale relazione gli estensori della teoria del moltiplicatore traggono la conseguenza che un aumento dell'investimento da luogo ad un aumento del reddito k volte più grande, dove k è il cosiddetto *"moltiplicatore dell'investimento"*. Si tratta di una conclusione assolutamente arbitraria ed errata.

Quando una formula non esprime solo una eguaglianza, ma un processo produttivo, è necessario indicare la direzione di sviluppo del processo che è un elemento chiave perché la formula abbia significato. La formula di Keynes esprime infatti la relazione esistente fra le due variabili nello stesso ciclo di produzione-consumo in cui la seconda, ΔI, ipotizza la preesistenza della prima, ΔY, di cui semplicemente mostra l'ammontare utilizzato in uno dei possibili canali di spesa. La formula in se stessa non dà alcuna indicazione sulla direzione del processo, ma noi sappiamo che la prima variabile può produrre la seconda, ma la seconda non può produrre la prima. La interpretazione di Keynes riproduce bene il famoso paradosso del mentitore, di cui Gödel ha rivelato il segreto pochi anni prima che apparisse la teoria di Keynes. Ma questa conclusione è già chiara nella analisi logica di Aristotele secondo la quale in una frase che esprime una azione, vi è un soggetto ed un oggetto e l'oggetto non può divenire il soggetto. La falsità della teoria è inoltre evidente nei risultati paradossali a cui conduce, come avviene spesso nel ragionamento matematico, se non si dispone di una semantica. Secondo la teoria di Keynes, per esempio, se una comunità ha una propensione al consumo pari al 95% del reddito, il moltiplicatore assumerebbe il valore di 20, ossia un investimento addizionale di cento milioni di dollari produrrebbe un reddito addizionale di due miliardi di dollari. Se la propensione marginale al consuno tende all'unità, l'effetto moltiplicatore tende all'infinito. Sono risultati paradossali, assurdi, risibili.

Ciò porta ad errori molto gravi di politica economica in quanto porta a sottostimare l'entità degli interventi necessari ad uscire da condizioni di crisi e a ritenere che essi siano ottenibili attraverso la mobilizzazione della liquidità stagnante nel sistema che potrebbe residuare anche in condizione di crisi del sistema finanziario attraverso l'emissione di obbligazioni da parte dello Stato, così evitando gli effetti inflazionistici che potrebbero derivare dall'emissione di nuova moneta una volta che anche la liquidità stagnante rientrasse autonomamente nel circolo.

Vediamo come la questione può essere impostata nell'ambito della teoria dei sistemi complessi secondo cui il flusso monetario costituisce un flusso di retroazione, cioè di attivazione, regolazione e controllo del sistema produttivo. Consideriamo allora un sistema che si trovi in una condizione di sottoutilizzazione delle sue capacità produttive e nel quale quindi si inietti una certa quantità di moneta per stimolarne l'attività. Secondo la teoria dell'organizzazione l'immissione di una forza esterna (o un segnale informativo che liberi energia da un serbatoio interno, come nel nostro caso) determina lo sviluppo di una variabilità configurale (cioè nel nostro caso nell'entità dei

364

depositi e dei movimenti) cui si accompagna una amplificazione dell'energia introdotta, amplificazione dovuta allo sviluppo di condizioni di disequilibrio. Il disequilibrio quindi si riduce gradualmente per raggiungere quindi una nuova condizione di equilibrio.

Dunque anche secondo la teoria dell'organizzazione, l'inserimento di moneta subisce una amplificazione che però si svolge in misura e origina da meccanismi che sono ben differenti da quelli ipotizzati nella teoria del moltiplicatore. Per coloro che leggessero questo capitolo senza aver letto tutti i precedenti, cosa ben plausibile dato il carattere di ricerca interdisciplinare di questo libro per cui certi capitoli possono risultare inaccessibili a individui di cultura non specialistica, sarà opportuno dare una giustificazione estremamente elementare del perché una legge, inizialmente determinata sul piano di certi specifici sistemi fisici, abbia una validità universale per i sistemi complessi.

Consideriamo il gioco chiamato del "tiro alla fune" in cui due squadre si contrappongono nel cercare di spostare la fune secondo opposte direzioni. Supponendo che le due squadre abbiano egual forza, si realizza una condizione di immobilità, stazionaria. In questa condizione, malgrado ciascuna delle due squadre possa essere costituita da una molteplicità di uomini robusti, è sufficiente l'intervento di un bambino a favore di una delle due squadre per determinare il tracollo della opposta squadra.

Il sistema complesso, che è per definizione quello in cui agiscono una molteplicità di variabili, contiene sempre, nel suo interno, una molteplicità di equilibri fra forze contrapposte (vincoli di simmetria). L'ingresso di energia supplementare nei canali di adduzione determina la rottura di equilibri e quindi la liberazione di energia potenziale in essi contenuta, energia coerente con quella introdotta che viene così potenziata, fenomeno chiamato di sinergia. Si mette però contemporaneamente in funzione un fenomeno di riequilibratura, cioè di tendenza a nuovi equilibri per effetto del principio fisico che va sotto il nome di postulato di Carnot e sul quale poggia la giustificazione della seconda legge della termodinamica. Il risultato finale, del livello finale dell'energia è la somma dei due opposti effetti di amplificazione sinergica e di riduzione dovuta alla contrapposizione dialettica che porta a nuovi equilibri. L'amplificazione indotta del flusso aggiuntivo ha quindi una larga componente provvisoria, connessa al processo di regolazione del sistema.

Dunque, l'idea Keynesiana di provocare la mobilizzazione del ristagno monetario attraverso l'emissione di obbligazioni garantire dallo Stato ad un tasso di interesse superiore a quello disponibile sul mercato, cioè operando sul mercato aperto, risolverebbe il problema se non sussistesse crisi del mercato finanziario da cui attingere, se fosse vera la teoria del moltiplicatore o se le cifre da muovere fossero in ogni modo modeste (naturalmente relativamente alla dimensione della circolazione monetaria). Dovendosi invece muovere quantitativi più importanti di moneta e con immediatezza, occorre operare sul mercato primario, cioè mediante sottoscrizione dei titoli da parte della banca centrale o attraverso anticipazioni di quest'ultima. Ciò eviterebbe, fra l'altro, l'intervento di grossi capitali speculativi "vaganti".

Lo schema Keynesiano prevede inoltre la manovra della riserva obbligatoria delle banche per la regolazione del quantitativo di moneta circolante. La variazione della riserva obbligatoria ha l'effetto di modificare la moneta creditizia, creata dalle banche mediante l'utilizzazione dei depositi per l'effettuazione di prestiti, attraverso un meccanismo che viene denominato *"moltiplicatore monetario"*. Esso presuppone che coloro che ricevono un prestito dalle banche non lo utilizzino trasformandolo in contante (salvo che per una quota trascurabile), ma lo utilizzino mediante trasferimenti da un conto all'altro (assegni, bonifici, ecc) che equivale al depositarlo nuovamente presso il sistema bancario che può così provvedere a prestarlo nuovamente e ciò potrebbe determinare una crescita all'infinito del credito se non sussistesse l'obbligo della riserva che impone di mantenere liquida una quota di ogni deposito determinata dalla banca centrale. Il meccanismo è lo stesso di quello messo in atto nel mercato finanziario; su un debole input monetario (che può ovviamente anche essere nullo) viene costruita una montagna di moneta creditizia, ma quando il prestatore è la banca, vengono richieste garanzie reali, mentre quando il prestatore è il risparmiatore le garanzie diventano spesso "fumose". I due mercati sono anche comunicanti da quando le banche ordinarie possono operare anche sul mercato finanziario.

Le variazioni che subisce questa variabile può portare ad opposti estremi risultati. In condizioni di crescita economica la moltiplicazione monetaria costituisce un fattore di incrementazione della crescita.. Se però in condizioni depressive diminuiscono i rimborsi e crescono i prelievi si può determinare una condizione di illiquidità generale che colpisce particolarmente le banche che hanno operato più aggressivamente e che pone la banca centrale di fronte al dilemma se intervenire o far fallire le banche con conseguenze devastanti sull'economia. A noi però in questo momento interessa rilevare come non solo il meccanismo della regolazione della riserva obbligatoria vada riattivato ma che debba operare con valori più vicini al 100% della riserva giacché con bassi valori della riserva, la variabilità strutturale del meccanismo moltiplicatorio monetario è tale da rendere meno preciso il controllo e la regolazione dei flussi monetari da parte della banca centrale.

Consideriamo adesso le modalità di immissione nel circolo monetario della moneta, quale che sia il modo con cui venga reperita. Secondo Keynes andrebbero impostati piani di opere pubbliche che, ridando lavoro a fattori di produzione disoccupati, riattivino il ciclo economico nella sua interezza. A nostro avviso si tratta di una procedura troppo difficoltosa e lenta per ottenere un efficace controllo del sistema, oltre tutto costituisce un inutile percorso della moneta il cui obiettivo primario è quello di riattivare completamente i fattori di produzione dei beni di consumo.. A nostro avviso, a parte gli interventi sul sistema bancario e sul sistema produttivo che si rivelassero necessari per la loro acuta condizione di crisi (che possono anche richiedere l'intervento azionario dello Stato), l'operazione più immediata e più efficiente è quella di alimentare

366

ammortizzatori sociali, il retribuire cioè i fattori della produzione che il sistema produttivo non è più in grado di retribuire per tutto il tempo che si riveli necessario. Il contributo deve coprire l'intera retribuzione del lavoratore; versare al lavoratore posto in cassa integrazione solo una parte della retribuzione significa cronicizzare la diminuzione della domanda globale. Vi sono poi notevoli vantaggi addizionali in questa procedura: il lavoratore esuberante può essere messo in cassa integrazione senza essere licenziato e possono stabilirsi turnazioni fra gli operai nel passaggio alla cassa integrazione. Ciò significa evitare la dispersione della mano d'opera e mantenere la possibilità di riattivare rapidamente gli impianti man mano che la domanda cresce.

Ovviamente, quando il problema è semplicemente quello di compensare una riduzione nella domanda dovuta all'enuclearsi del risparmio dal ciclo produttivo per la mancanza di opportunità di investimento, a parte l'azione sul tasso di interesse, lo Stato potrà agire facendosi esso stesso apportatore di una domanda aggiuntiva alimentata o con moneta di nuova emissione o con l'emissione di titoli. Lo schema Keynesiano, sia pure ampliato nella determinazione dei mezzi di intervento, riprende allora la sua validità. Anche l'introduzione in circolo della moneta addizionale può prendere diverse forme, tuttavia è chiaro che l'introduzione attraverso il finanziamento dei lavoratori resi disponibili dalla diminuzione della domanda è lo strumento più idoneo a far fronte con immediatezza ad una crisi in atto di grosse dimensioni.

Tutto ciò vale per un sistema chiuso oppure in un sistema semi chiuso, nel senso che a questo termine viene generalmente usato, un sistema cioè in cui vi sia un certo volume di scambi con l'estero, ma in condizioni protette, non certo nel senso di liberalizzazione totale da ogni vincolo dei movimenti di merci e di capitali, cioè di quella che viene indicata come "*globalizzazione*". In un sistema semi chiuso, se vi è equilibrio fra il dare e l'avere con il resto del mondo, il controllo del sistema non differisce da quello di un sistema chiuso, salvo un attento controllo che la moneta addizionale non si traduca in un incremento delle importazioni invece di andare a riattivare le imprese del proprio paese.

Un eccesso delle esportazioni, se contenuto entro determinati limiti, costituisce un fatto positivo perché rappresenta una domanda addizionale che può compensare un ristagno endogeno e costituire uno stimolo allo sviluppo. Un eccesso delle importazioni è sempre invece un fatto negativo perché ha lo stesso effetto del ristagno di liquidità, di far mancare al proprio sistema produttivo gli ordini di produzione, deviando un certo quantitativo di moneta verso i sistemi produttivi di altri stati. Bisogna fare ovviamente una distinzione fra le importazioni che sono fungibili e quelle che sono invece indispensabili per lo svolgimento del ciclo produttivo, quali ad esempio le importazioni di energia e di materie prime. Dalle prime è possibile difendersi attraverso l'imposizione di dazi, ma da un eccesso di importazioni dovuto alle seconde non vi è difesa che non coinvolga una cessione di ricchezza, di qui il carattere vitale dello sviluppo delle fonti interne di energia.

La realizzazione della globalizzazione, cioè liberalizzazione di movimenti di capitali e di merci sul piano mondiale, pone in concorrenza sistemi produttivi in cui la differenza nella rimunerazione del fattore di produzione lavoro è enorme, così da influire in maniera sostanziale anche sul costo di attività produttive ad alto livello di automazione. La domanda dei paesi ad alto costo della manodopera si indirizza per conseguenza verso i sistemi produttivi dei paesi in via di sviluppo, ponendo così in crisi la propria struttura produttiva. Chi se ne avvantaggia è il capitale che si sposta inseguendo il profitto e chi ne subisce il danno è l'operaio dei paesi ad alto costo dei fattori, che con la merce importa la miseria. Se sussistesse un vincolo di solidarietà che leghi i cittadini dello stesso paese l'unica soluzione possibile sarebbe porre delle limitazioni alla liberalizzazione incontrollata, porre delle barriere al formarsi dello tsunami che l'entità dei disequilibri produce.

Malgrado sia ovvio che la risoluzione delle problematiche indotte da un eccesso delle importazioni richieda necessariamente, prima di ogni altra cosa, l'adozione di meccanismi di regolazione del mercato che apportino delle limitazioni alla libera circolazione delle merci, occorre rilevare che la dimensione della crisi può essere di dimensioni assai maggiori perchè il sistema industriale può trovarsi ad affrontare la crisi in condizione di grave sofferenza sul piano produttivo, finanziario e mercatistico.

La riattivazione stabile del sistema, passa dunque necessariamente per una immissione di moneta di nuova emissione nel circuito produzione-consumo, anche qualora possa comportare il mantenimento di un certo livello di perdita di valore della moneta .Noi condividiamo completamente, in questo senso, le considerazioni svolte dal prof. James K. Galbraith, sulla rivista "The Nation" del 22 marzo 2010 dal titolo "In difesa del deficit" e la considerazione che la opposta politica, di riduzione del disavanzo *potrebbe distruggere l'economia, o quello che ne resta, a due anni dall'inizio della grande crisi*".

Ciò ci porta a fare alcune considerazioni sul problema della difesa dall' inflazione, che già J.Galbraith giudicava, nel citato articolo, irragionevole. Ciò anche in considerazione della esistenza, in molti stati, di un grosso debito sovrano, condizione che può accrescere la pressione inflazionistica di una iniezione di nuova moneta per la prevedibile reazione dei creditori alla conseguente riduzione del loro credito. Dal nostro punto di vista di sistemisti, si possono distinguere due forme di inflazione, una che indicheremo di "fuga" in cui la perdita di valore della moneta si verifica ad una velocità superiore ad un certo livello critico ed una che chiameremo regolatoria, in cui la variazione del livello dei prezzi dei beni è quasi inavvertibile ai fini delle contrattazioni di scambio. Nei testi di economia si possono riempire diverse pagine con l'illustrazione degli effetti perversi cui da luogo l'inflazione. Nella ipotesi implicita che essa superi la soglia critica della velocità di crescita, la teoria dell'organizzazione non ha la necessità di entrare nel dettaglio di tutti questi effetti perché essi sono la semplice applicazione di un teorema fondamentale della regolazione dei sistemi complessi, cui abbiamo fatto riferimento più volte nel corso della nostra trattazione, secondo il quale le azioni regolatorie devono avvenire per infinitesimi di ordine superiore rispetto alle variazioni elementari da regolare; se queste condizioni non sono rispettate, l'azione regolatoria porta allo scardinamento del sistema.

Ciò però non porta alla conclusione che l'emissione di moneta per il pagamento di un debito sovrano possa determinare una inflazione di fuga, perché questa moneta non potrebbe essere impiegata massicciamente nel circuito produzione-consumo da parte dei suoi detentori senza portare alla polverizzazione del suo valore, operazione che sarebbe, questa volta, veramente irragionevole perché chiaramente contraria agli interessi degli stessi detentori (e ciò a parte il fatto che possono essere effettuate operazioni di ristrutturazione del debito che permettono il rallentamento del tasso di crescita dell'inflazione).

Consideriamo invece una inflazione la cui velocità sia inferiore a quella di fuga, cosa che non impedisce, nel tempo, che il volume della moneta circolante possa subire un aumento considerevole e consideriamo le differenze fra la condizione iniziale e quella finale a parità di impiego dei fattori della produzione. Ai fini del funzionamento del ciclo produzione - consumo non sussisterebbe alcuna differenza perché quale che sia la dimensione del circolante, il suo valore complessivo eguaglierebbe in ogni caso il valore complessivo dei beni prodotti e potrebbe quindi svolgere sempre perfettamente la sua funzione globale, di attivazione e regolazione del sistema produttivo. La perdita di valore della unità monetaria colpirebbe solo i suoi detentori ed in misura proporzionale alla quantità posseduta nella condizione iniziale.

Dunque chi ha più da perdere con l'inflazione è il grande capitale, ma sussiste anche il grosso problema della grande massa dei piccoli risparmiatori, del "parco buoi", che ne verrebbe colpita. Ma qui la situazione è veramente paradossale, perché la svalutazione dei titoli è, potenzialmente, già in atto. La ricchezza finanziaria dovrebbe avere corrispondenza in una ricchezza reale, negli investimenti e nelle garanzie prestate da imprese solvibili, ma nella realtà ciò non è avvenuto. Basti considerare il fatto che la ricchezza finanziaria del mondo viene valutata pari a diverse volte l'intero pil mondiale, per rendersi conto che in gran parte non è altro che un imbroglio, una truffa mantenuta in piedi da una grande illusione.

Ora, noi sappiamo bene, perché il meccanismo è fondamentale per la spiegazione di una molteplicità di fatti sociali, come l'illusione permette lo svolgimento di azioni di scambio. Fintanto che essa operi marginalmente sul sistema; quindi, fintanto che gli acquisti e le vendite si compensano, il sistema raggiunge l'obiettivo di far sentire la gente ricca pur possedendo solo della carta il cui valore è dato dall'illusione. Ma noi sappiamo che gli equilibri realizzati mediante una forte componente illusoria sono instabili e possono esplodere se si abbiamo adeguate condizioni comunicazionali e si determini un forte squilibrio nel dare/avere, quindi nel caso specifico se si determina un forte squilibrio nell'ambito degli scambi del mercato finanziario.

Ad evitare ciò, gli stati si oppongono a che eventuali collassi locali si diffondano, tendendo così a divenire globali, specialmente se involvono il loro debito sovrano, sottraendo moneta ai consumi, spremendo ancora di più una economia già esausta, ed esasperando così la crisi, condizioni che si riflettono, come già osservava Galbraith, non solo sulle condizioni di vita delle stratificazioni più deboli della società, ma anche sulle condizioni di manutenzione degli impianti e possono portare in definitiva alla distruzione del sistema..

E' un comportamento insensato per quanto riguarda gli interessi della collettività, anche se comprensibile per quanto riguarda gli interessi del grande capitale, ma anche della gran massa dei piccoli investitori, manifestazione di una tendenza millenaria del potere di creare attorno a sé una barriera difensiva costituita dalle stratificazioni sociali intermedie. Il comportamento più ragionevole non è quello di trincerarsi dietro una difesa del valore della moneta, ma invece quello di realizzare un passaggio meno traumatico possibile di uscita dalla crisi, proprio attraverso l'uso graduale, attento, ma deciso, dello strumento fondamentale costituito dalla immissione di nuova moneta, là dove essa occorre. Ciò anche studiando mezzi di sostegno della parte più debole degli investitori.

I lettori di questo libro riconosceranno nel comportamento di difesa del valore della moneta, lo stesso tipo di comportamento paranoico che sottostà alla guerra, attraverso cui si tiene in piedi l'illusione dello scarico di una sofferenza che ha invece origini interne a cui non si vuole o si teme di guardare. Così si cerca di risolvere il problema costituito dalla crisi economica mantenendo in piedi l'illusione della ricchezza, con le stesse possibili desolanti conclusioni che sono legate alla stupidità.

Un uomo politico italiano ha affermato che la manovra finanziaria imposta dall'Europa all'Italia costituisce una dichiarazione di guerra all'Italia e condivido questa opinione. C'é da domandarsi a che cosa ormai serva questa Europa, una volta che sono stati traditi i sogni di solidarietà, amicizia e fratellanza che ne avevano ispirato la costruzione. Abbiamo dovuto subire, con la globalizzazione, un dumping di enormi dimensioni da parte dei paesi in via di sviluppo (e chi parla di contrastarlo attraverso un aumento della produttività non sa quello che dice), siamo stati spodestati della sovranità nella politica monetaria che costituisce la componente fondamentale della politica economica e ha immediati riflessi sullo stato di soddisfazione della popolazione. Dobbiamo subire una moneta forte che va contro i nostri interessi di esportatori manufatturieri e per difendere la quale ci si condanna a sacrifici e sofferenze non indifferenti. E ciò mentre la contropartita accettabile, di una unione politica che cancelli la diversità degli interessi e ponga fine a migliaia di anni di contrasti si è ormai dimostrata una presa in giro.

I problemi relativi al governo della moneta sono dunque più grandi ed importanti di quanto possa apparire superficialmente e toccano interessi enormi. La moneta è il principale strumento operativo della classe capitalista; la variazione del suo valore, avendo effetti diseguali sui detentori, cambia la distribuzione della ricchezza e può perciò produrre grandi variazioni nella struttura del capitale oltre che nel commercio sia interno che internazionale. La manipolazione monetaria e finanziaria è in definitiva uno strumento attraverso cui lo Stato può avere una profonda influenza sia sul processo produttivo che sulla distribuzione della ricchezza.

Per queste ragioni il capitale ha sempre sostenuto e le dottrine liberali in sostegno della struttura capitalistica hanno sempre teorizzato la necessità dell'assenza dello Stato e l'auto-regolazione dei mercati, concetti che sono assurdi, come ogni teoria, in ogni campo, che liberi il feroce desiderio di dominio dell'uomo. Il concetto fondamentale che presiede al pensiero di Montesquieu, considerato indiscutibile dalla teoria dell' organizzazione, che il potere non può trovare in se stesso i propri limiti, che nessun potere deve essere lasciato privo di controllo, men che mai può trovare eccezione nel potere economico che non ha legittimazione popolare, opera sotterraneamente, anonimamente, ma ha caratteristiche dominanti e sopraffattorie e ciò con sovrana indifferenza alla forma assunta dal potere politico, sia esso tirannico o democratico.

15.14. Le prospettive di condivisione dei poteri.

Se noi escludiamo la situazione in cui la realizzazione di una accordo di sinergia è imposto dalla presenza di un comune pericolo esterno, le condizioni per lo sviluppo di una struttura che comporti la divisione e la interdipendenza dei poteri, possono essere così riassunte:

- Le parti devono costituire gruppi separati che abbiano una loro indipendente consistenza interna, vi siano cioè in ciascuna delle parti forze aggregative di un certo livello.

- I gruppi devono essere approssimativamente della stessa forza, perché il differenziale delle forze stimola l'incomprimibile desiderio di dominio e porta all'aggressione. E' quindi estremamente importante, a questo fine, lo sviluppo di alleanze fra strati sociali singolarmente più deboli.

- Negli organismi rappresentativi dovrebbero essere introdotti elementi di selezione diversi da quelli attuali che sono ristretti al solo carisma personale. Ciò dovrebbe temperare la automatica tendenza della massa alla ricostituzione dell'orda e alla intensa e irrazionale manifestazione di amore e odio.

I risultati di pacificazione sociale fin oggi raggiunti possono essere distrutti da una intensificazione della lotta di classe dovuta alla crisi del welfare state, conseguenza della corsa ad una globalizzazione sfrenata. Per di più, la politica seguita dai rappresentanti delle classi lavoratrici e popolari (con l'eccezione di alcuni movimenti social democratici dopo la seconda guerra mondiale) hanno sempre portato all'isolamento e al distacco dalle classi intermedie, sostenendo ideologie troppo legate ad interessi specifici non solo di classe, ma anche del momento vissuto. Queste ideologie contrastano gli interessi delle classi intermedie e contribuiscono così alla separazione ed opposizione fra le classi che, come abbiamo visto, costituirono la pietra angolare della politica repressiva seguita dal potere a partire dalla crisi dell'orda.

Sappiamo che quella della completa eguaglianza è una ideologia minoritaria e temporanea seguita solo dei gruppi sociali più deboli, quali lavoratori non possidenti, nonché disoccupati o sottoccupati o sottopagati, perché la proprietà di una casa o di un podere, l'acquisizione di un impiego ben pagato o l'esercizio di una professione, qualsiasi cosa che involva uno "status" superiore a quello di un altro, è sufficiente perché la ideologia egualitaria venga rigettata.

Il comportamento estremista di certi movimenti dei lavoratori ha gettato nelle braccia del capitalismo le classi intermedie che avrebbero dovuto essere i più ovvi alleati perché le condizioni di crisi a cui porta lo sviluppo del capitalismo senza regole influenza anche pesantemente il reddito delle classi intermedie.

Ciò particolarmente nella crisi attuale che involve la divisione internazionale del lavoro. In queste condizioni la difesa del reddito delle imprese locali e lo sviluppo delle aziende di piccole e medie dimensioni si traduce nella difesa del reddito di una enorme dimensione di attività indotte, distribuzione, servizi, professioni, insegnamento, ricerca, artigianato, dirigenti, ecc. La sinergia fra tutte queste componenti sociali può portare ad un tale livello di consenso da rendere obbligata la istituzione di un legame di solidarietà fra le classi sociali, quale che sia la forma istituzionale o legislativa data a tale legame.

14.15– L'alternativa di fuga.

Durante questa discussione abbiamo potuto mostrare come l'imbrigliamento della violenza che si svolge nelle relazioni sociali richiede la strutturazione di una rete, stratificata secondo i livelli di potere, di una serie di sottosistemi, legati da un complesso di interazioni, schema simile a quello di una rete "neurale".

Ciò ha la conseguenza di fornire all'individuo la garanzia di non essere soggetto agli abusi di un potere sopraffattorio e autoreferenziale che dispone della sua vita, in pace e in guerra, potere che si esercita attraverso le necessarie linee organizzative del sistema, quindi "legittimamente".

Ma ciò ha anche la ovvia conseguenza di ridurre l'entità della violenza che si esercita fra gli individui al di fuori delle linee di potere del sistema, perché permette di rafforzare la violenza repressiva dello Stato nei confronti della violenza interindividuale. Ciò in quanto la coscienza di non essere sottoposto ad una violenza arbitraria, abbinata alla sicurezza che lo spirito delle leggi nonché la loro applicazione seguano criteri di "giustizia" (problemi ampi e difficili che qui non si affrontano) determina la formazione di un ampio consenso all'azione repressiva che dovrebbe comportare, come avveniva nell'orda, il "terrore" della disobbedienza alle leggi.

Ciononondimeno, noi sappiamo che la quantità di violenza esistente nella società è enorme, che essa si sviluppa in termini sia di violenza in atto che di potenzialità e che quest'ultima è accumulativa, cosicché il pericolo di esplosione è sempre in agguato. Sappiamo anche che un certo quantitativo di repressione degli impulsi, che implica la formazione di uno scontento che è violenza allo stato potenziale, fu introdotto in occasione della crisi dell'orda per contrastare una violenza ben più ampia, che dava luogo a periodici massacri. Come ricordiamo, l'ambito in cui effettuare gran parte dello scarico istintuale fu stabilito nella famiglia monogamica e per raggiungere questo obiettivo fu necessaria la repressione o almeno la regolazione di tutti gli impulsi relazionali. Il problema che noi allora poniamo è se sia possibile, nella civiltà attuale, raggiungere una riduzione delle restrizioni relazionali e una espansione della dimensione della famiglia, senza che ciò comporti la ricomparsa della esplosione di violenza.

In generale il saldo non può essere positivo per le strutture psicologiche deboli nel senso che la gratificazione associata con l'eliminazione dei vincoli relazionali sarebbe certamente molto inferiore alla sofferenza che sarebbe provocata dal conseguente aumento nel dispiegamento degli impulsi di potenza.

Come abbiamo avuto occasione di affermare diverse volte, il gruppo rimane un campo crudele di manifestazione dell'impulso dominativo, feroce con i più deboli, specialmente se la competitività implica l'aspetto sessuale. Altrimenti, l'avanzamento tecnologico non avrebbe potuto determinare la crisi dell'orda, derivante dal conseguente crollo dei pali di contenimento della violenza interna, parzialmente rimpiazzati dai vincoli relazionali.

Ciò può rilevarsi anche nei giochi dei gruppi giovanili dove il divertimento è assicurato solo se c'è una vittima, specialmente se al gioco partecipano delle donne. É un gioco, ma in esso vengono strutturate le gerarchie come nei giochi di molti animali e le donne si danno solo ai vincitori. Ciò spesso va oltre il gioco, nel bullismo e nell'esercizio reale della violenza, perché l'esercizio della violenza, dell'impulso dominativo, è fonte di piacere. Ovviamente, esso si rivolge verso il più debole perché dell'uomo forte si ha paura.

Già nell'ambito della coppia monogamica, una volta che si sia indebolito l'interesse sessuale, se non sussiste una affettività "familiare", una condizione di scarico dell'angoscia esistenziale, se non vi è un comune obiettivo esterno o una comune necessità, quale la reciproca assistenza fra coniugi anziani, o interessi economici, lo sviluppo dell'impulso dominativo, del piacere della reciproca oppressione, può rendere la vita molto triste.

La liberazione degli impulsi di empatia, della amicizia, potrebbe mitigare l'asprezza del gioco, come nell'orda primitiva. Ma mancherebbe ancora la figura, persa per sempre e sempre sognata del padre-capo, simultaneamente terrificante e protettivo, capace di impedire l'oppressione del debole..

Ciononostante, oggi potrebbe sussistere un rimedio che nell'orda, che era un corpo chiuso, isolato, non esisteva. Questo rimedio potrebbe essere dato dalla possibilità di un certo tipo di fuga, che aprirebbe alternative di scelta del gruppo elementare di cui far parte.

Nella moderna civiltà industriale, l'uomo è già inserito in una varietà di gruppi tra i quali sussistono forti interazioni. L'immediato intorno della coppia, gli amici, costituisce un gruppo in cui i rapporti sono normalmente tenuti ad un basso livello di intensità, senza escludere l'esistenza sotterranea, anche a livello subliminale, di tutti gli impulsi relazionali. Nel gruppo di amici può anche scaricarsi la crisi della coppia in un gioco della volontà di potenza che può essere molto doloroso.

Vi è quindi la partecipazione ad una organizzazione di lavoro che può essere il posto di esercizio esclusivo degli impulsi, alternativo alla famiglia e che può interagire con la famiglia in dipendenza di come le condizioni di soddisfazione o di frustrazione si spostano da una organizzazione all'altra, può permettere una doppia vita. In questo caso, la presenza di una struttura gerarchica che impone una disciplina, può punire o premiare, che determina il destino di ogni membro, che ispira paura, ripete le condizioni della tribù.

In questo contesto, la alternativa di fuga può avere un effetto benefico di riduzione della tensione che può coinvolgere anche il contesto familiare, data la interdipendenza che le due organizzazioni hanno e le alternative che rappresentano nel determinare lo stato complessivo di soddisfazione dell'uomo.

La fuga è semplicemente la più immediata manifestazione dell'impulso della paura, l'impulso più forte negli strati deboli, ma in epoche passate o era impedito o portava alla formazione di gruppi in fuga verso nuovi lidi. La possibilità di fuga è tuttavia riesaminata da noi nel più complesso scenario della attuale civiltà, come un elemento capace di indurre una riduzione della tensione negli strati più deboli, date le crescenti opportunità di raggruppamenti alternativi che la più grande dimensione della società può offrire.

L'opzione di fuga involverebbe la inclusione di ogni persona in un gruppo, ma lasciando sempre aperta la opzione di fuga. Conseguentemente, l'esercizio del potere nel gruppo sarebbe limitato dalla possibilità di abbandono da parte dei componenti ma, soprattutto, l'abbandono potrebbe essere la soluzione del problema dell'individuo debole, ove vengano superati determinati limiti di deterioramento del rapporto di scambio. Ciò ovviamente nella ipotesi che egli possa trovare la più appropriata sistemazione in un altro gruppo, cioè che vi siano reali alternative fra cui egli possa anche scegliere la più conveniente, data la struttura caratteriale dei componenti, al suo tipo.

Noi crediamo che l'alternativa di fuga rappresenti un importante strumento per ridurre la tensione, la cui funzionalità dovrebbe essere attentamente valutata. Non ne sottostimiamo le difficoltà, prima fra tutte quella di richiedere un incollamento più leggero, una maggiore facilità di transfert nella massa degli uomini. Il problema dell' allargamento delle occasioni sociali, di una continua circolazione di individui da una cella all'altra dell' organizzazione sociale, famiglia, amicizie, occupazione, partito politico, o quante altre organizzazioni possano assorbire l'interesse dell'uomo, è comunque fra i più importanti.

Si può allora verificare anche la riduzione dei vincoli istintuali indotti nel passaggio alla organizzazione tribale. Si verifica già nella civiltà attuale, come risultato dei maggiori gradi di libertà nelle relazioni interpersonali che la complessa struttura dei paesi maggiormente industrializzati permette, un trend verso la riduzione della dimensione dei vincoli. Ciò è specialmente visibile nella emancipazione della donna dalla condizione di sottomissione che, malgrado sia solo un aspetto della repressione, è il più importante. Quantunque non ancora completa, essa porta con sé una moltitudine di profonde lacerazioni nella struttura delle relazioni sociali, quali l'obsolescenza del matrimonio e l'accettazione della piena disponibilità del proprio corpo da parte della donna, la fine della proprietà privata di un essere umano. È anche visibile nella riduzione della omofobia, cioè nella aggressività nei confronti degli omosessuali. Ma siamo consci che anche in questi aspetti non-economici, la liberalizzazione sfrenata, senza alcuna regolazione, quale la struttura dei gruppi di cui discutiamo, può portare allo sviluppo di una enorme quantità di violenza.

Vi sono ancora gli effetti di migliaia di anni di alienazione; vi sono ancora tali ostacoli alla comunicazione fra gli uomini dovuti a differenze nella cultura, gusti, modi di essere che molto spesso l'incontro di due uomini è solo fonte di reciproco fastidio.

Eppure, in maggioranza, gli uomini non possono rimanere soli, ambiscono ad un incollamento che rappresenti un rapporto profondo capace di ridurre il livello tensionale dovuto ai disequilibri degli impulsi più profondi.

È chiaro che questo è uno dei punti più importanti in cui deve fluire lo sforzo per un welfare state ed è anche chiaro che ciò involve una profonda interdipendenza con i modi di organizzare la produzione. Se lo stato deve assicurare la mobilità associativa, la disponibilità di raggruppamenti alternativi, deve anche rendere autonomi reddituamente questi gruppi, ossia con opportunità di lavoro, il che implica uno sforzo per stimolare la formazione ed il mantenimento di piccole imprese ed uno sforzo tecnologico nel trovare modi di produzione che permettano la frammentazione della produzione in più unità ma mantenendo il livello di produttività delle grandi imprese.

Considerata la enorme forza degli impulsi coinvolti nell' incollamento non è da sottovalutare lo sforzo che lo sradicamento da un gruppo per passare ad un altro gruppo comporta. Ciò innanzi tutto richiede un differente modo di organizzare gli impulsi ed i valori che questi comportano, in pratica un intervento nel processo formativo dei valori che ha luogo nell'infanzia. In secondo luogo richiede l'azione di specifici elementi che possano sviluppare e dirigere il transfert, nella maniera in cui questa azione è condotta nella terapia psicoanalitica.

15.16 - Conclusioni. La gestione dell'aggressività

All'inizio di questo lavoro abbiamo descritto il processo di formazione della prima organizzazione sociale umana, l'orda cacciatrice, che era stata ipotizzata già da Darwin e poi ripresa da Freud. Ne abbiamo poi descritto la crisi conseguente allo sviluppo della tecnologia e come ciò abbia comportato la introduzione nel sistema di una grande quantità di violenza, la cui estroversione alimenta la guerra che perde per conseguenza la sua razionalità nei confronti del mondo esterno, perseguendo obiettivi che sono di esclusiva origine interna.

Nel nostro studio noi abbiamo trascurato di trattare i diretti effetti che l'aumento della popolazione ha sulla produzione della violenza, quantunque si tratti ovviamente di un argomento della massima importanza. Ciò perché gli effetti di crescita esponenziale della violenza che ne conseguono sono stati dimostrati con tale scientifica evidenza che tale argomento può essere considerato, sotto questo riflesso, ormai chiuso. Invece, noi abbiamo considerato che la incapacità di domare la esplosione della popolazione è legato a fenomeni psicologici e sociologici dal controllo dei quali potrebbe scaturire, con tutta probabilità, la possibilità di controllare anche questa variabile che influenza profondamente la qualità della nostra vita.

La localizzazione dell'origine della dimensione anormale della violenza interna nella crisi dell''orda è un risultato di grande importanza, perché gli studi finora fatti consideravano la guerra come manifestazione di una violenza insita nella specie, mentre la anomala amplificazione della violenza in un dato momento della vita della specie apre la strada a possibilità impensate di analisi.

Ricordiamo che la ricerca sulle origini della guerra fu iniziata da Freud con una serie di studi nell'ambito dei quali ipotizzava l'esistenza di un impulso primordiale autodistruttivo, l'impulso di morte, costituente primordiale della specie, la cui estroversione alimentava la guerra. Altri, dopo che Melanie Klein ebbe mostrato la enorme importanza dell'iniziale rapporto fra la madre e il figlio, legavano la formazione della violenza ad altri meccanismi, ma esistenti comunque fin dalla nascita della specie umana, fino ad arrivare alla posizione di Fornari, secondo cui la violenza sorgerebbe dalla elaborazione paranoica del lutto per la separazione dalla madre, cioè ad un processo esistente da "sempre". Solo Money Kyrie [46] si è allontanato alquanto da queste posizioni.

La teoria dell'organizzazione porta ad escludere che l'origine di quella violenza che ha la sua più importante manifestazione nella guerra abbia queste origini. Non è la violenza come tale che la teoria nega, anzi ritiene che l'impulso dominativo sia il più importante impulso dell'uomo e neanche nega che possa essere esercitato in maniera gratuita nei confronti del più debole.

Ciò che invece non può essere accettato come facente parte di un impulso primordiale è il suo esercizio irrazionale, quale si manifesta nella nostra epoca nella guerra. Ciò perché è pacifico che la sopravvivenza della specie è stata assicurata dall'esercizio della intelligenza nei rapporti con l'esterno del sistema ai fini di ricavare il massimo vantaggio per il raggruppamento sociale. E non vi è dubbio che la estrema violenza nei rapporti intraspecifici che caratterizza la odierna civiltà, con centinaia di milioni di morti senza alcun beneficio per l'umanità, rappresenti tutto il contrario di un comportamento intelligente, così che se fosse stato messo in atto fin da quando l'australopiteco è sceso dall'albero non avrebbe consentito certamente né lo sviluppo della intelligenza, né la sopravvivenza della specie.

Lo sviluppo di tale violenza, che anche nelle condizioni odierne mette in pericolo la sopravvivenza della specie, deve avere avuto quindi una origine successiva al superamento dei problemi di sopravvivenza che portarono l'uomo ad organizzarsi in orda, quindi successiva alla scomparsa di questo tipo di organizzazione la cui durata viene generalmente ritenuta dell'ordine delle centinaia di migliaia di anni.

Nel capitolo che precede [1], noi abbiamo riconosciuto, seguendo in questo Melanie Klein, che nella fase primaria di formazione ontologica degli impulsi, nel rapporto fra madre e figlio, può aversi la formazione di una notevole quantità di violenza, e riconosciamo anche che gli esiti di questo primigenio processo di impostazione della relazionalità può condizionare anche la riuscita del successivo processo edipico, ma riteniamo anche che il fallimento di questo primitivo processo sia un fenomeno raro, non un fenomeno ordinario di frequenza tale da essere all'origine dell'enorme scarico di violenza irrazionale che affligge la odierna civiltà.

Per sintetizzare al massimo la trattazione eseguita diciamo che, per aversi un rapporto privo di tensione, il bambino deve essere amato dalla madre. Peraltro, già in questo primissimo processo di formazione istintuale, che appare così intimamente individuale, sussistono potenti connessioni con i fatti sociali. Basta consultare l'opera della Blaffer [45], per rendersi conto di come la struttura dei rapporti sociali in essere nella società possa a volte rendere ambiguo il sentimento della madre.

Il confronto dialettico madre-figlio si ripete poi relativamente alla coppia padre-figlio in quella che viene definita situazione edipica e che ripete a livello ontologico il processo di formazione dell'organizzazione sociale sostituendo, ovviamente, alla grande paura dovuta al pericolo esterno, la paura dell'abbandono, una necessità di attaccamento, di protezione trasmessa geneticamente e che nella maggioranza della popolazione, assume dimensioni notevolissime. Il rapporto così instaurato si trasferisce in seguito al capo della organizzazione (transfert) e costituisce il fondamento dell'organizzazione sociale.

Anche in questo caso la riuscita del processo, senza la formazione di condizioni tensionali, ha una ricetta semplicissima: il bambino deve essere amato dal padre e ciò deve essere avvertito dal bambino. Ovviamente, il padre non può realizzare, nel rapporto con il figlio, quella gratuità del "dare" che invece la madre può realizzare durante l'allattamento perché deve imporgli dei vincoli la cui disobbedienza, comporta una punizione e quindi il risveglio della paura dell'abbandono. Tuttavia, in presenza di un alto livello di protezione, interpretato come amore, cioè come dipendente da un potere acquisito nell'animo del capo, il potere esercitato dal padre è compensato e si verifica la formazione di un impulso di sintesi. In esso i vincoli vengono introiettati come "imperativi categorici" come direbbe Kant o "imposizioni del super-io" come direbbe Freud. La introiezione dei vincoli sociali era facilitato, nell'orda, dall'immediato immissione del bambino, non appena fuori dalle necessità delle cure materne, nella realtà sociale in cui una importante parte dell'acculturamento era realizzato, mentre il padre rimaneva come presidio protettivo.

Ovviamente parlare di amore, quando il rapporto si trasferisce al capo, può apparire eccessivo: tutto sta ad intendersi. Nelle condizioni in cui operava l'orda, in cui la sopravvivenza era appesa ad un filo sottilissimo, era richiesta una partecipazione appassionata, totale di tutti i componenti dell'orda, pena la morte per tutti e per tal motivo il capo aveva un interesse notevolissimo a che i componenti non fossero frustrati, non si creasse una condizione di scontento che ne minasse l'efficienza e ciò portava ad una attenzione e ad una cura che non era distinguibile dall'esterno dall'amore. Ma che lo sia o meno non ha importanza: l'importante è che così il gregario poteva interpretare il comportamento del capo; in tali condizioni la frustrazione connessa alla sottomissione era minima e poteva essere facilmente assorbita nella introiezione dello scambio che diveniva così impulso sociale.

E' questo interesse del capo che si affievolisce con la crisi dell'orda: la sottomissione per conseguenza è sofferta e da luogo allo sviluppo di aggressività anche perché l' indebolimento della risposta del capo alla richiesta di protezione del gregario lascia quest'ultimo esposto alla violenza dei rapporti interpersonali nell'ambito della organizzazione sociale, rapporti che possono mettere in pericolo anche la vita. Data la enorme dimensione della richiesta di protezione, se non esistono alternative, cioè possibilità di transfert, l'equilibrio, nella maggior parte delle persone, si raggiunge lo stesso e da anche luogo alla formazione di un impulso sociale mentre la presenza di aggressività nella forma di energia resa potenziale, cioè inattivata dall'equilibrio, non viene avvertita per il principio di relatività.

In base a tale principio, un individuo posto all'interno di una nave non ne avverte il moto, se questo è uniforme, né ovviamente le forze che lo sottendono (nel classico esempio di Galilei [44]), principio che può essere esteso a tutti i sistemi complessi nel senso che da una condizione di omeostasi del sistema non è possibile avvertire le forze che lo sottendono con il proprio equilibrio. Naturalmente, ad un osservatore esterno o quando l'equilibrio che sostiene l'omeostasi si rompe, gli elementi nascosti all'interno del sistema appaiono evidenti e questo è il motivo per cui Freud rilevava che il suo destino era scoprire l'ovvio. Infatti, oggetti del suo esame erano proprio gli individui in cui l'equilibrio si era rotto.

Ma se sussistono le alternative e se esistono, nell'ambito della massa, le opportune strutture comunicazionali che permettono lo sviluppo di sinergie, si verificano quegli episodi insurrezionali che Freud ha definito *"l'uccisione del padre"*. Abbiamo mostrato quindi come le possibilità di transfert sussistevano certamente nell'ambito dell'orda e sussistevano anche le possibilità comunicazionali cosicché questi episodi insurrezionali si sono certamente verificati e costituiscono anzi un avvenimento importantissimo, centrale nella successiva storia dell'uomo, perché è in essi che si manifesta per la prima volta il surplus di aggressività irrazionale che si manifesterà poi nella guerra verso gli estranei al gruppo.

Il processo è iterativo: ad ogni vittoria segue la ricostituzione della gerarchia e quindi della sopraffazione che provoca una nuova rivolta, con le parole di Marcuse si potrebbe dire che le rivolte determinano solo il cambiamento della identità dei padroni. Il prolungarsi di questa situazione provocò cambiamenti fra i quali emerse per importanza lo svilupparsi di una grande paura della stessa conflittualità interna, paura che supportò gli altri cambiamenti che sboccarono infine nella estroversione paranoica della violenza nella conflittualità esterna della guerra, la cui razionalità risiedeva solo in ciò, che ad un male certo quale quello dovuto alla conflittualità interna si sostituiva un male solo probabile costituito dalla conflittualità esterna (il cui aspetto paranoico è ravvisabile non solo nella mancanza di una ragione "esterna", ma anche nella sottovalutazione della probabilità di sconfitta).

Nella prima fase tribale che seguì la crisi dell'orda in cui il potere non disponeva di adeguati strumenti repressivi e non si era ancora stabilmente installato lo scarico attraverso la guerra, fu necessario spegnere la competitività interna attraverso l'inibizione e la regolamentazione repressiva degli impulsi relazionali, soprattutto sessuali. Ciò portò ancora all'accumulo di violenza potenziale negli equilibri così stabiliti con la paura degli scontri interni. Data la enorme forza degli impulsi relazionali, che ciascuno di noi avverte facilmente in se stesso, si può avere una idea di quale sia stata la dimensione della paura capace di reprimerli.

La stabilità fondata sugli equilibri non è però mai completa sia per il possibile mutamento del quadro esterno delle forze agenti sul sistema, che può riattivare l' energia potenziale racchiusa negli equilibri, sia perché quest' ultima è accumulativa, cresce con il ripetersi di frustrazioni, fino a raggiungere un livello di saturazione oltre il quale ha bisogno di uno scarico. Questa condizione si raggiunge più facilmente se è condivisa, per il noto effetto di sinergia; nell'ambito della massa si può così determinare una rivolta che il singolo non sarebbe mai in grado di realizzare da solo.

Si sviluppò quindi gradualmente la figura di un leader della ribellione che, dopo aver vinto la guerra interna, terminata con la morte del precedente capo, paradossalmente continuasse a rappresentare la necessità della ribellione spostando la violenza che aveva iniziato di nuovo a crescere, su un oggetto differente esterno al sistema, ossia realizzando un "transfert". Durante la battaglia, infatti, la competizione all'interno di ogni gruppo belligerante era necessariamente sospesa e non vi era modo di avvertire la mancanza di affetto del padre-capo, così che vi erano condizioni favorevoli a realizzare l'estroversione della violenza e così, continuando la battaglia, realizzare la permanenza del potere.

L'ambiguità della relazione con il capo si concretizzò così nella presenza di un leader buono da amare ed uno cattivo da odiare, il primo espressione delle relazioni interne al sistema ed il secondo espressione delle relazioni con l'esterno del sistema. È questo un punto molto importante perché è qui che si innesca il seme della traslocazione paranoica della aggressività, amplificata dalla interazione specifica capo-massa, di cui abbiamo esposto gli aspetti di amplificazione, di meccanismo di retroazione positiva.

Infine, lo sviluppo tecnologico, con la rivoluzione agricola, comportò la ripresa degli scontri interni dovuti alla diseguaglianza nella suddivisione della ricchezza e ciò portò, nel villaggio agricolo, ad un patto di solidarietà di classe fra i componenti "forti" del gruppo, con la rinunzia alla competitività interna alla classe e la formazione di governi assembleari. Tale patto, unito alla dispersione dei "deboli" nelle campagne che eliminò le possibilità comunicazionali e quindi le alternative di raggruppamento, portò ad una pacificazione in parte condivisa anche dai dominati sia perché, come sappiamo, in assenza di alternative la sottomissione si verifica egualmente anche con un alto livello di sopraffazione, sia perché veniva a cessare la grande paura innescata dalla cronicizzazione della guerra interna.

Ciò non impedì successivamente lo scarico periodico dell'aggressività accumulata nel sistema attraverso la sua estroversione paranoica all'esterno. Anche al riguardo di questi sviluppi le forme assunte dall'organizzazione sociale non sono indipendenti dalla struttura delle forze agenti sul sistema e dalle condizioni esistenti all'interno del sistema. Ciò sia per quanto riguarda la repressione istintuale che può assumere, come ha mostrato Mead e anche Frazer, le forme più diverse, sia per quanto riguarda il rapporto delle masse con il potere.

L'evoluzione che abbiamo descritto per il villaggio agricolo non è ad esempio realizzabile in culture che non abbiano realizzato il progresso tecnologico connesso allo sviluppo dell'agricoltura. In certi casi quindi, il processo di rivoluzione periodica prosegue, ma si svuota del suo contenuto di autodistruzione collettiva concentrando l'aggressività sul solo capo, realizzando così quella che era stata l'intuizione di Freud, l'uccisione del capo, su cui si trasferisce l'originario rancore nei confronti del padre.

In alcune tribù africane situate fra l'Egitto faraonico e lo Swaziland, l'attività produttiva, anziché sul piano agricolo, si indirizzò esclusivamente sull'allevamento degli animali, quindi senza realizzare quella dimensione della produzione e della popolazione che permise la separazione della società in classi, il patto di solidarietà nella classe dominante, la istituzione della schiavitù ecc. In queste tribù l'uccisione del re veniva realizzata periodicamente, ritualizzata come atto di liberazione dell'aggressività accumulata dall'intero corpo sociale.

Ciò è importante perché mostra che lo scarico della violenza può essere realizzato concentrandolo su un solo uomo, il capo, e ripetendo l'operazione periodicamente, se ciò può essere fatto senza dar luogo ogni volta ad un massacro. Ciò comporta che in realtà la figura del capo sia soltanto simbolica, non dotata di reali poteri, sia cioè la vittima sacrificale [43], la cui uccisione permette però lo scarico dell'aggressività accumulata nel gruppo. Se il re che viene sacrificato non è dotato di poteri reali, si tratta pur

384

sempre di una traslocazione paranoica, cioè illusoria, come è infatti mostrato dal fatto che nel rito della uccisione viene anche mimata una battaglia con i difensori del re.

Queste traslocazioni paranoiche sono rese possibili dal fatto che l'obiettivo reale della aggressività è coperto da una grande paura, cui contribuisce l'esperienza traumatica del massacro e la cui estroversione rinforza la aggressività. In queste condizioni la valutazione della realtà viene completamente distorta.

Il fenomeno della vittima sacrificale non è ovviamente un fenomeno relegato alle tribù africane [8]; basti pensare a come esso figuri nella mitologia greca ed è assai interessante considerare il fatto su cui si sofferma Girard che la vittima oggetto della aggressione è anche sacra, il che mostra, in particolar modo nell'uccisione del re, che il sacrificio estrinseca l'ambiguità della figura dell'autorità, contemporaneamente oggetto di amore e di odio, anche se ciò, per il principio di relatività, viene mascherato nell'impulso di sintesi. E' come se il sacrifico del padre, scaricando il rancore per l'amore negato, riaprisse le porte a questo amore, svelandone il feroce desiderio. Anche il Cristianesimo ha il suo nucleo centrale formativo in un sacrificio, quello del figlio di Dio, su cui poggia paradossalmente il messaggio di amore che porta alla riappacificazione, alla ricucitura della ferita dovuta ad un originario peccato.

La soddisfazione connessa al sacrificio è quindi complessa, perché in esso vengono soddisfatti, come nel mito di Edipo, impulsi contrastanti che solo la particolare condizione complessa del sacrificio rende sinergici. E' anche interessante rilevare come, perché il sacrificio determini lo sfogo dell'aggressività, non è necessario che ciascun individuo partecipi direttamente all'assassinio; basta che esso venga condotto da un gruppo di cui egli si senta partecipe [11], attraverso un meccanismo di identificazione che è connesso all'incollamento.

Ma torniamo ai problemi relativi alla nostra civiltà. In vista del fatto che i fenomeni illustrati sono irreversibili e che essi hanno condotto ad una condizione esistenziale assai dolorosa per l'esistenza di una grande quantità di violenza che investe i rapporti interpersonali mentre lo scarico catartico nella guerra induce sofferenze assai maggiori di quelle che elimina, noi abbiamo voluto indagare su quali innovazioni organizzative avrebbero potuto portare ad un alleggerimento di questa situazione.

Ciò ha portato a stabilire che una importante quantità della violenza che sussiste nelle interazioni umane, quella che proviene dall'alto, *l'arroganza degli alti scranni,* per dirla con Shakespeare, potrebbe essere bloccata attraverso la realizzazione di condizioni di equilibrio fra sottogruppi di forze in opposizione, condizione che può definirsi, con termine sintetico, separazione dei poteri. La instabilità degli equilibri dinamici, nei confronti di mutamenti del quadro delle forze, potrebbe essere inoltre imbrigliata dalla esistenza di una grande rete stratificata di poteri che potrebbero insieme agire come ammortizzatori e riequilibratori nei confronti di questi possibili disturbi.

Tuttavia, il quadro attuale delle forze agenti nel sistema rende la realizzazione e la conservazione di una simile organizzazione assai improbabile. Tutto il sistema, in tutti i suoi componenti, è spinto da forze che tendono a risultati opposti. Gli uomini forti del gruppo che, nella configurazione dell'orda, assumevano il potere, erano quelli meno soggetti ai meccanismi dell'incollamento, privi della grande paura e del conseguente bisogno di protezione, privi quindi di meccanismi paranoici ed operanti razionalmente, ma erano comunque individui che amavano il potere, spinti da un forte impulso dominativo. Quindi, pur trattandosi di uomini che non si sarebbero mai avventurati in una guerra priva di motivazioni razionali, sarebbe stato comunque ben difficile convincerli al ridimensionamento del loro potere.

Ma, come possiamo dare per accertato, nella attuale organizzazione sociale gli uomini detentori del potere differiscono in toto nella loro tipologia da quelli che detenevano il potere nell'orda. Oggi detengono il potere gli uomini che riescono a rappresentare, rielaborare, coordinare in termini di sinergia e indirizzare ed estrovertere paranoicamente la richiesta di violenza delle masse che nel singolo individuo rimane compressa dalla paura. Sono dunque anch'essi affetti dallo stesso disturbo paranoico che comporta la estremizzazione dell'attaccamento al potere, l' abbattimento di qualsiasi limite al suo esercizio, la completa distorsione della realtà. Non solo non potrà attendersi da questi uomini una collaborazione, ma al contrario dovrà attendersi la più feroce opposizione. La massa, dall'altro canto, è soggetta al fenomeno dell'incollamento che la porta a condividere pre-razionalmente la posizione dei capi e ad elaborarla in termini di amore-odio, posizione che, d'altra parte, essa stessa ha contribuito a creare attraverso quella interazione di eccitazione reciproca di cui abbiamo discusso in un altro punto di questo saggio.

Dunque, anche supposto che la struttura di regolamentazione dei poteri possa essere costruita, l'insieme delle forze che abbiamo elencate lavorerebbe alla sua distruzione e, data la sua forza potrebbe anche travolgere qualsiasi protezione fosse stata eretta a sua difesa, quale la rete riequilibratrice di cui abbiamo testè accennato.

Tuttavia, il sistema complesso, la cui funzionalità per definizione dipende da una molteplicità di variabili, ha questo di particolare: che la ignoranza o la mancanza di attenzione ad una variabile può stravolgere il quadro complessivo delle conclusioni che ne vengono tratte. Nella trattazione matematica più estesa del sistema complesso che si conosca, quella della ottimizzazione di una funzione di più variabili dovuta a Lagrange, ciò può essere addirittura visto se si pongono in diagramma le posizioni del punto di ottimo corrispondenti a mutamenti nei rapporti fra le variabili. A ciò è da aggiungere che alcune variabili importanti, addirittura fondamentali, racchiuse in condizioni di equilibrio, possono risultare nascoste a chi esamina il sistema dall'interno per il principio di relatività.

Considerato inoltre che, sia pure in maniera assai parziale ed imperfetta, una condizione di equilibrio dei poteri, peraltro già ipotizzata da Montesquieu ben prima della rivoluzione americana, è stata realizzata in alcuni paesi, le considerazioni appena fatte ci hanno portato a ritenere opportuno esaminare in dettaglio gli aspetti che queste realizzazioni hanno assunto, quali ne siano i punti deboli, quali possano essere modificati, nel tentativo di individuare le condizioni che potrebbero permettere un completamento e un perfezionamento del processo di controllo del potere.

L'esame ha portato ad alcune conclusioni deludenti: noi abbiamo potuto stabilire come l'origine dello sviluppo della violenza nell'interno del sistema era dovuto alla lesione del patto di solidarietà, rappresentato dagli elementi di scambio che sostanziano la situazione edipica ed il successivo transfert alla situazione sociale, patto che si svolge fra la componente forte e la componente debole dell'organizzazione sociale, in pratica nella nuova situazione determinatasi dopo la rivoluzione agricola, fra i ricchi e i poveri.

L' esame ha infatti mostrato che questo equilibrio dinamico fra le due componenti sociali che sussisteva nell'orda, si è verificato una sola volta nella storia dell'umanità, nella antica Roma repubblicana, ove i ricchi si chiamavano patrizi ed i poveri plebei, con la creazione del Tribunale della Plebe. La spartizione del potere fu addirittura eccessiva, giacché il tribunale della Plebe aveva diritto di veto su ogni deliberazione del Senato che costituiva l'assemblea dotata del governo del paese e ciò portò, in un certo periodo della storia del paese. al blocco totale dell'attività di governo per effetto dei veti incrociati fra Senato e Tribunale della Plebe. Ma portò anche, per effetto della riduzione della violenza interna, sia essa attuale o potenziale, cioè racchiusa nella psiche perché bloccata dalla paura, ad un estremo miglioramento dell'efficienza del sistema complessivo, talché Macchiavelli ricondusse a tale accordo l'origine della potenza di Roma.

Tuttavia, l'accordo romano dipese da una certa struttura delle forze esistenti in quella occasione, struttura che si verifica molto raramente; entrambi i contraenti erano di fronte ad un pericolo comune molto serio che nessuno dei due avrebbe potuto superare, così che l'accordo fu obbligato. Tale condizione ripeteva la situazione che aveva portato al contratto sociale i nostri ancestori, ma che non si poté ripetere in occasione della crisi dell'orda per la riduzione di importanza del contributo del debole alla produzione esterna, equivalente ad una riduzione ulteriore della sua forza.

Nella crisi dell'orda gli uomini deboli non potevano avere una organizzazione interna, che richiede la presenza di uomini forti, tutti appartenenti alla stratificazione dominante. Sotto le condizioni della città stato di Roma, la divisione in classi non era correlata alla forza, ma era divenuta ereditaria, cosicché gli uomini forti potevano anche appartenere alla classe popolare che potè organizzarsi e così aumentare la sua forza contrattuale. Ciò anche per la leggerezza commessa dai patrizi che avevano permesso la strutturazione degli elementi basilari della comunicazione, creando una legione di plebei, errore che non fu più commesso da ogni altro potere.

Tutti gli altri accordi di divisione dei poteri intervenuti nella storia hanno avuto la stessa origine, la necessità di alleanze per battere un comune nemico, con una importante differenza, che invece di trattarsi di accordi interni per combattere un nemico esterno, furono accordi fra parti di un sistema per combattere un nemico interno. Nessun passo verso la libertà è partito da un desiderio puramente altruistico, da un impulso di amore.

Nessuna altra divisione dei poteri di cui si abbia contezza nella storia ha previsto la partecipazione alla spartizione di tutte le componenti della società, in particolare delle stratificazioni più diseredate; ciononostante alcuni eventi hanno mostrato come nella complessità della macchina sociale umana esistano degli spiragli della cui capacità di aprire la strada ad una sua regolazione progressiva è difficile giudicare, ma che rappresentano certamente un indizio importante che è necessario approfondire.

Il più importante di questi eventi è forse la divisione dei poteri realizzata in Inghilterra e codificata in un trattato costituzionale dopo la glorious revolution. Esso conferma innanzi tutto quanto era già apparso negli avvenimenti che portarono alla formazione del Tribunale della Plebe in Roma, che cioè la paranoia arretra quando a sicura morte vanno i capi e che tale avvenimento deve essere pressoché immediato giacché come è stato mostrato da un importante studio di sperimentatori della scuola comportamentale americana (Dollard e Miller) la valutazione del pericolo si attenua rapidamente al crescere della distanza spaziale o temporale di esso, così riaprendo le porte al distorcimento paranoico della sua probabilità (altrimenti sarebbe scomparso il vizio del fumo, la cui gravissima dannosità è priva di alcun dubbio). In secondo luogo conferma quanto era già stato mostrato dagli avvenimenti che portarono al governo assembleare nel villaggio agricolo, che non è solo il pericolo incombente, ma anche gli avvenimenti passati, purché abbiano avuto un forte contenuto emozionale o caratteristiche ripetitive, a condizionare il comportamento dei capi e ricondurlo alla ragionevolezza, anche questa rappresentando una proprietà generale del meccanismo psichico.

Il ripetersi periodico delle rivolte che dovrebbero avere caratterizzato il periodo collimante con il divenire manifesti gli effetti delle rivoluzioni tecnologiche inerenti la metallurgia e la agricoltura, aveva certamente tali caratteristiche di ripetitività e contenuto emozionale da convincere i potenziali leaders del villaggio agricolo dell'opportunità di non ambire alla condizione di capo assoluto e a procedere ad una condivisione del potere con gli altri possibili leaders. Analogamente, la condizione di sofferenza patita dai membri del parlamento sotto la dittatura di Cromwell, si ricordi l'espulsione coatta dei parlamentari contrari all'esecuzione del re, li aveva convinti che la condivisione del potere, sia pure in condizioni di contrapposizione dialettica con quello del re, fosse una soluzione di gran lunga preferibile.

Ma soprattutto fu produttivo di modificazioni importanti dei rapporti sociali il modo con cui la suddivisione dei poteri era stata realizzata, cioè attraverso il criterio della funzionalità che portò alla divisione nei tre poteri, legislativo, esecutivo e giudiziario, riprendendo spunti tratti dall'esperienza di Roma, patria del diritto, ma anche colmando lacune che in essa sussistevano. Noi abbiamo trascurato di approfondire le complesse e delicate questioni circa i limiti posti a ciascun potere, le modalità con cui devono interagire per limitarsi e controllarsi vicendevolmente, la soluzione dei conflitti di attribuzione, la forma e i poteri degli organi di garanzia, eccetera, perché il nostro interesse era accentrato, nello spirito dell'intero lavoro, sulla considerazione che malgrado la suddivisione dei poteri avvenisse comunque nell'ambito di una stessa classe dominante, la suddivisione dei massimi poteri in individui diversi ne limitava le caratteristiche di autoreferenzialità e ne riduceva per conseguenza le caratteristiche di paranoicità del comportamento.

Ma soprattutto, per i motivi esposti in maggior dettaglio nel corso della nostra trattazione, si riduceva la tensione trasmessa attraverso le linee gerarchiche su tutto il corpo della società, basti solo pensare alle innovazione introdotte calla Common Law che libera il cittadino imputato di un reato dalla preoccupazione di essere oggetto nel giudizio di una sopraffazione del potere e all'insieme delle garanzie che nate per proteggere i potenti dagli abusi di un potere sull'altro fu necessario estendere all'intera società determinando così lo sviluppo di più ampi gradi di libertà.

Analogamente, la periodicità del voto per l'elezione dei rappresentanti della classe dominante alle strutture di potere, con limitazione alle possibilità di rielezione, nata in seno alla classe dominante per proteggere i suoi componenti dall'emergere dal loro stesso seno di un potere più forte e sopraffattorio, si rivelò utile anche ai fini di impedire l'incollamento delle masse ad un capo. Gli antichi ateniesi nominavano addirittura gli addetti agli uffici pubblici, per la durata di un solo anno e per sorteggio, sia pure nell'ambito di una lista di volontari, cosa che naturalmente sarebbe considerata assurda nella odierna civiltà tecnologica. Gli americani compresero per primi l'importanza del voto per creare una rete di poteri aventi uguale legittimazione e che costituisse nel suo insieme una struttura di difesa della permanenza del sistema della divisione e furono anche i primi ad introdurre il suffragio universale.

Lo sviluppo della civiltà industriale, comportando la concentrazione di masse lavoratrici nelle fabbriche, ne ha consentito finalmente l'organizzazione nei sindacati e nei partiti politici di ispirazione socialista e ciò ha portato, sia pure dopo il superamento di notevoli resistenze, al suffragio universale attraverso cui le classi lavoratrici, dei non possidenti, hanno potuto introdurre i loro rappresentanti nelle assemblee legislative. L'attività di queste organizzazioni ha ottenuto un miglioramento delle condizioni retributive ma non ha ottenuto la creazione di una istituzione capace di interagire con le altre in termini di potere condiviso, così da imporre il mantenimento di quel patto di solidarietà che è il fondamento della istituzione sociale.

Naturalmente, nella comprensione popolare la democrazia significa consegna al popolo della sovranità e della capacità di decidere del proprio destino nella ipotesi implicita che ogni uomo abbia indipendenza di giudizio, spirito critico, intelligenza e cultura tali da portare ad un giudizio collettivo che sarebbe quindi, per ipotesi, il più saggio, il più adeguato alle necessità del paese.

Questa modalità di formazione del giudizio, ammettendo che tale ipotesi sia verificata, che cioè i giudizi individuali siano statisticamente indipendenti, contraddirebbe in maniera clamorosa le basi stesse dell' epistemologia. Come sappiamo, infatti, l'intelligenza non è sufficiente a garantire uniformità di giudizio, la cui variabilità sarebbe enorme specialmente se i fenomeni sono complessi. Né ha alcuna base scientifica l'idea che il giudizio espresso da una maggioranza sia il più valido, abbia cioè, come si dice nella teoria della prova delle ipotesi, il più alto livello di verosimiglianza; è vero anzi il contrario, perché l'intelligenza è una dote elitaria.

Noi sappiamo invece che le convinzioni dell'uomo sono statisticamente interdipendenti, indirizzate in modo pre-razionale dall'incollamento e si adeguano perciò a quelle dell'intorno sociale in cui si trova immerso in termini di appartenenza o di distacco (se sussiste una possibilità di transfert), governate dai capi, gli "opinion leaders" che possono indirizzarle in termini di amore-odio. La maggior parte della popolazione appartiene quindi rigidamente ad un partito ed è di una minoranza il disporre di una indipendenza di giudizio e perciò della possibilità della sua variazione.

La semantica del sistema democratico non è dunque nella restituzione al popolo della possibilità di decidere del proprio destino perché questa possibilità l'avrebbe sempre avuta se non fosse costretto dai vincoli interni dell'incollamento indotto, in tempi lontani, dalla grande paura e questi vincoli il voto non li toglie. Il valore della democrazia è nella articolazione complessa dei poteri che purtroppo la massa non può comprendere nelle sue necessità di differenziazioni e di garanzie. In essa inoltre il parlamento potrebbe costituire un campo dove gli attriti potrebbero manifestarsi in modo alternativo allo scontro fisico e dove potrebbero anche realizzarsi i transfert che corrispondono al mutamento di opinione di coloro che detengono il potere reale. Ed è anche possibile sperare che attraverso le opportune alleanze fra le stratificazioni sociali si formi un fronte politico capace di imporre al capitalismo il rinnovo del patto ancestrale di solidarietà che lo obbliga a cercare la ricchezza in comunione con i propri concittadini, anziché andare a cercarla in luoghi lontani, lasciando dietro di sé la povertà, ricelebrando così il rito ancestrale dell'abbandono paterno.

Tuttavia, anche supponendo di realizzare la regolamentazione dei poteri istituzionali sociali, essa, pur con evidenti conseguenze di alleggerimento delle condizioni tensionali, non sarebbe certamente in grado di eliminare completamente la enorme quantità di violenza che si esercita nei rapporti interpersonali. Ciò sia per quanto riguarda la violenza trasmessa lungo i canali organizzativi del sistema, cioè attraverso il potere legittimo perché, come scrisse Madison, *non si può impedire che qualcuno abusi del suo potere*, sia per la violenza che si svolge fuori di tali canali. La umiliazione, la frustrazione, la rabbia per la ferita all'io non compensata dall'amore, rimane per la vita e verificandosi ciò per la gran massa delle persone, investe una molteplicità di rapporti interpersonali, così che la asprezza della vita determina la crescita della violenza potenziale nella forma di una rabbia nascosta nell'intimo, intimidita ad apparire dalla paura. Essa preme quindi per apparire e, se si riescono a stabilire i necessari canali comunicazionali, di cui il capo era elemento catalizzatore, ma che possono riuscire a costituirsi anche nel più perfetto sistema democratico, cerca il suo scarico catartico all'esterno o all'interno del sistema.

Abbiamo perciò voluto esaminare la possibilità che lo Stato moderno, in cui la divisione dei poteri abbia già ridotto la violenza sopraffattrice da lui esercitata, possa riassumere addirittura l'aspetto donatario che caratterizzava il capo dell'orda. La importanza della politica conseguente, di estremo rigore nella richiesta di rispetto delle regole fondamentali per la sopravvivenza, ma estremamente cessionaria per gli aspetti relativi alle condizioni di vita quali reddito, assistenza, affettività, difesa dei più deboli, ecc. cosiddetta paternalistica, è stata intuita da molti uomini di potere quali Cesare e Napoleone III ed è stata praticata con ampio respiro nel welfare state realizzato dopo la seconda guerra mondiale in molti stati del mondo occidentale usufruendo di un periodo di eccezionale incremento della produzione di ricchezza. Uno dei re di Napoli sintetizzava questa politica affermando che per governare i napoletani occorrevano *"feste, farina e forca"*.

Per inciso, non ci siamo soffermati sul carattere catartico delle feste, come luogo di provvisorio cedimento delle inibizioni e dei tabù, perché le ragioni di economicità della esposizione non lo hanno permesso, ma l'argomento è molto importante. Abbiamo però avuto modo di accennare a come le massime capacità catartiche si verificano quando la liberazione provvisoria investe profondamente la sfera sessuale, cosa che richiede il mascheramento, perché la sofferenza del tradimento non investe l'atto sessuale in se stesso, ma lo spostamento dell'affettività, il transfert che vi è connesso e che il mascheramento impedisce.

Ritornando alla politica paternalistica, non vi è dubbio che essa riesce parzialmente, nel senso che, come abbiamo visto, la dipendenza ha molti livelli a cui si può attestare ed il livello a cui è possibile giungere con questa politica appare in grado di calmierare il livello della tensione escludendo lo sviluppo delle forme estreme di esplosione collettiva della violenza. Tale politica, per raggiungere i suoi più alti risultati deve essere però stabilizzata e consolidata da una struttura di divisione dei poteri che involva tutte le stratificazioni sociali giacché altrimenti un suo rinculo, come sta verificandosi con la attuale crisi economica, può avere effetti devastanti.

Essa non appare comunque adeguata a raggiungere le condizioni di pacificazione interna raggiunte nell'orda in vista del fatto che a tale fine la figura protettiva dovrebbe essere più vicina all'individuo, più attiva in senso personale, di quanto possa essere lo Stato. Nell'orda la presenza del capo era continua e incombente. Egli interveniva in tutta la struttura delle relazioni interpersonali, comprese quelle sessuali, con una enorme forza regolatoria, condizione non realizzabile nell'odierna civiltà, anche solo per effetto della sua dimensione. La soluzione di questi problemi richiede quindi l'introduzione di meccanismi addizionali agenti in sottogruppi di più piccola dimensione, similare a quella dell'orda.

Noi abbiamo voluto esaminare se fosse possibile, nelle condizioni raggiunte da una divisione dei poteri e da un welfare state, ottenere un ulteriore scarico tensionale attraverso la riduzione della repressione degli impulsi relazionali che fece seguito alla crisi dell'orda. Ricordiamo infatti che l'esplosione di violenza, dovuta all'abbattimento dei paletti limitativi dell'esercizio della violenza che il processo evolutivo aveva piazzato nell'orda, fu all'origine della repressione degli impulsi relazionali e particolarmente dell'impulso sessuale, che venne ridotto alle sue condizioni minime nell'ambito della coppia eterosessuale chiusa. Ciò in quanto l'attrazione verso l'oggetto sessuale costituisce un canale preferenziale di flusso della violenza che il processo evolutivo aveva estrovertito rendendolo sinergico a quello relativo all'approvvigionamento del cibo, rendendo la soddisfazione sessuale un premio alla efficienza mostrata nella caccia. La perdita di valore della funzione produttiva del cibo, dovuta al progresso tecnologico, determinò la introversione di tale violenza eliminando la funzione mediatrice della caccia e rendendo la competitività sessuale diretta. La inibizione degli impulsi relazionali costituì la risposta del sistema alla sofferenza indotta da tale introversione della violenza.

A nostro parere, la costituzione di una molteplicità di alternative di raggruppamento, che la odierna civiltà informatica rende possibile, nell'ambito della quale ciascun individuo possa selezionare quella più confacente alla sua struttura caratteriale, potrebbe portare ad una modificazione della dimensione della famiglia e ad un allentamento dei vincoli repressivi indotti dalla crisi dell'orda. Non ci nascondiamo però che il problema è molto complesso perché ciò porterebbe allo stravolgimento di una rete di interazioni, senza peraltro assicurare la scomparsa o la consistente riduzione di quelle ferocissime ferite all'io che conseguono dalla frustrazione degli impulsi relazionali e in maniera particolarissima dalla frustrazione dell'impulso sessuale. E' possibile che una liberalizzazione sfrenata, senza regole, possa portare più dolore di quanto ne toglie. Il problema in ogni modo va posto perché è un problema centrale della nostra convivenza, in vista della enorme quantità di violenza che è convogliata dalla sessualità.

Possiamo ora trarre alcune importanti conclusioni. Abbiamo mostrato, in questo studio, come la violenza sia un impulso derivato per associazione; ciò comporta che esso non richieda, per la sua soddisfazione, la cessazione di uno stimolo somatico esterno al sistema psichico come avviene per gli impulsi principali come la fame o la sollecitazione della memoria di stato. Essa rientra nell'ambito degli impulsi stimolati da "memorie di allarme" che si scaricano in "memorie di rassicurazione", si scaricano cioè per effetto del collegamento di certe rappresentazioni sensoriali con centri di scarico. L'attività psichica consiste nella ricerca di una connessione fra le due rappresentazioni sensoriali attraverso le due operazioni fondamentali di transfert e di modificazione della direzione comportamentale, da estroversa ad introversa e viceversa, secondo rapporti quantitativi mutevoli. L'insuccesso, sia pure parziale, nella realizzazione di questa connessione determina l'accumulo di violenza nel sistema che si manifesta in parte nei normali rapporti interpersonali e in parte rimane nella forma di energia potenziale che trova il suo sfogo, in particolari condizioni sinergiche, nella guerra.

La trattazione della modalità di formazione degli impulsi fatta in sede di applicazione della teoria dell'organizzazione ha mostrato che il modo di svolgimento di determinati processi che si svolgono nei primi anni di vita, in fase pre-edipica ed in fase edipica fondamentalmente, ma anche in fasi successive, ha una importanza decisiva nella formazione del carattere e nell' accumulo della violenza.

Appare dunque evidente che, al di la degli interventi possibili e necessari sul piano dell'organizzazione politica del sistema, la soluzione di problemi relativi alla gestione della violenza richieda un intervento profondo sui modi di elaborazione ontologica degli equilibri istintuali di base cosicché, ad esempio, la diminuzione della paura non generi l'insofferenza dell'autorità, condizione che richiede una revisione profonda della relazionalità padre-figlio.

Il punto chiave su cui fare affidamento per lo sviluppo di una estroversione dell'energia del sistema alternativa alla guerra è dunque il fatto che la direzione del flusso di energia risultante dal bilanciamento che porta alla formazione dell'impulso sociale ha elementi di flessibilità che possono essere introdotti attraverso il processo di imprinting ed acculturamento che ha luogo durante l'infanzia, che rappresenta un mezzo attraverso cui la struttura psichica viene per così dire, disegnata, secondo le necessità correnti del gruppo.

Attraverso questo processo viene ottenuta la repressione o il rafforzamento dei vari impulsi relazionali ed introiettati i valori del gruppo e i comandamenti comportamentali. E diviene anche possibile, modificando le condizioni di svolgimento del raffronto edipico, modificare le condizioni di sicurezza, di fiducia in se stesso, condizionare la forma dell'incollamento, rendendo più stabile l'equilibrio fra le componenti dialettiche, rendendolo più suscettibile alla critica razionale e più aperto al transfert, ecc. Diviene quindi possibile un processo di indirizzamento dell' energia all' esterno del sistema, ma in differenti circuiti esterni o anche interni, non antitetici, di conflitto, con la struttura dello Stato. Questi circuiti, ovviamente, devono comportare una ricompensa, cioè un ritorno che si manifesti nel consenso sociale.

Essi sono già esistenti in una certa parte della società attuale. E' vero che fondamentalmente è la avventura esterna che indirizza, come un potente centro di attrazione, la energia che fuoriesce dal sistema, ma è anche vero che il desiderio di emergere nel contesto della propria organizzazione si è fuso, con l'evoluzione, con il desiderio dominativo esterno. Ciò come ha alimentato il mito dell'eroe, sterminatore dei nemici e che disdegna la paura, così ha anche alimentato il mito del santo, che si afferma in virtù della sua capacità di sacrificarsi per il gruppo in differenti modi, di "amore".

In quest'opera di fondazione di una nuova cultura occupa un posto fondamentale la religione che costituisce un aspetto importante dell'imprinting. Elementari forme di religione esistevano già nell'orda; senza dubbio tuttavia essa appare assumere crescente importanza nei successivi sviluppi della organizzazione sociale.

Essa appare sorgere dalla stessa necessità di protezione che portò l'orda alla concentrazione della condizione di dipendenza psicologica dal capo ed è quindi, almeno in parte, una operazione di "transfert" di questa dipendenza ad una figura demiurgica illusoria, dovuta ad una condizione di "scontento" della figura del capo che seguì la crisi dell'orda. Essa è sempre una manifestazione paranoica ma, mentre la guerra è la estroversione paranoica dell'aggressività verso il padre in una condizione di odio, la religione è l'annullamento paranoico dell'aggressività verso il padre in una condizione ritrovata di amore.

È ovvia dunque l'importanza, ai fini della riduzione della violenza, che ha la religione, misericordiosa stenditrice del velo di Maya, non solo come esorcizzatrice della atavica paura della morte, non solo perché è un potere che può limitare il potere politico senza disporre di un'armata, come fu dimostrato da Enrico IV a Canossa, ma soprattutto perché è una diretta risposta al bisogno sociale in quanto dà a ciascuno uno status e risponde alla richiesta di amore, indirizza il comportamento e dà un significato alla vita.

Tuttavia, non vi è dubbio che la religione è anche una droga, "*oppio del popolo*" [41], perché essa permette, in vista di un premio illusorio, ossia la ricompensa in un altra vita, la persistenza reale dell'oppressione. Essa fu complice del potere a partire dalla crisi dell'orda quando voltò in precetti demiurgici le repressioni relazionali quali il matrimonio monogamico, la repressione della omosessualità, la subordinazione della donna, etc, che ebbero il merito di contribuire alla cessazione dei massacri periodici e quindi della crisi dell'orda ma permisero anche la stabilizzazione di una condizione di sofferenza degli strati più deboli della società.

É fondamentale per il progresso della civiltà che la religione acquisti una struttura flessibile e che quindi la rivelazione non sia cristallizzata in un momento della storia, ma sia un processo continuo, come quell'altro processo di rivelazione che è l'evoluzione. La religione diverrebbe così lo strumento attraverso cui una certa intellighenzia potrebbe operare in termini dialettici con il potere politico, indurre cambiamenti nella organizzazione, e indirizzare l'aggressività, che residua dall' eliminazione indotta dalla religione della componente paranoica estroversa, verso forme alternative alla guerra in traiettorie circolari di scarico fra il sistema e la nicchia o all'interno dello stesso sistema.

La capacità di auto-organizzazione del sistema ha già provveduto a tracciare i fondamenti di alcuni di tali circuiti, in una maniera piuttosto superficiale, attraverso lo sport, che manca, almeno per i sostenitori, di un sufficiente livello di ricompensa a livello personale e più profondamente attraverso la introduzione dell'impresa, pilastro della organizzazione borghese e capitalista.

Dovremmo evitare gli eccessi a cui può portare l'assenza di strutture di controllo del sistema economico, di cui abbiamo già discusso e specialmente curare la dimensione delle imprese la cui struttura dovrebbe assomigliare a quella dell'orda. Attraverso la competitività delle imprese, cioè attraverso l'aggressività verso le altre compagnie, si produce un aumento della produttività e si arricchisce così il sistema e quindi anche gli stessi competitori. Infine, il raggiungimento del potere economico si trasformerebbe in potere sociale ossia nel soddisfacimento del desiderio di potenza.

Bibliografia

[1]- Firrao S.: *La formazione degli impulsi nella psicocibernetica*, Milano, Quaderni di Cibernetica, 7, 1990 e in questo volume capitolo 14

[2]-de Waal Frans: *Primates and Philosophers: How Morality Evolved*, Princeton University Press, Princeton and Oxford, 2006

[3]- Firrao S.:*Contributo della teoria dei sistemi complessi alla psicologia*, In questo volume, capitolo 13

[4]- Firrao S.: *La variabilità caratteriale umana*, Milano, Quaderni di Cibernetica, 7, 1990

[5]- Bresciani Turroni C.: *Corso di Economia Politica*, Giuffré, Milano, 1966

[6]- Firrao S.: *Dynamic Equilibria Generation in Nonequilibrium Systems*, Cybernetics and Systems, 22, 25 – 40, 1991

[7]-Freud S.: *Tre saggi sulla teoria della sessualità*, Opere, vol. IV, Boringhieri, Torino, 1970

[8]Lévi-Strauss C.: *Lo stregone e la sua magia* in Antropologia strutturale, Il Saggiatore, Milano, 1966

[9]-Miller N.E.: *Comments on theoretical models illustrated by the development of a theory of conflict behaviour.* J Pers., 1951, 20, 82,-100

[10]-Hall Calvin S., Lindzey G.:, *La teoria dello stimolo-risposta*, Teorie della

personalità, Cap. 11, Boringhieri, Torino, ristampa del 1970

[11]-Freud S.: *Psicologia delle masse e analisi dell'io*, Opere, vol. 9, Boringhieri, Torino, 1975

[12]-Dupuy J.P., *Introduction aux sciences sociales*, Ecole polytechnique, Paris, 1992

[13]-Freud S.: *Osservazioni psicoanalitiche su un caso di paranoia (dementia paranoides) descritto autobiograficamente (Caso clinico del presidente Schreber)* in Opere, vol. 6, p.335, Boringhieri, Torino, 1974

[14]- Locke J.: *Saggio sull'intelligenza umana*, Laterza, Bari, 1972,

[15]- Odifreddi P.: *Il matematico impertinente,* pag. 118, Longanesi, Milano, 2006

[16]-Nietzsche: *Della guerra e dei guerrieri,* Così parlò Zarathustra, Mondadori, Milano, 2000

[17]- Nitzsche F.: *Il pallido delinquente,* Così parlò Zarathustra, Mondadori, Milano, 2000

[18]-Aristotele : *Dell'Anima*, Laterza, Bari, 1973, 3, 427a, 427b, 428b

[19]-Hume: *Trattato sull'intelletto umano*, Laterza, Bari, 1972, parte prima, sezione prima

[20]-Firrao S.: *Sulla formazione delle connessioni logiche fondamentali*, in questo volume, capitolo 13

[21]-McKay D.M.: *Formal Analysis of Communicative Processes,* in Non verbal Communication, a cura di R.A. Hinde, Cambridge, 1972, pag 12 seg.

[22]-Platone: *La Repubblica, Libri da I a IV,* Opere, vol.II, Boringhieri, Torino, 1974

[23]-Freud S.: *Totem e Tabù,* Boringhieri, Torino, 1969

[24]-Girard R.: *Menzogna romantica e verità romanzesca*, Bompiani, Milano, 1961 ISBN 978-88-452-5174-0

[25]-Stendhal: *Dell'Amore*, Einaudi, Torino, 1975

[26]-Mead M.: *Maschio e Femmina*, Astrolabio, Milano, 1970

[27]- Alberoni F.: *Innamoramento e Amore*, Garzanti, Milano, 1979

[28]- Frazer: *Il ramo d'oro*, Boringhieri, Torino, 1965

[29]- Jaynes E.T.: *Where do we stand on maximum entropy?* The maximum entropy formalism, Levine & tribus ed. MIT Press, 1978

[30]- Firrao S.: *On Boltzmann Statistical Entropy,* Cybernetics and Systems, 5, 20, sept. 89,

[31]-Aristotele: *Politica,* Opere, vol. 9, Universale Laterza, Bari, 1973

[32]-Montesquieu, Charles-Louis: *Lo spirito delle leggi,* vol. I, Biblioteca Universale Rizzoli, Milano, 2004, p.310

[33]- Montesquieu C.L.: op. cit. p. 310

[34]- Montesquieu C.L., ibidem, p. 311

[35]-Firrao S.: *Sui fondamenti relativistici della teoria dell'organizzazione,* in questo volume, capitolo 6

[36]-Dunn J.: *Il mito degli uguali,* EGEA, Università Bocconi Editore, Milano, 2006, pag.84

[37]-Marcuse H: *L'uomo ad una dimensione*, Einaudi, Torino, 1968

[38]-Keynes John Maynard: *Occupazione, Interesse e Moneta*, UTET Torino, 1963

[39]-Hamilton A., Jay j., Madison J.: *Il Federalista,* Il Mulino, Bologna 1997

[40]-Girard R., *Deceit, Desire and the Novel,* Grasset, Paris 1961,

[41]-Marx K.: *Critica della filosofia hegeliana del diritto pubblico,* in Marx, Engels, Opere complete, III, Editori Riuniti, Roma 1976

[42]- Prigogine I., Nicolis G. *Le strutture dissipative,* Sansoni, Firenze, 1982

[43]-Girard R., *La violence et le sacré,* Grasset, Paris, 1972

[44]-Galilei GG., *Dialogo sopra i due massimi sistemi del mondo,* Guaraldi, 1995

[45]-Blaffer S.H.: *Istinto materno*, Sperling & Kupfer Editori, Milano

[46]-Money-Kyrle R: *"Una analisi psicologica delle cause della guerra"* e *"Lo sviluppo della guerra"* in Scritti, Loescher, Torino, 1985.

[47]- Heiddegger M: *Che cos'è la metafisica?* (1929) Milano: Adelphi, 1987